Johanna Czerny

Alpakas & Lamas

Begleiter aus der neuen Welt

Leopold Stocker Verlag
Graz – Stuttgart

Umschlaggestaltung:
DSR Werbeagentur Rypka GmbH, 8143 Dobl, www.rypka.at
Titelbilder: Vorderseite: iStock/tepic; Rückseite: Vlies (quer): Alpacas En Colores; Nase des Fohlens: Privat; Röntgenbild: Dr. M. Ridler; alle anderen Bilder: Johanna Czerny.

Bildnachweis:
Alle Bilder wurden, so nicht anders angegeben, dem Verlag freundlicherweise von der Autorin zur Verfügung gestellt.

Bibliografische Information der Deutschen Nationalbibliothek
Die Deutsche Nationalbibliothek verzeichnet diese Publikation in der Deutschen Nationalbibliografie; detaillierte bibliografische Daten sind im Internet unter http://dnb.d-nb.de abrufbar.

Hinweis: Dieses Buch wurde auf chlorfrei gebleichtem Papier gedruckt. Die zum Schutz vor Verschmutzung verwendete Einschweißfolie ist aus Polyethylen chlor- und schwefelfrei hergestellt. Diese umweltfreundliche Folie verhält sich grundwasserneutral, ist voll recyclingfähig und verbrennt in Müllverbrennungsanlagen völlig ungiftig.

Auf Wunsch senden wir Ihnen gerne kostenlos unser Verlagsverzeichnis zu:
Leopold Stocker Verlag GmbH
Hofgasse 5/Postfach 438
A-8011 Graz
Tel.: +43 (0)316/82 16 36
Fax: +43 (0)316/83 56 12
E-Mail: stocker-verlag@stocker-verlag.com
www.stocker-verlag.com

ISBN 978-3-7020-1931-0

Layout und Repro: DSR Werbeagentur Rypka GmbH, 8143 Dobl

INHALT

LITERATUR

Dunst, Gerald: Kompostierung, Leopold Stocker Verlag, 2. Auflage 1992

Emmerich, Ilka U., Ganter, Martin, Wittek, Thomas: Dosierungsvorschläge für Arzneimittel bei kleinen Wiederkäuern und Neuweltkameliden, Schattauer Verlag, 2013

Fowler, Murray E.: Medicine and Surgery of Camelids, Wiley-Blackwell Verlag, 3. Auflage 2010

Freitag, Angelika: Warum Alpakas? Sigma Druck, 2. Auflage

Gauly, Matthias, Vaughan, Jane, Cebra, Christopher: Neuweltkameliden, Enke Verlag, 2011

Idel, Anita: Die Kuh ist kein Klima-Killer!, Schweisfurth-Stiftung (Hrsg.), 7. Auflage 2019

LAMAS – Fachzeitschrift für die Haltung und Zucht von Lamas und Alpakas. Hrsg.: Verein der Züchter, Halter und Freunde von Neuweltkameliden e. V., Untersbergweg 7, D-83471 Berchtesgaden

Maurer, Gerhard: Ziegenhaltung heute, Leopold Stocker Verlag, 2015

McGee Bennett, Marty: CameliDynamics. Grundkurs. Seminarunterlagen

Noli, Chiara, Scarampella, Fabia: Praktische Dermatologie von Hund und Katze, Schlütersche Verlagsgesellschaft, 2004

Rappersberger, Gerhard: Lamas und Alpakas, Ulmer Verlag, 2008

Saun, Robert J. Van: Nutrient requirements of South American Camelids: A factoral approach, 2005

Trah, Michael, Wittek, Thomas: Alpakas und Lamas, Fütterung und fütterungsbedingte Erkrankungen, LAMAS Verlag, 2013

VORWORT

WIE ALLES BEGONNEN HAT …

Kein anderes Tier faszinierte mich mehr auf Anhieb als jene Lamastute, die vor mehr als einer Dekade unerwartet mit ihrem Besitzer an der Schnur die Schwelle meiner Praxis überschritt. Ich war vom Anblick des großen, auf mich fremd wirkenden Tieres völlig überrascht. Erstens, weil es einen so langen Hals besaß, sodass ich, hinter meinem Empfangstisch sitzend, erst einmal ganz nach oben schauen musste, um den Kopf und die Augen zu sehen. Und zweitens hatte mich dieses Lama die ganze Zeit dabei beobachtet! So etwas war mir noch nie zuvor bei einem Tier untergekommen. Ich muss zugeben, dass ich besonders von den Augen irritiert war, denn sie waren sehr dunkel und sehr groß; größer und dunkler als die Augen aller anderen Tiere, die ich bis dahin als Patienten gesehen hatte. Die Lamastute war schwer krank; der Rest ihrer Herde war an demselben unstillbaren Durchfall zugrundegegangen, an dem auch sie litt. Sie war alleine übriggeblieben. Ganz ruhig stand sie da vor meinem Tisch und sah mich an. Dieses Lama sollte mein Leben für immer verändern.

Alle meine Erfahrungen mit Haustieren in meiner Zeit als praktische Tierärztin wog der nun auf mich geheftete Blick aus den großen, interessierten Augen des Lamas auf, das von da an das erste seiner Art sein würde, die bis zum heutigen Tag mein Leben bestimmt.

Täglich beobachte ich meine Lamas und Alpakas aufs Neue und versuche, sie zu verstehen. Ebenso bereitet es mir Freude, Menschen dabei zu beobachten, wie sie auf geheimnisvolle Art auf die Tiere reagieren, etwa während sie ein Lama an der Leine führen oder den Drang verspüren, ein Alpaka angreifen zu *müssen*. Das immer gleichbleibende, interessiert-zurückhaltende Wesen der Tiere, die Berührung nicht wünschen, aber unsere Nähe respektieren, während sie sich in ihrem Herdenverband völlig natürlich verhalten wie eine Herde von Wildtieren, wirkt unglaublich faszinierend auf mich. All jenes weckt die Sehnsucht, meinen unerfüllten Wunsch in mir, Kamele zu „lesen“, sie völlig zu verstehen.

Im vorliegenden Buch möchte ich Leserinnen und Leser durch meine Welt der Neuweltkameliden führen. Jeden Tag lerne ich Neues, jeder Tag ist spannend. Jeden Tag bringen mich die Tiere zum Lächeln. Mein Ziel ist es, mit diesem Buch Besitzer von Lamas und Alpakas und an Neuweltkameliden Interessierte nicht nur über diese genügsamen und unkomplizierten Begleiter zu informieren, sondern sie auch dafür zu begeistern, dass die richtige Pflege und aufmerksame Beobachtung die Basis eines langen Lebens in der Obhut des Menschen darstellt, egal, ob sie zum Einsatz als Hobbytiere, zur Beweidung landwirtschaftlicher Flächen oder zur tiergestützten Intervention gehalten werden.

Johanna Czerny

Seit mehr als 20 Jahren erfreut sich die Haltung von Lamas und Alpakas im deutschen Sprachraum immer größerer Beliebtheit, sei es als reine Hobbyhaltung oder auch professioneller Natur zu Zuchtzwecken, zum Trekking oder zur Gewinnung ihres wertvollen Vlieses.

Der Zeit und dem Bedarf Rechnung tragend, erschien es höchst an der Zeit, ein wirklich umfassendes Buch für alle Lama- und Alpakainteressierten und -begeisterten im deutschsprachigen Raum herauszugeben. Der Leopold Stocker Verlag konnte dafür unsere Tierarztkollegin Mag. Johanna Czerny gewinnen, die im vorliegenden Buch ihr umfassendes theoretisches und praktisches Wissen – gepaart mit vielfältigem und aussagekräftigem Bildmaterial – an alle Interessierten weitergibt.

Das Besondere an diesem weit über 250 Seiten starken Buch ist die breitgefächerte Herangehensweise an die Themen, welche nahezu alle Aspekte der Neuweltkameliden beleuchten, von der Domestikation über die Anatomie und Physiologie bis hin zu Haltungsfragen, Fragen des Trainings. Aber auch auf spezifische Erkrankungen und deren Behandlungsmöglichkeiten wird eingegangen. Somit wird jeder fündig werden, der sich mit diesen faszinierenden Tieren befasst – sei es der unsichere Anfänger oder der erfahrene Züchter, der biologisch Interessierte oder der behandelnde Tierarzt, der nach Informationen sucht. Das vorliegende Werk kann somit nicht nur als praxisorientierter Ratgeber verstanden werden, sondern als wahres Kompendium aus der Feder einer Halterin, Züchterin und Tierärztin.

Wir kennen Johanna seit unserer gemeinsamen Studienzeit und wissen daher über ihre fachliche Kompetenz, die sich in dem vorliegenden Buch wiederspiegelt, genauso wie über ihren Enthusiasmus für die Tiere.

Liebe Hanna, wir wünschen Dir weiterhin viel Freude und Erfolg mit deinen von dir geliebten Neuweltkameliden und eine weite Verbreitung deines herausragenden, allumfassenden Buches über diese Tiere!

Christoph Beiglböck
Ignaz Zitterer

EINLEITUNG

Anlässlich vieler Jahre Lama- und Alpakahaltung voller Glück, aber auch Leid möchte ich meine Erfahrungen an jene Menschen weitergeben, die vor Kurzem neu mit Lama- und Alpakahaltung begonnen haben oder im besten Fall die Anschaffung erst überlegen, aber auch an Halter, die schon länger Neuweltkameliden besitzen und gerne ein Nachschlagwerk zu vielen ihrer Fragen, die oft an mich herangetragen werden, in Händen halten möchten. Nicht zuletzt richtet sich dieses Handbuch an meine Kolleginnen und Kollegen älteren Jahrganges, die während ihres Studiums höchstens die exotisch anmutende Frage nach dem Magen der Kamele zu beantworten hatten. Mittlerweile sind mehr Geheimnisse rund um die Neuweltkameliden gelüftet, vieles ist bekannt, aber immer noch ist vieles im Ungewissen. Unsere jungen Kolleginnen und Kollegen sowie die Studentinnen und Studenten der Veterinärmedizin sind heute besser ausgebildet und

unseren geschätzten Professorinnen und Professoren der veterinärmedizinischen Ausbildungsstätten ist es geschuldet, dass die Lehre die Neuweltkameliden mit einbezieht – ihnen sei an dieser Stelle gedankt.

Heute kann die einstige Vielfalt der Kamelartigen nur noch in den naturgeschichtlichen Museen besichtigt werden. Die stummen Knochen der vielen ausgestorbenen Arten der Schwielensohler mahnen Respekt für die wenigen heute noch lebenden Vertreter der Kameliden ein, der den nützlichen und genügsamen Grasfressern leider nicht allerorts entgegengebracht wird, und sie gelten als „nutzlose“ Fresser anstatt als wertvolle Futterverwerter und Landschaftspfleger. Über die Zukunft und das Überleben der Kamelartigen entscheidet der Mensch. Vielleicht helfen die Tiere jedoch auch dem Menschen zu überleben: So rücken Antikörperforschungen in jüngster Zeit das Lama in den Fokus der Grundlagenforschung. Der Herdenschutz mit Lamas und Alpakas wird für die Bewirtschaftung von Almen und den Erhalt alpiner Kulturlandschaften durch Beweidung mit Schafen und anderen Weidetieren zusehends bedeutsamer. Tiergestützte Aktivitäten und Wanderungen werden wichtiger in einer Zeit voller Mobilität und Lärm, grenzenloser Erreichbarkeit und globalen Dauerurlaubs.

Um Übersicht über die wichtigsten anatomischen Besonderheiten und die häufigsten Erkrankungen bei Neuweltkameliden, aber auch über die Haltung zu schaffen sowie interessante Informationen aus Sicht einer mit diesen Tieren vertrauten Tierärztin weiterzugeben, soll dieses Buch mit vielen Fotos den Einsteiger anleiten.

Menschen, die sich überlegen, Neuweltkameliden zu sich nach Hause zu holen, und bereit sind, sich verantwortungsvoll um diese langlebigen und robusten, jedoch sensiblen Tiere zu kümmern, erhalten viele hoffentlich nützliche Informationen aus der Hand einer langjährigen Halterin und Züchterin.

Ich hoffe und wünsche es mir, dass fehlgeprägte Hengste, verwahrloste, jahrelang

ungeschorene Tiere und vermeidbare Todesfälle, auch sehr teurer Tiere, etwa durch unterlassenes Parasitenmanagement, bald der Vergangenheit angehören werden und diese Fälle nicht mehr diejenigen sind, zu denen Tierärztinnen und Tierärzte oft viel zu spät beigezogen werden.

Mein Ziel ist es, artgerecht gehaltene, vitale Tiere als konsultierter Tierarzt vorzufinden, was einer Herdenbetreuung im Sinne der Erhaltung der Gesundheit der Herde entspricht, und wünsche auch meinen Kolleginnen und Kollegen, notwendige Eingriffe stressfrei und mittels schnell erlernbaren Handlings unerschrocken durchführen zu können.

Den Besitzern und „alten Hasen" der Neuweltkamelidenhaltung, von denen mir quer durch den deutschsprachigen Raum viele persönlich bekannt sind, wünsche ich viel Vergnügen mit meinem Buch. Man möge mir verzeihen, wenn ich manchmal von deren Meinung abweiche und nicht alle Gebiete abdecke, die diese speziellen Tiere betreffen. Wie die Jungfrau zu ihrem Kinde kam ich zu meinem ersten Lama; mittlerweile tummeln sich an die 20 Tiere auf meinem Lamahof. Bisher befanden wir, meine einzigartigen Hengste, die braven Stuten und vitalen Fohlen einiger Jahrgänge, und ich uns auf einer schier endlos erscheinenden Wanderschaft. Aus dem Inneren der Alpen, meiner Heimat, dem Städtchen Mittersill im Salzburger Pinzgau, sind wir bis ins Innviertler Dörfchen Maria Schmolln gewandert, wo sich unser derzeitiger Heimathof befindet. www.Lamas-mit-Herz.com

Die im Buch verwendeten Personenbezeichnungen und personenbezogenen Hauptwörter gelten für alle Geschlechter und sind aus Gründen der Lesbarkeit auf die männliche Form beschränkt.

GASTBEITRAG VON FR. PRIV.-DOZ.[IN] DR. MED. VET. PAMELA BURGER

Pamela Burger ist Wissenschaftlerin auf der Veterinärmedizinischen Universität in Wien und forscht über die Herkunft von Kameliden. Sie hat sich freundlicherweise auf meine Bitte hin bereiterklärt, einen Beitrag zur Herkunft von Neuweltkameliden (Teil 1) und eine durch COVID19 aktuelle Zusammenfassung über Antikörperforschung bei Neuweltkameliden (Teil 2) zu erstellen.
J. Czerny

Teil 1 – Evolutionsgeschichte der Neuweltkamele

Moderne Kamele gehören zur Ordnung der Paarhufer (*Artiodactyla*), der Unterordnung Schwielensohler (*Tylopoda*) und der Familie der Kameliden (*Camelidae*). Diese besteht aus den Stämmen Altweltkamele (*Camelini*) und Neuweltkamele (*Lamini*), die sich vor ungefähr 16 [9,4–25,3] Millionen Jahren voneinander trennten (Wu et al. 2014, Kadwell et al. 2001).

Die frühesten bekannten Vorfahren von Kameliden waren kleine, kaninchengroße Tiere (*Poebrodon*), die sich vor etwa 45 Millionen Jahren im mittleren Eozän in den nordamerikanischen Regionen Utah und Kalifornien entwickelten. Der Stamm *Lamini*, vertreten durch Fossilien der Gattung *Pleiolama*, entstand vor 13,6 bis 11 Millionen Jahren in den „Great Plains" im Westen Nordamerikas (Harrison 1985; Webb und Meachan 2004). Zwei Gattungen entwickelten sich aus *Pleiolama* vor ungefähr 10 Millionen Jahren: *Alforjas* (Harrison 1979) und

Prähistorische Kamele (© Ansca Kuprian, 2020)

Hemiauchenia (Webb 1974). *Alforjas* und ihre Nachkommen *Camelops* (4,5–0,1 Myr1) blieben in Nordamerika, während einige Arten von *Hemiauchenia* vor ca. 3 Millionen Jahren (im Übergang von Pliozän zu Pleistozän) nach Südamerika wanderten (Woodburne 2010). Aus der letzteren entwickelten sich in Südamerika vor ungefähr 2 Myr die Arten *Lama* und *Vicugna* (López Aranguren 1930; Cabrera 1932; Webb 1972; Harrison 1985). Eine zweite Gattung, *Palaeolama*, existierte ebenfalls von ca. 2,0 bis 0,1 Myr (Webb, 1974), jedoch nur *Lama* und *Vicugna* überlebten das Ende des Pleistozäns vor etwa 10.000 Jahren (Wheeler 2012).

Vier Arten von Neuweltkameliden überleben bis heute: das domestizierte Lama *(Lama glama*, Linnaeus 1758) und Alpaka (*Vicugna pacos*, Linnaeus 1758) und ihre wilden Vorfahren Guanako (*Lama guanicoe*, Müller 1776) und Vikunja (*Vicugna vicugna*, Molina, 1782). Im Vergleich dazu existieren heute innerhalb der Altweltkamele noch die domestizierten einhöckrigen Dromedare (*Camelus dromedarius*, Linnaeus 1758) und zweihöckigen Trampeltiere (*Camelus bactrianus*, Linnaeus 1758) sowie die höchst bedrohten, nicht domestizierten, wilden zweihöckrigen Kamele (*Camelus ferus*, Mohandesan et al. 2017, Silbermayr et al. 2009, Jianlin et al. 1999).

1 1 Myr = 1 Million Jahre

Referenzen

Harrison, J. A. 1979. **Revision of the Camelinae (Artiodactyla Tylopoda) and Description of the New Genus Alforjas.** *Paleontological Contributions*, University of Kansas 95: 1–20.

Harrison, J. A. 1985. **Giant Camels from the Cenozoic of North America.** *Contributions to Smithsonian Paleobiology* 57: 1–29

Jianlin, H., Jiexia, Q., Zhenming, M., Yaping, Z., Wen, W. 1999. **Rapid Communication: Three Unique Restriction Fragment Length Polymorphisms of *Eco*RI, *Pvu*II, and *Sca*I Digested Mitochondrial DNA of Bactrian Camels (*Camelus bactrianus ferus*) in China.** *Journal of Animal Science* 77: 2315–2316. doi: 10.2527/1999.7782315x

Kadwell, M., Fernández, M., Stanley, H. F., Baldi, R., Wheeler, J. C., Rosadio, R., Bruford, M. W. 2001. **Genetic analysis reveals the wild ancestors of the llama and alpaca.** *Proc. R. Soc. Lond. B. Biol Sci* 268: 2575–2584.

López Aranguren, D.J. 1930. **Camélidos fósiles argentinos.** *Anales de la Sociedad Científica Argentina (Buenos Aires)* 109: 15–35, 97–126.

Mohandesan, E., Fitak, R. R., Corander, J., Yadamsuren, A., Chuluunbat, B., Abdelhadi, O., Raziq, A., Nagy, P., Stalder, G., Walzer, C., Faye, B., Burger, P. A. 2017. **Mitogenome Sequencing in the Genus *Camelus* Reveals Evidence for Purifying Selection and Long-term Divergence between Wild and Domestic Bactrian Camels.** *Scientific Reports* 7: 9970. doi: 10.1038/s41598-017-08995-8

Silbermayr, K., Orozco-terWengel, P., Charruau, P., Enkhbileg, D., Walzer, C., Vogl, C., Schwarzenberger, F., Kaczensky, P., Burger, P. A. 2010. **High mitochondrial differentiation levels between wild and domestic Bactrian camels: a basis for rapid detection of maternal hybridization.** *Animal Genetics* 41: 315–318. doi: 10.1111/j.1365-2052.2009.01993.x

Webb, S. D. 1965. **The Osteology of Camelops.** *Bulletin of the Los Angeles City Museum of Science* 1: 54 pp.

Webb, S. D. 1972. **Locomotor Evolution in Camels.** *Forma et Functio* 5: 99–112.

Webb, S. D. 1974. **Pleistocene Llamas of Florida, with a Brief Review of the Lamini.** in: Pleistocene Mammals of Florida. S.D. Webb (Ed). The University Presses of Florida, Gainesville (Florida, U.S.A.), 170–213.

Webb, S. D., Meachen, J. 2004. **On the Origin of Lamine Camelidae. Including a new Genus from the Late Miocene of the High Plains.** *Bulletin of Carnegie Museum of Natural History* 36: 349–362.

Wheeler, J. C. 2012. **South American camelids – past, present and future.** *Journal of Camelid Science* 5: 1–24.

Wu, H., Guang, X., Al-Fageeh, M.B., Cao, J., Pan, S., Zhou, H., Zhang, L., Abutarboush, M. H., Xing, Y., Xie, Z., Alshanqeeti, A. S., Zhang, Y., Yao, Q., Al-Shomrani, B. M., Zhang, D., Li, J., Manee, M. M., Yang, Z., Yang, L., Liu, Y., Zhang, J., Altammami, M. A., Wang, S., Yu, L., Zhang, W., Liu, S., Ba, L., Liu, C., Yang, X., Meng, F., Wang, S., Li, L., Li, E., Li, X., Wu, K., Zhang, S., Wang, J., Yin, Y., Yang, H., Al-Swailem, A. M., Wang, J. 2014. **Camelid genomes reveal evolution and adaptation to desert environments.** *Nature Communications* 5: 5188. doi: 10.1038/ncomms6188

Teil 2 – Nanobodies – Spezielle Abwehrmechanismen von Kameliden

Ein Merkmal, das Kameliden insbesondere in Zeiten der COVID-19-Pandemie ins Rampenlicht rückt, ist die besondere Zusammensetzung ihrer Einzeldomänen-Antikörper. Diese so genannten Nanobodies oder Nanokörper wurden erstmals von einer belgischen Arbeitsgruppe entdeckt (Hamers-Casterman et al. 1993) und sind Kamelen der Alten und Neuen Welt gleichermaßen gemeinsam (Flajnik und Kasahara 2010). Kameliden sind die einzigen Säugetiere, die, zusätzlich zu den herkömmlichen Antikörpern, homodimere Immunglobuline (IGs) aus nur schweren Ketten und ohne leichte Kette produzieren können (siehe Abbildung S. 16). Das antigenbindende Fragment ist auf eine einzige variable Domäne der schweren Kette reduziert (Ciccarese et al. 2019; Arbabi-Ghahroudi 2017; Muyldermans et al. 2009) und verringert somit die Größe der Antikörper. Die einzigartigen Eigenschaften dieser Nanokörper machen sie in der Biotechnologie und für klinische Anwendungen nützlich, z. B. in der gezielten Krebstherapie, bei der Kameliden

Nanokörper zur spezifischen Abgabe eines Wirkstoffs (Jovčevska und Muyldermans 2020) eingesetzt werden. Aktuell werden neutralisierende Einzeldomänen-Antikörper von Lamas, die mit speziellen Proteinen von (Beta-)Coronaviren immunisiert wurden, zur Entwicklung einer Behandlung für COVID-19 genutzt (Wrapp et al. 2020).

Referenzen

Arbabi-Ghahroudi, M. 2017. **Camelid Single-Domain Antibodies: Historical Perspective and Future Outlook.** *Frontiers in Immunology* 8: doi: 10.3389/fimmu.2017.01589

Ciccarese, S., Burger, P. A., Ciani, E., Castelli, V., Linguiti, G., Plasil, M., Massari, S., Horin, P., Antonacci, R. 2019. **The Camel Adaptive Immune Receptors Repertoire as a Singular Example of Structural and Functional Genomics.** *Frontiers in Genetics* 10: 997. doi: 10.3389/fgene.2019.00997

Flajnik, M. F., Kasahara, M. 2010. **Origin and evolution of the adaptive immune system: genetic events and selective pressures.** *Nature Reviews Genetics* 11: 47–59. doi: 10.1038/nrg2703

Hamers-Casterman, C., Atarhouch, T., Muyldermans, S., Robinson, G., Hamers, C., Songa, E. B., Bendahman, N, Hamers, R. 1993. **Naturally occurring antibodies devoid of light chains.** *Nature* 363: 446–448. doi:10.1038/363446a0

Jovčevska, I., Muyldermans, S. 2020. **The Therapeutic Potential of Nanobodies.** *BioDrugs* 34: 11-26. doi: 10.1007/s40259-019-00392-z

Muyldermans, S., Baral, T. N., Retarnozzo, V. C., De Baetselier, P., De Genst, E., Kinne, J., Leonhardt, H., Magez, S., Nguyen, V. K., Revets, H., Rothbauer, U., Stijemans, B., Tillib, S., Wernery, U., Wyns, L., Hassanzadeh-Ghassabeh, G., Saerens, D. 2009. **Camelid immunoglobulins and nanobody technology.** *Veterinary Immunology and Immunopathology* 128: 178–183. doi: 10.1016/j.vetimm.2008.10.299

Wrapp, D., De Vlieger, D., Corbett, K. S., Torres, G. M., Wang, N., Van Breedam, W., Roose, K., van Schie, L., VIB-CMB COVID-19 Response Team, Hoffmann, M., Pöhlmann, S., Graham, B. S., Callewaert, N., Schepens, B., Saelens, X., McLellan, J. S. 2020. **Structural Basis for Potent Neutralization of Betacoronaviruses by Single-Domain Camelid Antibodies.** *Cell* 181: 1004-1015.e15. doi: 10.1016/j.cell.2020.04.031

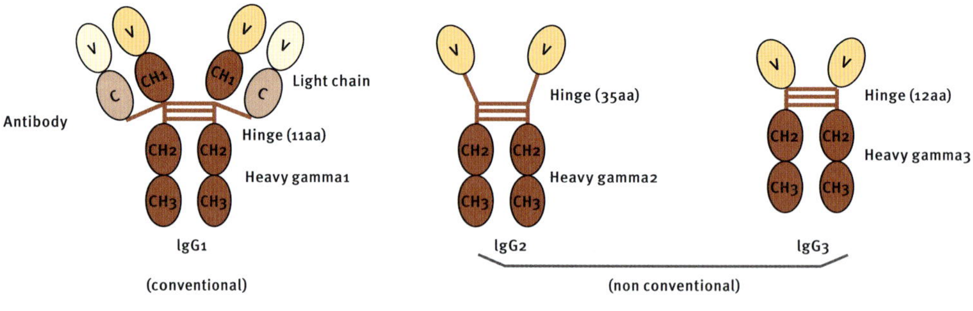

Konventionelle IgG Antikörper und Einzeldomänenantikörper, so genannte Nanobodies, von Kameliden. (Quelle: Ciccarese, S., Burger, P. A., Ciani, E., Castelli, V., Linguiti, G., Plasil, M., Massari, S., Horin, P., Antonacci, R. 2019. The Camel Adaptive Immune Receptors Repertoire as a Singular Example of Structural and Functional Genomics. Frontiers in Genetics 10: 997. doi: 10.3389/fgene.2019.0099)

WARUM 2024 DAS JAHR DER KAMELE SEIN WIRD UND WARUM SIE EINEN TIERARZT BRAUCHEN, DER SICH MIT IHREN NEUWELTKAMELIDEN BESCHÄFTIGT

Die seit etwa fünftausend Jahren von den Indigenen Südamerikas domestizierten Lamas und Alpakas sind im Gegensatz zu vielen anderen Nutztieren an die rauen Lebensbedingungen in den Anden hochangepasst. Sie leben verbreitet in vielen Staaten Südamerikas und bilden oft die Lebensgrundlage der Bauern unter anderem in Chile, Peru, Bolivien und Argentinien.

Der Handel und die Nutzung von Fleisch, die Herstellung von Bekleidung aus der Wolle und den Häuten wie auch die Tiere selbst als Tragetiere ermöglichen es den häufig sehr armen Bauernfamilien und Hirten, in der lebensfeindlichen Umgebung zu überleben.

Nennenswerte Vorkommen von wildlebenden Guanakos und Vikunjas konnten durch Schutzmaßnahmen erhalten werden, sodass diese Arten nicht mehr vom Aussterben bedroht sind.

Neuweltkameliden beweiden die offenen, kargen Landschaften, ihr Dung wird zu Heiz- und Düngezwecken gesammelt. Nicht zuletzt, um auf die Situation der dort lebenden Menschen, deren Leben und Kultur eng mit den Tieren verbunden ist, hat die UNO das Jahr 2024 zum Jahr des Kamels erklärt, um die Bemühungen der Welternährungsorganisation FAO zu unterstreichen, Lebensmittel- und Ernährungssicherheit und die Bekämpfung von Armut und Hunger zu erreichen. Insbesondere die Situation von Frauen, die die Verarbeitung der Wolle und der Herstellung von Produkten daraus innehaben, soll verbessert werden. In diesem Jahr werden südamerikanische Kleinkamele, die die Lebensgrundlage von Indigenen in Südamerika darstellen, wie auch deren Verwandte, die Großkamele, die die Beduinen in den beinahe unbewohnbaren Wüsten in Asien und Afrika mit Milch, Fleisch, Wolle und Dung versorgen, hervorgehoben.

Amerikanische, australische und auch europäische Halter von Alt- und Neuweltkamelen können jetzt ihren Beitrag dazu leisten, den Fortbestand der Tiere in verantwortungsvoller Zucht und Haltung voranzutreiben! Es bleibt abzuwarten, ob sich Arbeitsgruppen in Ländern der erwähnten Kontinente zusammenfinden, um für Projekte zu spenden, die helfen können, das Los der Menschen in den Anden zu erleichtern.

Besitzer von Neuweltkameliden sind eingeladen, sich zum Jahr des Kameles zu informieren und/oder die Autorin zu kontaktieren, um ein gemeinsames Forum zu schaffen.

Zahlreiche Knochenfunde am nordamerikanischen und auch am europäischen Kontinent beweisen die Vielfalt, in der die Kameliden einst den Urkontinent Laurasia bevölkerten. Durch günstiges Klima und der auf den riesigen Grassteppen reichlich vorkommenden Nahrung entwickelten sich während einiger Millionen von Jahren neben den zahlreichen Arten der Wiederkäuer vie-

Indigene mit Lama (© istockphoto.com/hadynyah)

le Arten von Kameliden. Durch die Wanderungsbewegungen über riesige Distanzen gelangten Tiere auch in die Wüsten Asiens und Afrika sowie nach Südamerika, wo bis heute die wenigen bekannten Arten als einzige überlebten. In Nordamerika und Europa sind alle Arten der Kameliden ausgestorben.

Doch auch die von den spanischen Eroberern im 15. und 16. Jahrhundert schonungslos gejagten Neuweltkameliden in Südamerika wären heute ohne die dringenden Schutzmaßnahmen wahrscheinlich ausgestorben.

Nachdem vermutlich im letzten Jahrhundert erstmalig die heute bekannten Neuweltkameliden in die USA und auch nach Europa gelangten, wurden sie zunächst als Exoten betrachtet und die Haltung beschränkte sich auf Zoos und Tierparks. Wenigen Fachleuten, wie Zootierärzten und Wissenschaftlern, war es vorbehalten, Kameliden zu behandeln und zu erforschen.

Man erkannte, wie genügsam sie sind und wie einfach sich diese Tiere halten lassen, wenn man wenige Grundregeln beachtete. So fanden die Tiere bald in privaten Händen ihre Liebhaber. Alpakas und Lamas lassen sich auch hervorragend miteinander halten.

Jeder Halter kann einen Beitrag zur verantwortungsvollen Zucht und Haltung von Neuweltkameliden leisten.

Die Lebenserwartung von Alpakas und Lamas beträgt ungefähr zwanzig Jahre. Es bedarf jahrelanger guter Beobachtung und einigem Augenmerk, etwa auf konsequentes Parasitenmanagement, um ältere Tiere als wertvolle Herdenmitglieder für ihre Artgenossen bei guter Gesundheit zu erhalten. Nur sie können ihre lange Lebenserfahrung an Jungtiere in sensiblen Prägephasen weitergeben. Allein oder nur zu zweit gehaltene Tiere verarmen an Verhalten und sind bei Verlust des einzigen Artgenossen ohne Partner.

Aus tierärztlicher Sicht unterscheiden sich die Neuweltkameliden von allen anderen verbreiteten Nutz- und Heimtierarten und verdienen es, gesondert gelehrt und verstanden zu werden. Diese Unterschiede betreffen insbesondere das Verhalten, die Anatomie und die Fortpflanzung. Manche Dosierungsvorschläge, etwa das Parasitenmanagement betreffend, aber auch die Narkose bei Neuweltkameliden, verlangen nach einiger Aufmerksamkeit durch den behandelnden Tierarzt. Auch der Umgang mit den Tieren sollte bei jeder sich bietenden Gelegenheit erlernt werden. Er erleichtert notwendige Behandlungen ungemein.

Dieses Handbuch soll Tierärztinnen und Tierärzten helfen, die Besonderheiten von Kleinkamelen zu erkennen, und sie anregen, Literatur zum Thema Neuweltkameliden zu beschaffen. Einige hochmotivierte Tierärzte und Halter haben bereits zu einer ansehnlichen Sammlung von Werken beigetragen, die fragenspezifische Antworten zur Haltung und Gesundheit von Neuweltkameliden liefert. So kann der Veterinär den Besitzern von Neuweltkameliden zur Seite zu stehen, wenn sie tierärztliche Vorsorgemaßnahmen, wie Impfungen und Entwurmungen, sowie dringende Hilfe in Notfällen benötigen. In vielen Fällen sind die Besitzer selbst in der Lage, nicht zuletzt aufgrund des Mangels an interessierten Tierärzten, die Gesundheit ihrer Tiere zum Großteil selbst zu bewerkstelligen. Auch werden sie stets das Tier, das dem Tierarzt vorgestellt werden muss, wohlerzogen und gehalftert vorführen; sie werden dankbare Kunden und Abnehmer jeder Menge von Antiparasitika sein und nur in dringenden Fällen die Hilfe des Tierarztes beanspruchen und – nicht zu vergessen – es werden immer mehr!

TAXONOMIE

Den Säugetieren (*Mammalia*), die mit ihrer großen Vielfalt an Arten das Wasser, das Land und auch die Lüfte (Fledertiere) besiedelt haben, ist das Säugen ihrer Jungen aus Drüsen eigen, deren Gewebe sich zur Milchbildung und -abgabe entwickelt hat. Außer der kleinen Anzahl der Vertreter der Beuteltiere (z. B. Koalabär, Känguruh), dessen Junge in einem sehr frühen, embryonalen Stadium zur Welt kommen und den Weg in den Beutel finden, in dem sich die milchgebenden Zitzen befinden, gibt es noch Ursäuger, die Eier legen (Ameisenigel und Schnabeltiere). Deren Milch wird aus vielen kleineren Drüsen auf einem umschriebenen Feld der Haut am Bauch abgegeben. Den höheren Säugetieren (*Plazentalia*) ist die Plazenta (der Mutterkuchen) eigen, die innerhalb der Gebärmutter den oder die Keimlinge bis zur Geburt schützt und nährt. Nach der Geburt findet das Neugeborene meist von selbst den Weg zur Nahrungsquelle. Es kriecht zum Gesäuge oder sucht das Euter im Stehen.

Die Jungen vieler Säugetierarten sind bereits kurz nach der Geburt in der Lage, selbstständig zu trinken und der Mutter zu folgen. Die Ernährung mit Muttermilch ermöglicht dem Jungen eine länger andauernde Entwicklungsphase, während der sie mit allen Nährstoffen versorgt sind und die bis zum Erreichen der Fähigkeit, selbst ausreichend Nahrung der Erwachsenen aufzunehmen und zu verdauen, anhält. Meist sind die Jungtiere bis zur Geburt der nächsten Jungen entwöhnt und in der Lage, ihr Futter vollständig selbst zu suchen.

Paarhufer

Paarhufer oder Paarzeher bedeutet die paarige Anzahl (2 oder 4) der Zehen, die aus den mehrstrahligen Finger- und Zehenknochen hervorgegangen sind.

Neben den Wiederkäuern (*Ruminantia*) und den Schweineartigen (*Suinae*) zählen auch die Schwielensohler (*Tylopoda*) zur Ordnung der Paarhufer. Während Wiederkäuer und Schweine auf den Spitzen der Zehen des dritten und vierten Strahles fußen, stehen beim Schwielensohler das erste und zweite Zehenglied des dritten und vierten Strahls parallel zum Boden. Der Kontakt zum Boden wird durch das erste und zweite Zehenglied, in erster Linie jedoch durch die mächtige Sohlenschwiele, die aus Hornhaut besteht, hergestellt. Fälschlicherweise wird der Zehennagel des ersten Zehengliedes der Kamelartigen oft als „Klaue“ oder „Kralle“ bezeichnet.

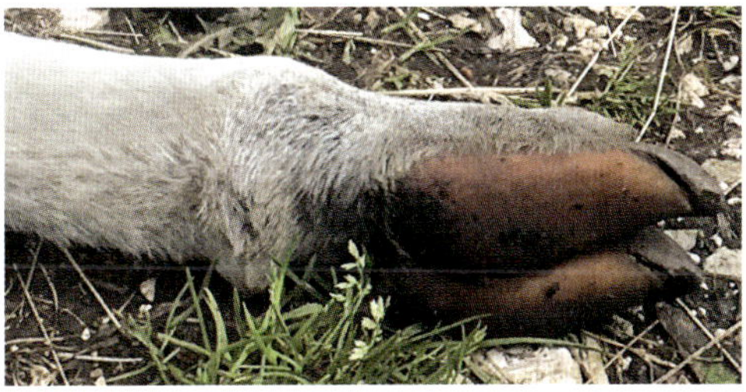

Schwielensohle und Fußnagel

UNTERSCHIEDE ZWISCHEN LAMAS UND ALPAKAS

Lamas und Alpakas unterscheiden sich nur im Äußeren; anatomisch handelt es sich um ein und dieselbe Tierart. Auch Vikunjas und Guanakos sind lediglich äußerlich voneinander unterscheidbar.

GRÖSSE UND GEWICHT

Alpakas sind kleiner als Lamas. Erwachsene Tiere erreichen eine Körperhöhe (gemessen an der Stirn) von 1,60 m und ein Gewicht von ca. 55 bis 65, höchstens 80 Kilogramm.

Lamas erreichen eine Höhe von 1,90 m und wiegen zwischen 120 und 180 Kilogramm, manchmal bis zu 200 Kilo (FOWLER, 2010). Erwachsene Alpakas werden von Laien häufig mit den Jungen von Lamas verwechselt.

Unterschied in der Körpergröße erwachsener Alpakas und Lamas

FORM DES KÖRPERS

Jedoch lassen sich Lamas von Alpakas in der Körperform unterscheiden: Während das Becken bzw. die Rückenlinie bis zum Becken beim Lama geradlinig verläuft, ist das Becken beim Alpaka nach hinten abfallend.

Erwachsenes Lama ...

... im Vergleich zum erwachsenen Alpaka

Auch sehr kleine Alpakas und sehr kleine Menschen harmonieren.

Abfallendes Becken beim Alpaka

Gerader Rücken beim Lama

FORM DER OHREN

Ein weiteres Unterscheidungsmerkmal ist die Form der Ohren, die bei den Alpakas einer Speerspitze ähnlich ist, während die Ohren von Lamas sehr lang und typisch bananenförmig und nach oben harmonisch verjüngt sind.

Ohren des Alpakas

Ohrenform Lama

Eine weitere Form der Ohren beim Lama ist kurz und gerade.

UNTERSCHIEDLICHE RASSEN BEI ALPAKAS UND LAMAS

Huacaya Alpaka

Es existieren zwei bekannte Alpaka-Rassen: das Huacaya Alpaka, dessen gleichmäßiges Vlies von besonderer Feinheit und Dichte vom Wollschopf auf der Stirne („Top Knot") bis zum Fesselgelenk knapp über dem Boden reicht. Verwendung finden Huacaya Alpakas in den Herkunftsländern sowie auch bei uns als Vlieslieferanten sowie als Freizeittiere. Als Vlies wird die wertvolle Wolle der Tiere bezeichnet, die im Unterschied zu Schafwolle an der Oberfläche der Haare mikroskopisch glatte Schüppchen aufweist, aber keine Häkchen enthält, wie das Haar des Schafes, und deshalb nicht über dessen ausgeprägte Filzeigenschaften verfügt.

Huacaya Alpaka

Huacaya Alpakas müssen jährlich komplett geschoren werden. Dabei ist von Kopf bis Fuß vorzugehen; stehengelassene Partien am Kopf und am Schwanz werden mit der Handschere zurechtgeschnitten. Halb abgeschorene Hälse, die den Tieren ein bizarres oder lächerliches Aussehen verleihen, sind abzulehnen, zumal die Haare weiterwachsen und im Sommer Qualen durch Hitze hervorrufen. Professionell geschorene Alpakas überstehen auch die Sommerhitze gut.

Top Knot eines Huacaya-Alpakas

Die Witterungsbedingungen hierzulande sind nicht mit den Bedingungen in den Anden vergleichbar, wo Hitze am Tag mit Kälte in der Nacht abwechselt.

Die Fütterung besonders wertvoller, vliesliefernder Huacaya Alpakas unterscheidet sich von der Fütterung von Lamas, deren Wollqualität für die Herstellung von Wollprodukten eine untergeordnete Rolle spielt.

Suri Alpaka

Nur sehr selten trifft man Suri Alpakas an; ihr Anteil beträgt schätzungsweise unter

Suri Alpakas

Suri Alpaka

5 Prozent der gehaltenen Alpakas. Die seltenen Suri Alpakas zeichnen sich durch ein seidiges, in langen Locken vom Körper herabhängendes Vlies aus, das einen typischen Glanz aufweist, in der Verarbeitung durch seine Feinheit und Länge besondere Ansprüche stellt und durchaus an die Feinheit der Huacaya-Vliese heranreicht.

Classic Lama

Classic Lamas sind wie alle anderen Neuweltkameliden unempfindlich, robust und genügsam. Sie verwerten ihr Futter bis zum Äußersten, das heißt, sie gedeihen und leben von karger Nahrung, die, in ausreichendem Maße zur Verfügung stehend, bis zum letzten Halm verwertet wird. Dafür ist die Verdauung verantwortlich, die die Tiere mit ausreichend Mikrobeneiweiß, Energie und Vitaminen versorgt. Lediglich Mineralstoffe müssen den südamerikanischen Kleinkamelen hierzulande zugeführt werden, da die Böden in unseren Breiten durch ein geringes Mineralstoffangebot Mangelerscheinungen erwarten lassen.

Classic Lamas haben ein kurzes, eher raues Haarkleid; die Beine, Kopf und Hals sind meist sehr kurz behaart, der Schädel oft „trocken“ (Blutgefäße unter der Haut erkennbar).

Classic Lama, Portrait

Classic Lama

Manche Tiere tragen eine Art Mähne; die Haare am Hals und an den Beinen bleiben kurz. Die „Decke“ am Körper neigt zum Verfilzen und kann sich bei verwahrlosten Tieren, bei denen die Schur ausgeblieben ist, in Fetzen ablösen.

Wooly Lama

Wooly Lamas sind, wie der Name sagt, die wollige Ausgabe der Lamas. Die Behaarung ist vom Kopf bis zu den Beinen lang und herabhängend. Da sie ständig nachwachsen, sind regelmäßige Schuren notwendig, es sind aber auch jährliche Teilschuren möglich. Wooly Lamas sind ebenso ruhige wie attraktive Begleiter auf Wanderungen; die Sattellage wird bei Trekkingtieren stets kurz gehalten, wiewohl in den Ursprungsländern das Vlies nicht jährlich geschoren wird, um durch den entstehenden Filz eine weiche Unterlage für die Packtaschen zu erlangen.

Wooly Lama, Portrait

Wooly Lama nach der Teilschur

Suri Lama

Wie bei den Alpakas hängt das Vlies bei den sehr seltenen Suri Lamas in seidigen, glänzenden Locken vom Körper herab; die Verarbeitung des Vlieses zu Seilen und Decken ist möglich.

Suri Lama

Huarizo

Eine in Südamerika gebräuchliche Kreuzung aus Lamahengst und Alpakastute wird Huarizo genannt. Die Körperproportionen sind manchmal unausgewogen und unterschiedlich; die Tiere werden als Fleisch- oder Wolllieferanten verwendet.

WILDFORMEN

Vikunjas und Guanakos – die wildlebenden Verwandten unserer Lamas

In den Gebirgszügen der Anden, den Steppen Patagoniens, in den Hochebenen von Peru bis Feuerland leben die Wildformen unserer domestizierten Lamas und Alpakas.

Bei Wildformen ist die Farbe des Fells bei allen Individuen derselben Art einheitlich. Es gibt keine Farbschläge wie bei den domestizierten Formen.

Guanako

Die Fellfarbe des Guanakos ist an den Beinen, am Rücken und am Hals Rotbraun, am Bauch und den Innenseiten der Schenkel Weiß. Das Gesicht erscheint dunkelgrau mit dunklen Augen. Guanakos sind schwerer und größer als Vikunjas und erreichen eine Schulterhöhe von etwa 110 cm.

Sie leben in größeren Herden, mit einem Leithengst und mehreren Stuten.

Ihre Heimat sind die Hochsteppen des Altiplano, vom südlichen Peru ausgehend bis zur Südspitze Südamerikas in Höhen bis zu ca. 4.600 m.

Guanako (© istockphoto.com/aumphotography)

Vikunja

Die leichteren und zierlichen Vikunjas leben in den Graslandschaften und Hochebenen der Kordilleren Perus, Boliviens und Argentiniens bis ins südliche Chile, in hohen Lagen bis zu 5.000 m Seehöhe.

Ihre Fellfarbe ist Zimtbraun, an den Innenseiten der Beine hell oder Weiß; an der Brust befindet sich ein längerer Haarschopf (Brustmähne) von weißer Wolle. Sie sind die kleinsten aller südamerikanischen Kamele und erreichen eine Schulterhöhe von 100 cm.

Auch Vikunjas leben in Herden mit einem Leithengst, den Stuten und Fohlen sowie in Junggesellenrudeln, denen sich auch einzelne, erwachsene männliche Tiere anschließen.

Es bestehen bei allen vier Arten der südamerikanischen Kleinkamele jene bedeutsamen biologischen Gemeinsamkeiten, die wir noch bei den Lamas und Alpakas kennenlernen werden.

Vikunja

KÖRPERSPRACHE UND BESONDERHEITEN

Wer Alpakas und Lamas beobachtet, stellt schnell fest, dass die Tiere weit mehr Verhaltensweisen an den Tag legen als Fressen, Wiederkauen und Ruhen. Je mehr Tiere in einem Herdenverband leben, desto mehr interessante, natürliche Verhaltensweisen ihrer wildlebenden Verwandten können beobachtet werden.

NEUGIERDE UND SCHEU

Alpakas und Lamas sind grundsätzlich neugierige, aber scheue Tiere. Durch das „Handling" des Menschen werden die Tiere zahm, und lassen sich, auch ohne zuvor gefangen und gehalftert zu werden, bis zu einem gewissen Grad berühren. Diese Berührungstoleranz ist abhängig von der Häufigkeit der Berührungen und steigt bei der Verwendung als Therapie-, Trekking- oder Showtiere. Berührungen an den Beinen, am Rücken, Kopf und Schwanz werden unterschiedlich toleriert. Auf das Erlernen von Berührungstoleranz wird beim Training ab S. 83 eingegangen.

Neugierige Fohlen

Unterwerfung eines Alpakafohlens

Fohlen lernen wichtige Verhaltensweisen von den Jährlingen und Müttern, ihren Tanten und eventuell in der Herde gehaltenen Wallachen. Erwachsenen Hengsten gegenüber zeigen die Fohlen durch Anheben des Schwanzes Unterwerfung.

Sehr junge Fohlen werden von erwachsenen Hengsten in der Regel ignoriert; ältere männliche Fohlen dürfen wegen ihres frechen und neugierigen Verhaltens nicht vor Erreichen der Geschlechtsreife zu Hengsten gegeben werden, denn dann kann die Begegnung für die Fohlen rasch sehr gefährlich werden. Kurze Begegnungen mit den Hengsten sind möglich und nicht schädlich für die Fohlen, jedoch sollten diese Begegnungen durch einen trennenden Zaun, zur Sicherheit der Jungen, erfolgen.

OHREN

Die Ohren sind äußerst bedeutsame Mitteilungsorgane, an denen der Gemütszustand von Neuweltkameliden schnell festgestellt werden kann. Nach vorne, hoch aufgerichtete Ohren vermitteln freundliche Neugier oder lassen Wachsamkeit erkennen, während die Ohren bei Ablehnung und Ärger nach hinten, bei echter Frustration gar nach hinten und unten gerichtet sind.

Ruheposition mit nach hinten gerichteten Ohren, wird oft bei Fohlen gesehen

Freundliches Lama; die Ohren sind nach vorne gerichtet

Entspanntes Lama, die Ohren sind locker nach hinten gerichtet

Im Unterschied zu Wohlbefinden, verraten diese Tiere durch den angespannten Gesichtsausdruck und die nach hinten gelegten Ohren Anspannung durch eine neue Situation (Umgruppierung).

ÄRGER UND ABLEHNUNG

Für Unbehagen existieren bei Alpakas und Lamas starke Ausdrucksformen, mit ihrer Körpersprache zeigen sie unmissverständlich ihren Unmut oder Ärger. Nähert sich ein unterlegenes Tier einem dominanten, dann wird das dominante Tier mit einem schnellen Hinwenden, einem Hinschnellen des Kopfes mit nach vorne ausgestrecktem oder nach hinten gebogenem Hals, je nachdem, von wo sich das unterlegene Tier nähert, und nach hinten angelegten Ohren seinen Toleranzbereich „abstecken". Alpakas und Lamas wahren innerhalb der Herde eine gewisse Distanz zueinander; zwar fressen sie am liebsten gleichzeitig, aber nicht jedes Tier darf beliebig die gemeinsame Futterstelle betreten oder sich ihr nähern. Auch während die Tiere nebeneinander fressen, sieht man, wie ranghohe Tiere immer wieder abweisende Kopfbewegungen mit zurückgelegten Ohren in Richtung der rangniedrigen andeuten. Ein unterlegenes Tier wird jedoch auch immer wieder versuchen, doch einen Halm zu erhaschen, dennoch wird es wieder weggewiesen. Verlässt es den engen Toleranzbereich nicht, kann das dominante Tier auch zum ultimativen, kameltypischen Spucken zurückgreifen, das unmissverständlich bedeutet, dass keine Annäherung geduldet wird.

Das Zurückschnellen des Kopfes und die angelegten Ohren zeigen den Ärger des Tieres.

Spucken

Normalerweise wird wenig gespuckt und selbstverständlich niemals auf den Menschen. Normal aufgewachsene und gehaltene Tiere spucken nur auf Artgenossen und auch nur, um ihre Dominanz zu zeigen und durchzusetzen. Im Normalfall wird Speichel, vermischt mit dem Inhalt des Maules, ausgespuckt; das kann Gras, Heu oder jedes kürzlich verzehrte Futtermittel sein. Steht ein Mensch zufällig genau zwischen den gerade rivalisierenden Tieren, kann es vorkommen, dass er aus Versehen mit angespuckt wird. Zerkaute Apfelstückchen oder scharfkantige Getreidestücke können schmerzhaft auf der Haut landen, da der Maulinhalt heftig hervorgespuckt wird.

Sind die Tiere sehr ärgerlich oder außer sich, wie es bei handfesten Rangkämpfen bei Hengsten oder beim Festhalten bei Untersuchungen oder zum Zwecke eines Eingriffes passiert, dann wird mehr als nur Maulinhalt hervorgespuckt; dann kommt Mageninhalt zum Einsatz, der übel riecht und in großen Mengen auf den Gegner ausgespuckt wird, jedoch harmlos und ungefährlich ist.

Manche Tiere merken sich, wer ihnen übel mitgespielt hat (der Tierarzt), und vermögen auch noch nach längerer Zeit, Monaten oder Jahren, denselben Menschen bei einer neuerlichen Begegnung zu erkennen; dann angespuckt zu werden, ist keine Seltenheit. Deshalb sei ans Herz gelegt, das Handling mit den Tieren zu erlernen, um zu vermeiden, dass Tiere so gestresst werden, dass die Situation in einer Spuckattacke endet.

Hat sich ein Tier so aufgeregt, dass es heftig gespuckt hat, oder ist der Rangkampf mit einem Rivalen beendet, dann mündet die Spuckerei in einer Lähmung des Unterkiefernerven. Das Maul steht offen und kann auch für längere Zeit, etwa bis zu zwanzig Minuten, nicht mehr geschlossen werden. Als eine Art Übersprungshandlung versuchen manche Tiere, zu fressen zu beginnen, jedoch lässt sich das Maul nicht mehr schließen, die Unterlippe hängt herab und der Bissen bleibt im Maul stecken, ohne zum Kauen erfasst werden zu können.

Wird festgestellt, dass ein Tier ein herabhängendes Maul hat, dann kann durch Beobachtung häufig festgestellt werden, welches andere Tier mit ihm eine Auseinandersetzung gehabt haben muss, da es meist ein zweites Tier mit der beschriebenen Lähmung gibt. Die Rivalen gehen sich aus dem Weg oder beginnen zu einem anderen Zeitpunkt erneut eine Auseinandersetzung. Gleich alte, gleich starke Hengste neigen zu ununterbrochenem Kräftemessen, sodass erst Ruhe einkehrt, wenn die Tiere getrennt und fortan in verschiedenen Gehegen gehalten werden.

Lähmung nach heftigem Spucken

Der Gegner mit ebenfalls hängender Unterlippe

DOMINANZVERHALTEN

Nicht nur zwischen erwachsenen Tieren einer Herde wird Dominanz durch die beschriebenen Verhaltensweisen ausgedrückt. Wird ein neues Tier in eine bestehende Herde integriert, dann kann, meist in Hengstengruppen, aber bereits auch bei jungen Fohlen, Unterwerfung beobachtet werden. Das unterlegene Tier trägt den Kopf und Hals tief, der Schwanz wird nach oben gedreht und es erfolgt eine Geruchskontrolle durch das andere Herdenmitglied.

Je nach Stärke des oder der anderen Tiere einer Herde folgen unmittelbare Dominanzgesten, indem ein Tier angesprungen oder bestiegen wird und damit die Rangordnung wieder hergestellt wird.

In Stutenherden ist die Dominanz weniger ausgeprägt und beschränkt sich in den meisten Fällen auf Bespucken.

Unterwerfung bei erwachsenen Tieren

Bespringen als Dominanzverhalten

Dominanz bei mehreren erwachsenen Hengsten

KOMFORTVERHALTEN

Tiere, die zufrieden und wiederkauend ihren Liegeplatz eingenommen haben, sitzen meist auf den abgewinkelten, unter dem Körper ruhenden Beinen und bewegen sich kaum. Die Beine können aber auch nach vorne oder hinten ausgestreckt oder in verschiedenen Winkeln vom Körper weggestreckt werden. Insbesondere bei warmem Wetter sind leicht angehobene Hinterbeine zu beobachten, was dazu führt, dass die Luft unter dem Körper zirkulieren und damit das Tier kühlen kann.

Seitlich flach, mit ausgestreckten Gliedmaßen auf dem Boden liegende Tiere scheinen zu schlafen; nur die Atmung bewegt den Brustkorb, ansonsten verharren die Tiere reglos. Auch wird der Kopf manchmal vor den Beinen auf den Boden gelegt und in dieser Position geruht. Auch ausgestreckte Vorderbeine sind ein Ausdruck des Wohlbefindens.

Entspannte Haltung: Temperaturausgleich durch die Haltung der Hinterbeine

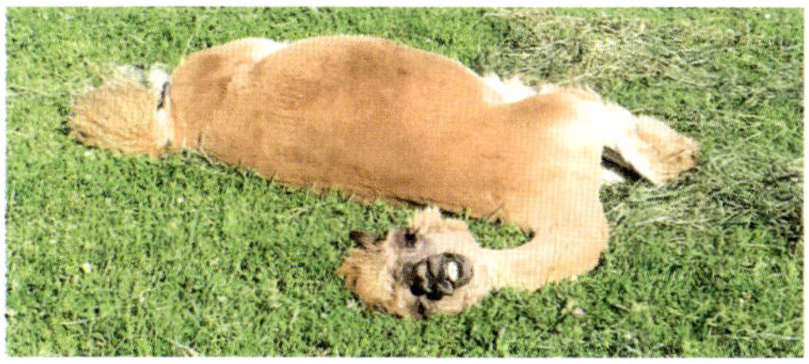

Alpaka ruhend in Seitenlage

Ruhen eines Lamas in Seitenlage

Ein oder zwei Beine ausgestreckt – Komfortverhalten

KÖRPERPFLEGE

Nicht nur erreichen Alpakas und Lamas mit ihrem langen Hals juckende Stellen scheinbar an jeder erdenklichen Körperstelle, um sich zu benagen; ihre langen Beine mit den spitz zulaufenden Nägeln dienen ebenfalls als vortreffliche Werkzeuge, um juckende Stellen mit dem Nagel präzise zu kratzen, sodass das Zusehen zum Vergnügen wird. Dennoch darf normale Körperpflege nie mit Juckreiz verwechselt werden. Starker Juckreiz, bei dem immer wieder gekratzt oder genagt wird, ist ein Hinweis auf Parasiten und die benagten Stellen müssen eingehend untersucht werden.

Benagen

Staub- oder Sandbad

Natürlicherweise legen Neuweltkameliden selbst ausgewählte Wälzplätze an und nutzen diese frequent zum Staubbad. Dadurch reinigen sie ihre Körperoberfläche und das

Wälzen im Staubbad

Staubbad beim Wandern

Vlies, indem zunächst gründlich und ausgiebig, eine Körperseite auf die andere folgend, gewälzt wird und danach in einer großen Staubwolke mitsamt vorhandenen, sich durch den Staub lösenden Pflanzenteilen oder kleinen Tierchen (Parasiten!) ausgeschüttelt wird.

STRESS

Neuweltkameliden sind ruhige, sanfte, ausgeglichene und ausgleichende Tiere. Nicht jedermann erkennt, wie es einem Tier geht, wirkt es doch auf den ersten Blick, insbesondere des Anfängers, stets gleich hochmütig und ruhig auf den Beobachter. Dennoch verursachen neue, unbekannte oder bedrohliche Situationen Stress, den die Tiere kaum zeigen – übersieht man die Anzeichen, dann versucht das Tier zu flüchten. Dieser bei Neuweltkameliden ausgeprägte Fluchtinstinkt kann durch die langsame Gewöhnung an die neuen Umstände gemildert oder abgeschafft werden.

Stress. Sichtbar an der verkrampften Muskulatur des ringförmigen Hautmuskels am Unterlid

Stress bedeutet im Tierreich Vorbereitung zur Flucht. Stresshormone werden in winzigen Mengen ins Blut ausgeschüttet und bewirken die Konzentration verschiedener Körperfunktionen auf das „Wesentliche" – auf Flucht zwecks Überlebens. Die Verdauungsorgane werden weniger und die Muskulatur stärker durchblutet, die Sinne auf Wachsamkeit und eine mögliche gemeinsame Flucht eingestellt.

Zunächst legt ein gestresstes Tier seine Ohren stark nach hinten an und erstarrt mit hoch erhobenem Kopf. Noch besser erkennbar wird der „Seelenzustand" eines Alpakas oder Lamas an einer kleinen Hautfalte unter dem Auge, wenn dies dem Beobachter geläufig ist.

Stellt man bei seinem Tier Stress fest, soll überlegt werden, wie weiter vorgegangen wird. Ein ruhiger Umgangston, ein ruhiges Handling, vielleicht eine Unterbrechung der begonnenen Aktivität oder langsameres

Heranführen an eine möglicherweise neue Situation muss überlegt werden.

Beobachten Sie Ihre Tiere genau! Wann zeigen sich die ersten Anzeichen von Stress? Welches Tier ist betroffen? Was könnte die beunruhigende Situation sein und wie kann die Situation für dieses Tier vermieden werden?

Keinesfalls sollen Tiere von zumindest einem ihrer Herdenmitglieder je getrennt werden. Herdenmitglieder in Augenkontakt zu haben, ist einer der wichtigsten Wohlfühlfaktoren, auch wenn das zu separierende Tier wegen Krankheit im Stall eingesperrt oder wegtransportiert werden muss. Auch wenn es mehr Aufwand und Kosten bedeutet, sollten Alpakas oder Lamas immer Kontakt zu Herdenmitgliedern haben dürfen, sodass auch der Transport in die Tierklinik oder die Verbringung zum Deckhengst immer in Begleitung eines zweiten Tieres und auch für die Dauer des notwendigen Aufenthaltes vorgesehen werden sollte, um den unter Umständen krankheitsauslösenden Stress für die Tiere zu minimieren.

Stress zeigt sich auch in stark nach hinten angelegten Ohren und verkrampften Gesichtsmuskeln bei erhobenem Kopf

WACHSAMKEIT

Auch in „Gefangenschaft“ gehaltene Neuweltkameliden sind wachsam; zumindest eines der Tiere einer Herde übernimmt den Dienst des Wächters und passt auf. Es hebt während des Grasens immer wieder den Kopf und entdeckt sich bewegende Objekte sogar in großer Entfernung. Manchmal wird die Entdeckung, insbesondere wenn es sich dabei um Gefahr handeln könnte, mit einer warnenden, lautgebenden Äußerung (Wiehern) an die anderen Herdenmitglieder mitgeteilt.

Die im Hintergrund grasende Herde wird von einem Wallach bewacht, der einen Besucher erspäht hat.

Der Wächter nähert sich langsam dem Besucher.

Scheinbar ziellos schlendert er hangseitig heran.

Mit seinem Körper „versperrt" er scheinbar den Blick auf die Stuten.

Das Kratzen ist ein Ablenkungsmanöver. Er steht wie eine Barrikade genau vor dem Beobachter.

Da keine Gefahr von dem Besucher ausgeht, verlässt er langsam den Schauplatz. Keine der Stuten hat den Kopf gehoben. Der zweite, ältere Wallach rechts im Hintergrund hat beobachtend den Kopf gehoben.

Die Herde weidet ungestört weiter; der Wächter hat seine Aufgabe erfüllt.

LAUTÄUSSERUNGEN

Summen

Die häufigste Lautäußerung bei Neuweltkameliden besteht in einem leisen Summen, das manche Tiere dann äußern, wenn sie besorgt nach ihrem Jungen oder etwa einem Herdenmitglied „fragen". Fehlt ein Tier, dann kann dieses Summen den ganzen Tag andauern; manche Tiere äußern damit allfälliges Unwohlsein, andere summen scheinbar ohne Grund. Das Summen wird von Menschen als angenehm wahrgenommen; Neuweltkameliden sind insgesamt sehr ruhige Tiere.

Wiehern

Wiehern ist ein Alarmruf. Lamas und Alpakas, insbesondere Leithengste oder -stuten, wiehern bei vermeintlicher Gefahr, wie etwa durch einen sich nähernden Hund. Einige Lamas und Alpakas warnen vor Hunden; meist ist es eine Frage der frühen Sozialisation mit Hunden, ob Lamas und Alpakas den Hund als Gefahr erkennen, den eigenen Hund oder vorbeispazierende Menschen mit ihren angeleinten Hunden gewöhnt sind.

Das Wiehern klingt nicht wie das des Pferdes, es ist eher ein unmelodischer, kurz unterbrochener lauter Schrei. Alle Tiere erheben die Köpfe und blicken in die Richtung, in die der Wiehernde schaut. Die Herde ist jedenfalls in Alarmbereitschaft; verschwindet die Gefahr, dann wenden sich die Tiere wieder ihrer Beschäftigung zu. Überhaupt werden andere Lebewesen von Neuweltkameliden sehr früh wahrgenommen. In gebirgigen Gegenden, wo die Tiere bis zum Gegenhang sehen können, bleibt etwa ein Spaziergänger mit Hund meist nicht unentdeckt; oft sind es auch Wildtiere, die die Aufmerksamkeit der Lamas und Alpakas erregen.

Die Aufmerksamkeit greift auf die ganze Herde über, sodass man, dem Blick der Tiere folgend, den „Eindringling" entdecken kann. Deshalb eignen sich Lamas und Alpakas unwidersprochen als wachsame Herdenschützer.

Warnschrei

Der hohe, einzelne Warnschrei eines Tieres zieht das Aufschrecken und die unmittelbare Flucht der ganzen Herde nach sich. Diesen Warnschrei vernimmt man äußerst selten, möglicherweise steckt dahinter eine derartig beunruhigende Situation, die die ganze Herde zur sofortigen Flucht veranlasst.

Warnschreie, die hoch und schrill ausgestoßen werden, äußern auch Hengste beim Hengstkampf, während der Gegner über das Gelände verfolgt wird.

Wachsamkeit: Die Lamas und Alpakas haben eine Gämse entdeckt, die sich dem Gehege nähert.

Hengste beim Kampf: Der Gegner wird mit Schreien verfolgt.

Leandro beim Orgeln

Orgeln

Das Orgeln der Neuweltkamelidenhengste ist außergewöhnlich für Menschen, die mit anderen Nutz- und Heimtieren bereits in Kontakt waren, aber niemals zuvor einen Lama- oder Alpakahengst beim Deckakt beobachten konnten. Der Gesichtsausdruck ist entrückt, die Nüstern gebläht, mit jedem Atemzug stoßen die Hengste einen durchgehenden, gurgelnden Laut aus, der sich wiederholend über viele Minuten, ja bis zu einer halben Stunde ziehen kann, so lange, wie der Deckakt dauert.

Nach der Ejakulation erhebt sich der Hengst ruckartig von der Stute und das Orgeln verstummt.

EIGENARTEN DER FORTBEWEGUNG BEI NEUWELTKAMELIDEN – DER PASSGANG

Die Fortbewegung auf vier Beinen erfordert es, die Schritte zwischen den Vorder- und den Hinterbeinen so wie die der rechten und der linken Gliedmaßen zu koordinieren. Verschiedenen Tierarten sind unterschiedliche Fortbewegungsarten eigen; eine der mit Abstand häufigsten Fortbewegungsarten ist der Kreuzgang. Im Gegensatz dazu bewegen sich Kameliden im Passgang. Beim Kreuzgang „kreuzen“ sich die Schritte der linken und rechten Gliedmaßen der jeweils gegenüberliegenden Seite.

Der Kreuzgang

Die Hintergliedmaßen treten vor, hinter oder in den Abdruck der Vordergliedmaßen ein. Das linke vordere Bein wird beinahe gleichzeitig mit dem rechten Hinterbein und umgekehrt voranbewegt. Der Impuls zur Vorwärtsbewegung kommt aus den großen Muskelgruppen der Hinterbacken, dort, wo die Beine mit dem Becken verbunden sind. Bei vielen Tierarten ruht mehr Gewicht auf den vorderen Beinen. Genick, Kopf, Halsmuskulatur und etwaige Waffen (Hörner, Geweihe) bedeuten mehr Gewicht auf den Vorderbeinen.

Linkes Vorder- und linkes Hinterbein werden vorgeführt.

Der Passgang

Großkamel, Giraffen und auch Neuweltkameliden bewegen sich im Passgang vorwärts und setzen die linke vordere und die linke hintere Gliedmaße *gleichzeitig* in Bewegung und der Gang findet im nächsten Schritt *beider Beine der rechten Seite* seine Fortsetzung.

Im Passgang der Neuweltkameliden entfällt eine ausgleichende Schaukel- oder Nickbewegung des Halses, sodass der zum Körper klein erscheinende Kopf scheinbar bewegungslos dem Tier „folgt" bzw. ihm bewegungslos vorausgetragen wird. Passgang kostet, wie nur sehr wenige Literaturstellen beschreiben, wenig Energie und er kann über weite Strecken mit weniger Anstrengung gegangen werden.

Rechtes Vorder- und und rechtes Hinterbein werden vorgeführt.

ORGANE ZUR DUFTMARKIERUNG UND GERUCHSWAHRNEHMUNG – METATARSALDRÜSEN

Ein bei Neuweltkameliden bei beiden Geschlechtern vorhandenes Organ liegt an den Hinterbeinen jeweils sowohl an der Innen- als auch an der Außenseite auf Höhe ca. des oberen Drittels des Metatarsus (Mittelfußes) vor. Es handelt sich um zwei längliche, grau bis gelblich oder ockerfarbene, 4 bis 7 cm lange, 0,5 bis 1 cm breite haarlose Stellen, den Metatarsalorganen oder -drüsen. Da an derselben Stelle beim Pferd die Kastanien bekannt

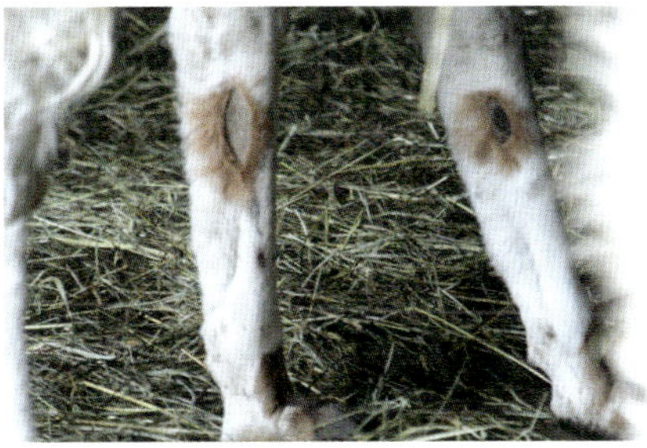

Metatarsaldrüsen

sind, werden sie fälschlicherweise funktional damit in Zusammenhang gebracht. Es handelt sich dabei aber um Areale, die von Talgdrüsen gebildet werden, die ihr fettiges Sekret an die Oberfläche ausscheiden. (FOWLER, 2010)

Man vermutet ihre Funktion in Duftmarkierungen für territoriale Zwecke; vielleicht sind sie für dort angebrachte individuelle Markierungen verantwortlich. Beobachtet man Neuweltkameliden, dann stellt man fest, dass immer wieder die Hinterbeine aneinander gerieben werden, möglicherweise um das Sekret bzw. die darin enthaltenen Duftstoffe auf das Haarkleid an den Beinen zu verteilen, um danach an diversen Stellen im Revier verbreitet zu werden.

Ähnliche Lokalisationen verschiedener Drüsen sind bei Wildwiederkäuern an mehreren Körperstellen bekannt, im Gegensatz zu Neuweltkameliden jedoch im Falle der Tarsaldrüsen mit markanten Haarbüscheln ausgestattet. Beobachtet werden können etwa bei verschiedenen Ziegenarten Drüsen im Kopf- bzw. Augenbereich, die durch gezieltes Reiben des betreffenden Drüsenfeldes an markanten Pflanzen in den Weidegebieten, wie lange Grashalme, territorialen Markierungszwecken dienen.

Zur genauen Funktion von anderen eventuell pheromonwirksamen Duftdrüsen bei Neuweltkameliden liegen derzeit wenige Forschungsergebnisse vor.

PHEROMONE

Pheromone sind Duftstoffe, die in winzigen Mengen sezerniert (von Drüsen ausgeschieden) werden und die Funktion haben, unter den Tieren einer Art Kommunikation oder Austausch von Information verschiedenen Inhaltes zu ermöglichen. Möglicherweise ist ein Zusammenhang mit der Paarungsbereitschaft gegeben, um den Sexualpartner aufzufinden.

Wahrnehmung der Duftmoleküle

Verschiedene Säugetiere besitzen ein Vomeronasales Organ im nasennahen Oberkieferbereich, mit dem durch Lufteinsaugen spezialisierte Nervenzellen den Geruchsimpuls (Schlüssel-Schloss-Prinzip) an das Gehirn weitergeben und mögliche Verhaltensweisen (Paarungsbereitschaft) auslösen können.

Männliches Lama bei der Aufnahme von Duftstoffen vor der Verarbeitung der Information im Gehirn (Flehmen)

Links: Aufnahme von Geruchseindrücken vor dem Kotabsatz; rechts: Bereits die Fohlen von Lamas und Alpakas benutzen den Kotplatz, den sie aufgrund von Duftmarkierungen als solchen identifiziert haben.

ANDERE DRÜSEN

Mit den Zwischenzehendrüsen (Interdigitale Drüsen) liegen weitere Drüsen vor, deren Funktion unbekannt ist, die jedoch vermutlich zur Markierung von Kotstellen mit individuellen Duftmarken dienen. Großkamele besitzen Kopfdrüsen, die hinter den Ohren gelegen sind. Auch bei Neuweltkameliden kann beobachtet werden, dass Kopf und Ohren am Boden gerieben werden, jedoch sind die dort vermuteten Drüsen bei Neuweltkameliden in der vorliegenden Literatur nicht beschrieben worden.

HERDENSTRUKTUR

Hengst, Stute, Fohlen

Weibliche Tiere und ihre Jungen bezeichnet man wie bei den Pferden als Stute und Fohlen, männliche als Hengste; kastrierte männliche Tiere als Wallache.

Es ist nicht möglich, mehrere Hengste und Stuten zusammen zu halten, sehr wohl hingegen können *Stuten und Wallache* oder *Hengste und Wallache* gemeinsam gehalten werden.

Hält man einen einzelnen Hengst dauerhaft mit mehreren Stuten, dann muss damit gerechnet werden, dass alle Stuten tragend werden; bereits kurz nach der Geburt der Fohlen werden die Stuten abermals vom Hengst gedeckt. Töchter sind nach etwa 1½ Jahren geschlechts-, aber nicht zuchtreif und dürfen nicht vom Vater gedeckt werden. Deshalb ist die dauerhafte Haltung eines einzelnen Hengstes zusammen mit Stuten abzulehnen; ebenso darf ein Hengst nicht dauerhaft alleine getrennt von den Stuten gehalten werden, er muss mit mindestens einem weiteren männlichen Tier (Hengst oder Wallach) in einer Hengstengruppe zusammen gehalten werden.

Es empfiehlt sich aus Platzgründen zunächst, mit den Stuten zum Decken zu fahren und sich nicht schon zu Beginn einen Deckhengst anzuschaffen.

Völlig abzulehnen ist die Anschaffung eines „Pärchens", also einen Hengst und eine möglicherweise bereits trächtige Stute. Verhaltensauffälligkeiten sind die Folge, da kein natürlicher Herdenverband besteht, sowie Gesundheitsprobleme, die bei der Stute unausweichlich entstehen, da der Hengst sie unentwegt deckt, auch wenn sie bereits trächtig ist.

Für Fragen in der Anschaffung stehen verschiedene Informationsveranstaltungen und Kurse der Vereine zur Verfügung.

Verhalten im Herdenverband

Lamas und Alpakas sind unkomplizierte Herdentiere, die mit ihrer Körpersprache ihr Wohlbefinden, Ärger oder Angst auszudrücken vermögen, aber selten zeigen, wenn sie krank sind oder Schmerzen haben. Ein gesundes Tier nähert sich dem Menschen mit nach vorne aufgestellten Ohren und wachsamem Blick. Niemals stürmt ein Kleinkamel heran, sucht auch nicht in den Taschen und es berührt den Menschen nach Möglichkeit nicht. Das Tier selbst fühlt sich nicht wohl, wenn der Mensch die Hände ausstreckt und es berühren möchte. Lamas und Alpakas sind neugierig, aber zurückhaltend, ja, manchmal scheu. Tiere, die im Herdenverband leben, betrachten den Menschen nicht als Herdenmitglied und auch nicht als ihren Anführer. Diese Position hat ein Leittier inne.

Das Leittier in einer Hengstenherde ist der Leithengst, dessen Position nie völlig gefestigt ist und die er immer und immer wieder verteidigen bzw. auskämpfen muss, besonders wenn gleichaltrige oder ähnlich starke Hengste in der Herde leben.

In der Stutenherde nimmt eine Leitstute die Position des Leittieres ein, sie bewacht und führt die Stuten und Fohlen. Ebenfalls wachsam und festigend für die Herde können Wallache sein, die gemeinsam mit den Stuten und Fohlen laufen.

Junge Tiere, die im Stutenverband aufwachsen und mit den verschiedenen Herdenmitgliedern in Interaktion treten, sind grundsätzlich dem Menschen gegenüber neugierig. Sie sollten zumindest die ersten 8 bis 12 Lebensmonate, bis zum Beginn des Trainings, nicht viel mehr berührt werden, als dass sie gelegentlich gefangen und kurz festgehalten werden. Nach der gelegentlich heftigen Abwehr beruhigen sich die Tiere und werden wieder aus der Berührung des Menschen entlassen. Zu intensive Annäherung des Menschen an junge Fohlen fördert die Fehlprägung, die unbedingt vermieden werden muss, insbesondere gilt dies für männliche Fohlen.

Leittier (Stuten)

UNTERBRINGUNG VON LAMAS UND ALPAKAS

ZÄUNE

Lamas und Alpakas müssen so eingezäunt werden, dass ihnen jede Fluchtmöglichkeit entzogen wird. Kennen sie das Gelände und ihr Gehege und sind ihre Bedürfnisse nach Nahrung, Wasser und Schutz vor Witterung und Gefahren erfüllt, versuchen sie im Normalfall nicht auszubrechen. Weil trotzdem entflohene Tiere relativ schwierig einzufangen sind, kann vorbeugend versucht werden, rund um das Gelände noch einen zweiten „Sicherheitszaun" zu errichten bzw. zumindest optisch anzudeuten. Nützlich ist auch ein eventuell bereits vorhandener beliebiger, etwas höherer Gartenzaun rund um das Grundstück; zusätzlich kann auf einen weiteren, bestehenden Zaun eine Strom- oder Drahtlitze in etwa 1,40 bis 1,60 m Höhe als „optische Barriere" angebracht werden.

Straßenbenützer müssen vor freilaufenden Tieren, die Tiere aber auch vor Unfällen geschützt werden. Haftpflichtversicherungen setzen funktionierende Zäune im Schadensfall voraus!

Die Erfahrung lehrt, dass Tiere sich meist dann aus dem Gehege entfernen, wenn eine Türe/ein Tor offen geblieben ist. Neugierig nutzen sie jede sich bietende Gelegenheit einer offenen Tür. Häufig benutzte Tore sollten daher *immer* hinter sich geschlossen werden – dies sollte zur Gewohnheit werden, sei es auch nur für einen noch so kurzen Moment.

Höhe des Zaunes

Die empfohlene Höhe beträgt bei Lamas 1,40 bis 1,60 Meter, bei Alpakas können 1,10 Meter ausreichen, besser bis zu 1,40 Meter. Lamas und Alpakas, die in Panik geraten (z. B. bei Eindringen eines fremden Hundes ins Gelände, Durchbrechen des Zaunes durch Gewalteinwirkung von außen, Eindringen von Wildtieren), können auch höhere Zäune mühelos durch einen Sprung überwinden. Es gibt auch Tiere, die unter den Zäunen durchkriechen oder im steilen Gelände unter der untersten Litze durchrutschen. Meist gelingt es, das Durchkriechen zu verhindern, wenn bei Holzzäunen eine Begrenzung (Holzlatte) im Bereich der untersten 30 bis 40 Zentimeter oder bei Elektrozäunen eine ordentliche Stromversorgung (siehe S. 43) gewährleistet ist oder eine zusätzliche Litze in einer geringen Höhe angebracht wird. Manchmal ist das isolierende Vlies der Tiere so dicht, dass es die Wirksamkeit des Stroms komplett aufhebt. Meistens ist die Ursache für Durchkriechen jedoch ungenügender Strom und die Erdung muss überprüft werden.

Verschiedene Arten von Zäunen

Festzäune

Holzzäune

Fixe Zäune aus Holz bewähren sich und schützen auch den Menschen vor unangenehmen Stromschlägen, besonders beim häufigen Betreten im Bereich der Unterstände. Ein viel angenehmerer Zugang und ein unmittelbarer Kontakt zu den Tieren, auch von außen, etwa durch Besucher, ist dadurch gewährleistet. Nachteil: Hunde können von außen in das Gehege eindringen und evtl. die Tiere jagen, sie zur Flucht zwingen oder durch Bisse verletzen. Äste und Zweige, die von gutmeinenden Nachbarn oder Spaziergängern ins Gehege geworfen werden, können Vergiftungen nach sich ziehen, weil die abschreckende Wirkung des Stroms auf Menschen entfällt. Vorteil: Durchgestreckte Hände, etwa von Kindern, sind nicht in Gefahr, von einem Stromstoß erwischt zu werden.

Es ist darauf zu achten, dass langlebige Holzsorten, besonders für die Zaunstützen, verwendet werden (evtl. Lärchenpfosten, angespitzt und geteert) oder Metallschuhe, die eingeschlagen werden und auf die die Zaunstützen dann aufgeschraubt werden.

Die Höhe darf 1,60 Meter (3 bis 4 Reihen Querlatten bzw. Zaunbretter) aber auch übersteigen.

Wenn die Tiere den Zaun als „ungefährlich" einstufen, benutzen sie ihn auch gerne, um daran zu knabbern, sich daran zu scheuern etc. Insbesondere Hengste mit ihrem Hang, eine „gute Aussicht" (auf Stuten) zu erhaschen, steigen an den Zäunen hoch und bleiben in dieser Position am Zaun „stehen". Daher muss der Zaun stabil errichtet und jedes Jahr auf Schäden kontrolliert werden. Hervorstehende Schrauben oder Nägel bergen Verletzungsgefahr und sind durch Sichtkontrolle aufzuspüren und zu beseitigen. Gebrochene oder durch Verwitterung instabile Zaunbretter müssen rechtzeitig ersetzt werden.

Holzzaun mit vier Querstreben

Benjamin

Weitere Beispiele für Festzäune Stromführende Zäune

Eine Kombination aus Paneelen

Weidezaun mit Litze und Strom

Es gibt verschiedene Systeme, wie z. B. T-Posts, die mittels Handramme (auch von Frauen) sehr kraftsparend und effektiv eingeschlagen werden können und an denen diverse Kopf- und/oder Ringisolatoren befestigt werden. Empfohlen sind mindestens drei, besser vier Litzen, die entweder aus einem Weideband oder einer gut sichtbaren, farbigen Litze bestehen. Auch blanke Drähte können anstelle der Bänder oder Litzen in die Isolatoren eingefügt werden; wichtig ist es, für die Tiere die Einzäunung sichtbar zu machen, indem weiße oder färbige Bänder oder Litzen in Kombination mit dem Draht verlegt werden.

Erdung

Der weitaus wichtigste Bestandteil eines Weidezaunes ist die Erdung. Empfohlen wird von Fachleuten, mindestens drei 1 Meter lange Erdungsstäbe vollständig in das Erdreich einzuschlagen und diese untereinander mit einem Stück Draht und der gekennzeichneten Anschlussstelle des Zaungerätes zu verbinden. (Einschlagtiefe: die Hälfte der Entfernung der Erdungsstäbe voneinander.) Bei sehr trockenem Wetter sollte der Bereich der Erdung mit Wasser angefeuchtet werden; bei sehr langen Zäunen hilft es, am gegenüberliegenden Ende des Zaunes weitere Erdungen an die unterste Zaunlitze anzubringen.

Stromversorgung

Die Stromversorgung erfolgt aus dem Netz (Netzanschluss), aus einer Autobatterie (Krokodilklemmen) oder aus einer Solarzelle, die am Akku bzw. der Batterie befestigt wird.

Stromstärke

Elektrozäune werden von hoher Stromspannung (Volt), aber niedriger Stromstärke (Ampere) gespeist. Daher ist es zwar schmerzhaft, aber ungefährlich, wenn ein Tier oder ein Mensch in den Stromkreis des Weide-

links: Die Autorin befestigt Isolatoren an T-Posts. Länge der Pfosten 187 cm, Höhe der eingeschlagenen Pfosten ca. 160–165 cm; Mitte: Elektrischer Fixzaun; rechts: Portionsweide mit Hartplastikzaunstützen

Achtung Strom

Weidezaungerät

Prüfgerät

zaunes gerät: Das Tier oder die Person bietet dem Strom eine Möglichkeit, durch den Körper in den Boden abzufließen. Ebenso fließt der Strom aber auch an jener Stelle ab und macht den Elektrozaun wirkungslos, wo ein unbeabsichtiger Kontakt zum Boden entsteht, wie durch herabfallende Äste. Stromführende Zäune sollten dort als solche gekennzeichnet werden, wo sie von Menschen berührt werden könnten.

Weidezaungerät und Prüfgerät

Handelsübliche Weidezaungeräte sind ausreichend, um eine zufriedenstellende Stromspannung zu erreichen. Das Prüfgerät wird verwendet, um den Strom an mehreren verschiedenen Punkten am Zaun zu überprüfen. Bei ungenügendem Strom muss die Batterie neu geladen werden bzw. die Erdung und im Zweifelsfall der gesamte Verlauf des Zaunes überprüft werden.

☺ Ein sicheres Zeichen für eine unterbrochene Stromversorgung oder eine leere Batterie sind die entkommenen Tiere. Sie erkennen schnell, wenn kein Strom mehr fließt, und nutzen die Gelegenheit, den Zaun zu überwinden oder darunter durchzukriechen.

Elektrozäune aus Netzgeflechten

Elektro-Netzzäune, die von Strom durchflossen werden, finden bei Schafen, Ziegen oder Geflügel Anwendung. Sie eignen sich nicht für Neuweltkameliden. Unter bestimmten Umständen überwinden die Tiere mit einem Sprung die niedrigen Netze oder könnten versuchen, ihren Kopf durch das Gitter zu stecken (Nahrungsmangel, Neugierde), und können sich bis hin zur Strangulation verletzen.

Drahtgeflechte erfreuen sich zunehmender Beliebtheit. Dennoch sind sie durch ihre eventuell engen Maschen nicht die idealsten Zäune für Neuweltkameliden. Geraten die Tiere mit dem Kopf oder den Beinen in die Maschen, dann besteht Verletzungsgefahr. Bei ausreichend großer Weidefläche bzw. ausreichendem Futterangebot wird die Verlockung, den Kopf auf der Suche nach Futter durch den Zaun zu stecken, geringer. Auch überwinden die Tiere die stromlosen Zäune mit Leichtigkeit. Hohe, ideal gespannte Wildzäune sind für Neuweltkameliden nur in Ausnahmefällen überwindbar.

- Vorteile von Drahtgeflechten: dauerhafte, pflegeleichte Umzäunung in flachem Gelände. Eignen sich als zusätzliche Begrenzung außerhalb des eigentlichen Weidezauns.

Strangulierter Fuchs (© Privat)

- Nachteil: in steilem Gelände kann durch Schneedruck das Drahtgeflecht eingedrückt werden, die Reparatur ist aufwändig. Auch die gelegentliche Schneeräumung an Straßenrändern kann die Drahtgeflechte unbrauchbar machen.

T-Pfosten und elektrisches Weideband

Stacheldraht ist nicht für die Einzäunung von Neuweltkameliden geeignet und außerdem verboten (Tierhalteverordnung, in Österreich). Es besteht Verletzungsgefahr beim Darüberspringen oder Durchkriechen; schwere Augen- und Hautverletzungen sind mögliche und vermeidbare Folgen.

UNTERSTÄNDE

Neuweltkameliden sind die an winterliche Bedingungen angepassten Tiere schlechthin. Ihr dichtes Vlies sorgt für Isolierung und schützt dadurch vor Kälte. Niederschlag in Form von Schnee macht den Tieren nichts aus, manchmal kann man die Tiere beobachten, wie sie sich förmlich einschneien lassen. Das Vlies isoliert so stark, dass der Schnee auf dem Tier liegenbleibt.

Neuweltkameliden schlagen beim Niederlegen und Ruhen die Beine unter den Körper, und schützen dadurch die Gliedmaßen vor Kälte. Die einzigen durch große Kälte gefährdeten Strukturen sind die Ohren. Bietet man den Tieren bei extremen Witterungsverhältnissen keinen ausreichenden Schutz, dann können bei starkem, eiskaltem Wind die Ohrränder und Ohrspitzen abfrieren. Es ist bereits bei der Bestimmung des Zeitpunktes der Schur darauf Augenmerk zu legen, dass den Tieren genügend Zeit bleibt, um bis zum

Lama im Winter

Der Schnee bleibt auf dem isolierenden Vlies liegen.

Alpakas im überdachten Auslauf

Reichlich Platz zum Betreten bietet dieser Unterstand.

Wintereinbruch ausreichend Vlies zu bilden, um Frieren bzw. Erfrierungen zu vermeiden.

Um Lamas und Alpakas vor Wind und vor allem vor Nässe zu schützen, bewähren sich Unterstände, die ausreichend geschlossen sind (an 3 Seiten) und eine dichte Abdeckung in angemessener Höhe (2,20 Meter und mehr für Lamas, mindestens jedoch 2 Meter) für die Tiere besitzen. Sehr gerne angenommen werden überdachte Ausläufe, die den Bewegungsbereich bei schlechter Witterung vor dem Stall vergrößern und auch oft von den Tieren bevorzugt zum Liegen angenommen werden.

Es muss im Unterstand darauf geachtet werden, dass alle Tiere ausreichend Platz finden.

Ebenso sollte berücksichtigt werden, dass die Eingänge so groß bemessen sind, dass theoretisch mindestens zwei, besser drei oder, je nach Herdengröße, mehrere Tiere gleichzeitig den Eingang passieren können, da sich ranghöhere Tiere im Eingang so platzieren können, dass rangniedrigere Tiere nicht hinein oder hinaus gelangen. Oder die längste Seite bleibt überhaupt offen. Bei offener langer Seite ist es auch rangniedrigen Tieren möglich, den Unterstand zu betreten.

Futterstelle

Ist auch die Futterstelle im Unterstand untergebracht, muss auf ausreichend Fressplatzbreite für jedes Tier geachtet werden. Der Boden ist idealerweise befestigt, das erleichtert die Reinigung von heruntergefallenen Futterresten, die verschmutzen können und dann nicht mehr gefressen werden. Auch ist es möglich, im Außenbereich freistehende, überdachte Futterraufen zu verwenden, aus denen die Tiere fressen können.

Futterkisten

Ideal für die Fütterung ist es, das Futter in Kisten anzubieten, die unterteilt werden können, um auch rangniedrigen Tieren das Fressen zu ermöglichen. Vom Boden bzw. aus der

Unterteilte Futterkiste auf befestigtem Boden

Fütterung aus einer offenen Kiste

Kiste aufgenommenes Futter verhindert ein Verschmutzen des Vlieses.

Neuweltkameliden sind Synchronfresser, das heißt, sie fressen gerne gleichzeitig, ebenso wie sie gerne gleichzeitig ruhen, wiederkäuen etc.

Futterraufen

Sehr hilfreich ist es, an die Wand angebrachte Raufen mit einem stabilen Brett zu unterlegen, auf dem sich Futterreste ansammeln, die später noch gefressen werden können. Ist das Futter einmal auf den Boden gefallen, wird es nicht mehr gefressen. Bei der Fütterung aus Raufen ist zu beachten, dass Futterbestandteile von oben in den Bereich des Nackens fallen, wodurch das Vlies an dieser Stelle dauerhaft verschmutzt wird.

Ist die gemeinsame Futteraufnahme nicht gewährleistet, können zwar einige Tiere ausreichend Futter aufnehmen, während andere jedoch nicht genug Futter erreichen und in der kalten Jahreszeit ihre Körperreserven angreifen müssen. Deshalb sollte die Körperkondition besonders im Winter öfter kontrolliert werden, auch weil das dicke Vlies eine gute Körperkondition vortäuschen kann. Die im Frühjahr wieder verstärkt einsetzende Parasitenvermehrung kann böse Überraschungen bei vermeintlich gut genährten Tieren bis hin zum Tod bringen.

Überdachte Raufe für eine große Herde

Fütterung aus der Raufe von oben

Boden

Der Boden muss, wie es das Tierschutzgesetz verlangt, befestigt ausgeführt werden. Als Boden für Unterstand und Auslauf eignen sich am besten Betonflächen, Steinplatten oder ähnliche harte und rutschfeste Unterlagen, zudem werden dabei die Nägel ausreichend abgenutzt und bleiben kurz. Holzdielen können bei Nässe rutschig werden und bergen eine gewisse Verletzungsgefahr. Dauerhafte Unterbringung auf weichen Böden, wie Wiese oder Erdreich, ist abzulehnen; diese verwandeln sich bei Niederschlag in Schlamm, die Nägel wachsen durch die fehlende Abnutzung zu stark nach und die Vliese verschmutzen.

Weidezelte im Winter

HILFSEINRICHTUNGEN – DER PFLEGESTAND

Ein Pflege- oder Zwangsstand wird bei größerer Tieranzahl zu einer unverzichtbaren Anschaffung. Scheren, Nägelschneiden, Entwurmungen u. a. können leichter in einem Pflegestand durchgeführt werden. Untersuchungen und Behandlungen sind für einen Tierarzt ungleich einfacher als bei am Halfter mittels Strick oder Führleine angebundenen, aber freistehenden Tieren.

Herstellung

Der Pflegestand kann von einem Schmied oder Tischler aus Metall oder Holz angefertigt werden. Den Möglichkeiten sind keine Grenzen gesetzt, den Pflegestand in den Stall zu integrieren, ihn fix zu montieren oder zerlegbar und damit mobil auszugestalten. Mobile Pflegestände werden von Scherern, aber auch Tierärzten im Auto oder Anhänger mitgeführt und können bei Bedarf am Hof mit wenigen Handgriffen zusammengesetzt werden.

Folgende Bauteile sollten immer bei einem Pflegestand vorhanden sein:

Fixiermöglichkeiten

- Für den Kopf: Eine Einrichtung, an der der Kopf nach oben hochgebunden und gut mit dem Führstrick fixiert werden kann
- Für den Hals: Der lange Hals muss an seinem Ansatz vor der Brust eng eingegrenzt werden können, damit keine Flucht nach vorne möglich ist; dafür wird als Standard ein schwenkbarer Halsbügel eingebaut.

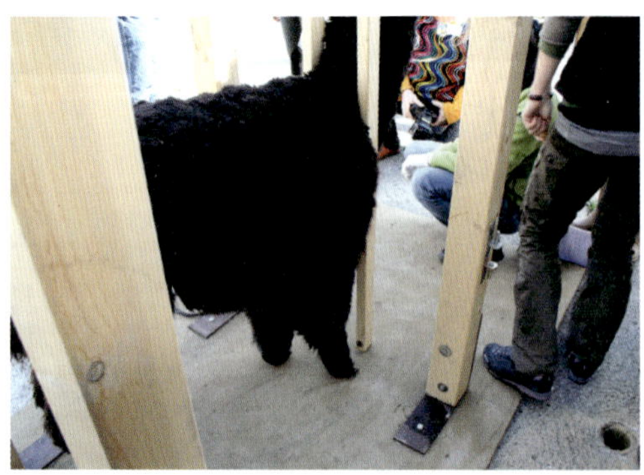

Fixieren des Halses in einem Zwangsstand aus Holz

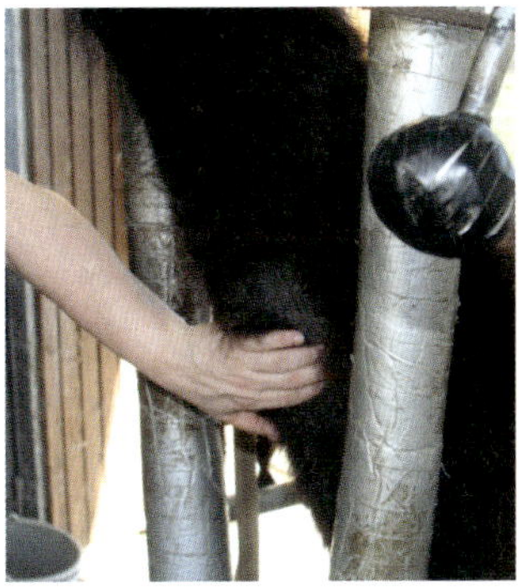

Gepolsterter Halsteil zur Verringerung der Verletzungsgefahr

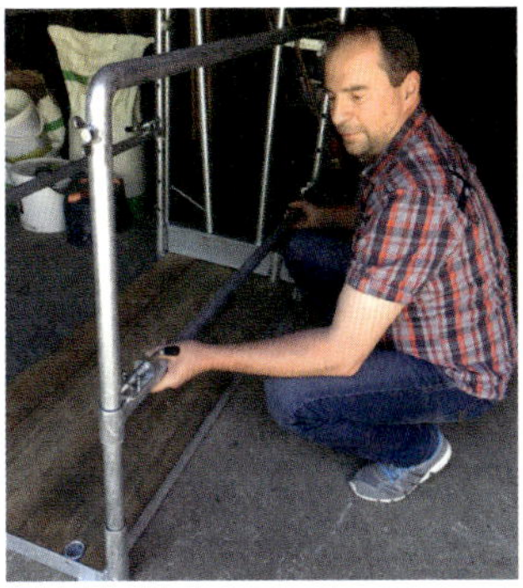

Verstellbare Seitenteile

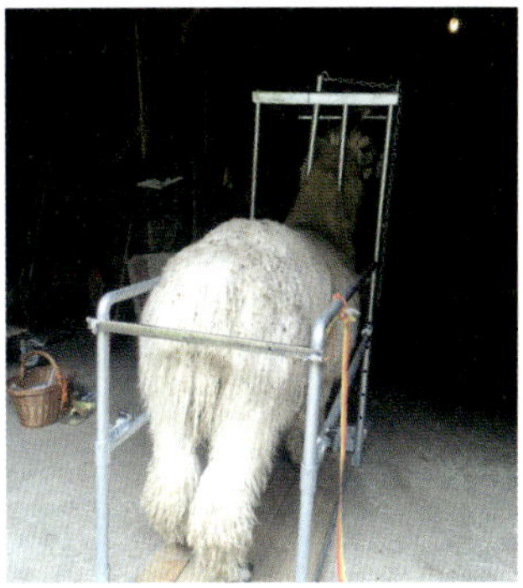

Verschließbare hintere Begrenzung

Der bewegliche Halsbereich kann abgepolstert werden, um die Verletzungsgefahr zu verringern. Der vordere Teil des Halses ist durch den hochgebundenen Kopf fixiert.

- An den Seiten fixe, höhenverstellbare oder auch ausschwenkbare Seitenteile; auch in der Breite verstellbar für kleinere Tiere (Alpakas)
- Zusätzlich können Bauchgurte an den Seitenteilen befestigt werden, die unter der Brust und unter dem Bauch durchgezogen und befestigt werden und so das Tier am Niederlegen hindern. Beim Bauchgurt soll bei männlichen Tieren die Penisöffnung vor dem Gurt zu liegen kommen, bei weiblichen das Euter hinter dem Gurt. Die Seitenteile können breitenverstellbar sein, sodass sowohl Lamas als auch Alpakas (bei der schmäleren Einstellung) bequem den Stand betreten, sich aber darin nicht umdrehen können.
- Einen rutschfesten Boden aus Holzbrettern oder Gummimatten
- Eine hintere Begrenzung aus Seil, Kette oder Stab, um Fluchtversuche nach hinten zu erschweren

Bedienung

Das Tier wird an Halfter und Führstrick gerade auf den Stand herangeführt und ohne Stehenzubleiben in den Stand hineingeführt. Kennt das Tier den Stand nicht und versucht zu entkommen, so nimmt man den Strick am besten kürzer und geht vor dem Tier selbst in den Stand hinein. Dabei muss beachtet werden, dass man vorne durch den Halsteil wieder hinausschlüpfen muss. Die eigene Körperkondition ist dafür maßgeblich. Eventuell muss ein schlankerer Mensch diese Aufgabe übernehmen.

Ist das Lama mit dem Kopf einmal durch den Halsteil gekommen, muss dieser schnell verschlossen werden, da sonst das Tier ebenfalls durch den Halsteil entweichen kann. Wird der Führstrick an der dafür vorgesehenen Vorrichtung befestigt, ist der Kopf fixiert. Der Schlussteil wird verschlossen. Muss der Kopf komplett ruhiggestellt werden, dann kann zusätzlich links und rechts am Halfter jeweils ein Strick an den Seiten angebunden und der Kopf auch an diesen Punkten fixiert werden. Zur Begutachtung der Maulhöhle kann es hilfreich sein, das Halfter nur an einem Punkt oberhalb am Nasenriemen zu fixieren.

Stress

Jede ungewohnte Prozedur wie die des In-den-Stand-verbracht-Werdens bedeutet für das Tier Stress. Wenn das Tier heftig zu spucken beginnt, ist darauf zu achten, dass die Behandlung so schnell wie möglich und so ruhig wie möglich abgeschlossen wird. Die Verabreichung von Medikamenten oder Mineralstoffpasten ist nur dann sinnvoll, wenn das Tier die Prozedur mit relativer Gelassenheit über sich ergehen lässt bzw. den Stand bereits kennt. Die teuren Pasten wären dann verschwendet, wenn sich das Tier heftig wehrt und alle verabreichten Medikamente ausspuckt. Es empfiehlt sich daher, die Tiere mit ihrem Pflegestand vertraut zu machen, wenn er am Hof vorhanden ist.

Reist der Pflegestand mit dem Scherer oder Tierarzt mit, kann dies natürlich nicht geübt werden.

WASSER

Wie alle Tiere benötigen Neuweltkameliden täglich frisches Wasser in ausreichender Menge. Da die Tiere keine auffälligen Vieltrinker sind, bleibt das Wasser an manchen Tagen scheinbar unberührt. Dann aber trinken die Tiere wieder freudig. Die Trinkmenge hängt von der Futterzusammensetzung (Trockensubstanz) und von der Zusammensetzung bzw. des momentanen Feuchtigkeitsgehaltes des Mageninhaltes ab. Die Tiere können bei einem einzigen Trinkvorgang größere Mengen Wasser in einem Zug aufnehmen: Lamas 0,5 bis 5 (7) Liter und Alpakas 0,5 bis 3 (4) Liter. Dabei werden die Lippen vollständig in die Wasseroberfläche eingetaucht und mit der Zunge und den Backen ein Unterdruck im Maul erzeugt. Sodann trinkt das Tier in regelmäßigen Zügen, währenddessen es durch die Nase atmet. Diese Technik des Trinkens gelingt am besten aus einer offenen Wasseroberfläche, die es ermöglicht, das Maul einzutauchen, aber auch an einer Tränke, aus der das Wasser ausreichend schnell nachfließt.

Wasser wird auf die Weide gebracht.

Wasser im Winter

Verschiedene Tränken, wie eine beheizbare Nachlauftränke, eignen sich im Winter am besten für Neuweltkameliden. Für Balltränken, die stark isoliert sind und das Einfrieren des Wassers im Winter verhindern, liegen bisher keine Erfahrungen der Autorin vor. Primitive Tränkeinrichtungen, wie größere Kübel, sollten vorzugsweise in einem Abstand zum Boden so auf Isoliermaterial angebracht werden, dass dieses nicht beknabbert werden kann; weiters sollten sie leicht zu reinigen sein. Das Wasser muss täglich gewechselt werden. Heizungen aller Art

links: Ein 1.000 Liter Wasser fassendes Fass eignet sich als Tränke im Sommer.

Vogelexkremente

(z. B. Aquariumszubehör) eignen sich, das Wasser vor dem Einfrieren zu bewahren, und erleichtern die tägliche Pflege. Der Fantasie im Selbstbau sind keine Grenzen gesetzt.

Wasser im Sommer

Wasser sollte jeden Tag frisch angeboten werden. Es können, wenn keine Wasserleitung vorhanden ist, große Kanister mit mehreren Hundert Litern Wasser direkt auf die Weide oder zum Unterstand gestellt werden, die eine Niederdrucktränke montiert haben. Im Wasserkübel können Algen wachsen, die das Wasser verfärben und verderben. Lichtschutz in Form einer passenden Plane kann dieses Problem verringern.

Primitive Wasserkübel, die ausreichend für die Anzahl der Tiere Wasser fassen, werden täglich gereinigt und frisch befüllt. Zur Reinigung genügt eine Wurzelbürste.

Das Wasser ist vor Verunreinigungen, wie Exkremente von Vögeln, die auch gerne die Tränken mitbenutzen, zu schützen. Exkremente von Vögeln können das Wasser unter Umständen mit Parasiten oder Krankheitserregern verderben.

Qualität des Wassers

Das Wasser sollte immer Trinkwasserqualität haben. Treten im Tierbestand gehäuft Krankheiten auf, deren Ursache unbekannt ist, muss immer auch an eine eventuelle Kontamination des Trinkwassers mit krankheitsverursachenden Bakterien und Algen, aber auch mit Leitungsrückständen wie Schwermetalle gedacht und das Wasser gegebenenfalls durch Einsenden einer Probe zur Wasseranalyse überprüft werden.

KOTPLÄTZE

Lamas und Alpakas benutzen in der Regel (es gibt leider auch Ausnahmen von der Regel!) einen gemeinsamen Kotplatz. Dies hilft mit, die Weide hygienisch sauber zu halten. Die Kotplätze werden an bestimmten Stellen angelegt; eventuell an Ecken der Weide, aber auch mitten im Unterstand. Der Besitzer hat keinen Einfluss darauf, wo die Tiere die Kotplätze anlegen; lediglich beim Beziehen einer neuen Unterkunft und/oder Weide kann versucht werden, mittels mitgebrachten Kotes eine Kotstelle „vorzugeben“, an die sich die Tiere halten – oder auch nicht. Der Vorteil derart reinlicher Tiere ist selbstverständlich

Pflege der Kotplätze

Weidepflege: Mähen

in der Parasitenprophylaxe (siehe S. 123 ff.) zu sehen, da das Gras in der unmittelbaren Umgebung der Kotplätze nicht gefressen wird und so eine mögliche Anhäufung von Parasitären Objekten im Futter verhindert wird.

Pflege der Kotplätze

Die Pflege ist einfach mittels Rechen und Schaufel durchzuführen, der Kot wird mit den Geräten auf eine Scheibtruhe aufgeladen und weggeführt. Eine sinnvolle Verwendung des Kotes ist Kompostieren (siehe S. 265 ff.).

Ansonsten kann der Kot auf einem Misthaufen gelagert werden, der dann als Dung auf die Felder verbracht wird. Nachteil des Misthaufens: Es ist nicht gewährleistet, dass in den Randbereichen alle Parasiteneier vernichtet werden, wie es beim sorgfältigen Kompostieren durch die Hitzeentwicklung der Fall ist. Wird nicht vollständig verrotteter Mist auf die Weideflächen ausgestreut, kann dies zu einer erhöhten Infektionsgefahr für die Weidetiere führen. Eine Möglichkeit der Vorbeugung, dass Kotreste in das Futter gelangen, wäre, die Fläche schonend zu mulchen.

Behandlung der Kotstellen auf Weiden

Wenn die Kotstellen, im Frühjahr beginnend, abgeräumt werden, sollten die Kotstellen bei hohem Grasbewuchs im Sommer laufend gemäht werden. Das hierbei anfallende Gras wird verworfen bzw. kompostiert und ist nicht zur Fütterung geeignet. Nach der Mahd ist ab und an eine Kalkung in Bezug auf die Parasiteneier von Vorteil (nicht ätzenden Düngekalk verwenden). Danach müssen die Kotplätze abgezäunt werden, um das Wälzen der Tiere zu vermeiden. Die Tiere legen neue Kotplätze an, mit denen im Folgejahr ebenso vorgegangen wird. Eventuell mulchen (lassen), einige Wochen warten und danach wieder als Weide anbieten, wenn ansonsten nicht genügend Weide vorhanden ist. Eventuell Portionsweiden anbieten.

WÄLZPLÄTZE

Ebenso wie Kotstellen legen die Tiere eigene Wälzplätze an, die bereits nach kurzer Zeit als solche erkennbar werden. Die Tiere wälzen sich so lange, bis die Grasnarbe verschwunden ist, und nutzen den am Wälzplatz entstehenden Staub der trockenen Erde intensiv zur Körperpflege.

Pflege der Wälzplätze

Ist einmal der Boden durch häufige Nutzung eingetieft, hilft es, das Erdreich durch Humusgabe zu ersetzen, nachzusäen und den Wälzplatz abzusperren. An anderer Stelle wird ein neuer entstehen. Wälzen ist Körperpflege und enorm wichtig für die Tiere. Das Sandbad trägt zum körperlichen Wohlbefinden bei und ist vorbeugend gegen Parasiten bzw. zur Stillung von Juckreiz. In der Nähe des Unterstandes/Auslaufes, wo eventuell ohnehin trockener Boden vorhanden ist, werden die Wälzplätze nicht störend wirken; auf Weiden jedoch wird ein „Loch“ in der Vegetation entstehen, sodass eingegriffen werden sollte, bevor ein echter Flurschaden entstanden ist. Manche Verpächter reagieren empfindlich auf diese selbst angelegten Wälzplätze, die aber für das Feld keine Bedeutung haben. Eine Scheibtruhe voller Kompost auf die Fläche gegeben, festgetreten und nachgesät, wird der Wälzplatz nach anschließender Auszäunung nach einigen Monaten wieder zur Wiese. Wer das erhältliche Hochleistungssaatgut vermeiden will, bedient sich einer Handvoll der Heurückstände, die auf dem Heuboden zusammengekehrt werden. Dieses „Bloamach“ enthält in der Regel die Samen all jener Blumen und Gräser, die das idealerweise spät geerntete Heu magerer, aber artenreicher Wiesen zum idealen Neuweltkamelidenfutter machen.

Wälzplätze für die Körperpflege

WEIDEHYGIENE

Wie bereits erwähnt, besteht die hygienische Behandlung der Weiden im In-Schach-Halten der Kotplätze. Lamas und Alpakas benutzen sehr gewissenhaft ihre Kotplätze; sie suchen sie nach der Fütterung, nach der Wanderung, nach dem Auslassen auf eine neue Weide etc. auf und das oft gemeinsam.

Ein guter Beobachter kann voraussagen, wann die Tiere den Kotplatz aufsuchen werden; allgemein verhalten sich die Tiere ein wenig unruhig, bis sie zum Kotplatz gehen und den Kot, gerne gemeinsam, absetzen.

Erlaubt es der Tagesablauf des Besitzers, wird dieser regelmäßig zu bestimmten Zeiten (z. B. morgens und abends) die Kotplätze in der Umgebung des Unterstandes reinigen.

Gemeinsame Benutzung des Kotplatzes

Die Herde benützt den Kotplatz.

Zum Abtrocknen des Untergrundes wird am besten eine Schicht Sand oder Gesteinsmehl aufgestreut. Fein gehäckseltes, pelletiertes Stroh tut gute Dienste, um die Feuchtigkeit des Urins aufzusaugen, und lässt sich gut kompostieren. Manche Tiere benutzen verschiedene Plätze für Kot- und Harnabsatz.

Trittschaden

Schäden auf der Weide

Auch wenn die Tiere scheinbar wenig Arbeit machen, mit Ausnahme von Scheren, Pflegen der Fußnägel und Entwurmen, beansprucht die Pflege der Weiden und des Unterstandes einen beträchtlichen Zeitaufwand. Die Kotplätze werden immer größer, indem die Tiere die Randbereiche in Längsrichtung benutzen, und ziehen sich dadurch in die Länge. Der Bewuchs in der Mitte kommt zum Stillstand, jedoch reichern sich Nährstoffe im Boden an und in den Randbereichen nimmt das Pflanzenwachstum überhand, auch wenn oft abgeräumt und gemäht wird. Kotplätze sind durch ihren hohen Nährstoffgehalt Horte für Unkräuter, wie Ampfer, Brennnessel oder Hirse; deren Samen waren bzw. bleiben Jahrzehnte im Boden. Wälzplätze bringen bei dünner Humusauflage bald Steine zum Vorschein. Geschlechtsreife Hengste zerstören die Grasnarbe durch ständiges Hin- und Herlaufen am Gehegerand, um einen Blick auf ihre Stuten zu erhaschen.

TIERSCHUTZGESETZ UND TIERHALTUNGSVERORDNUNG IN ÖSTERREICH

Im Tierschutzgesetz, in der ersten und zweiten Tierhaltungsverordnung, im Tiertransportgesetz und der Tierkennzeichnungsverordnung finden sich die wichtigsten Anforderungen an den Halter, an die Haltung und den Transport von Neuweltkameliden.

Das Tierschutzgesetz in Österreich sagt Folgendes: „Der Halter muss über die erforderlichen Kenntnisse und Fähigkeiten verfügen."

Es besagt jedoch nicht, wie diese Anforderungen erfüllt werden können.

Es wird empfohlen, sich zum Erwerb dieser erforderlichen Kenntnisse vor der Anschaffung von Neuweltkameliden mit den Vereinen in Verbindung zu setzen, die in diversen Kursen Kenntnisse vermitteln. Fähigkeiten im Umgang mit Neuweltkameliden erwirbt man am besten auch in Kursen mit praktischem Teil, bevor man Tiere erwirbt.

Adressen der Vereine für weitere Infos:
Österreich: https://www.lamas-alpakas.at/
Schweiz: http://www.nwks.ch/
Deutschland: https://nwk-verein.de/

TIERHALTUNGSVERORDNUNG (THVO)

https://www.ris.bka.gv.at/GeltendeFassung.wxe?Abfrage=Bundesnormen&Gesetzesnummer=20003860

Die gesetzlichen Mindestanforderungen für die Haltung von Lamas (Alpakas finden keine gesonderte Erwähnung) in Österreich sind gut verständlich und ausführlich in der 1. und 2. Tierhaltungsverordnung geregelt: Anlage 11 (1. THVO) und Punkt 7.13.3 Haltung von Kameliden (2. THVO). Dort sind Mindestfläche, Anforderungen an Unterstand, Höhe des Unterstandes etc. geregelt.

1. Tierhaltungsverordnung, Anlage 11 (im Wortlaut)

Mindestanforderungen für die Haltung von Lamas

1. Grundsätzliche Anforderungen

Die Haltung muss in mit Zäunen gesicherten Gehegen erfolgen.

2. Umzäunung

Der Zaun ist so auszuführen, dass er für die Tiere gut erkennbar ist und die Tiere sich nicht verletzen können. Stacheldraht darf nicht verwendet werden.

3. Stallgebäude und Unterstände

Den Tieren muss ein Stall oder ein Unterstand als Witterungsschutz zur Verfügung stehen, der allen Tieren auch gleichzeitig Schutz bietet. Werden die Tiere vorübergehend auf Weiden ohne direkten Zugang zu einem Unterstand oder Stall gehalten, so muss entweder ausreichend natürlicher Schutz durch Felsvorsprünge oder Baumgruppen vorhanden sein oder die Tiere müssen bei für die Tiere schädlichen Hitze oder Nässe in ein Gehege mit Zugang zu einem Unterstand oder Stall verbracht werden.

Ein Unterstand muss aus mindestens zwei Seitenwänden und einer Überdachung bestehen. Ställe oder Unterstände müssen eine lichte Raumhöhe von mindestens 200,00 cm aufweisen. Der Boden muss geschlossen, rutschfest und trocken sein.

4. Bewegungsfreiheit, Platzangebot

4.1. Lamas sind in Gruppen zu halten. Ausgenommen hiervon ist die vorübergehende Einzelhaltung von zugekauften Tieren oder Tieren, die besonders aggressiv sind oder behandelt werden. Einzeln gehaltene Lamas müssen Sichtkontakt zu anderen Lamas haben.

4.2. Durch die Wahl der Besatzdichte ist die Erhaltung einer Bodenvegetation sicherzustellen, die eine Weidemöglichkeit bietet. Davon ausgenommen ist die Haltung von Lamas in Gehegen mit befestigtem Boden.

Die Mindestmaße für Stall- und Gehegeflächen betragen:

	Gehegeart	
	1)	2)
Mindeststallfläche pro Gruppe	6,00 m^2	6,00 m^2
Mindeststallfläche pro adultem Tier	2,00 m^2	2,00 m^2
Mindestgehegefläche pro Gruppe	250,00 m^2	800,00 m^2
Mindestgehegefläche pro adultem Tier	40,00 m^2	100,00 m^2

1) Gehege mit ausschließlich befestigtem Boden
2) Sonstige Gehege

5. Betreuung und Ernährung

Wenn die Tiere keinen ständigen Zugang zu einer Weide haben, müssen sie jederzeit Raufutter zur freien Verfügung haben.

Einrichtungen zur Vorratsfütterung im Freien müssen überdacht sein.

Bei Verwendung von Tieren als Zugtiere oder Lasttiere oder zu sonstiger Arbeit ist sicherzustellen, dass die Tiere ausreichende Ruhepausen haben und nicht überfordert werden. Innerhalb eines Zeitraumes von 24 Stunden ist jedenfalls eine durchgängige Ruhepause von mindestens acht Stunden zu gewähren. Dabei sollte die Arbeitsbelastung in einem angemessenen Verhältnis zur Leistungsfähigkeit des Tieres stehen. Kranke oder sonst beeinträchtigte Tiere dürfen zur Arbeit nicht herangezogen werden.

Die 2. Tierhaltungsverordnung geht auf die Mindestanforderungen und Einzelheiten bei den Gehegen für Kameliden ein

7.13.3. Kamele (Camelidae)

(1) Die Gehege bis höchstens 5 Tiere haben folgende Maße aufzuweisen:

Arten	Außenanlage (Mindestmaße)*	Unterstände (Mindestmaße)	Bemerkung
Großkamele (Camelus)	800 m²	6 m² (pro Tier)	
Kleinkamele (Guanako, Lama guanicoë und Vikunja, Lama vicugna)	800 m²	2 m² (pro Tier)	stärkerer Laufdrang

* (bis höchstens 5 adulte Tiere, jedes weitere adulte Tier zusätzlich 10 % der Fläche)

(2) Kamelartige sind winterhart und sind ganzjährig in Außengehegen zu halten, wobei Unterstände zum Schutz gegen Witterungsverhältnisse, wie Regen, Schnee, Wind, Sonneneinstrahlung und Hitze, zur Verfügung stehen müssen, die allen Tieren gleichzeitig Platz bieten. Eine Ausnahme bilden Dromedare, ihnen ist eine Innenanlage mit einer Raumtemperatur über 10 °C und einer Fläche von 15 m² pro Tier einzurichten.
(3) Als Gehegeuntergrund ist Naturboden wie Sand und Wiesenboden einzurichten. Für Kleinkamele ist eine Geländestrukturierung in Form von Aussichtshügeln vorzusehen.
(4) Kamelartige sind zumindest paarweise oder in kleinen Gruppen zu halten, die auch Hengstgruppen sein können.
(5) Den Tieren sind Heu, im Sommer Gras, etwas Obst, Gemüse und Astwerk anzubieten. Kraftfutter ist nur als Zusatz zu verwenden. Die Gabe von Mineralsalz ist erforderlich.
(6) Bei Kamelen ist regelmäßig Klauenpflege durchzuführen.

VORTEILE UND NACHTEILE VON AUSSENGEHEGEN

Sind Tiere dauerhaft im Freien untergebracht, dann benützen sie gerne offene Unterstände, die von ausreichend bemessenen Zugängen zu einer überdachten, trockenen Stelle zugänglich sind.

Die reine Haltung in Außengehegen in angemessenen Unterständen hat jedoch mehrere Nachteile. Es ist manchmal kein Wasser- und Stromanschluss vorhanden, muss doch auf die tägliche Wasserversorgung Augenmerk gelegt werden. Es gibt verschiedene „Erfindungen" von Besitzern, um das Wasser am Einfrieren zu hindern (siehe Wasserversorgung, S. 50 f.).

Die Vorteile der Unterbringung in einem festen Gebäude mit eventuell überdachtem Auslauf in Kombination mit einem Auslauf/einer Weide liegen auf der Hand:

- Strom- bzw. Lichtanschluss
- Wasseranschluss
- Befestigter (Beton-)Boden, der die Abnutzung der Nägel bewerkstelligt und die Reinigung (tägliches Ausmisten) erleichtert.
- Heu kann abgeworfen werden oder, bei Maschineneinsatz, können Heu-Rundballen in überdachte Raufen im Außenbereich gehoben werden. Dabei muss bedacht werden, dass Heufütterung aus Raufen das Vlies

der Tiere im Hals- und Nackenbereich verschmutzen kann und wertvolle Anteile dadurch eventuell unbrauchbar werden.
- Kotplätze sind unter überdachten Ausläufen nicht der Witterung (Dauerregen, Schneefall) ausgesetzt und können leichter gereinigt werden.
- Tiere sind vor Stürmen oder Steinschlag geschützt.

TRANSPORT VON KLEINKAMELEN INNERHALB DER EUROPÄISCHEN GEMEINSCHAFT

Tiertransporte sind im Tiertransportgesetz und in der EU- Tiertransportverordnung geregelt.

Zur gesetzeskonformen Transportierung von Tieren muss der Fahrer des Transporters einen *Tiertransportbefähigungsnachweis* mit sich führen, der bei der Bezirksverwaltungsbehörde (Veterinäramt) ausgestellt wird. Dazu muss in der Regel ein Kurs besucht werden. Der Nachweis gilt für 5 Jahre und kann dann verlängert werden.

Kurze Transporte können ohne Papiere für die Tiere erfolgen; längere Transporte innerhalb der Landesgrenzen (> 60 km) müssen mit einem (Schaf- oder Rinder-) Viehverkehrsschein (erhältlich bei Landwirtschafts- oder Bauernkammern in Österreich) erfolgen, wo der Zeitpunkt der letzten Tränkung und Fütterung, Abfahrts- und Zielort und die Kennzeichnung der Tiere (Mikrochip) angegeben werden.

Bei der Verbringung in einen anderen EU-Mitgliedstaat sind bei der Bezirksverwaltungsbehörde (Veterinäramt) TRACES-Papiere anzufordern. Je nach Vorgaben des Amtstierarztes sind verschiedene Untersuchungen Voraussetzung (z. B. Brucella-Antikörperuntersuchung; Tuberkulose-Intrakutantest).

Geplante Transporte zu Shows, zum Decken oder zum Verkauf sind rechtzeitig zu organisieren; es kann bis zu mehreren Wochen dauern, bis Blutentnahmen, Untersuchungsergebnisse und damit alle gültigen Papiere zur Hand sind. Eventuell müssen die Tiere ein- oder zweimal geimpft werden, auch dafür muss genügend Zeit eingeplant werden. Datum und Uhrzeit der Abfahrt, Dauer des Transports, Kennzeichen des verwendeten Zugfahrzeugs bzw. des Anhängers und nicht zuletzt der Aufkleber „Lebendtier-Transport" auf dem Anhänger sind unabdingbar, um alle gesetzlichen Anforderungen zu erfüllen und eine Fahrt ohne unnötige Verzögerungen bei Kontrollen auf der Strecke zwecks Schonung der transportierten Tiere zu gewährleisten.

TIERREGISTRIERUNG

Gesetzliche Registrierungspflichten für Tierhalter, Tierkennzeichnungsverordnung im Wortlaut:

Anwendungsbereich

§ 1.

(1) Diese Verordnung gilt

1. für die Registrierung von Equiden-, Kamel-, Farmwild-, Geflügel- und Kaninchenhaltungen im Sinne dieser Verordnung

3) Die Tierhalter von Equiden, Kamelen, Farmwild, Kaninchen und Geflügel im Sinne dieser Verordnung sowie Bienen (Imker) haben Angaben gemäß § 8 Abs. 3 Z 1 und 2 TSG, insbesondere Adresse, Rechtsform des Betriebs und persönliche Daten des Tierhalters oder Imkers einschließlich, soweit vorhanden, Kennziffer des Unternehmensregisters für Zwecke der Verwaltung, Stammzahl (z. B.: Vereinsregisternummer, Firmenbuchnummer, Ordnungsnummer des ERsB) und Kommunikationsdaten sowie die Daten zur Tierhaltung nach **Anhang 1** innerhalb von sieben Tagen nach Aufnahme der Tierhaltung bei der zuständigen Bezirksverwaltungsbehörde zu melden.

Begriffsbestimmungen und Verweisungen

§ 2.

(1) Im Sinne dieser Verordnung sind:

18. Kamele: zur Gattung Camelus oder Lama aus der Familie Camelidae, Unterordnung Tylopoda gehörende Tiere (z. B. Lamas, Alpakas, Guanakos und Vikunjas sowie Dromedar oder einhöckriges Kamel und Trampeltier oder zweihöckriges Kamel).

Kennzeichnung

Kennzeichnung von Kamelen

§ 36

Kamele sind auf Kosten des Tierhalters vor dem Ausstellen von amtlichen Zertifizierungen, im Zuge einer Tierimpfung gegen anzeigepflichtige Tierseuchen oder andere einer veterinärrechtlichen Regelung unterliegenden Tierkrankheiten oder auf behördliche Anordnung mit einem injizierbaren Transponder gemäß § 26 zu kennzeichnen. Die Implantation des Transponders ist entweder im Bereich des linken Ohrgrunds oder an der linken Halsseite eine Handbreite vor dem Schulterblatt vorzunehmen.

TIERSCHUTZGESETZE IN ANDEREN LÄNDERN

Die jeweils geltenden Fassungen der betreffenden Tierschutzgesetze und Vorschriften zur Haltung und Kennzeichnung von Neuweltkameliden sind bei den Vereinen zu erfragen. Hier kann nur auf die gesetzliche Lage in Österreich eingegangen werden.

VERSICHERUNGEN

TIERVERSICHERUNG

Um Schäden, die *an den Tieren* entstehen könnten, etwa durch Blitzschlag oder außergewöhnliche Ereignisse, wie ein Auftreten von Tierseuchen, vorzubeugen, lohnt es sich, eine Tierversicherung ins Auge zu fassen.

Im Rahmen von Versicherungen für landwirtschaftliche Betriebe sind eventuell *Tierbestände* mitversichert; es gilt, mit der Versicherung zu klären, ob dieser Tierbestand auch Alpakas und Lamas beinhaltet und welche Schadensfälle mit welcher Summe gedeckt sind.

Versichert man seine Neuweltkameliden als privater Halter, kann die Versicherungsprämie unter Umständen recht teuer werden. Es sollten Angebote von verschiedenen Versicherern eingeholt werden.

HAFTPFLICHTVERSICHERUNG

Jedenfalls anzuraten ist der Abschluss einer Haftpflichtversicherung, die Schäden an Personen oder Gegenständen deckt, die *durch die Tiere* verursacht werden. Gelangen Tiere auf öffentliche Wege oder Straßen und sind für einen Unfall mit Personen und/oder Fahrzeugen ursächlich, dann wird der Besitzer zur Verantwortung gezogen werden. Mit einer Haftpflichtversicherung schützt man sich vor hohen Forderungen, die durch das Freikommen von Tieren und dabei verursachten Schäden an Personen, Gegenständen usw. entstehen können.

VERSICHERUNG VON PERSONEN AUF WANDERUNGEN

Ebenfalls versichert werden sollten Schäden, die bei Veranstaltungen, wie Wanderungen, Kindergeburtstagen o. Ä., *an den Teilnehmern* durch die Tiere entstehen können. Es muss geklärt bzw. in der Polizze angeführt sein, welche Rolle die Begleitperson bei der Veranstaltung spielt und ob dafür eventuell eine Ausbildung vorgewiesen werden muss (Bergwanderführer, Lehrer, Coach etc.). Die Mitgliedschaft einer geprüften Person in einem Verein oder einer Institution enthält unter Umständen bereits eine Versicherung, bei der die Teilnehmer bei der angebotenen Veranstaltung versichert sind. Dennoch erkundigt man sich besser bei seinem Versicherer, der je nach Verwendung der Tiere (Trekking- oder Therapietiere) eine passende Versicherung vorschlagen wird.

GEWERBLICHE NUTZUNG

Einige ausbildungspflichtige Berufsfelder oder ohne jegliche Ausbildung mögliche freie Gewerbe (z. B. Tiertrainer in Österreich) erlauben die Arbeit (Betreuung, Training) mit Tieren.

Ob bei Erfüllung der vorgeschriebenen Voraussetzungen eine Haftpflichtversicherung im Zuge der ausgeübten Tätigkeit angeboten wird, muss erfragt werden. Bei den freien Gewerben ist immer auch auf die Einhaltung der Tierschutzgesetze Rücksicht zu nehmen!

Die Arbeit mit Tieren im Rahmen von Veranstaltungen ohne eine dazu passende Versicherung kann im Schadensfall zu hohen Kosten für den Veranstalter führen!

Gerade für den Einsatz als Trekkingtiere ist die passende Versicherung wichtig.

ANSCHAFFUNG VON LAMAS UND ALPAKAS

WARUM ALPAKAS UND LAMAS?

Lamas und Alpakas bestechen durch ihr einzigartiges Verhalten, ihren Körperbau und ihre genügsame Lebensweise. Dennoch sind Neuweltkameliden nicht einfach mit Schafen oder Ziegen vergleichbar, auch wenn es verlockend erscheint, sich anstatt dieser kleinen Wiederkäuer „einfach Alpakas" anzuschaffen, um den Nutzen von Weidetieren mit wertvoller Wolle zu ergänzen oder zu heben.

Mit den Eigenarten von Neuweltkameliden sollte man sich etwas intensiver auseinandersetzen, auch wenn man bereits Erfahrung in der Tierhaltung von Nutztieren hat! Die Erklärung liegt darin, dass die Tiere besondere Verhaltensweisen haben; eine sich von Pferden sowie kleinen und großen Wiederkäuern abweichende Anatomie und andere Eigenheiten, was Krankheiten, insbesondere Parasiten betrifft. In den einzelnen Kapiteln wird darauf gesondert eingegangen.

Es wäre schade, teuer gekaufte Tiere aus Unwissenheit nicht adäquat zu beobachten (Body Condition Scoring) oder das Erlernen des Parasitenmanagements aus mangelndem Interesse an Fortbildung zu unterlassen. Auch rächt sich unzureichendes Wissen über Neuweltkameliden bitter, wenn einem die Tiere ans Herz gewachsen sind und dann euthanasiert werden müssen oder tragisch zu Tode kommen. Niemals hat man Gewissheit, dass nicht eine Krankheit das Tier trifft; erkennt man aber durch fundierte Schulung am Verhalten von Neuweltkameliden rechtzeitig, dass dieses vom Normalverhalten abweicht, ist die halbe Miete schon gewonnen. Rechtzeitig den Tierarzt zu rufen, kann das Leben retten und nicht zuletzt den Totalverlust verhindern, der bei der Anschaffung von teuren (und hoffentlich guten!) Tieren zu bezahlen war.

Verwertung von Fleisch

Da Neuweltkameliden in Österreich nach dem Gesetz lebensmittelliefernde Tiere sind, ist es jedem Besitzer freigestellt, seine Tiere zu schlachten und den Schlachtkörper zu verwerten. Lama- oder Alpakafleisch nährt seit Jahrtausenden seine Besitzer in Südamerika und kann ohne Weiteres zubereitet und verzehrt werden.

Dennoch wird Lama- oder Alpakafleisch eher selten auf dem Teller landen, sind alleine die Anschaffungskosten für manche Tiere so hoch, dass eine Vermarktung nicht realistisch erscheint und der ideelle Wert der Tiere ähnlich hoch anzunehmen ist wie der von Heimtieren oder Pferden.

ANSCHAFFUNG FÜR DIE LANDWIRTSCHAFTLICHE NUTZUNG

Wer landwirtschaftliche Flächen besitzt und diese mit Lamas oder Alpakas nutzen möchte, benötigt unter anderem gute Zäune, einen Weideunterstand und eventuell einen Stall und muss alle tierschutzrechtlichen Voraussetzungen erfüllen (siehe Tierhaltungsverordnung, Österreich, S. 55 ff.).

Sofern auch der Betreiber alle Voraussetzungen erfüllt, eine Landwirtschaft betreiben zu dürfen, was in den meisten Ländern eine Ausbildung zum Landwirt beinhaltet, steht der Haltung von Neuweltkameliden als landwirtschaftliche Nutztiere nichts im Wege.

Die Anerkennung von Neuweltkameliden als landwirtschaftliche Nutztiere ermöglicht es, bei den zuständigen Behörden alle den Landwirten offenstehenden Vergünstigungen als landwirtschaftlicher Betrieb zu erlangen (Fördergelder). Insbesondere karge oder steile Flächen (z. B. Hutweiden) können idealerweise mit Neuweltkameliden bewirtschaftet werden. Neuweltkameliden haben einen anerkannten GVE-Wert (Großvieheinheit) und zählen, wobei die Informationen der Behörden hier bedauerlicherweise variieren, je nach Auskunft 0,15 bis 0,3 Großvieheinheiten (GVE). Auskünfte erteilen in Österreich die Vertretungen der Landwirtschaft (Bauernkammern).

ANSCHAFFUNGSKOSTEN FÜR ALPAKAS UND LAMAS

Die Preise für Lamas und Alpakas variieren zwischen den individuellen Empfindungen für ihren „Wert“, aber auch den wahren Wert, der sich durch den Charakter, den Gesundheitszustand und Körperbau, die Abstammung und bei Alpakas auch aus markanten, durch wiederholte Faseranalysen objektivierten Vlieseigenschaften der Tiere ergibt.

Für die Zucht geeignete Alpakas können mitunter recht teuer in der Anschaffung werden.

Betrachtet man neben den Anschaffungskosten für die Tiere , egal ob Alpakas oder Lamas, die Geldbeträge, die für die Gesunderhaltung der Tiere (Tierarztkosten bei Krankheiten, Kotprobenuntersuchungen, Entwurmungen, Impfungen, Implantate, jährliche Schur), für die Anschaffung von Zäunen, Toren und Unterständen, die Beschaffung von Mineralstoffen und Winterfutter sowie für die Pacht von Auslaufflächen, Weiden und die Pflege derselben anfallen, dann muss ein Züchter, der über viele Jahre durch Selektion typvolle Tiere in hoher Qualität erzüchtet, einen angemessenen Preis für die Tiere erzielen.

Alpakas

Handelt es sich um Alpakas, die der Vliesgewinnung zur Wollverarbeitung dienen, und sind auf dem Betrieb vitale, korrekt gebaute Stuten und Hengste mit hervorragenden Charakter- und geprüften Vlieseigenschaften zur Zucht angeschafft worden, dann variiert der Preis beginnend bei einigen Tausend Euro für deren Nachkommen bis hin zu fünfstelligen Beträgen für ein solches Tier, das die genannten Eigenschaften zu vererben imstande ist.

Lamas

Werden Tiere für nur wenige Hundert Euro von Händlern angeboten, dann handelt es sich unter Umständen um schlecht gepflegte oder fehlgeprägte Tiere (z. B. „zutrauliches Hengstfohlen"), die um sehr wenig Geld angeschafft worden sind und nur zum Zwecke des Wiederverkaufes erworben wurden, ohne Rücksichtnahme auf Herkunft, Gesundheits- und Charaktereigenschaften.

Bei Lamas aus einer privaten Zucht handelt es sich meist um Freizeittiere, die halfterführig oder trainiert ab etwa ein- bis zweitausend Euro abgegeben werden. Untrainierte Jungtiere, die eventuell günstiger angeboten werden können, sollten dennoch immer nur in erfahrene Hände abgegeben werden, um den Anfängern (Mensch wie Tier!) Missverständnisse zu ersparen. Auch wenn es für den Käufer verlockend erscheint, mit den vermeintlich günstigeren, weil unerfahrenen und jungen Tieren zu starten, sind die zu erwartenden Unannehmlichkeiten den niedrigen Preis nicht wert. Trainierte, auch ältere Tiere, die sich komplikationslos halftern lassen und Wanderungen und die damit einhergehenden Begegnungen mit allerlei anderen beweglichen Gegenständen oder anderen Tierarten bereits kennen, meistern die Anforderungen an den Anfänger besser und rechtfertigen einen höheren Preis.

Lamas zur Zucht können wiederum deutlich teurer sein. Sie zeichnen sich nicht nur durch einen guten Charakter und ebensolche Gesundheit, sondern auch durch einen exzellenten Körperbau und eine bekannte Abstammung aus, was die Grundlage für die zukünftige gezielte Verpaarung (= Zucht) darstellt.

ANSCHAFFUNG ZUR TIERGESTÜTZTEN THERAPIE

Möchte man Alpakas oder Lamas anschaffen, die in der tiergestützten Therapie Verwendung finden, dann sind diese Tiere eventuell nicht einfach zu bekommen. Zeichnet sich ein Tier nämlich durch außergewöhnliche Umgänglichkeit aus, dann wird der Verkäufer dies im Kaufpreis zum Ausdruck bringen und mehr Geld verlangen als für ein Tier, das zum gelegentlichen Wandern angeschafft wird.

HERDENSCHUTZ MIT LAMAS UND ALPAKAS

Nachdem der größte Beutegreifer neben dem Bären, der Wolf, nach seinem Verschwinden wieder eingewandert und in ganz Europa heimisch geworden ist sowie strengstem Schutz unterliegt, sind Weidetiere wie Schafe oder Ziegen in Gefahr, zur Beute des Wolfes zu werden.

Möglichkeiten, die Weidetiere vor Angriffen des Wolfes zu beschützen, bestehen in verschiedenen Herdenschutzmaßnahmen, die den Schutz der Herde mit Behirtung, mit Einzäunung, mit Herdenschutzhunden und Schutz durch andere Tiere, wie Lamas und Alpakas, vorsehen.

Wölfe gelten als jagdbares, ganzjährig geschontes Wild (Österreich) und sind in der Europäischen Union durch eine EU-Richtlinie (Anhang IV der Fauna-Flora-Habitatrichtlinie) streng geschützt.

Es gelten außerdem die Bestimmungen der jeweiligen Länder, auf die hier wegen der unterschiedlichen Gesetze nicht eingegangen werden kann.

WELCHE TIERE MÜSSEN BESCHÜTZT WERDEN?

Nutztiere und Weidetiere, die von Neuweltkameliden vor Prädatoren (Beutegreifern) beschützt werden sollen, was bereits in vielen Ländern (u. a. Schweiz, England, Frankreich) seit vielen Jahren erfolgreich praktiziert wird, sind in den meisten Fällen Schafe, aber auch Ziegen, Jungrinder oder Geflügel.

Herdenschutz mit Hunden: die Rasse Pastore Maremmano Abruzzese

Für den Schutz von Schafen eignen sich insbesondere Lamas, während für Nutzgeflügel aufgrund ihrer geringeren Größe Alpakas sinnvoll eingesetzt werden können. Der Grund ist die Größe der Prädatoren, vor dem die Tiere der Herde geschützt werden sollen. Lamas eignen sich zum Schutz vor größeren Beutegreifern, wie einzelne Wölfe, dem Luchs und Schakal, während Geflügel gerne von Fuchs oder Marder sowie Greifvögeln erbeutet wird und deshalb von den kleineren Alpakas wirkungsvoll geschützt werden kann.

Zumeist wird der Herdenschutz für Herden von Schafen nötig, die zwecks Beweidung über die Sommermonate auf die Alm (Alpe) gegeben werden, aber auch auf umzäunten Weiden gehalten werden und die insbesondere von Raubtieren sowie streunenden Hunden bedroht werden. Dabei eignen sich die friedlichen Neuweltkameliden in touristisch genutzten Gegenden besonders (Almgebiete).

Prädatoren

Prädatoren sind Beutegreifer, und zwar Landsäugetiere wie Fuchs, Schakal, Luchs, Wolf, Bär; aber auch Greifvögel verschiedener Größe.

In Berichten aus der Schweiz wird von einer signifikant niedrigeren Lämmersterblichkeit durch Wolfsangriffe berichtet, wenn Lamas zum Herdenschutz eingesetzt werden.

Lamas bieten allerdings keinen Schutz vor Wolfsrudeln; sie werden dem Rudel ebenso zum Opfer fallen wie die Weidetiere.

Sozialisierung von Herdenschutzhunden mit Neuweltkameliden und Weidetieren

WARUM EIGNEN SICH LAMAS UND ALPAKAS FÜR HERDENSCHUTZ-ZWECKE?

Lamas und Alpakas sind neugierige und aufmerksame Tiere, die alle Bewegungen in weitem Umkreis rund um sich registrieren. Sie sind Fluchttiere und deshalb sind sie von Natur aus wachsam. Sie besitzen in alle Richtungen bewegliche Ohren und haben ein sehr weites Sichtfeld. Gegenüber Hundeartigen zeigen sie eine Abneigung, die sich bei den Tieren unterschiedlich äußert. Besonders wehrhafte Neuweltkameliden eignen sich daher eher zum Herdenschutz als ängstliche Tiere.

In ihren Ursprungsgebieten in Südamerika werden wildlebende Guanakos, Vikunjas, aber auch die im Besitz der Bauern stehenden Alpakas und Lamas auf ihren Weiden von Beutegreifern wie dem Berglöwen (Puma) bedroht, die auch erwachsenen Tieren gefährlich werden können, meist aber Neugeborene, kranke, verletzte und hinter der Herde zurückbleibende Tiere töten. Man kann beobachten, wie sich auf den Weiden auch größere Gesellschaften aus Neuweltkameliden und anderen vom Puma bedrohten Tieren, beispielsweise Nandus, den südamerikanischen Laufvögeln, bilden, die der gemeinsamen Bedrohung durch Aufmerksamkeit und Schutz durch Flucht entkommen.

Tiergesundheit

Während Schafe oft routinemäßig entwurmt werden, sollten Neuweltkameliden erst nach erfolgter Kotprobenentnahme entwurmt werden. Die Dosierung einiger wirksamer Medikamente weicht beim Alpaka und Lama von der Dosierung bei Schafen deutlich ab, sodass Unterdosierungen unbedingt vermieden werden müssen. Auch sollte bei ungeschorenen Neuweltkameliden durch Betasten der Wirbelsäule öfters die Körperkondition festgestellt werden, denn ein schlechter Ernährungszustand kann durch ein dichtes Vlies übersehen werden. Abgemagerte Tiere dürfen nicht unbehandelt auf die Alpe/Weide geschickt werden (siehe Feststellung der Körperkondition, S. 156 ff.).

Lamas und Alpakas benutzen in der Regel einen oder mehrere Kotplätze, während Schafe ihren Kot über die gesamte Weide verteilen und dadurch die Ansteckungsgefahr deutlich steigt. Daher muss dem Parasitenstatus der Neuweltkameliden mehr Augenmerk geschenkt werden.

Alle Schafe müssen vor dem Austrieb mindestens einmal entwurmt und gegen Ektoparasiten (Räude) behandelt werden, um den Parasitendruck im beweideten Gebiet niedrig zu halten. Wildwiederkäuer, wie Gamswild, Rehwild, Rotwild, sind ebenfalls Ausscheider von Parasiten, die sowohl Schafe als auch Neuweltkameliden befallen können. Es handelt sich insbesondere um Magen- und Darmrundwürmer, Leberegel, Bandwürmer und Räudemilben.

WIE FUNKTIONIERT HERDENSCHUTZ MIT LAMAS UND ALPAKAS?

Herdenschutz kann dann funktionieren, wenn einige grundlegende Dinge beachtet werden: Die Größe der zu bewachenden Herde, die Beschaffenheit und das Ausmaß der Alm bzw. Weide, die Auswahl der Neuweltkameliden zum Herdenschutz etc. Beim Einsatz in einem funktionierenden Herdenschutz ist es möglich, dass ein einzelner Wolf von Lamas erfolgreich vergrämt wird, sodass er die Schafe nicht angreift. Ein Rudel Wölfe ist selbstverständlich für Lamas ebenso gefährlich und endet für sie meist genauso tödlich wie für die Weidetiere.

Welche Tiere eignen sich zum Herdenschutz?

In erster Linie werden Wallache (kastrierte Hengste) ausgewählt. Geschlechtsreife, unkastrierte Hengste sind abzulehnen, da sie die Schafe decken und sie dabei verletzen würden.

Aber auch Stuten sind wie diese wachsam, neugierig und wehrhaft. Trächtige Stuten oder Stuten, die ein Fohlen führen, sind abzulehnen.

Kampfzähne sind effektvolle Waffen; belässt man sie unversehrt, können sie auch einem Hund oder einem anderen Beutegreifer gefährlich werden. Die Haut am Hals der Neuweltkameliden ist dick und schützt vor Bissen. Werden die Tiere nur teilweise oder eine Saison gar nicht geschoren, bedeutet auch das Vlies, das bei längerer Unterlassung der Schur verfilzt, einen gewissen Schutz vor Angriffen. Einzelne Lamas und Alpakas sind durchaus wehrhaft, was bei Begegnungen mit Hunden bereits deutlich zutage tritt.

Da die Haltung von einzelnen Lamas aus Tierschutzgründen nicht erlaubt ist, müssen zumindest zwei Tiere angeschafft werden. Weiters sind die Anforderungen an die Unterbringung (Unterstand, Wasserversorgung, Zugang zu Raufutter) zu berücksichtigen, die sich von den Anforderungen an die der Schafe unterscheiden. Mehr als zwei Tiere würden jedoch keinen Sinn im Herdenschutz machen, da sich dann eine eigene Lama- oder Alpakagruppe bilden würde und die Schutzfunktion für die Herde aufgehoben wäre.

Verhalten von Neuweltkameliden

Durch ihre Körpergröße und den langen Hals sind Neuweltkameliden in der Lage, sehr weit zu sehen; sie reagieren auf jedes Lebewesen oft bereits, bevor es für einen Menschen sichtbar ist. Betritt ein fremdes Lebewesen die Umgebung (Weide) der Tiere, dann haben die Lamas oder Alpakas diesen längst gesehen und bewegen sich neugierig auf den Eindringling zu. Wie am Beispiel von Hunden festgestellt werden kann, reagieren Lamas und Alpakas zunächst interessiert; jedoch folgt von Seiten des Lamas oder Alpakas zumeist Abwehr. Manche Tiere erweisen sich als äußerst wehrhaft und begegnen dem Hund mit Abneigung und Angriff.

Der Hund erschrickt zunächst, wenn ein so großes Tier wie ein erwachsenes Lama auf ihn zukommt, und sucht entweder sofort das Weite, oder probiert noch weiter aus, wie sich das Gegenüber verhält. Hunde wirken vor allem dann stark verunsichert, wenn das Lama ihm entgegenläuft. Das Lama bleibt nicht stehen, sondern senkt seinen Kopf oder schlägt mit seinen Vorderbeinen, spuckt, schreit oder beißt. Dadurch lassen sich die meisten Hunde vertreiben.

Das ablehnende Verhalten von Neuweltkameliden gegenüber Hunden ist bei der gleichzeitigen Bewachung durch Herdenschutzhunde zu berücksichtigen, eine vorsichtige Gewöhnung an den Hund ist eventuell nicht in allen Fällen möglich.

WIE BRINGT MAN NEUWELTKAMELIDEN DAZU, EINE HERDE ZU BEWACHEN?

Am Beispiel einer Schafherde müssen die Lamas zunächst mit den Schafen vergesellschaftet werden, damit die Tiere sich aneinander gewöhnen. Diese Zeit sollte auf einer übersichtlichen, kleineren Weide stattfinden.

Auch die Gewöhnung von Alpakas an eine Hühnerherde von mehreren Hundert Stück muss langsam stattfinden.

Die Tiere sollten zunächst Zaun an Zaun gehalten werden, um auffälliges Verhalten feststellen zu können, bevor Tiere zu Schaden kommen. Lamas und Alpakas vertragen sich jedoch „natürlicherweise“ mit Weidetieren, wie Schafen oder Ziegen. Die Ziegen könnten durch ihre Behornung eine gewisse Gefahr an der Futterstelle darstellen, da sie den Lamas mit Hornstößen Schaden zufügen können.

Nach einer Eingewöhnung und ruhigen Verhaltens der Zaun an Zaun grasenden Tiere wird der Zaun geöffnet. Erst wenn die Tiere friedlich nebeneinander weiden, können sie auf eine größere Fläche verbracht wer-

Rambo mag den Hund nicht.

den. Befinden sich nun die Tiere gemeinsam auf einer Weide, muss auf einem möglichst übersichtlichen Areal für eine ausreichende Zaunhöhe gesorgt werden. Sind die Neuweltkameliden bereits an die Herde gewöhnt, entfernen sie sich nicht mehr bzw. haben keinen Anlass, den Zaun zu überwinden und wegzulaufen.

Bei hoher Wahrscheinlichkeit eines Auftretens von Wölfen sollten die Tiere nachts in eine abgetrennte, von einem einsatzbereiten Elektrozaun umgebene Koppel getrieben werden und es wird in diesem Fall auch der Einsatz eines Schäfers mit einem Hund notwendig sein. Die richtige Reihenfolge beim Eintreiben muss eingehalten werden. Die Hunde nicht mit in die Koppel treiben.

WIE VERHÄLT ES SICH MIT HERDENSCHUTZHUNDEN UND LAMAS?

Es ist immer darauf zu achten, dass Lamas auch die Herdenschutzhunde als Prädatoren ansehen und die Hunde von den Lamas angegriffen werden könnten. Verschiedene Hunderassen eignen sich zum Herdenschutz und werden bereits früh mit Weidetieren sozialisiert.

Ebenso müssen Lamas und Alpakas nicht nur mit den Weidetieren, sondern auch im Falle, dass Herdenschutzhunde gleichzeitig zum Einsatz kommen, mit diesen frühzeitigen Kontakt erhalten, um zwischen Herdenschutzhund und Prädator unterscheiden zu können.

HERDENSCHUTZ IN DEN VERSCHIEDENEN LÄNDERN

In Österreich existieren mehrere Koordinationsstellen für den Herdenschutz. Da der Herdenschutz allgemein in Österreich derzeit nur zögernd angenommen und beinahe ausschließlich mit Hunden durchgeführt wird, konnten nur vereinzelt Erfahrungen mit Herdenschutzlamas gemacht werden. Es besteht die Möglichkeit einer in den nächsten Jahren steigenden Akzeptanz der Herdenschutzmaßnahmen, ebenso ergibt sich ein steigender Bedarf an Informationen über die Verwendungsmöglichkeit von Neuweltkameliden zum Herdenschutz und darüber hinaus über die Biologie und Haltung sowie die Gesundheitsvorsorge bei Lamas und Alpakas.

Schafe und Lamas/Alpakas auf einer gemeinsamen Weide, zunächst von einem Zaun getrennt

Am Beispiel der Schweiz ist festzustellen, dass dort bereits weitreichende Erfahrungen gemacht wurden. Es wurde ein sehr informativer Ratgeber für den Herdenschutz mit Lamas herausgegeben (AGRIDEA, 2015).

TIERGESTÜTZT ARBEITEN MIT NEUWELTKAMELIDEN

Für dieses Kapitel stand mir eine junge Halterin in einem Interview zur Verfügung.

Zur Person:
Simone Hennerbichler (Jahrgang 1993), wohnhaft in Freistadt/OÖ
Sie hält Lamas und Alpakas seit 2014, bietet Wanderungen und tiergestützte Aktivitäten sowie Workshops auf ihrem Hof „Lampaka-Ranch" an.
Ausbildungen:
2018 Coach für lama-/alpakagestützte Aktivitäten, Orenda Ranch, Bad Kissingen (D)
2019 Camelidynamics nach Marty McGee Bennet
2020 Workshopreihe Tiergestützte Intervention, Aktivitäten und Freizeitgestaltung mit kleinen Wiederkäuern & Neuweltkameliden bei Akademie tier-gestützt

Portrait Simone Hennerbichler (© Patricia Koppenberger)

Das hier zusammengefasste Wissen basiert auf den Ausbildungen und eigenen Erfahrungswerten und soll Haltern einen theoretischen Einblick in die Möglichkeiten der tiergestützten Arbeit mit Lamas und Alpakas geben. Unabdingbar sind praktische Erfahrungen, im Anschluss an das Kapitel sind Adressen von Anbietern dieser Ausbildungen und Workshops und auch Literaturtipps angeführt. Es gibt selbstverständlich viele unterschiedliche Zugänge und Methoden, hier wird keineswegs behauptet, den einzig richtigen Weg gefunden zu haben, sondern nur von eigenen Erfahrungen berichtet.

WAS VERSTEHT MAN UNTER TIERGESTÜTZTEN AKTIVITÄTEN, INTERVENTION, THERAPIE?

Da es in diesem Feld sehr unterschiedliche Begrifflichkeiten gibt, die sich teilweise überschneiden, teilweise aber doch stark abzugrenzen sind, hat die IAHAIO (International Association of Human-Animal Interaction Organizations) eine Sprachregelung für

Tiergestützte Arbeit entwickelt. Je nach Land gelten außerdem unterschiedlich strenge Auflagen, wer mit welcher Ausbildung welche Art der tiergestützten Arbeit anbieten darf.

Tiergestützte Intervention ist zielgerichtet, strukturiert und bezieht bewusst Tiere in Gesundheitsfürsorge, Pädagogik und soziale Arbeit mit ein, um therapeutische Verbesserungen beim Menschen erreichen zu können. Darunter fallen die Tiergestützte Therapie (TGT), die Tiergestützte Pädagogik (TGP) und auch Tiergestützte Aktivitäten (TGA).

Bei der **Tiergestützten Therapie** ist das Ziel eine Verbesserung im Bereich physischer, kognitiver, verhaltensbezogener und/oder sozioemotionaler Funktionen bei individuellen KlientInnen. In Österreich darf diese Form der tiergestützten Arbeit nur von geschultem Fachpersonal ausgeübt werden, der Quellberuf ist entscheidend. Es wird mit unterschiedlichen Schwerpunkten aus psychotherapeutischen und erlebnisorientierten Ansätzen gearbeitet.

Die **Tiergestützte Pädagogik** wird von professionellen Pädagogen oder gleich qualifizierten Personen angeleitet. Die Ziele können akademischer Natur sein oder betreffen die prosozialen Fertigkeiten und kognitiven Funktionen.

Unter **Tiergestützter Aktivität** werden alle Interaktionen verstanden, die motivationale, erzieherisch/bildende oder entspannungs- und erholungsfördernde Ziele haben. Diese Art der tiergestützten Arbeit darf rechtlich gesehen jede Person ausüben, wichtig ist dennoch eine entsprechende Bildung und Erfahrung im Umgang mit Tieren und Menschen im tiergestützten Setting.

Außerdem gibt es auch noch den Begriff des **Coachings**. Hierbei wird ein Klient/eine Klientin auf seinem Weg zu einem vorab definierten Ziel oder einer zu treffenden Entscheidung begleitet. Entscheidend ist, dass hier der Fokus auf der Unterstützung und nicht auf der Therapie liegt, es werden keine Antworten vorgegeben oder Ratschläge erteilt. Dem Klienten/Der Klientin wird es ermöglicht, die Lösung in sich selbst zu entdecken.

WAS KANN DIE TIERGESTÜTZTE ARBEIT BEWIRKEN?

Diverse Studien haben sich mit der Wirkung von Tieren auf den Menschen beschäftigt und stießen auf verblüffende Einflüsse auf Körper und Geist. Nicht nur werden Herz- und Atemfrequenz positiv beeinflusst und Schmerzen verringert, sondern auch Endorphine freigesetzt und der Kreislauf stabilisiert. Der Umgang mit Tieren entspannt die Muskeln, verbessert die Motorik und die Bewegung wiederum verbessert die allgemeine Gesundheit.

Interaktion mit dem Lama

Auf die Psyche wirkt die Gesellschaft von Tieren beispielsweise in der Förderung des emotionalen Wohlbefindens, indem man ohne Vorurteile angenommen wird, wie man ist, man erhält Bestätigung, Trost, Ermutigung und erlangt Freude an der Interaktion. Außerdem erfährt man das Gefühl von Autorität und Macht, aber gleichzeitig auch Verantwortungsgefühl, das Gebraucht-Werden. Man hat Kontrolle, muss aber auch sich selbst kontrollieren können, um effektiv mit Tieren umgehen zu können. Eine „einfache Welt" kann erlebt werden, wo das Gegenüber unkritisch ist, man kann es füttern, ihm nah sein und Vertrauen aufbauen. Generell wird Stress reduziert, man wird beruhigt, abgelenkt und hat einen stillen Zuhörer. Die Liste ließe sich unendlich fortsetzen und verschiedenste Tiere kommen für diese Effekte in Frage, doch ...

... WARUM NUN LAMAS UND ALPAKAS?

Neuweltkameliden sind neugierig und zurückhaltend zugleich, das macht sie für die tiergestützte Arbeit besonders wertvoll. Ihre Kontaktaufnahme ist sanft, nie würden sie heranstürmen oder gar rempeln. Sie spüren, wenn ein Mensch Distanz braucht, und halten respektvollen Abstand, bis der Mensch für eine Kontaktaufnahme bereit ist. Das ist sowohl für gesunde als auch für in irgendeiner Art beeinträchtigte oder traumatisierte Menschen sehr angenehm. Außerdem spiegeln Lamas und Alpakas die Gefühle des Menschen, sie reagieren auf Stimmung, Atmung und Körperspannung. Man kann sich selbst im Tier erfahren. Unterstützend kann der Therapeut oder der Coach die Körpersprache des Tieres deuten helfen. Die Rückmeldung des Tieres wird in manchen Fällen leichter angenommen, als wenn sie von Menschen kommt.

Das Arbeiten mit Lamas und Alpakas ist immer auch ein Achtsamkeitstraining, die Tiere fordern die gesamte Aufmerksamkeit und merken sofort, wenn der Mensch gedanklich abschweift, und holen ihn in unterschiedlichen Arten wieder zu sich zurück, beispielsweise, indem sie nicht mehr kooperieren in Form von Sich-Hinlegen oder ständig Grasen-Wollen.

Ende der Kooperation

Eine weitere Besonderheit von Lamas und Alpakas sind ihre Laute, das Summen. Es kann beruhigend und entspannend auf den Menschen wirken.

Ihre Fremdartigkeit kann von Vorteil sein, weil wenige Menschen tatsächlich schlechte Erfahrungen mit Lamas und Alpakas gemacht haben, anders als beispielsweise mit Pferden, Hunden etc. Sie können ein leeres Blatt sein, ihre Größe wird auch als angenehm empfunden im Gegensatz zur manchmal einschüchternden Wirkung von Pferden, außerdem ist die starke Bewollung von Lamas und Alpakas optisch und haptisch sehr ansprechend.

Wie soll ein geeignetes Therapietier sein?

Zuallererst muss die Haltungssituation stimmen, Herde, Stall und Auslauf müssen vorhanden sein, um ein artgerechtes Leben zu ermöglichen.

Darauf ist auch bei Züchtern/Verkäufern zu achten, denn das Aufwachsen bestimmt das spätere Verhalten des Tieres. Fehlgeprägte oder kranke Tiere sind selbstverständlich für den Einsatz in der tiergestützten Intervention ungeeignet.

Alter, Rasse und Geschlecht stehen prinzipiell nicht im Vordergrund der Auswahlkriterien, der Charakter ist entscheidend. Jedoch ist zu beachten, dass Hengste und Stuten nicht gemeinsam in einer tiergestützten Einheit arbeiten können. Mit Lamas und Alpakas gemeinsam zu arbeiten, kann sehr interessant sein, weil sie unterschiedliche Zielgruppen ansprechen.

Das Tier soll einen guten Gesundheitszustand aufweisen und vor der ersten Einheit bereits mit seinen möglichen Aufgaben vertraut gemacht worden sein, also halfterführig sein, sich eventuell berühren lassen, Pflegemaßnahmen an sich durchführen lassen, Hindernisse überwinden können – je nachdem, was man in der Einheit vorhat. Wie überall gilt, die Kombination unerfahrener Halter mit unerfahrenem Tier ist ungünstig.

Allgemeine Kriterien für die Auswahl sind nun beispielsweise:

- freundlich, aber nicht aufdringlich
- geduldig, ruhig, ausgeglichen
- lernfreudig
- körperlich und physisch belastbar
- konzentrationsfähig
- wenig schreckhaft
- ausdauernd
- gut erzogen
- feinfühlig
- neugierig
- nicht zu dominant
- ...

WIE SIND DIE ANFORDERUNGEN AN DEN MENSCHEN, DER DIE TIERGESTÜTZTE INTERVENTION ANLEITET?

Oberste Anforderung ist ausreichendes Wissen rund um die Tierart, mit der gearbeitet wird. Ein artgerechtes Leben und Arbeiten ist unerlässlich. Selbstverständlich muss außerdem genügend Zeit für das Training der Tiere vorhanden sein, für die Planung der Einheiten, für Vor- und Nachbereitung und Versorgung der Tiere. Der Trainer/Coach/Therapeut als Person muss seine Tiere kennen, ihre Charaktereigenschaften richtig einschätzen und sie so einsetzen, wie sie am besten arbeiten können. Er muss die von den Tieren gezeigten Signale deuten können und entsprechend darauf reagieren. Nicht nur auf das Wohlbefinden des Klienten muss geachtet werden, sondern auch auf das des Therapietiers. Manchmal kann es notwendig sein, das Tier aus einer Situation herauszuholen, die es überfordert. Solche Situationen müssen erkannt und erneut ein für alle Seiten angenehmes Klima geschaffen werden.

Der Mensch muss Geduld und Empathie mitbringen und selbst psychisch stabil sein. Er muss sich gut abgrenzen können, neutral in den Einheiten agieren und seine eigene Geschichte nicht mit hinein bringen.

Wichtig für alle Beteiligten ist Klarheit: klare Signale, klare Grenzen, klare Kommunikation.

WIE BILDET MAN EIN THERAPIETIER AUS?

Grundsätzlich soll sich das Lama oder Alpaka einfangen lassen, sich halftern, anbinden und anfassen lassen. Weiters ist es für die Haltung unerlässlich, dass auch Pflegemaßnahmen durchgeführt werden können. Für ein Therapietier im Speziellen ist es wichtig, dass es von verschiedenen Personen führbar ist und auch auf Beeinträchtigungen eingehen kann. Es soll gelassen und geländesicher sein und je nach Umgebung, in der mit den Tieren gearbeitet wird, auch verkehrssicher sein. Wenn nicht immer direkt am Hof gearbeitet wird, soll das Tier auch stressfrei im Hänger fahren können. Sinnvoll ist es, das Tier mit verschiedenen Materialien in Kontakt kommen zu lassen, wie beispielsweise Seile, Rascheltüten, Bälle, Regenschirme, Rollstühle etc. Außerdem kann es wichtig sein, dass das Tier es kennt, von beiden Seiten geführt zu werden beziehungsweise auch mal von beiden Seiten gleichzeitig mit zwei Stricken geführt zu werden.

Für die Ausbildung ist es unerlässlich, dass ein Lernerfolg erkennbar ist, das hilft bei der Motivation enorm. Dafür sollen nur Aufgaben gestellt werden, die auch schaffbar sind.

Arbeiten mit 2 Stricken: Spaziergang mit einem Lama (© Privat)

Das bedeutet einerseits, dass man auf die aktuelle körperliche Konstitution, die natürliche Bewegungsfähigkeit Rücksicht nimmt und andererseits aber auch den individuellen Charakter des Tieres mit einberechnet. Überforderung kann zu Verweigerung führen.

Die Motivation kommt auch von Belohnung. Generell gilt, Lob ist am wirksamsten, wenn es sofort im Anschluss an das erwünschte Verhalten erfolgt. Vergeht zu viel Zeit zwischen Verhalten und Lob, kann die Verknüpfung nicht mehr hergestellt werden oder aber das Tier zeigt in der Zwischenzeit ein anderes/falsches Verhalten, womit es dann das Lob verknüpft.

Belohnt kann auf unterschiedliche Arten werden

Mit der Stimme: Hoch und ruhig „Fein“, „Prima“, „Gut“ zu sagen, kommt beim Tier relativ schnell als Lob an, zu Beginn kann es mit Futter verstärkt werden. Später versteht das Tier das auf bestimmte Weise ausgesprochene Wort allein.

Mit einem Lächeln: Lamas und Alpakas sind sehr sensibel auf Stimmungen, das kann auch im Training genutzt werden, eine freundliche, gelassene Stimmung kann belohnend wirken. Das Tier weiß, dass es etwas richtig gemacht hat.

Mit Futter: Die wirksamste Art der Belohnung ist mit Futter, es schafft die größte Motivation und einen recht schnellen Erfolg, jedoch muss es vorsichtig eingesetzt werden, weil es auch schnell zu Futterneid und Gier führen kann, wenn es nicht konsequent durchgeführt wird. Das bedeutet, dass der Mensch den Zeitpunkt und den Ort der Futtergabe bestimmt und auch respektvollen Abstand vom Tier einfordert. Wer sich nicht benimmt, bekommt nichts.

Mit dem Clicker: Alternativ zur Stimme kann auch ein Klicker eingesetzt werden, das Klicken wird statt dem lobenden Wort als Bestätigung verstanden, mehr dazu später beim Kapitel über das Clickertraining.

Mit einer Pause: Lobend wirkt auch eine Pause nach dem richtigen Verhalten. Das Gelernte kann in Ruhe verarbeitet werden. Sinnvoll ist eine Verbindung von lobenden Worten und anschließender Pause.

Mit Druckwegnehmen: Ähnlich wie die Pause, wirkt auch das Wegnehmen des Druckes, beispielsweise wird der Druck/Zug auf das Halfter sofort weggenommen, sobald das Tier ihm nachgibt.

Generell wichtig ist, dass das richtige Verhalten belohnt wird, so klein der Schritt zu Beginn auch sein mag.

Die Ausbildung eines Lamas oder Alpakas ist ein gemeinsamer Prozess, mit Neuweltkameliden geht alles am leichtesten miteinander, sie sind Synchrontiere, im Gegensatz zu Pferden, bei denen es eher darum geht, wer wen bewegt – eine Art Machtspiel.

Grundregeln bei der Ausbildung von Lamas und Alpakas sind:

- ruhige, stressfreie Atmosphäre, Sichtkontakt zur Herde
- möglichst störungsfreier Ablauf
- sich Zeit dafür nehmen, nicht, wenn man weiß, dass man nur zehn Minuten Zeit hat, eine Lektion beginnen, das endet nur in Frust auf beiden Seiten.
- sich voll auf die Lektion konzentrieren, mental darauf einstellen, hat man andere Dinge im Kopf, ist gestresst, merkt das Tier das auch.
- Rituale einbauen, immer gleicher Anfang und Ende beispielsweise, weil Neuweltkameliden Gewohnheitstiere sind.
- Eindeutige Signale geben und Übungen verständlich machen.
- Den individuellen Charakter des Tieres mit seinen Stärken, Schwächen und eigenem Lerntempo respektieren und beachten.
- Aufmerksamkeitsspanne nicht überziehen, 10–15 Minuten reichen oft völlig aus.
- Wiederholungen maßvoll einbauen, 5 Wiederholungen sind optimal für den Lerneffekt.
- Abwechslungsreich arbeiten, sonst entsteht Langeweile und die Motivation sinkt.
- Konsequenz
- Einen Plan haben, vor Beginn der Lektion schon einen ungefähren Ablauf im Kopf haben, jedoch offen für eigene Ideen der Lamas und Alpakas sein.

Wie funktioniert Clickertraining?

Belohnung mit dem Clicker kann sehr praktisch sein, weil die Bestätigung des Verhaltens sofort erfolgen und das Leckerli dann in Ruhe gegeben werden kann, ohne Gefahr zu laufen, schon zu spät zu sein, weil das Tier bereits ein anderes Verhalten zeigt. Ein Belohnungswort mit der eigenen Stimme kann genauso funktionieren, nur wird es selten exakt gleich klingen beziehungsweise arbeiten manchmal auch mehrere Personen mit einem Tier, sodass sich auch diese Stimmen unterscheiden. Der Clicker klingt jedes Mal gleich, sodass er vom Tier leicht eingeschätzt werden kann.

WICHTIG: Der Ton des Clickers ist aber nur die Vorankündigung für die Belohnung, nicht die eigentliche Belohnung. Auf einen Klick muss immer eine Belohnung folgen, sei es nun Futter oder Pause etc. Ein weiterer wichtiger Punkt ist, dass immer nur einmal geklickt wird, so effizient wie möglich. Durch den Klickton lernt das Tier im Laufe des Trainings, dass sein aktuelles Verhalten richtig ist und dass die Übung beendet ist und es eine Pause bekommt.

Zu Beginn muss der Klickton positiv verknüpft werden, also Klick – Futter geben, Klick – Futter geben, Klick – Futter geben. Das kann man gut bei der normalen Fütterung einbauen, bekommen die Tiere Mineralfutter, kann man sie einzeln herausholen und ihnen den Klicker zeigen. Wichtig ist zu Beginn, dass man alleine mit dem jeweiligen Tier arbeitet, weil sonst womöglich eine Rangelei um den Trainer entstehen kann, die dann im ungünstigen Fall auch noch belohnt wird.

Hat das Tier das Grundkonzept „Auf jeden Klick erfolgt die Futtergabe" verstanden, dann kann zum Beispiel das so genannte Targeting – Zielen – starten. Ein Objekt soll ins Visier genommen werden, das kann alles sein, eine Frisbeescheibe, ein Hütchen oder aber das Halfter.

Trainingsziel mit dem Halfter könnte sein: Steck deine Nase ins Halfter.

Der Weg zum Trainingsziel wird in kleine Schritte aufgeteilt, zu Beginn gilt es, dass das Halfter einfach nur bemerkt wird. Man hält das Halfter mit der ausgestreckten Hand und jeder Blick in die richtige Richtung wird bereits belohnt. Ein Tipp kann sein, dass man direkt beim Target die Belohnung gibt, sodass der Fokus noch besser auf das Ziel gelenkt wird. Hat man ein Tier, das sehr aufdringlich nahe steht, kann dies auch helfen, mehr Abstand zu bekommen. Zu Beginn kann es auch helfen, zu zweit zu arbeiten, einer klickt das Verhalten und der andere gibt das Futter, sodass man sich auf nicht zu viel gleichzeitig konzentrieren muss.

Hat das Tier das Halfter erfolgreich bemerkt, wird erst geklickt, wenn das Tier sich dem Halfter nähert. Es wird schnell beginnen, verschiedenes Verhalten auszuprobieren und auf eigene Ideen kommen. Richtiges Timing ist essenziell. Zeigt es das gewünschte Verhalten, wird es belohnt. Der nächste Abschnitt geht über zum Ziel „Berühre das Halfter". Hat man Targeting schon öfter gemacht, wird das Lama oder Alpaka schnell herausgefunden haben, was man von ihm möchte. Klappt das Berühren des Halfters, kann verlangt werden, dass die Nase durchs Halfter gesteckt wird. Hierbei kann auch das Futter hinters Halfter gehalten werden für die ersten Male, falls das Tier Schwierigkeiten beim Verstehen der Aufgabe hat. Wichtig ist es, Geduld zu haben, die Tiere werden Verschiedenstes anbieten, um belohnt zu werden. Es gilt, abzuwarten und zwischendurch vielleicht einen Schritt zurückzugehen und beispielsweise nur die Berührung des Halfters zu belohnen, dann wieder warten, ob das Tier selbst auf die Idee kommt. Steckt das Tier seine Nase durchs Halfter, kann man schrittweise immer länger mit dem Klicken warten und irgendwann ist das Tier bereit und bleibt so lange ruhig, bis das Halfter geschlossen werden kann.

Es darf dabei aber nicht vergessen werden, dass wir Menschen meistens zu viel in zu kurzer Zeit verlangen. Gerade zu Beginn ist die Aufmerksamkeitsspanne relativ kurz und, wie eingangs erwähnt, kann Überforderung zu Verweigerung führen. Daher immer nur ein paar Minuten am Tag arbeiten, für Abwechslung sorgen und nicht stundenlang dasselbe üben. Abschließen soll man immer mit einem positiven Erlebnis, erreicht man auch mal das Trainingsziel nicht, kann man einen Schritt zurückgehen zu einem Punkt, der funktioniert, diesen belohnen und abschließen.

Man muss nicht immer im Catch-Pen arbeiten, auch auf der Weide kann man manches üben. Hier basiert die Arbeit dann wirklich auf Freiwilligkeit und das Tier kann selbst den Zeitpunkt des Abschließens bestimmen. Wenn seine Konzentration erschöpft ist, kann es gehen, bekommt aber auch kein Futter mehr und wird so auch nicht womöglich fürs Aufhören belohnt.

Aus eigener Erfahrung kann ich berichten, dass, wenn man auf der Weide arbeitet, die Tiere zumeist sehr gesittet sind und sich teilweise sogar anstellen, um gearbeitet zu werden. Wenn ein Tier fertig mit seiner Lektion ist, kommt das nächste. Wichtig ist natürlich, dass nur für geleistete Arbeit belohnt wird, sonst können Rangeleien entstehen und man selbst ist mittendrin. Darum immer ein konkretes Trainingsziel vor Augen haben und, bevor man mit den Tieren arbeitet, einen ungefähren Ablauf der Trainingseinheit geplant haben.

WELCHE ZIELGRUPPEN SIND MÖGLICH?

Wie eingangs erwähnt, hat die tiergestützte Arbeit sehr viele positive Effekte auf Körper und Geist von allen Menschen. Gesunde wie beeinträchtigte Menschen können wunderschöne Erfahrungen machen. Auch bei Entwicklungsstörung, Leseschwäche, Demenz usw. kann mit der Unterstützung von Tieren Großes geleistet werden. Ideen für tiergestützte Aktivitäten können aus den unterschiedlichsten Disziplinen kommen (siehe Literaturtipps am Ende) und man passt sie dann an die Möglichkeiten der Lamas und Alpakas an. Auch Verbindungen von Aktivitäten ohne Tier und welchen mit Tier sind möglich, so kann beispielsweise Lesen geübt werden und danach darf eine Runde mit dem Tier gegangen werden etc.

Im Folgenden sind einige Beispiele für Bausteine von Einheiten im tiergestützten Setting. Wichtig ist aber natürlich, dass die Aktivitäten auf die jeweilige Zielgruppe abgestimmt sind.

WIE KANN SO EINE EINHEIT IM TIERGESTÜTZTEN SETTING AUSSEHEN?

Herdenbeobachtung und freie Begegnung in der Weide

Herdenbeobachtung kann außerhalb des Zauns oder innerhalb der Weide stattfinden, je nachdem wie sich der Klient/die Gruppe wohler fühlt. Dies ist ein idealer Einstieg für die erste Einheit, kann aber auch zum Ritual werden, da die Tiere ja auch unterschiedliche Stimmungen an den Tag legen können und man so vor jeder Einheit erkennen kann, wie die Stimmungslage ist. Man kann bei der Beobachtung feststellen, wie die Tiere fressen, wie sie kommunizieren, Ranghöhe, Freundschaften, Antipathien usw. Außerdem kann man den Klienten fragen, welches Tier er sein möchte, wie er die Charaktere einschätzt und was er sonst noch erkennt. In der Reflexion kann abgeschätzt werden, wie achtsam der Klient ist, wie gut die Beobachtungsgabe ist und wie seine Gedanken- und Gefühlswelt aussieht. Was in den Tieren beobachtet wird, kann Rückschlüsse erlauben, zum Beispiel: Das Tier sieht müde aus, ist traurig, wird nicht gemocht etc.

Bei der freien Begegnung ist der Rahmen völlig offen. Die Tiere können nur beobachtet werden oder es kann mit ihnen interagiert werden, je nachdem, was sich ergibt. Wie zu

Beginn schon erwähnt, respektieren die Tiere Grenzen und kommen erst, wenn der Mensch bereit dazu ist. Es können die eigenen Gefühle reflektiert werden, was einen glücklich macht oder wie man mit Frustration umgeht. Die Kontaktfähigkeit und Achtsamkeit und generelle soziale Kompetenz werden gefördert. Man lernt die Signale des Gegenübers zu deuten und richtig darauf zu reagieren. Außerdem kann erfahren werden, dass Grenzen beiderseits respektiert werden. Das kann beispielsweise bei Kindern eine gute Erfahrung sein, dass man auch mal nein sagen kann, um eine Umarmung, ein Bussi auf die Wange von der Tante etc. auch ablehnen zu dürfen.

Führen & Wandern

Eine Lama- und Alpakawanderung ist nicht nur eine sportliche Betätigung in der freien Natur, sondern kann viel mehr beinhalten. Je nach Setting können die Teilnehmer in die Planung der Runde miteingebunden werden, sie können neue Wege entdecken, die Flora und Fauna erkunden, Dinge sammeln und später gestalterisch verarbeiten.

Lamatrekking mit Kindern

Ein kleiner Parcours kann eingebaut werden für Gleichgewichts- und Balancierübungen. Vorausschauendes Denken und Empathie können gefördert werden, indem man überlegt, wovor sich die Tiere erschrecken könnten. Geschichten können eingebaut werden oder die Wanderung hat ein bestimmtes Thema, zu dem die Tiere gemeinsam geschmückt werden. Je nach Aufbau der Wanderung werden verschiedene Wirkungen auftreten:

Entspannung, Entschleunigung, Abschalten, Meditation, Impulskontrolle, seine Kräfte dosieren, Anführer sein und Verantwortung übernehmen, die eigene Wirkung auf andere erfahren, Motivation, sich zu bewegen, frische Luft schnappen ...

Hindernisparcours

Im Setting mit einem Hindernisparcours wird gemeinsam in der Gruppe (auch mit Einzelperson möglich) ein Parcours mit verschiedenen Hindernissen aufgebaut. Dabei kann alles verwendet werden, was die Umgebung hergibt, beispielsweise auf einer Wanderung ein Steilhang oder zwischen zwei Bäumen durchgehen, eine Brücke überqueren etc. Wenn man am Hof arbeitet, können Stangen gelegt werden, ein Podest erklommen werden oder auch ein Slalom durchschritten werden. Dabei kann gelernt werden, in der Gruppe etwas auszumachen (Teamwork), einzuschätzen, was möglich für ein Lama/Alpaka (Größenunterschied, 4 Beine statt 2), ist und Vertrauen aufgebaut werden, etwas gemeinsam zu schaffen. Auch ist es eine Frage der Geduld und Reaktion auf das Verhalten des Tieres. Was kann geändert werden, dass das Tier doch mitgehen mag?

Spiele, Wettbewerbe, Quiz

Hier sind der Fantasie keine Grenzen gesetzt, Ballspielen, Schnitzeljagd, Geschicklich-

Hindernisparcours

Montessori-Brett (© Hennerbichler & Wiesner)

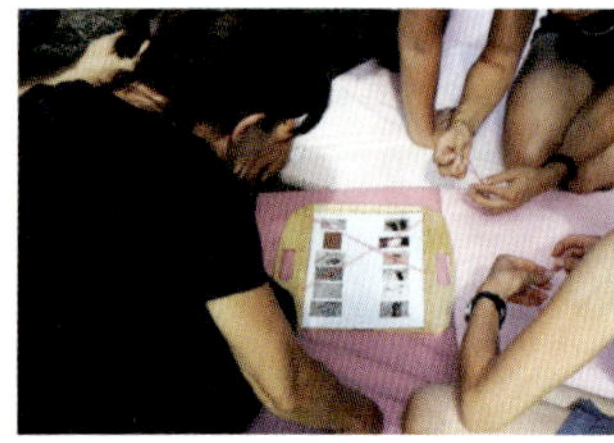

Textschnipsel zusammenfügen (© Hennerbichler & Wiesner)

Fühldomino (© Hennerbichler)

Barfußpfad (oben © Hennerbichler; unten © Wiesner)

Filzen der Wolle

keitsspiele, Aufführen eines Theaterstücks etc. Koordination und Konzentration werden gefördert, die Teilnehmenden zur Bewegung motiviert, sie dürfen gemeinsam etwas planen, Teamwork und Krafteinschätzung werden verbessert. Beim Quiz kann das Wissen rund um Kameliden erweitert werden usw.

Konkrete Möglichkeiten für Quizspiele: Montessori-Brett, Fakten-Text in Stücke geschnitten und jeder bekommt ein paar Teile und man liest gemeinsam den Text vor, Fragen und Antworten auf verschiedene Kärtchen drucken, gemeinsam die richtige Kombination herausfinden u. v. m. Man kann sich aus anderen pädagogischen Disziplinen viel abschauen und auf das eigene Setting übertragen!

Malen, Bastelarbeiten mit der Wolle

Filzen, Kleben, Verspinnen, Tiere malen: Die Teilnehmenden können sich kreativ austoben.

Barfußpfad mit Naturmaterialien

Beim Barfußpfad können alle möglichen Materialien eingebunden werden, die man am Hof und in der Umgebung findet, auch die Wolle der Tiere. Man kann mit offenen Augen drübergehen, sich aber auch von einer anderen Person führen lassen und die verschiedenen Materialien blind erspüren.

Fühldomino

Für ein Fühldomino klebt man verschiedene Materialien auf kleine Holzplatten und der Klient kann blind erspüren, was zusammengehört.

Phantasiereisen & Meditationen

Phantasiereisen und Meditationen können sowohl bei einer Wanderung als auch auf der Weide stattfinden. Sie können offen oder angeleitet sein und das Thema kann der jeweiligen Situation angepasst werden, je nach Ausgangslage entspannend und beruhigend oder belebend und motivierend sein.

Besuch im Altenheim

Man kann mit seinen Tieren auch ins Seniorenheim fahren und je nach Möglichkeit im Garten mit den Bewohnern arbeiten. So ein Besuch kann auf regelmäßiger Basis stattfinden und hat große Wirkung auf die älteren Menschen. Es ist eine Unterbrechung der Routine, sie sind an der frischen Luft, mehrere Sinne werden angesprochen usw. Im Zuge meiner Ausbildung mit kleinen Wiederkäuern konnte ich an einem Ausflug ins Altenheim mit Ziegen teilnehmen. Die Bewohner bekamen Zweige in die Hand und konnten die Tiere so gefahrlos mit etwas Abstand zur eigenen Hand füttern. Viele der Bewohner sind ehemalige Landwirte und konnten damit an frühere Erfahrungen mit Ziegen anknüpfen und erzählten aus ihrem Leben. Es war sehr schön zu beobachten, wie viel lebhafter die Damen und Herren durch unseren Besuch wurden.

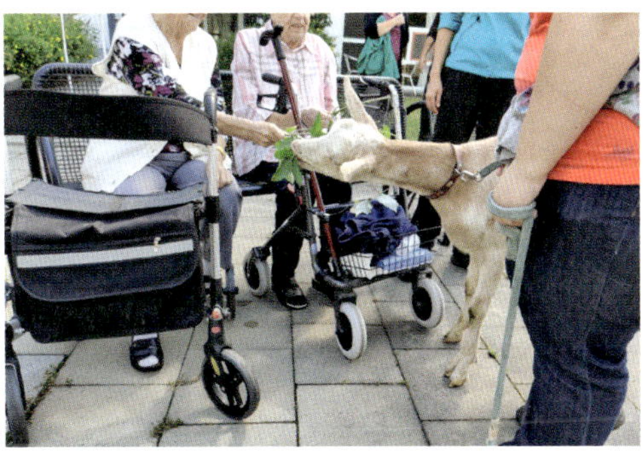

Ziege Kasimir im Seniorenheim (© Hennerbichler & Hannak)

Viele der genannten Settings können auch kombiniert eingesetzt werden. Es ist immer individuell zu entscheiden, was für den Klienten/die Gruppe am sinnvollsten ist. Eine besondere Möglichkeit der Kombination kann ein **Glücksrad** sein. An die Teilnehmenden angepasste Aufgaben werden auf das Rad geklebt und dann darf gedreht werden. Am Bild sieht man unser Glücksrad bei der Ausbildung mit kleinen Wiederkäuern im Praxisteil Schafe. Es ist toll, zu drehen und abzuwarten, welche Aufgabe man bekommt! Der Schöpflöffel dient als „Brücke“, wenn jemand zum Beispiel nicht aus der Hand füttern möchte, kann er Futter in den Löffel geben und mit ein bisschen Abstand füttern. Die Fliegenklatsche dient als Target, zum Clickern-Üben und auch zum Durchschreiten des Parcours ohne Futter.

Ich hoffe, das Kapitel hat gezeigt, dass es eine Fülle an Möglichkeiten gibt, um tiergestützt zu arbeiten, und es macht großen Spaß, sowohl für den Ausbildenden/Anleitenden als auch für Besucher.

Adressen und Literaturtipps

Hier liste ich nur Adressen und Bücher auf, mit denen ich persönlich gute Erfahrungen

Glücksrad mit schafgestützten Aktivitäten (© Hennerbichler & Wiesner)

gemacht habe. Es gibt dazu selbstverständlich noch viel mehr!

Handling und Training von Lamas und Alpakas: Viele Züchter bieten Einsteigerworkshops an, am besten einfach in der eigenen Umgebung umhören

Marty McGee Bennett kommt immer mal wieder nach Europa für mehrtägige Kurse, oftmals kann man auch seine eigenen Tiere mitbringen und sie sieht sich auch Problemtiere an. Außerdem hat sie ein Buch geschrieben, das Kameliden-Kompendium, in dem sehr viele wertvolle Tipps zum Handling und Training von Lamas und Alpakas zu finden sind https://www.camelidynamics.com/

Birgit Appel-Wimschneider bietet Kurse an, die an Marty's Schule anknüpfen, ich habe einen dreitägigen Kurs belegt, Grundlagenseminar und Lama/Alpaka-Coach und fand es wirklich sehr toll, man hat viel Praxis, aber auch theoretische Inputs und bekommt ein tolles Skriptum. Dort kann man auch andere Ausbildungen abschließen, zum Beispiel Reittherapie etc. https://www.orenda-ranch.com/

Andrea Wiesner, Manuela Hannak und **Astrid Herler** sind die Menschen hinter der Ausbildung zu tiergestützten Aktivitäten mit kleinen Wiederkäuern und Neuweltkameliden. Diese Ausbildung legt den Fokus auf Schaf, Ziege, Lama & Alpaka. Nach Theorie zu den einzelnen Tierarten geht es an 3 Praxiswochenenden (auch geblockt möglich), zu den Betrieben der drei Fachfrauen und man kann ihre Tiere kennenlernen und in den Alltag hineinschnuppern. Die Ausbildung ist sehr praxisnah, man darf selbst die Aktivitäten und Spiele ausprobieren und bekommt sehr viel Literatur und Ideen für eigene Angebote.

Die Seite der Ausbildung: https://tiergestuetzt.jimdofree.com/

Andrea Wiesner https://www.power-pets.com/team/

Manuela Hannak https://www.oase-tier.at/

Astrid Herler https://www.lama-lady.at/

Andrea Wiesner bietet außerdem den WIFI-Diplomlehrgang zur Fachkraft für tiergestützte Arbeit und Therapiebegleitung in Wien an, der ein ganzes Jahr dauert und noch umfassender ist und viele andere Tierarten zusätzlich behandelt.

Und zum Schluss noch mein eigener Hof, die **Lampaka-Ranch**, ich stehe gern mit Rat und Tat zur Seite! Außerdem habe ich 2019 mit der Zucht begonnen und vermittle in Zukunft auch ausgebildete Lamas und Alpakas! Wir sind auch auf Instagram & Facebook zu finden, außerdem unsere Homepage www.lampaka-ranch.at

Boyle, Cosima: Lamas und Alpakas in der pädagogischen Förderung von Kindern und Jugendlichen. Ernst Reinhardt Verlag, 2015

Cornell, Joseph: Mit Cornell die Naturerleben. Naturerfahrungsspiele für Kinder und Jugendliche. Verlag an der Ruhr, 2006

Kahlisch, Anne: Tiergestützte Therapie in Senioren- und Pflegeheimen. Ein Wegweiser mit Praxisbeispielen für Besuchshundeteams. Kynos, 2010

Loose, Antje-Catrin: Phantasiereisen und diagnostische Märchen für Kinder und Jugendliche. Praktische Beispiele für Therapeuten, Eltern, Erzieher, Pädagogen und Psychologen. Richard Pflaum Verlag, 2003

Otterstedt, Carola: Tiergestützte Intervention. Methoden und tiergerechter Einsatz in Therapie, Pädagogik und Förderung. Schattauer, 2016

Reusch, Jörn: Projekt Adventure. Praxisorientierte Methodensammlung für die Erlebnispädagogik. Spielothek aus der Praxis für die Praxis. Kohl Verlag, 2014

TRAINING

TRAINING FÜR DEN ALLTAG

Trainingsbeginn

Wenn das (Halfter-)Training mit jungen Lamas und Alpakas beginnt, sind die Tiere wenigstens ein halbes, besser ein dreiviertel Jahr alt. Kleinere Fohlen sollten nur beobachtet und manchmal gefangen und berührt werden. Es hat sich bewährt, bei diesen kurzen Berührungen mit den Händen an den Beinen und am Körper entlang zu streichen; keinesfalls sollen die Kleinsten angelockt werden, wie im Kapitel Fohlenaufzucht näher erläutert wird. Das so eingefangene Tier soll lernen, nach dieser Manipulation ein paar Augenblicke lang ruhig zu stehen, bevor es freigelassen wird. Alternativ dazu kann auch mit der Mutter in Gegenwart des Fohlens gearbeitet werden, sodass das Kleine durch Zusehen lernen kann.

Eines hat die Erfahrung gelehrt: Es bewährt sich nicht, als Anfänger junge und unerfahrene Tiere zu trainieren. Für Anfänger sind besser Tiere geeignet, die älter sind und bereits Erfahrung im Umgang mit dem Menschen mitbringen. Junge Tiere zu trainieren, erfordert Erfahrung, Beobachtungsgabe und Geduld. Deshalb appelliere ich an unerfahrene Halter, keine unerfahrenen Jungtiere zu erwerben. Mensch und Tier bleibt dadurch viel Leid erspart.

Es gibt verschiedene Methoden des Trainings (McGEE, KOMPENDIUM).

Zuerst erfolgt das Prinzip der Beobachtung: Jedes Jungtier, egal ob Alpaka oder Lama, hat seinen eigenen Charakter, der sich bei jedem Fohlen schon bald nach der Geburt zeigt.

Manche Tiere hängen an ihrer Mama und werden viel später selbständig als andere, die keck oder gar frech sind. Die einen suchen Mamas Schutz und Nähe oder das Weite, sobald der Mensch das Gehege betritt. Andere kommen näher und beäugen den Menschen, ohne die Begegnung zu fürchten. Alpakas scheinen einen schwierigeren Zugang zum Menschen zu finden, oft brauchen sie viel mehr Zeit, bis sie ihre Scheu ablegen und ihre Eigenschaften, die wir uns als Menschen so sehr wünschen und die uns so sehr faszinieren, im Umgang mit ihnen beim Training zu zeigen. Manches größere Alpakafohlen beschnuppert an einem Tag den Menschen vorsichtig und neugierig, um am nächsten Tag so sehr vor dem „Wesen" zu erschrecken, als hätte es noch nie einen Menschen gesehen.

Lamafohlen entwickeln im Laufe des ersten Lebensjahres eine gewisse „Reife" und „Intelligenz", an der sich feststellen lässt,

wann der richtige Zeitpunkt des Trainingsbeginns ist.

Lamas und Alpakas haben ein gutes Personengedächtnis; manche Kolleginnen erzählen, dass sie, wenn sie nach längerer Zeit wieder gerufen werden, von demjenigen Lama oder Alpaka bespuckt werden, an dem sie den unangenehmen Eingriff vorgenommen haben. Dies zeigt, dass ich keinen Vorteil als Tierärztin mit eigenen Tieren habe, wenn es um das Vertrauen der Tiere und damit den wichtigsten Umstand schlechthin bei der Haltung von Neuweltkameliden geht.

Lernen im Herdenverband – Treiben lehren

Treiben lernen die Jungen bereits noch viel früher im Herdenverband. Der Mensch, mit ausgebreiteten Armen oder noch besser, die Arme optisch verlängernd, mit langen, weißen Stäben ausgestattet (siehe Methode nach McGEE), treibt die Stuten mit den großen und kleinen Fohlen von der Weide zum Unterstand. Die Fohlen bleiben immer ganz nahe neben den Müttern und die Herde bewegt sich wie ein eigener Organismus vorwärts. Das Leittier läuft voraus, der Rest folgt in einem „Schwarm". Diese Übung kann und soll, wenn es vom Platz und von der Zeit her möglich ist, täglich durchgeführt werden. Es kann nach Winterende, sobald der Zutritt zur Weide möglich ist, begonnen werden: auf die Weide und von der Weide, am besten immer zur gleichen Uhrzeit, aber auch zwischendurch, um die Tiere auch an außergewöhnliche „Termine" zu gewöhnen. Rhythmus und Regelmäßigkeit erleichtern zu Beginn das Lernen. Unter Zeitdruck von der Weide geholt zu werden, zu einer eventuell ungewohnten Uhrzeit, hat meist aufkommende Hektik zur Folge, sodass die Tiere zum Beispiel die hinterste Ecke einer steilen Wiese oder einen anderen schwer zugänglichen Ort aufsuchen oder durcheinanderrennen – sich plötzlich so verhalten, wie man es nicht möchte.

Eine wichtige und gute Hilfe ist zunächst ein immer gleichbleibender, auf- und abschwellender Ruf, wie etwa der Ruf einer mir bekannten jungen Halterin: „Lama-Lama-Lama", oder ein anderer Lockruf oder Pfiff, der die entfernt weidenden Tiere auffordert, aufzuhorchen, zusammenzulaufen und im besten Fall dem Pfiff selbständig zu folgen. Alleine am Tonfall erkennen die Tiere, was man von ihnen will: Hereinkommen: lockend, mit hohen Tönen; Hinausgehen: befehlend, mit tiefer Stimme, eventuell zwei Stöcke zusammenklopfen, mit den Händen klatschen. Zu Beginn sollte der Ruf oder jegliches andere Signal mit einer guten Erfahrung verbunden werden, zum Beispiel gibt es Futter, wenn sie kommen, oder man führt sie auf eine neue Weide mit besonders schmackhaftem Gras etc. Irgendwann verstehen die Tiere den Ruf an sich als etwas Positives und kommen von allein. Es kann aber nie schaden, zwischendurch auch mal wieder eine besondere Belohnung fürs Kommen zu geben, eine Art Auffrischung also.

Flucht – die Herde als Schwarm

Die Herde verhält sich beim Treiben wie auch auf der Flucht wie ein Schwarm. Beobachtet

Treiben mit Stöcken nach Marty Mc Gee

man die Tiere beim Passieren einer Engstelle, etwa ein schmales Tor, so wandelt sich die Herde, die dem Leittier folgt, von einem breiten „Schwarm“ zu einem langen, schmalen „Körper“, der auch bei hohem Tempo schützend die Jungtiere zwischen den Leibern aufnimmt, niemals rempelnd, und unversehrt durch die Verengung schlüpft. Die Jungtiere, sogar die Neugeborenen, die erst seit wenigen Stunden auf der Welt sind, sind in der Lage, der Herde zu folgen, ohne zu stolpern oder zurückzubleiben. Sie scheinen im „Körper“ der Herde aufzugehen und sind in der Lage, in dieselbe Richtung, die die Herde vorgibt, bei jedem Tempo zu folgen.

Die Jungtiere haben nach mehrmaligem Training des Treibens längst begonnen, den Menschen als Zweibeiner und als „Treiber“ zu identifizieren. Wer genau hinsieht, entdeckt die ständig nach hinten gerichteten Ohren aller Individuen der Herde. Egal ob Jung oder Alt, der Treiber wird auch von keinem Tier aus den Augen gelassen. Das Sehfeld der Neuweltkamele als Fluchttiere ist so weit, dass kein Tier den Kopf wenden muss, um den Treiber zu sehen.

Catchpen

Für den nächsten Schritt der Ausbildung kann ein Catchpen oder eine ähnliche Einrichtung nützlich sein. Der Catchpen ist eine quadratische Eingrenzung aus ungefährlichem Material, wie Holz (kein Elektroband oder Elektrozaun, keine vorstehenden Nägel oder Schrauben), mit leicht und schnell zu schließenden Türen oder kleinen Toren. Der Catchpen hat die Ausmaße von etwa 3 mal 3 Metern.

Sehfeld

Ein Catchpen ist unverzichtbar, außer man besitzt erfahrene, geduldige und bereits ausgebildete erwachsene Tiere, die sich auf der Weide halftern lassen und vorher nicht extra gefangen werden müssen. Bei den Stuten und Fohlen mag dies erfahrungsgemäß nicht immer gelingen, vor allem wenn es sich um eine größere Anzahl handelt.

Catchpens können an Weideaus- und -eingängen, im Bereich des Unterstandes oder anderswo hilfreiche Dienste erweisen. Sinnvoll ist ein befestigter Boden: Die 9 Quadratmeter können mit ein paar Terrassenplatten schnell und günstig ausgelegt werden, wie auch die Zu- und Ausgänge, um einen zunehmend ausgetretenen Weg von und zur Weide zu vermeiden. Die zwei Tore, die am besten gegenüber liegen, machen Sinn, damit der Catchpen nicht primär zur „Falle“ wird. Die Tiere können sowohl immer durch den auf beiden Seiten offenen Catchpen zur Weide getrieben werden als auch bei Bedarf eingefangen werden. Dazu ist zu erwähnen, dass alle Weideaus- und -eingänge am besten so gestaltet werden, dass es vor dem Catchpen bzw. Zugang zum Unterstand oder Stallbereich eine weitere, sich verkleinernde Eingrenzung durch einen Zaun geben sollte, um ein Abbiegen der Herde vor dem kleinen Tor des Catchpens zu verhindern. Nichts ist frustrierender, als einzelnen Tieren oder der ganzen Herde hinterherzujagen. Die Tiere scheinen den treibenden, besonders aber den hilflos jagenden Menschen zu durchschauen. Deshalb sollten Weideein- und -ausgänge bereits beim Anlegen schlau

Catchpen im Außenbereich

Catchpen im Offenstall

durchdacht werden, es spart die Mühe des Einfangens mit Seilen und eventuell ständig weitere zum Fangen erforderliche Personen.

Fangen mit Seilen

Einzeltiere, Gruppen von Tieren oder Herden können auch mit Seilen in die gewünschte Richtung „gelenkt" werden. Ein mindestens 15 bis 20 Meter langes Seil sollte jederzeit griffbereit liegen, wenn Tiere von der Weide geholt werden. Es schadet nicht, wenn das Seil eine Signalfarbe hat, ist aber auch in Tarnfarbe nützlich. Das Seil wird an einem fixen Punkt etwa in Hüfthöhe befestigt, in der erforderlichen Richtung geradlinig ausgebreitet und vorerst auf die Wiese gelegt. Um das Seil schneller zur Hand zu haben und

Fangen mit dem Seil

die Suche im hohen Gras zu erleichtern, hilft die Signalfarbe. Diese Methode funktioniert auch mit nur einer Person, sodass es möglich ist, auch mehrere Tiere alleine von der Weide zu holen. Die Tiere werden in den Bereich getrieben, der innerhalb des Wirkkreises des Seils liegt und können dann durch Aufheben des Seils und die dadurch erreichte optische „Versperrung" des Fluchtweges in die gewünschte Richtung gelenkt werden. Tiere, die versuchen, unter dem Seil durchzuschlüpfen, erschrecken vor dem Seil, wenn es auf- und abbewegt wird und ändern die Richtung. Um es in Schwingung zu bringen, muss das Seil stramm angezogen gehalten werden.

Die Methode des Treibens nur mit Druckaufbau mittels Körpersprache funktioniert wie bei Rindvieh auf der Weide, wo meist nicht einmal ein Seil nötig ist, da allein die Wahrnehmung des menschlichen Körpers durch die Tiere als aufrecht stehende Säule „Druck" auf jene auszuüben vermag. Das will jedoch geübt sein, viel Zeit, geduldige Mithelfer und ein bisschen Glück sind vonnöten. Ohnehin wird es sich in den meisten Fällen nicht um komplett verwilderte Herden handeln, sondern um Tiere, die den Catchpen kennen und irgendwann locker wie von selbst dort hineinlaufen.

Motivierend für die beteiligten, eventuell völlig unerfahrenen Hilfspersonen mag die Aussicht auf maximal zehn Versuche sein, denn dann ist das Gelingen beinahe sicher ein positives Erlebnis – zehn Versuche sind bisher in keinem Fall notwendig gewesen, um eine Herde erfolgreich einzufangen!

Training im Catchpen

Im nächsten Schritt des Trainings werden mehrere oder alle Tiere einer Gruppe in den Catchpen getrieben. Mit ausgestreckten Armen oder mit den Stöcken nach MartyMcGee werden diejenigen Tiere von der Gruppe getrennt, die man trainieren möchte, und die anderen aus dem Catchpen entlassen. Jetzt befinden sich nur mehr die Tiere im Catchpen, mit denen gearbeitet werden soll. Die anderen Tiere sind in Augenkontakt, was wichtig ist, um die Ruhe in der Herde aufrechtzuerhalten.

Im ersten Schritt können die Tiere mit Gegenständen, wie mit einer Bürste, am Körper berührt werden. Am meisten Toleranz zeigen die Tiere an den Seiten und am Rücken. Verhalten sich die Tiere ruhig, kann die Berührung ausgedehnt werden: am seitlichen unteren Hals, an den Flanken etc. Tolerieren die Tiere die Berührung gut, kann die erste Stunde beendet werden. Bei weiteren Trainingseinheiten kennen die Tiere die Berührung und man kann sich weiter den Hals nach oben Richtung Kopf oder die Beine nach unten Richtung Füße herantasten. Ziel ist es, das Halftern zu erlernen, die Füße zu berühren und aufzuheben oder das Tier zunächst an eine Satteldecke zu gewöhnen, um zu einem späteren Zeitpunkt das Aufsatteln zu lernen.

Jungtiere halftern

Nachdem die Jungtiere, wie bereits eingangs erwähnt, erst nach dem ersten halben oder dreiviertel Lebensjahr mehrmals mit den Müttern im Catchpen gefangen wurden und die Berührung durch den Menschen ruhig stehend kennen und dulden, beginnen die Vorbereitungsübungen für das Halftertraining mit ihnen.

Es sollten sich immer mindestens zwei oder mehr Tiere im Catchpen befindet, damit keine Panik ausbricht. Sichtkontakt zur Herde ist das Um und Auf eines ruhigen Handlings. Angst und Stress müssen vermieden werden. Ruhe, Geduld und Humor sind die besten Lehrmeister für Mensch und Tier. Es gelingt jedoch nicht an allen Tagen, ruhig, geduldig oder gut gelaunt zu sein. Man sollte sich Zeit lassen und die Trainingsstunde lieber einmal um einen Tag oder auf das Wochenende verschieben. Auch sollte das Wetter mitspielen, denn vor Nässe triefende Tiere oder die Haare der Tiere, die sich um nasse Finger und um das Halfter wickeln, machen keinen Spaß.

Ist das Wetter gut und auch die Laune, werden zwei oder mehr Jungtiere in den Catchpen getrieben. Oft bekommt man den Eindruck, dass die Jungen schon darauf warten, wann „das Neue“ denn wieder stattfindet.

Die Berührung durch den Menschen kennen die Tiere bereits und sie haben gelernt, dabei ruhig und aufmerksam stehen zu bleiben. Nun aber nähert man sich mit dem Halfter in den Händen.

Bevor man versucht, den Tieren das Halfter anzulegen, müssen einige Dinge, das Halfter betreffend, beachtet werden. Gute Halfter lassen sich an zwei Stellen verstellen: Das Nasenstück, das von vorne rund um die Nase bzw. die Maulöffnung gelegt wird, und der Halsriemen, der den Verschluss des Halfters an der Halsseite trägt. Da der weiche Nasenknorpel weit nach hinten reicht, und das Halfter am knöchernen Nasenanteil anliegen muss, wird das Halfter hoch oben, knapp vor den Augen angelegt. In dieser Weite muss also der Riemen des Halfters eingestellt werden, sodass keinesfalls die Nasenöffnung abgeklemmt und das Tier am Atmen gehindert wird. Gerade bei Jungtieren, die die ersten Male gehalftert werden, darf dieser Fehler nicht passieren, um keine schlechte Erfahrung zu verursachen. Schwierigkeiten beim Halftern durch Abwehr oder Angst können die Folge sein.

Der Halsriemen lässt sich einfach am Tier weiter oder enger stellen, der Nasenriemen sollte vor dem Halftern auf das weiteste Loch gestellt werden. Das ist wichtig, weil so nicht die Gefahr der Atemnot besteht und zusätzlich die Öffnung größtmöglich ist, was es dem Tier erleichtert hineinzuschlüpfen. Wenn das Halftern schon gut klappt, kann der Nasenriemen enger gestellt werden und auf die jeweilige Größe angepasst werden. Hat man Jungtiere, muss auch deren Wachstum beachtet werden und das Halfter dementsprechend öfter angepasst werden.

Nun wird das Tier mit dem Halfter in Händen bevorzugt von der linken Seite (dort befindet sich der Verschluss) „umarmt“ und mit links und rechts gerade nach vorne gestreckten Armen versucht, den Kopf bzw. die Nase zu erreichen. Das Tier versucht, den Kopf wegzudrehen, oder es erstarrt mit nach vorne gestrecktem Kopf. Es erfordert Geduld, aber auch eine sanfte Hartnäckigkeit, bis das Halfter von vorne über die Nase gelegt werden kann, am besten, ohne die Nase überhaupt zu berühren. Ist das Halfter erst einmal an der Nase entlang über den Punkt geschoben, an dem der Nasenknorpel endet, kann der lange, freie Halsriemen leicht geschlossen werden und das Tier wird losgelassen.

Richtiges Halten des Halfters: Öffnung für die Nase so groß wie möglich, Finger halten es offen, aber Achtung, Finger sollen nicht in die Öffnung hineinstehen oder gar den Nasenriemen umfassen, damit verkleinert man die Öffnung und es wirkt wie eine Barriere.

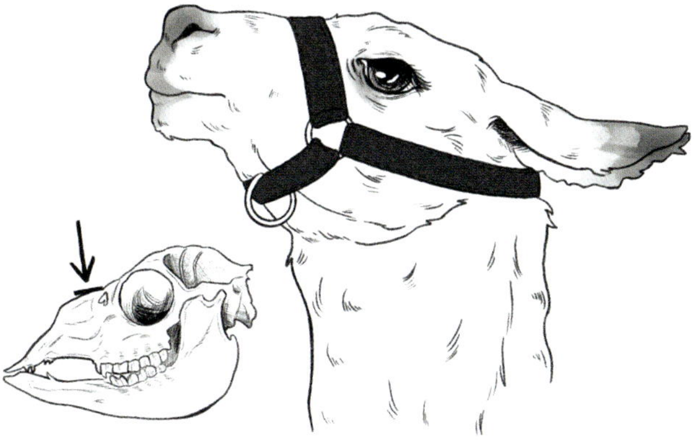

links: Das Halfter ist an zwei Stellen verstellbar: am Handgelenk: Nasenriemen, an den Fingern: Halsriemen; rechts: Sitz des Halfters hoch an der Nase am Nasenbein, knapp vor den Augen

Das erste Mal gehalftert

Eine andere Herangehensweise ist das Halfternüben mit Clickern.

Führen am Strick

Nach den Übungen zum Halftern kann erstmalig ein Halfter mit daran befestigtem Strick verwendet werden. Stricke mit Karabinern oder Verschlüssen wie bei Hundeleinen eignen sich am besten; Pferde-Panikhaken eignen sich am wenigsten, da bei einer ruckartigen Bewegung des Tieres oder des Menschen das Tier freikommt. Außerdem sind Stricke und Karabiner für Pferde meist schwer und stören Lamas und Alpakas durch ihr Gewicht.

Das Gewicht des Strickes und das dadurch andere Gefühl am Halfter durch den angeschnallten Strick sind zu Beginn gewöhnungsbedürftig für die jungen Tiere. Für die ersten paar Male reicht es aus, das Tier einfach nur den Strick spüren zu lassen und ihn sanft und locker hängen zu lassen, nicht daran ziehen oder sonst eine Einwirkung auf den Kopf vorzunehmen. Das Tier soll sich einfach an das Halfter und den Strick gewöhnen. Für die ersten Führübungen ist es um vieles leichter, wenn man das Muttertier, das Leittier oder einen Freund des Jungtieres dabeihat, je nach Möglichkeit auch die ganze Herde oder Teile davon. Im Verband laufen die Jungtiere dann gerne mit und man kommt ganz ohne Ziehen und Zerren aus. Das Tier soll anfangs einfach in seinem eigenen Tempo mitlaufen können. Eine Grundregel kann man aber schon einführen: Das Tier soll sich hinter oder seitlich des Menschen befinden, ihn jedenfalls nicht überholen. Das kann das spätere Training zum Trekking-Gehen erleichtern, wenn die Tiere gelernt haben, nicht vor dem Menschen zu gehen. Beim Trekking ist es für die Sicherheit der Wandergäste von Vorteil, wenn sie nicht in die Reichweite der Hinterbeine kommen. Egal, wie gut trainiert die Tiere sonst sind, sie bleiben immer Fluchttiere, die sich erschrecken und womöglich austreten können.

Wichtig für den Anfang ist eine Bezugsperson. Geht immer dieselbe Person mit dem Jungtier, gibt das dem Tier Vertrauen. Je nach Charakter des Tieres dauert das Training unterschiedlich lange. Die Anfangsphase bildet das Gehen ohne große Einwirkung am Halfter mit Rücksichtnahme auf das jeweilige Tempo des Tieres. Hat es keinen Stress mehr mit der Situation, kann auch leichter Einfluss auf das Tempo und die Gehrichtung des Tieres genommen werden. Man kann ausprobieren, an welcher Position in der Gruppe das Tier am liebsten geht, lieber vorne, mittig oder hinten. Das kann sich auch ändern. Die Tiere zeigen es aber meistens sehr deutlich, was sie möchten und was nicht. Wird das Tier hektisch und zieht nach vorne, kann man ausprobieren, ob es sich weiter vorne in der Reihe wohler fühlt. Generell möchten Jungtiere anfangs nicht zu viel Abstand zur Herde haben und werden eher in knappem Abstand gehen. Beobachtet man die Körperhaltung und sonstige Signale seiner Tiere, wird man schnell erkennen, wenn etwas nicht stimmt und wie man es beheben kann.

Die Dauer der Spaziergänge kann dann langsam gesteigert werden, zu Beginn reichen einige Minuten bis zu einer Viertelstunde und das auch nicht täglich. Auch Tiere haben Muskelkater von ungewohnter Bewegung und Lernen ist für den Kopf anstrengend, also ruhig auch mal Pausen von einigen Tagen einlegen! Die Tiere werden es in der Zwischenzeit nicht vergessen, oftmals sind längere Pausen sogar förderlich für den Lerneffekt, weil die Tiere nicht überfordert werden. Wie immer kommt aber auch das auf den Charakter des Tieres an.

Entlaufene Lamas oder Alpakas einfangen

Sollte ein Lama oder Alpaka während eines Spazierganges freikommen, dann ist es praktisch, dass der Strick, der idealerweise etwa 2 Meter Länge hat, am Tier verbleibt, da es dann leichter wieder eingefangen werden kann. Zwar verheddern sich die Tiere manchmal mit den Beinen im Strick, meist jedoch laufen sie ein Stück und bleiben dann stehen, um zu fressen. So kann man sich langsam und ruhig nähern und einfach auf den Strick steigen, um ihn danach hochzuheben. Panische Tiere kann man auf diese Art und Weise aber nicht einfangen. Guter Rat ist teuer, wenn man auf einer Wanderung ein Tier „verliert". Die meisten Tiere werden aber versuchen, den Herdenmitgliedern zu folgen, sodass es die beste und sicherste Art, das Tier wieder einzufangen, ist, ruhig zu bleiben, den Spaziergang gemächlich fortzusetzen und darauf zu hoffen, dass das Tier wieder zurückkommt. Hinterherzulaufen macht die Sache eher schlimmer – das Tier entfernt sich zu weit von der Gruppe und sieht seine Artgenossen nicht mehr. Dabei wird es in irgendeine Richtung davonlaufen.

Die beste Art, diesen unvorhergesehenen Abenteuern vorzubeugen, ist es, immer wieder in vielen verschiedenen Situationen zu trainieren. Man kann auch vorab üben, was einem auf einer Wanderung begegnen könnte oder wie sich die Teilnehmer verhalten könnten: Wanderstöcke, Regenschirme, laufende Kinder, Pfützen, Rinnsale, (hupende) Autos, Radfahrer, klirrende Glöckchen von Pferden oder das Klacken von Spaziergängerstöcken etc. Auch kann es helfen, sich in die Wandergäste hineinzudenken, welche Missgeschicke ihnen passieren könnten: Zum Beispiel Strick fällt zu Boden, Strick um den Hals des Tieres, Strick windet sich mit Schwung über den Kopf des Tieres, Kinder, die nicht aufpassen und in das Hinterteil des vorgehenden Lamas reinlaufen ... auf Wandertouren erlebt man einiges! Für die Sicherheit aller Beteiligten ist es wichtig, dass solche Situationen vorab geübt werden, sodass die Tiere schon möglichst viele Situationen kennen und stressfreier darauf reagieren.

MEDICAL TRAINING

Übung: Beine und Füße berühren

Zu Beginn wird bei Jungtieren beim Handling die Schulter abwärts bis zum Ellbogengelenk berührt. Auch die Hinterbacken entlang nach unten bis zum Kniegelenk streichen. Die Gliedmaßen können am Beginn mit einem weichen Stab berührt werden (etwa eine Reitgerte), es kann auch an dessen Ende ein Handschuh befestigt werden. Die Tiere schlagen zu Beginn des Trainings aus, weil sie entweder kitzelig sind oder durch die unbekannte Berührung erschrecken. Mit zunehmendem Training beginnen die Tiere bald, die Berührung zu tolerieren, und man kann beginnen, die Beine mit den Händen anzufassen. Dennoch achtsam sein, die Tiere können aus einem anderen Grund erschrecken und ausschlagen. Auch sollte man sich den Tieren nie überraschend von hinten nähern, da auch Neuweltkameliden schmerzhafte Tritte mit den Hinterbeinen austeilen können.

Ziel: Das Tier lässt sich die Beine zur Untersuchung, zur Nagelpflege, zum Anlegen eines Verbandes etc. aufheben.

Übung: In den Pflegestand hinein- und wieder hinausgehen

Es sollte mit positiver Verstärkung (= Konditionierung) gearbeitet werden; hier helfen kleine „Leckerlis“, wie Karottencobs oder Luzernecobs (für Pferde).

Ziel: Das Tier lässt sich ohne Widerstand in den Pflegestand verbringen, ohne Angst haben zu müssen.

Übung: Kopf berühren und halten

Den Kopf halten, um die unteren Schneidezähne zu begutachten. Dabei darauf achten, dass die Nase nicht zugedrückt wird. Lamas und Alpakas atmen fast ausschließlich durch die Nase. Der Nasenknorpel reicht bis weit hinauf, dies ist bei der Kontrolle der Zähne zu beachten.

Bein aufheben

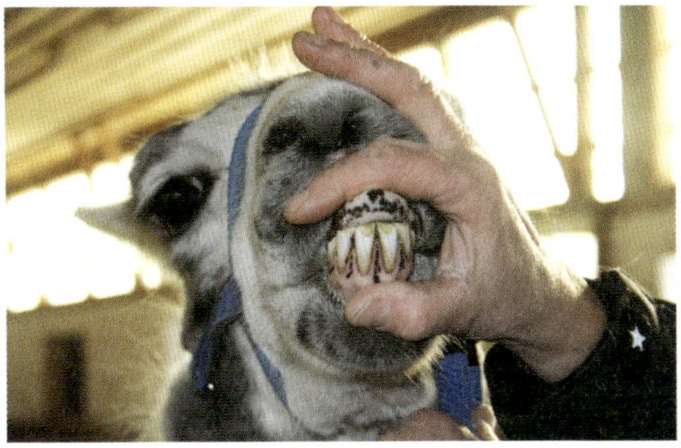

Richtige Haltung der Hände bei der Zahnkontrolle: Die Nase darf nicht zugedrückt werden!

Ziel: Das Tier soll sich bei Shows, bei der Untersuchung durch den Tierarzt oder bei Untersuchungen des zugänglichen Teiles der Maulhöhle durch den Besitzer, etwa um Fremdkörper zu entfernen oder Bissen zu entfernen, ins Maul sehen lassen.

Übung: Anfassen des Körpers, der Wirbelsäule und des Schwanzes

Die Übung kann bei gehalfterten Tieren beliebig oft durchgeführt werden. Seitlich nah am Tier stehen, um bei unerfahrenen Tieren durch Ausschlagen nicht getroffen zu werden. Manche Tiere lassen sich auch ungehalftert berühren; meistens gehen die Tiere jedoch weg oder beginnen, heftig mit dem Schwanz zu wedeln, wenn man sie dort berühren möchte.

Ziel: Bei der Körung (Tierbeschreibung) oder bei Shows werden die Tiere an der Wirbelsäule berührt und der Schwanz untersucht, ob ein Knickschwanz vorliegt.

Übung: Anhänger betreten

Der Anhänger kann auf der Wiese abgestellt und geöffnet werden, die Tiere werden gehalftert und üben Ein- und Aussteigen, eventuell durch die kleine vordere Öffnung, wenn vorhanden. Im Anhänger kann eine Belohnung warten, um das Einsteigen zu erleichtern und mit einem positiven Erlebnis zu verbinden (Konditionierung).

Ziel: Das Verladen und das Einsteigen in den Transporter für Tier und Mensch stressfrei erledigen zu können.

Alles, was man vorab übt, kann in einer Notsituation sehr hilfreich sein.

Knickschwanz

Stabile Seitenwände sind ideal für die Sicherheit zum Ein- und Aussteigen.

BEWEGUNGSAPPARAT

GLIEDMASSEN

Kameliden unterscheiden sich von Wiederkäuern, Schweinen und anderen Huftieren wie Pferden unter anderem in der besonderen Anatomie ihrer Zehenendglieder.

Diese sind nicht wie bei den genannten Tierarten mit Klauen oder Hufen ausgestattet und sie berühren den Boden auch nicht mit den Spitzen des dritten und äußersten Zehengliedes wie die Huftiere („Zehenspitzengänger"), sondern mit der ganzen unteren Fläche des mittleren Zehengliedes. Das äußerste Zehenglied der Kameliden trägt einen Nagel.

Die Zehenknochen der Neuweltkameliden

Das äußerste, vom Körper am entferntesten liegende Zehenglied (*Phalanx distalis*) besitzt einen nachwachsenden Nagel (wie beim Menschen, Hund, Primaten etc.) und trägt wenig bis gar kein Körpergewicht.

Das folgende Zehenglied (*Phalanx media*), das parallel zum Boden steht, trägt das gesamte Gewicht des Körpers auf einem stoßdämpfenden Sohlenpolster, der Schwiele, die den Tieren den Namen Schwielensohler eingebracht hat. Die nebeneinanderliegen-

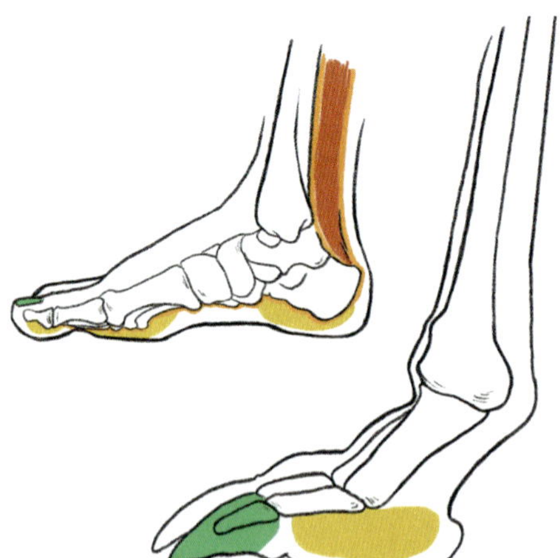

Vergleich Schwielensohle: Kamel und Mensch

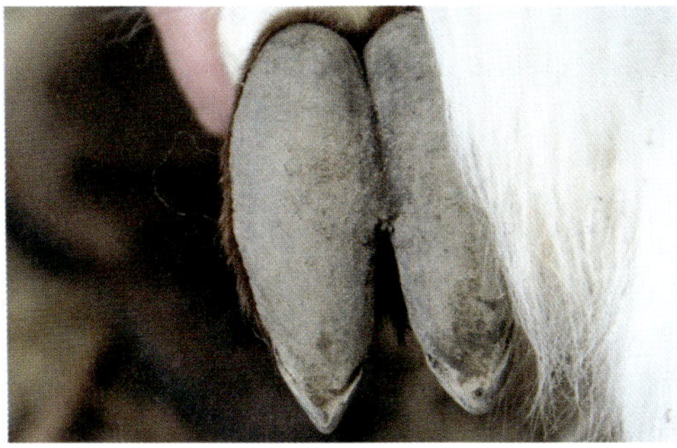

Schwielensohle

den Schwielen beider zweiter Zehenendglieder eines Fußes (siehe Foto) wirken bei jedem Schritt als Stoßdämpfer. Diese Aufgabe hat bei den Huftieren der Hufmechanismus, der bei den Schwielensohlern entfällt.

Das oberste, dem Körper am nächsten liegende Zehenglied (*Phalanx proximalis*) steht im Winkel von ca. 60° zum Boden und bildet ein Gelenk mit dem Mittelhand- oder Mittelfußknochen, dessen zwei Strahlen (dritter und vierter Mittelhand- und Mittelfußknochen) wie bei anderen Paarhufern zu einem gemeinsamen, sehr langen Röhrbein verwachsen sind.

Die Zehengelenke

Die Gelenke der Zehen untereinander sowie die Gelenke mit der Mittelhand oder mit dem Mittelfuß verhalten sich an Vorder- und Hinterbeinen gleich, sodass anatomisch und röntgenologisch nicht zwischen vorderen Zehen und hinteren Zehen unterschieden werden kann.

DIE KNOCHEN UND GELENKE DER VORDERGLIEDMASSE (*MANUS*, LAT. HAND)

Zehengelenke der Hand

Mangels eigener anatomischer Bezeichnungen bzw. fehlender Nomenklatur für die Zehenendglieder von Neuweltkameliden werden die Zehengelenke analog zu den Gelenken der Huf- und Klauentiere von unten nach oben folgendermaßen benannt:

- Das Hufgelenk zwischen dem Zehenendglied, das den Nagel trägt (dem Hufbein bei den Huftieren) und dem Zehenmittelglied,
- das Krongelenk zwischen dem Zehenmittelglied (dem Kronbein bei den Huftieren) und dem Zehengrundglied (dem Fesselbein der Huftiere), einen Winkel von 60° bildend, und
- das Fesselgelenk, das vom Zehengrundglied mit dem Mittelhand- oder Mittelfußknochen ein Gelenk bildet.

Handwurzelgelenk (Karpalgelenk)

Das dem Mittelhandknochen, zum Körper hin folgende Gelenk ist an der Vordergliedmaße das Handwurzelgelenk (Karpalgelenk). Es befindet sich wegen des langen Mittelhandknochens etwa in der Mitte des Vorderbeines und wird, da es beim Abliegen stark abgewinkelt wird, fälschlicherweise als „vorderes Knie" bezeichnet.

Es existiert an der Vordergliedmaße von Tieren ebensowenig ein Knie wie am Arm des Menschen!

Das Handwurzelgelenk besteht aus einigen Reihen flach-würfelförmiger Knochen, die natürlicherweise an ihrer Verbindung mit dem Mittelhandknochen einen leichten Knick von etwa 5 Winkelgraden nach außen (X-beinige Stellung) zeigen. Dies ist keineswegs eine Fehlstellung; eine zu stark geknickte Stellung jedoch ist auffällig und Grund zur Sorge. Zu stark von diesem Winkel abweichende Metakarpalknochen insbesondere bei Alpaka-Crias sollten von einem Orthopäden oder Chirurgen begutachtet werden. Es kann versucht werden, mit Verbänden, Schienen oder Operationen noch beim jungen Fohlen die zu starke Winkelung auszugleichen, um dem Tier während des Wachstums und danach Schmerzen und Leid zu ersparen. Aufgrund des geringeren Gewichtes wird eine Operation hauptsächlich den Alpakas vorbehalten sein. Fehlstellungen können auch andere Ursachen haben, diese müssen aber immer vom Tierarzt diagnostiziert werden, wie z. B. ein Vitamin-D-Mangel.

Ellbogen- und Schultergelenk

Das hoch und eng am Körper anliegende Ellbogengelenk ist jenes Gelenk am Vorderbein, das sich seitlich jeweils rechts und links der Brustwand befindet. Unter dem hervorstehenden Ellbogenknochen befindet sich die Achselhöhle. Im Ellbogengelenk treffen sich die beiden miteinander verwachsenen Unterarmknochen, Elle und Speiche (Radius und Ulna) mit dem Oberarmknochen (Humerus), ein kurzer und dicker Knochen, der nach vorne gerichtet, auf Höhe der Vorderbrust mit dem Schulterblatt jeweils links und rechts vom Brustkorb das Schultergelenk bildet. Ein Schlüsselbein ist bei Paarhufern nicht vorhanden.

DIE KNOCHEN UND GELENKE DER HINTERGLIEDMASSE (*PES*, LAT. FUSS)

Alle Zehenglieder verhalten sich bis zum Fesselbein wie an der Vordergliedmaße. Körperwärts an die Zehenknochen anschließend befindet sich analog zur Vordergliedmaße das Fessel- oder Zehengrundgelenk.

Sprunggelenk (Tarsalgelenk)

Der lange Mittelfußknochen bildet mit mehreren kleinen und seinen beiden auffälligsten Knochen, dem Sprungbein und dem Fersenbein, das Fußwurzel- oder Sprunggelenk (Tarsalgelenk). Es handelt sich dabei um ein aus mehreren Knochen zusammengesetztes, winkeliges Gelenk, das anhand der kräftigen Achillessehne unschwer als das Sprunggelenk erkannt wird. Eine nicht unbedeutende Rolle spielt diese Erkenntnis in der Geburtshilfe: Das Sprunggelenk des Föten in den Geburtswegen ist kräftig und gewinkelt, selbst bei maximaler Streckung ist das Fersenbein, der *Calcaneus*, deutlich unterscheidbar zum rundlichen Handwurzel- oder Karpalgelenkes der Vordergliedmaße.

Knie- und Hüftgelenk

Der Oberschenkelknochen (Femur) ist ein kurzer, sehr kräftiger, keulenförmiger Knochen, der im Kniegelenk mit dem Schien- und Wadenbein und der Knieschiebe sowie im Hüftgelenk mit den drei Knochen des Beckens (Hüftbein, Sitzbein, Schambein) jeweils eine gelenkige Verbindung bildet. Das Kniegelenk befindet sich seitlich am Körper, wo die Haut auf die Innenseite des Oberschenkels umschlägt.

Bei den Kameliden folgt die Haut ohne eine Faltenbildung (Kniefalte bei anderen Tierarten) an die Innenseite des Oberschenkels und trifft die Haut des Bauches in der Leistengegend.

NAGEL UND SOHLE

Das Hufbein hat an seinem Ende jenen Nagel ausgebildet, der stets nachwächst und beim Gehen auf hartem oder steinigem Untergrund abgenutzt wird. Ein gesunder, regelrechter Nagel schließt die Sohlenfläche geradlinig ab, ist also nicht länger als die Sohlenschwiele hoch ist.

Die Sohlenschwiele ist vergleichbar mit der Funktion der Ferse und des Fußballens beim Menschen (siehe Abb. S. 94), bei dem es sich um einen Sohlengänger handelt, der mit den gesamten Mittelfußknochen ab dem Sprunggelenk fußt, während Kameliden, wie beschrieben, nur mit zweitem und drittem Zehenendglied fußen. Gemeinsam ist den beiden „Arten" jedoch, dass das Gewicht des Körpers auf polsterartig aufgebauten Schwielen aufgefangen wird. Die Schwielen bei Kameliden bestehen aus einem Kern von Fett, der von lamellenartig aufgebauten Schichten der Leder- und Hornhaut umgeben ist. Dadurch wird jeder Schritt weich abgefedert. Die Nägel berühren den Boden im Normalfall nicht, sie dienen lediglich dazu, sich in steinigem oder steilem Untergrund zu verkrallen und so bestmöglich sicheres Auftreten und Abstoßen zu gewährleisten, ohne abzurutschen.

Der Fettkern in der Unterhaut (Subcutis) der Sohlenschwiele ist dem Kronbein unterlegt. Er unterliegt wie das Fettgewebe im Allgemeinen den Ab- und Aufbauprozessen des Fettstoffwechsels (wichtig bei abgemagerten Tieren und bei Fettstoffwechselstörungen). Die anschließende Lederhaut (Dermis) liefert dicke Schichten des Strukturproteins Kollagen, das für die Zug- und Druckfestigkeit der Schwiele sorgt und durch ihre Verzahnung mit der Basalschicht der Hornhaut dieselbe ernährt. Die Hornhaut (Epidermis) erfährt an dieser Stelle eine mächtige Ausbildung bei den Kameliden. Sie selbst besitzt keine Blutgefäße, denn sie entstammt dem Ektoderm. Dicke Schichten des Faserproteins Keratin sorgen für die relative Undurchdringlichkeit und Unempfindlichkeit der Hornschicht. Zusätzlich sorgt der Passgang der Kameliden für eine ausgewogenere Gewichtsverteilung als der Kreuzgang anderer Säuger, womit die Vorteile ihrer Sohlenschwielen besonders ausgeprägt sind.

BEWEGUNGSIMPULS

Der Beckenknochen ist mit der Wirbelsäule im Kreuzbein fest verwachsen und überträgt den Bewegungsimpuls der kräftigen, muskulösen Hinterbeine auf den Körper, der sich dadurch vorwärts bewegt.

Damit diese Bewegung leicht von sich geht, tragen die Vordergliedmaßen ca. 55 % des Körpergewichtes, so sind die Hinterbeine von Gewicht entlastet und erzeugen die Bewegung etwa bei einem Sprung nach vorne freier.

Sprünge

Bei übermütigen, meist jungen Tieren kann man eine weitere Fortbewegungsart in Form von außergewöhnlich langen und hohen Sprüngen beobachten, bei denen bei hoher Laufgeschwindigkeit alle vier Gliedmaßen gleichzeitig den Körper hochkatapultieren und, mehrere Meter überwindend, auch auf allen vier Beinen gelandet wird. Diese weiten, öfters aufeinanderfolgenden Sprünge konnte ich außer bei Kängurus bisher bei keinen anderen Tieren beobachten. Sie verdeutlichen die enorme Sprungkraft der langen und schlanken Beine der Neuweltkameliden und zeigen mit Deutlichkeit, warum Neuweltkameliden auch hohe Zäune mühelos überwinden können.

KRANKHEITEN DES BEWEGUNGSAPPARATES

Überlange Nägel richtig schneiden

Eine der häufigsten Abweichungen an den Zehen ist die übermäßige Länge der Zehennägel, wenn diese auf zu weichem Boden zu wenig abgenutzt werden. Hält man die Tiere in den Unterständen oder im Auslauf auf festen Böden, wie etwa auf Beton, Terrassenplatten oder Kies, dann wirkt der harte Untergrund wie eine Feile und die Zehennägel nutzen sich natürlicherweise ab wie bei Tieren, die regelmäßig zu Wanderungen mitgenommen werden. Dunkle Nägel sind durch das eingelagerte Pigment härter als die weißen unpigmentierten. Überlange Zehennägel müssen regelmäßig gekürzt werden. Dazu ist eine geeignete Schere zu verwenden. Es gibt eigene Nagelscheren, aber auch eine gute Rosenschere oder verschiedene Zangen können zum Abkneifen der Nägel benutzt werden.

Die Länge der Nägel ist an die Höhe der Schwielensohle anzugleichen; sind die Nägel nicht besonders lang, dann wird rechts und links das Horn parallel zum Rand des Nagels zurückgenommen sowie vorne die Spitze flach abgekniffen. Sind die Nägel sehr lang, muss die Länge zunächst vorsichtig zurückgenommen werden, da das Blutgefäß, das den Nagel versorgt, mit der Länge des Nagels mitwächst und bei zu starker Kürzung eine Blutung entsteht. In diesem Fall sollte das Kürzen in mehreren Schritten (mit einigen Wochen Abstand) vorgenommen werden, um eine starke Blutung und eine evtl. folgende Infektion zu vermeiden. Wenn trotz aller Vorsicht eine starke Blutung entstanden ist, dann kann eine Versorgung mit Wundspray oder ein kleiner Verband für einen Tag notwendig werden.

Schwielensohle

Verletzungen der Schwielensohle

Verletzungen der Sohlen kommen selten bei Weidetieren vor, dafür häufiger bei Trekkingtieren, die außerhalb des Geheges bewegt werden und daher nach Spaziergängen kontrolliert werden. Sie entstehen im Wesentli-

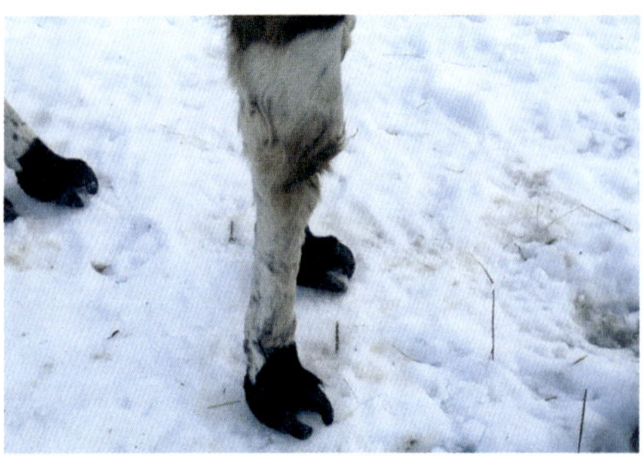

Überlange Nägel

Nägelschneiden kann in den meisten Kursen bei erfahrenen Besitzern gelernt werden.

chen durch mehr oder weniger tiefe Schnitt- und Stichverletzungen durch scharfkantige oder spitze Gegenstände, wie Metallblech, Glasscherben oder Nägel. Hier ist auf die empfohlene vorbeugende Impfung gegen Clostridien hinzuweisen, die vor dem gefürchteten Wundstarrkrampf schützt. Frisch blutende, tiefe schnittförmige Verletzungen sollten umgehend ausgiebig mit Desinfektionsmitteln gereinigt, respektive gespült werden (Jodhaltige Lösung wie Betaisodona®, Nicht-Alkoholische Desinfektionsmittel), mit Wund- oder Heilsalbe oder -Gel oder Wundspray versorgt und abgedeckt und danach mittels gepolsterten, weichen Verbands geschützt werden.

Eine wasserabweisende Umhüllung (*Vettape*®) hält die Feuchtigkeit und den Schmutz der Umgebung ab. Verbände bei tiefen Verletzungen oder Zusammenhangstrennungen zu Beginn täglich wechseln, eine schnellere und komplikationslose Abheilung ist bei einmaliger Gabe von Breitband-Antibiotika durch den herbeigerufenen Tierarzt zu erwarten. Starke Schmerzen äußern die Tiere in Hochheben der verletzten Gliedmaße, der Fuß wird nicht belastet. Die Kombination des Antibiotikums mit Schmerzmitteln bzw. entzündungshemmenden Mitteln ist angezeigt.

Zusätzlich können Röntgenaufnahmen in zwei Ebenen angefertigt werden, um Fremdkörper zu lokalisieren und gegebenenfalls operativ zu entfernen.

Abriss

In seltenen Fällen geht der ganze epidermale Ballenpolster verloren, entweder durch Hängenbleiben und Abriss. Diese stark blutende, schwere Verletzung muss mit einem vorübergehenden sauberen Verband aus der Notfallapotheke abgedeckt werden und es muss sofort der Tierarzt verständigt werden. Durch übermäßige Abnutzung auf ungewohnt harten Wegen (Asphalt, Beton) zu Beginn der Wandersaison können sich Teile des Ballenhorns in Fetzen von der Sohle lösen. Diese Fetzen sollten mittels eines Scherenschlages abgesetzt werden. Die Wunde wird so versorgt, wie bei den Verletzungen weiter oben beschrieben. Auf offene Wunden wird ein in jodhaltigem Mittel getränkter Gazetupfer gelegt und danach ein gepolsterter Verband angelegt. Ein guter, häufig gewechselter Verband verhilft zur raschen Bildung von neuer epidermaler Hornhaut. Zarte neue Hornhaut ist bereits nach wenigen Tagen sichtbar, bis eine belastungsfähige Sohle nachgebildet ist, kann es mehrere Wochen dauern.

Verbände an Kamelidenfüßen anzulegen, ist nicht schwierig; durch die paarigen Zehen können gleichmäßige Touren mit geeignetem Verbandsmaterial angelegt werden, die jedoch nicht unter festem Zug gemacht werden, lediglich gutsitzend unter vorsichtiger Zuganwendung mit dehnbarem Material. Gut über das Fesselgelenk hinauf verbinden, ohne dass der Verbandsrand einschneidet. Verbandsmaterial siehe Foto S. 100.

Das Hochheben der Füße kann durch Training geübt werden.

Hochheben des Vorderbeins

Anlegen eines Verbandes an den Zehengelenken

von links nach rechts: Tupfer zum Abdecken der Wunde; Verbandswatte; Polstermaterial; elastische Binden; wasserabweisende Verbände in verschiedenen Breiten

Schrunden und Risse der Sohlenballen

Schrunden und Risse entstehen bei Haltung auf ständig feuchtem oder nassem Untergrund bei fehlender Befestigung des Bodens im Unterstand oder Auslauf. Die Schrunden bilden richtiggehend Löcher in der Sohle (siehe Foto). Unter den Hornhautfetzen bieten Schmutz und Feuchtigkeit ideale Bedingungen für Keime. Werden die Füße kontrolliert und derartige Veränderungen festgestellt, dann muss mit einem geeigneten Messer (z. B. einem Hufmesser) oder einer Schere versucht werden, überstehende Hornhauttaschen zu entfernen, um dem Gewebe die Möglichkeit zu geben, abzutrocknen. Anschließend kann mit einer neutralen Salbe (z. B. Melkfett) die Haut gepflegt werden. Kontrollen sind angebracht.

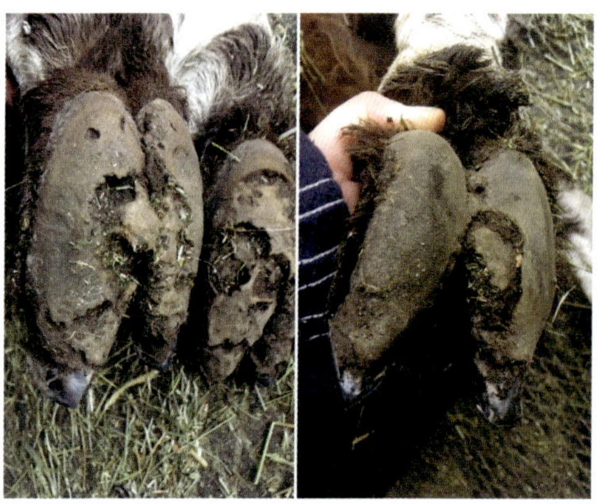

Schrunden der Schwielensohlen

Entzündung des Nagelbettes (Panaritium)

Durch kleine Verletzungen oder tief und seitlich eingerissene Nägel können Keime in diejenige Zone eindringen, von der das Wachstum des Nagels ausgeht („Nagelbett"). Die Infektion dringt in das Gewebe ein, die Reaktion des Körpers ist die Bildung von Eiter, um die Keime zu bekämpfen. Dieser Eiter sucht sich nach einiger Zeit einen Weg nach außen, sodass am Rand des Nagels stinkender Eiter austritt. Dieser Prozess ist sehr schmerzhaft; die Tiere zeigen zumindest eine gering-, meist aber eine mittelgradige Lahmheit.

Die Gliedmaße muss vom Tierarzt untersucht werden; durch Ruhigstellung mittels Verbandes und antibiotischer Versorgung (Injektion) kann die schmerzhafte Eiterung abklingen und abheilen. Dabei sollte das betroffene Tier aufgestallt werden, d. h. mit einem zweiten Tier für einige Tage im Stall oder befestigten Auslauf verbleiben. Der Verband sollte nach 1–2 Tagen gewechselt werden. Hat sich rund um die Wunde eine rosa Schicht gebildet, dann ist die Heilung im Gange und die Lahmheit bessert sich zusehends. Nach einem weiteren Verbandswechsel und einer Verbandabnahme nach weiteren zwei Tagen kann das Tier ohne Weiteres wieder auf die Weide entlassen werden.

Pododermatitis

Bestimmte Bakterienstämme verursachen bei den verschiedenen Weidetieren, insbesondere bei Rindern und Schafen, eine Pododermatitis. Die Erreger dringen durch kleine Verletzungen in die Haut ein, vermehren sich dort und verursachen eine Entzündung, die durch einen charakteristischen faulig-süßlichen Geruch gekennzeichnet ist. Weidehygiene, trockene Unterstände und gepflegte Nägel sind die beste Vorbeugung. Im Falle des Auftretens soll der Tierarzt gerufen werden, der ein wirksames Antibiotikum verabreicht und in schweren Fällen eine Schmerztherapie einleitet.

Durchtrittigkeit

Häufiger bei älteren Tieren, nach chronischen oder unbehandelten Erkrankungen der Gelenke (Arthrosen, Luxationen, Bänderabrisse) kann eine Durchtrittigkeit des Gelenkes zwischen Mittelfußknochen und dem folgenden Zehenknochen beobachtet werden. Durchtrittig ist ein Tier dann, wenn der Winkel des Zehengrundgelenkes zum Boden hin kleiner wird und dadurch eine hohe Belastung auf die Beugesehnen wirkt. Nicht immer ist die Durchtrittigkeit schmerzhaft; die Tiere sollten geschont werden (also nicht mehr für Trekking verwendet werden) und nach Möglichkeit wenig belastendes Terrain als Weide bekommen. Eine flache, kleinere Wiese in Stallnähe ist besser geeignet als ein Steilhang in größerer Entfernung vom Unterstand. Wenn die Tiere Schmerzen bekommen, dann zeigen sie dies durch gehäuftes Liegen; verlieren sie durch eine verringerte Nahrungsaufnahme an Gewicht, sollte nicht

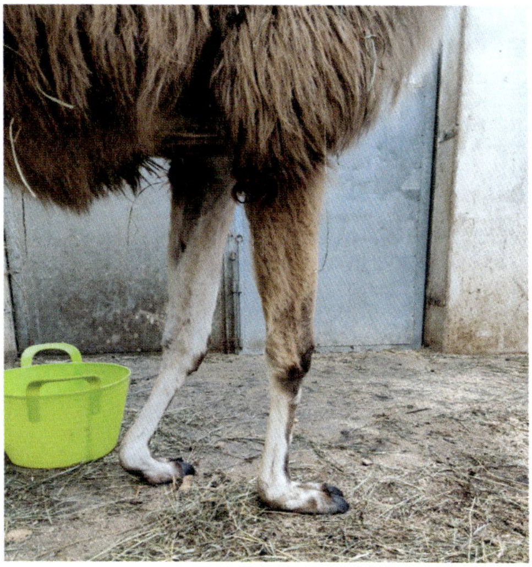

Durchtrittigkeit (© Privat)

zugewartet werden, bis sie verhungert sind – eine Euthanasie (das Einschläfern) ist in diesem Fall tierschutzgerecht und erspart Schmerzen und Leid.

Lahmheiten

Plötzlich auftretenden Lahmheiten bei Neuweltkameliden liegen zumeist Traumata zugrunde. Es können Knochen-, Gelenks- und Weichteilstrukturen betroffen sein.

Eine Lahmheit macht sich bemerkbar, wenn das Tier die betroffene Gliedmaße weniger als sonst belastet. Dabei kann zwischen gering-, mittel- und hochgradiger Lahmheit unterschieden werden (P. ZANOLARI, 2012). Wird vom Besitzer eine Lahmheit festgestellt oder vermutet, dann ist der Tierarzt hinzuzuziehen. Bei der Untersuchung kann es hilfreich sein, das Tier am Halfter und Strick vorzuführen, um auch geringgradige Lahmheiten durch die Entlastung der schmerzenden Gliedmaße bei der Bewegung erkennen zu können. Mittelgradige Lahmheiten sind deutlich während der Bewegung, aber auch durch Entlasten im Stehen festzustellen; bei einer hochgradigen Lahmheit wird die betroffene Gliedmaße überhaupt nicht mehr belastet. Das Tier steht auf drei Beinen oder sitzt.

Achtung! Bei Lahmheiten, die gleichzeitig ein Beinpaar betreffen, ist die Diagnostik schwieriger, eventuell kann nur ein „klammer“ Gang festgestellt werden. Durch Betasten der Gelenke von unten nach oben, beginnend bei den Zehengelenken, wird versucht, die Lokalisation der Lahmheit festzustellen.

Manchmal sind erkrankte Gelenke geschwollen oder heiß und schmerzhaft. Nicht alle Erkrankungen lassen sich durch das Abtasten feststellen. Bildgebende Verfahren, wie Röntgenuntersuchungen, eventuell durch einen solcherart ausgerüsteten Tierarzt vor Ort sind wichtig, insbesondere für die Diagnose von Frakturen.

Es können auch bakterielle Infektionen auf dem Blutweg in die Knochen oder Gelenke gelangen und schmerzhafte Knochen- oder Gelenksinfektionen und damit schwere Lahmheiten verursachen.

Mögliche Erkrankungen im Bereich der Knochen sind Knochenbrüche und Sequesterbildung, im Bereich der Gelenke Gelenksentzündungen, Abriss von Sehnen, z. b. Kreuzbandriss, und Luxationen von Gelenken. Andere Erkrankungen können angeboren sein, wie etwa Abweichungen der Achsenverhältnisse (siehe Karpalgelenk*)* oder angeborene Kniescheibenluxation. Deformationen von Knochen können durch einen Vitamin-D-Mangel entstehen. Am Schädelknochen vorkommende Deformationen (wry face) sind unheilbar. Können die Tiere nicht ausreichend fressen und kommen andere Probleme hinzu, wie etwa beim Saugen oder Atmen, dann sollten diese Tiere aus Tierschutzgründen euthanasiert (eingeschläfert) werden.

ZÄHNE UND MAULHÖHLE

UNTERSUCHUNG DER MAULHÖHLE

Die Untersuchung der Maulhöhle gelingt nur in ihrem vorderen Bereich; die Mahlzähne können nur unter erschwerten Bedingungen besichtigt werden, da die Maulspalte sehr klein ist und die Backenzähne durch die langen Kieferknochen weit hinten liegen.

Um die Schneidezähne zu untersuchen, stellt man sich seitlich neben das Tier und spreizt mit Daumen und Zeigefinger die Lippen, wobei die Oberlippe nach oben geschoben wird. Neuweltkameliden tolerieren die Untersuchung des vorderen Maulbereichs gut, aber es ist immer darauf zu achten, dass dem Tier zu keinem Zeitpunkt die Nase zugedrückt wird! Dann ist das Atmen für das Tier unmöglich und es wehrt sich heftig. Da bei Untersuchungen der Maulhöhle die Augen aller beteiligten Personen meist auf die Zähne

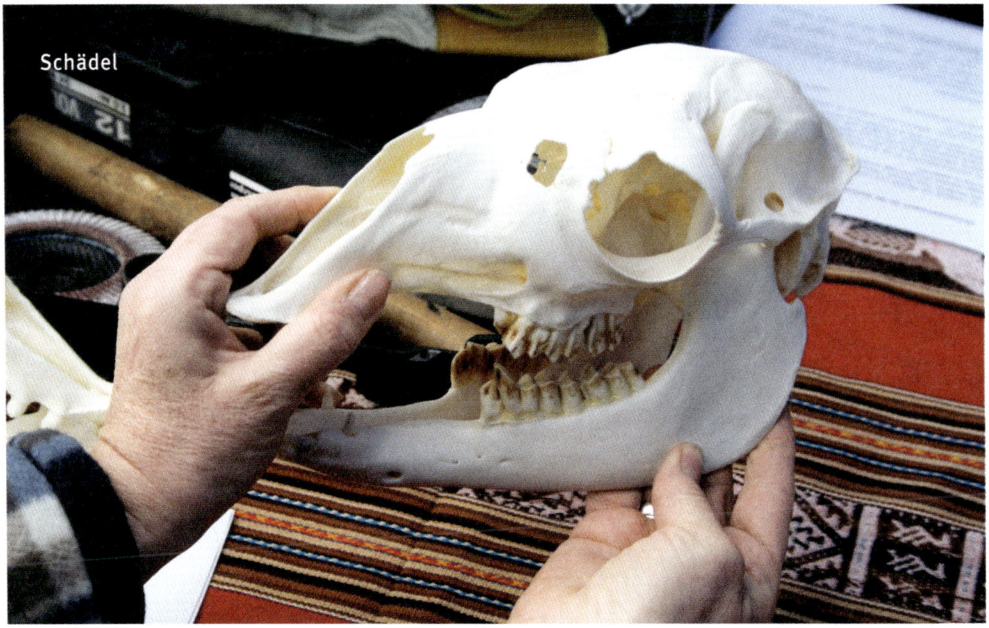
Schädel

Die Haltung der Hand ermöglicht es dem Tier, durch die Nase zu atmen.

Die Hand öffnet die Lippen mit Daumen und Zeigefinger, die anderen Finger werden locker gehalten, aber nicht auf die Nasenöffnung gedrückt.

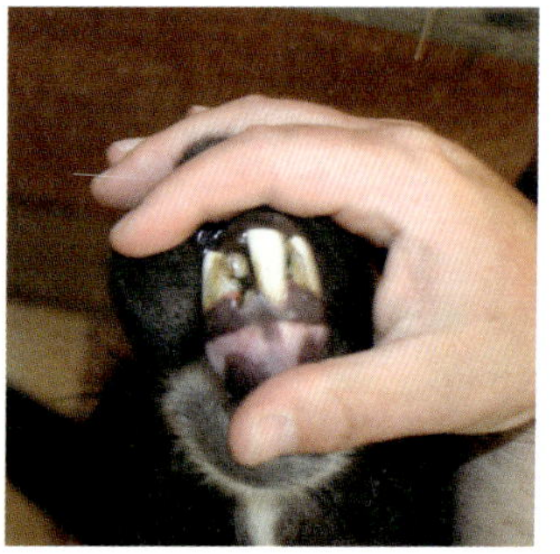

So nicht! Dem Tier werden die Nasenlöcher zugedrückt.

gerichtet sind, lohnt es sich, grundsätzlich vor der Untersuchung noch einmal nachzusehen, ob die Nase frei ist und erst dann den Blick auf die Zähne zu richten!

Vermutet man Erkrankungen der Kiefer oder der Mahlzähne, kann versucht werden, die Maulhöhle aufzuspreizen und mit einer guten Lichtquelle einen Blick auf die weiter hinten liegenden Strukturen zu werfen.

Bei vermuteten Veränderungen der Zähne und Zahnwurzeln hilft die Anfertigung eines Röntgenbildes mittels eines mobilen Röntgengerätes oder stationär in einer Tierklinik.

KIEFER

Im Unterkiefer besteht zwischen den Schneide- und, wenn vorhanden, Eckzahn und den Mahlzähnen ein zahnfreier Raum, der, wie auch bei Wiederkäuern und Pferdeartigen, als Diastema bezeichnet wird.

Wiederkauen

Der Unterkieferast jeder Seite bietet u. a. Ansatzfläche für den großen *Musculus masseter*, den Kaumuskel. Durch die Beweglichkeit des Gelenkes werden gleitende Bewegungen (nach vorne und hinten) und Drehbewegun-

gen (beim Kauen bzw. Wiederkauen, bei Neuweltkameliden in der typischen Form einer liegenden 8) möglich, die enorme Kraft des Muskels entwickelt sich durch eine Hebelbewegung, mit der zugebissen bzw. das Futter abgebissen wird.

Der Unterkiefer ist bei den beschriebenen spezialisierten Pflanzenfressern ein schlanker, langer Knochen, der aus den beiden Unterkieferästen zusammengesetzt ist. Das vordere Ende verbindet die beiden mit den Zähnen ausgestatteten Knochenbögen durch eine feste, verknöchernde Bandverbindung miteinander. Das hintere Ende des Unterkiefers verbindet sich beidseits mit dem Schädel in je einem komplexen Gelenk.

OBERKIEFER

Der unbewegliche Oberkieferknochen ist Teil des Schädels. Er wird als Maxilla bezeichnet und bietet den Mahlzähnen im Oberkiefer Platz.

Das Futter wird nach dem Fressen durch die in der Maulhöhle befindliche kurze, aber bewegliche Zunge nach hinten befördert, zunächst nur wenig durchgekaut und verschluckt. Erst wenn das Futter wiedergekaut wird, kommen die Mahl- oder Backenzähne zu ihrem ausgiebigen Einsatz. Bissen für Bissen wird aus dem Magen in die Maulhöhle befördert, um vor dem erneuten Verschlucken 45–60-Mal gekaut zu werden.

Dabei führt der Unterkiefer eine wiederkehrende Achterbewegung aus.

LIPPEN

Die Oberlippe der Kameliden ist durch einen tiefen Einschnitt, das Philtrum, zweigeteilt. Dadurch kann das Kamel seine Nahrung sehr geschickt aussuchen; auch dornige Pflanzenteile können damit in die Maulhöhle befördert werden. Fremdkörper werden sehr selten verschluckt, da sie gleich gar nicht aufgenommen werden. Die Unterlippe ist schmal und wenig behaart. Die Innenseite der Lippen wird von rosa und manchmal pigmentierter Schleimhaut gebildet, die leicht für die Untersuchung der Durchblutung zugänglich ist und über die Kreislaufsituation Auskunft gibt.

Gespaltene Oberlippe

ZUNGE

Die Zunge ist kurz und beweglich, wird aber nicht oder nur selten zum ausgiebigen Belecken verwendet. Neugeborene Crias trocknen gänzlich von selbst, ohne von der Mutter trockengeleckt zu werden. Manchmal sieht man Lamas oder Alpakas an Salzsteinen oder Mineralstoffen in Blockform lecken.

Zunge des Lamas

ZÄHNE

Wie alle Säugetiere werden auch Neuweltkameliden mit einem Milchgebiss geboren. Die bleibenden Zähne sind bereits in den Kiefern angelegt und auf Röntgenbildern als dichte Strukturen erkennbar. Es erfolgt ein kontinuierlicher Zahnwechsel, bei dem die Milchzähne durch die bleibenden Zähne ersetzt werden und weitere bleibende Zähne hinzukommen. Erreichen die Tiere das Erwachsenenalter, ist zumeist auch der Zahnwechsel der Schneidezähne vollendet.

Milchzähne

Milchschneidezähne sind schon beim reifen Neugeborenen tast- und sichtbar. Ein kurzer Griff ins Maul jedes Neugeborenen lässt auf den Entwicklungszustand des Neonaten schließen: Sind die Schneidezähne im Unterkiefer bereits durchgebrochen und als solche fühlbar, dann handelt es sich um ein ausgereiftes Jungtier. Sind die Zähne nur unter einem Schleimhautwulst fühlbar, kann dies darauf hinweisen, dass das Neugeborene zu früh zur Welt gekommen ist bzw. noch nicht vollständig ausgereift geboren wurde.

Durchgebrochene Milchschneidezähne beim Neugeborenen

Welche Arten von Zähnen gibt es?

Zähne werden in Schneidezähne, Eckzähne, Vormahl- und Mahlzähne unterteilt. Sie unterscheiden sich in Funktion und teilweise auch an der Anzahl der ausgebildeten Zahnwurzeln.

Schneide- und Eckzähne finden sich bei anderen Paarhufern (Schweineartigen), Pferdeartigen und Fleischfressern in Ober- und Unterkiefer. Da Kameliden wie die Wiederkäuer jedoch im Oberkiefer anstatt der Schneidezähne eine harte Kauplatte besitzen, findet man dort auch keine Schneidezähne.

Die Kampfzähne der Kameliden sind im Oberkiefer Rudimente des dritten Schneidezahnes und des Eckzahnes, während der Kampfzahn im Unterkiefer dem Eckzahn entspricht, der bei Wiederkäuern als vierter Schneidezahn eng an die Schneidezähne herangerückt ist und bei ihnen nicht als Eckzahn erkennbar ist.

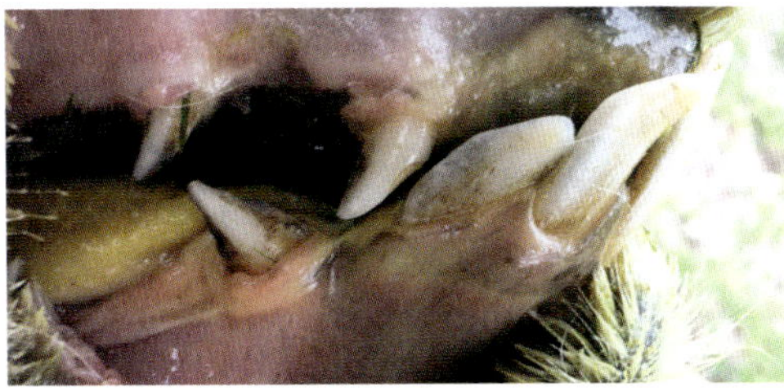
Kampfzähne eines ausgewachsenen männlichen Lamas, 5 Jahre alt

Schneidezähne

Die Schneidezähne werden als Incisivi (Einzahl: *Incisivus*) bezeichnet. Es sind je Seite drei Schneidezähne angelegt. Sie bestehen außen aus einem sehr harten Material, dem Zahnschmelz (Enamelum), und nutzen sich im Laufe des Lebens langsam ab. Bei manchen Neuweltkameliden (Vikunjas) scheinen die Zähne zeitlebens zu wachsen.

Schneidezähne dienen dem Abbeißen der Grashalme. Ansonsten werden sie zur Körperpflege herangezogen (Benagen, intensiv bei Juckreiz zu beobachten) und dienen auch der Verteidigung (Beißen).

Eckzähne

Eckzähne werden nach ihrem charakteristisch-dominanten Erscheinungsbild im Gebiss der Hundeartigen (*Canis Lupus*, lat., der Wolf) als Caninus bezeichnet.

Da bei Neuweltkameliden die Eckzähne meist nur bei männlichen Tieren durchbrechen und als Waffen bei Rangkämpfen dienen, nennt man sie auch Kampfzähne. Häufig findet man auch bei Stuten kleinere Kampfzähne. Da sich Auseinandersetzungen unter Stuten auf Drohgebärden oder Spucken beschränken, kommen die kleinen Kampfzähne nicht zum Einsatz, werden aber in Ausnahmefällen auch abgeschliffen (siehe Eingriffe an Eckzähnen, S. 250 f.).

Das Wachstum und Durchbrechen der Kampfzähne der Hengste ist hormongesteuert und beginnt mit dem Einsetzen der Hormonproduktion im Hodengewebe, sodass bei manchen Tieren die Kampfzähne bereits mit einem Jahr als kleine Spitzen im Kiefer feststellbar sind, während sie bei anderen viel später erscheinen. Zwischen 2 und spätestes 7 Jahren sind alle Kampfzähne gewachsen; bei den meisten Hengsten im Alter von 2,5 bis 3,5 Jahren.

Mahl- oder Backenzähne

Die insbesondere beim Wiederkauen zum Einsatz kommenden Mahlzähne werden je nach Lage im Kiefer und Anzahl der Zahnwurzeln in Prämolare (Vormahlzähne) und Molare (Mahlzähne) eingeteilt. Fohlen der Neuweltkameliden besitzen im Ober- und Unterkiefer links und rechts jeweils zwei Prämolare, mit denen sie bald nach der Geburt beginnen, Gras- und Heuhalme zu zerkauen.

Nach und nach setzt auch das Wachstum der Molaren ein. Die Milchzahn-Prämolare werden durch zwei bleibende Prämolare ersetzt und mit den (nur als bleibende Zähne angelegten) Molaren zu einer durchgehenden Kaufläche ergänzt. Mahlzähne besitzen bei Kameliden, Wiederkäuern und Pferdeartigen scharfe Schmelzränder, die die Grashalme durchtrennen und effektiv zerkleinern. Es ist nicht anzuraten, ohne Schutzhandschuhe ins Maul zu greifen, da tiefe und schlecht heilende Verletzungen an den Händen die Folge sein können.

Zahnformel

Die Anzahl der Zähne wird für jede Tierart gesondert in einer Zahnformel wiedergegeben. Die Zahnformel gibt in einer Tabelle eine Übersicht über die Anzahl der Milchzähne und bleibenden Zähne nach vollständigem Zahnwechsel bei allen Tierarten an, da sich die verschiedenen Tierarten stark in der Anzahl ihrer Milchzähne und bleibenden Zähne unterscheiden. Die Formel gibt einen wichtigen Überblick für den Tierarzt oder Biologen und wird für das Milchgebiss sowie für die bleibenden Zähne wie folgt dargestellt:

Zahnformel allgemein:

M P C I
M P C I, daneben die Gesamtzahl der Zähne im Gebiss, die sich aus der doppelten Anzahl (x 2) der Zähne der rechten und linken Seite des Kiefers ergibt.

Zahnformel der Milchzähne bei Neuweltkameliden:

0 2 – 3 1 1
0 2 – 3 1 3 x 2 = 20–22

Zahnformel bleibender Zähne bei Neuweltkameliden:

3 1 – 2 1 1
3 1 – 2 1 3 x 2 = 30–32

Milchzähne heißen *Dentes decidui*. Die Anzahl der Milchzähne ist mit 20–22 angegeben (FOWLER, 2010).

Bleibende Zähne sind die *Dentes permanentes*. Die Anzahl beim erwachsenen Alpaka und Lama ist 30–32 Zähne.

Legende: M = Molare, P = Prämolare, C = Caninus, I = Incisivus

Zahnalter

Solange Schneidezähne gewechselt werden bzw. die Kampfzähne durchbrechen, ist es möglich, das Alter eines Tieres erstaunlich treffend zu bestimmen. Nach vollendetem Zahnwechsel ist eine Altersbestimmung schwierig.

ZAHNWECHSEL UND ERKRANKUNGEN DER ZÄHNE

Die Milchzähne, die bei reifen Neugeborenen bereits durchgebrochen und im Maul sichtbar sind, werden im Normalfall von den nachrückenden bleibenden Zähnen verdrängt und fallen aus. Dies geschieht langsam im Laufe des Wachstums.

Die Schneidezähne bilden beim Milchgebiss einen runden Bogen, während die bleibenden Schneidezähne erwachsener Tiere schaufelartig nach vorne gerichtet sind.

Zahnwechsel der Schneide- und Eckzähne

Der Zahnwechsel folgt einem relativ genau festgelegten Zeitplan. Der erste Schneidezahn heißt I 1 (Incisivus) und wird im Alter

Schneidezahnbogen des Milchgebisses

von ca. 2–2,5 Jahren vom bleibenden Zahn verdrängt. Die beiden I 1 befinden sich rechts und links der Mitte auf jeder Seite des Unterkiefers. Im Alter von 3 bis ca. 3 ¼ Jahren wird der links und rechts seitlich des ersten Schneidezahnes stehende I 2 gewechselt; der I 3, der äußerste der vorhandenen drei Schneidezähne jeder Seite, im Alter von ca. 3–6 Jahren. Diese Zahlen stammen aus der dritten Auflage von „Medicine and Surgery of Camelids" des verstorbenen Professors Fowler, erschienen im Wiley-Blackwell-Verlag.

Zahnwechsel der Schneidezähne

I 1 Unterkiefer	2–2,5 Jahre
I 2 Unterkiefer	3–3 ¼ Jahre
I 3 Unterkiefer	3–6 Jahre
I 1 und I 2 Oberkiefer	nicht angelegt
I 3 und C Oberkiefer sowie C im Unterkiefer	2–7 Jahre, meist 2,5–3,5 Jahre

Gebisse, in denen Milch- und Schneidezähne gleichzeitig stehen, nennt man Wechselgebisse, das Gebiss befindet sich also im Zahnwechsel. Ist ein Milchzahn ausgefallen, dann bleibt für kurze Zeit eine Wunde bestehen, die sich im Normalfall rasch schließt und noch einige Zeit als Narbe an der Schleimhaut gut sichtbar ist.

Milchschneidezähne können von den bleibenden durch ihre helle, weiße Farbe unterschieden werden; auch sind sie schmäler. Sie besitzen jedoch eine lange Wurzel, was bei Entfernung von persistierenden Milchschneidezähnen beachtet werden muss.

Jungstute unter 2 Jahren mit hellen, weißen Milchzähnen

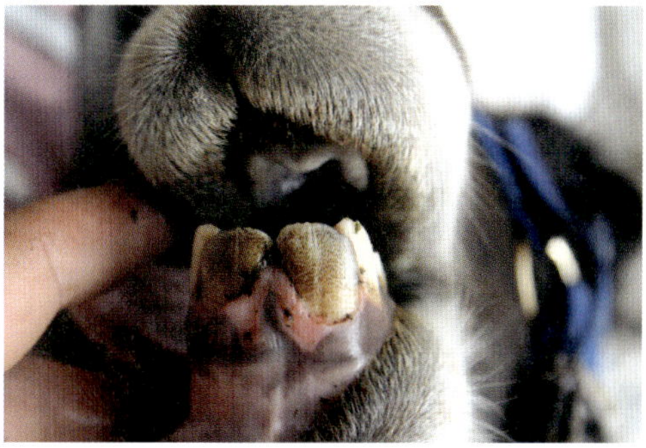

Lama-Jungstute, Zahnalter: 2,5 Jahre. Die beiden bleibenden I 1. Die ausgefallenen Milchzähne hinterlassen an der Schleimhaut sichtbare, rasch verheilende Wunden.

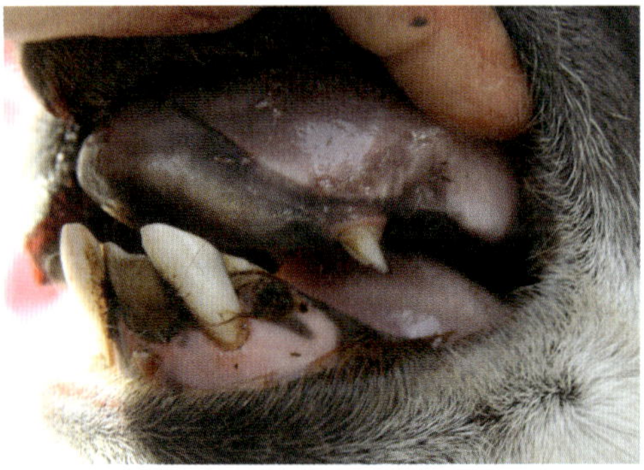

Wechselgebiss eines Junghengstes, Zahnalter: ca. 3 Jahre, I 1 wird gewechselt mit 2–2,5 Jahren, I 2 mit 3–3 ¼ Jahren. C ist meist ab 2,5–3,5 Jahren durchgebrochen.

Bleibende Schneidezähne sind schon beim Durchbrechen dunkler und breiter. Mit zunehmendem Alter verlieren die Schneidezähne an Substanz; bei sehr alten Tieren verschwindet der hellere Zahnschmelz zunehmend; die dunkel-gelblich durchscheinende Substanz wird als Zahnzement bezeichnet.

Persistierende Milchschneidezähne

Eine der häufigsten Erkrankungen der Zähne bei Neuweltkameliden sind persistierende (*persistere*, lat. = stehen bleiben, verharren) Milchschneidezähne im Unterkiefer.

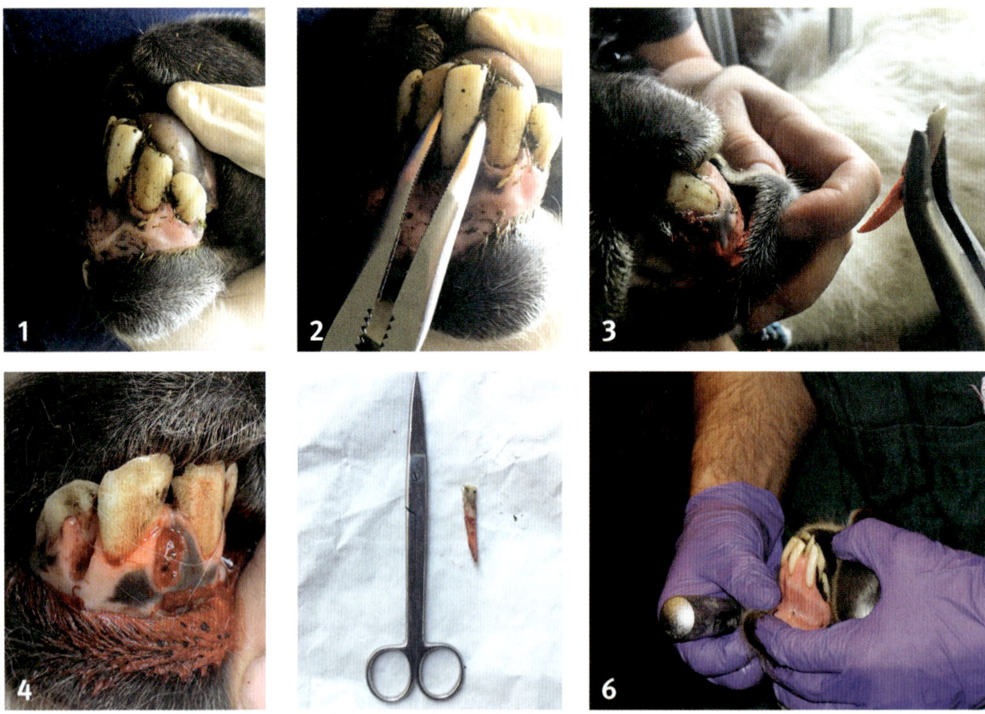

1) Persistierender I 1 und I 2 auf beiden Seiten, Junghengst, 3 ¼ Jahre: Die persistierenden Zähne sind an der hellen weißen Farbe erkennbar. Bleibender I 1 und I 2 sind bereits dahinter durchgebrochen. Hinter den fest sitzenden Milchzähnen haben sich Futterreste gesammelt. 2) Entfernung der persistierenden Incisivi in Narkose, dasselbe Tier wie im Foto 1. 3) Der erste Zahn ist entfernt. Zu beachten ist die Länge der Zahnwurzel! 4) Zustand nach der Entfernung aller vier persistierenden Milchschneidezähne, gleiches Tier wie Foto 1. 5) Entfernter persistierender Milchschneidezahn 6) Vor der Entfernung persistierender Schneidezähne beim Alpaka im Rahmen der International Camelid Health Conference in Ohio 2011

Verbleiben Milchzähne persistierend, ist also eine Überzahl an Zähnen im Unterkiefer erkennbar, dann muss versucht werden, diese zu lockern und zu entfernen. Dies geschieht nur durch einen Tierarzt, der mit geeigneten Schutzmaßnahmen, Instrumenten und der erforderlichen Narkose die Milchzähne entfernt.

Überlange Schneidezähne

Schneidezähne von Neuweltkameliden nutzen sich beim Fressen von harten Halmen natürlicherweise ab. Bei wildlebenden Vikunjas werden lebenslang nachwachsende Schneidezähne beschrieben. Bei Alpakas in Hobbytierhaltung der Industrieländer ist die zu geringe Abnutzung der Schneidezähne wegen des unterschiedlichen Nahrungsangebotes ein bekanntes Problem.

Alpakas werden aus diesem Grund im Gegensatz zu Lamas häufiger wegen überlanger Schneidezähne dem Tierarzt vorgestellt.

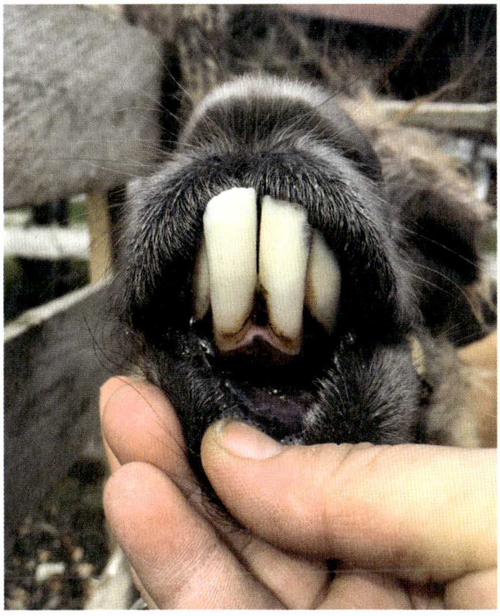

Überlange Schneidezähne einer erwachsenen Alpakastute

Überlange Zähne behindern das Tier beim Fressen; eine verminderte Futteraufnahme und abnehmende Körperkondition bis hin zur Abmagerung können die Folge sein. Deshalb müssen die Schneidezähne gekürzt werden.

Eine Narkose ist nicht oder nur in Ausnahmefällen notwendig, da der Eingriff bei vorhandener Schutzausrüstung und einigen Hilfspersonen zumeist schnell und schmerzlos auch von geübten Besitzern durchgeführt werden kann.

Es werden verschiedene Methoden angewendet. Zur Anpassung der Zahnlänge an die Kauplatte wird zunächst mit einer kleinen Zange vorsichtig an beiden Seiten der außenliegenden Zähne eine kleine Marke gesetzt, um ein Splittern des Zahnschmelzes zu verhindern. Danach kann bei sehr langen Zähnen in einem ersten Schritt die Länge mittels Drahtsäge eingekürzt werden. Das hat den Vorteil, dass der anschließende Schleifvorgang kurz gehalten wird, da sich das Schleifwerkzeug stark erhitzt. Die endgültige Korrektur erfolgt mittels Dremel, der auch bei mäßig langen Zähnen ausschließlich angewendet wird und während der Anwendung gekühlt werden sollte.

Weiteres Beispiel von überlangen Schneidezähnen bei einem Alpaka

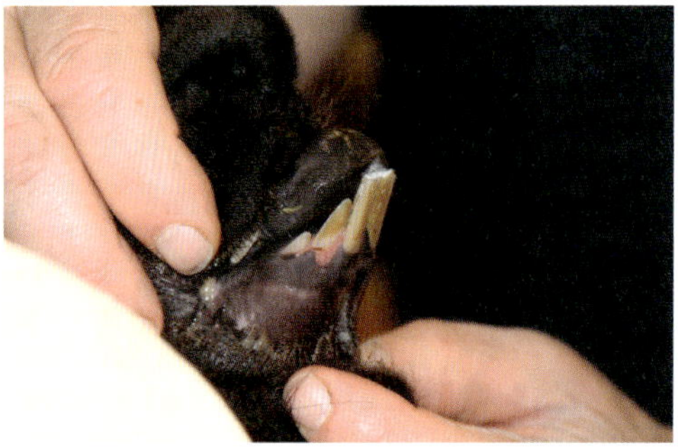

Einkürzen der Schneidezähne mittels Drahtsäge bei einem ausgewachsenen Alpaka, gesehen in Ohio, International Camelid Conference 2011

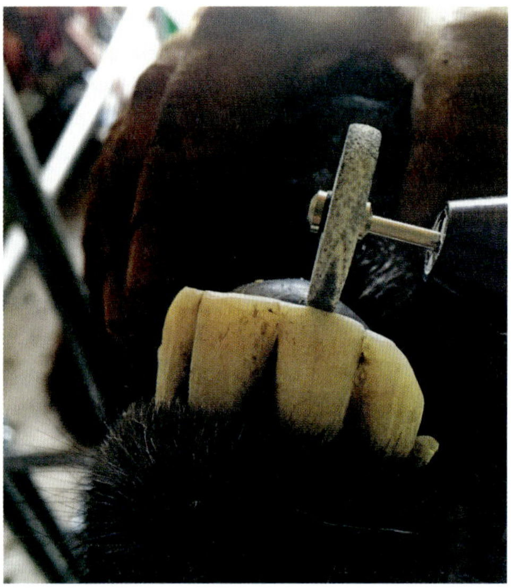

Schleifen der Schneidezähne auf die an die Kauplatte angepasste Länge mit dem Dremel bei einem Lama.

Für diesen Eingriff muss immer eine Schutzausrüstung (Handschuhe, Schutzbrille) verwendet werden. Die Maulöffnung wird mit einem quer in die Maulspalte geschobenen Keil von einem Helfer, ebenfalls mit Schutzbekleidung, offen gehalten. Die richtige Länge der Schneidezähne ist dann erreicht, wenn die Schneidezähne bei geschlossenem Maul geradlinig mit der Kauplatte des Oberkiefers abschließen.

Länger andauernde Überlänge kann auch Fehlstellungen des Unterkiefers (Vorbiss) verursachen. Manchmal ist die Ursache für die Überlänge aber auch der (angeborene und erbliche) Vorbiss selbst oder die ungenügende Aufnahme von Raufutter.

Eingriffe an Eckzähnen

Sind Eckzähne bei Stuten besorgniserregend groß oder die Stummel der abgesetzten Kampfzähne bei Hengsten nachgewachsen, können sie ebenfalls mit dem Dremel zurückgenommen werden. Dies geschieht analog zu den überlangen Schneidezähnen, indem das Maul mit einem Keil aufgespreizt wird und der Zahn mittels Schleifgerät, das bei längerer Prozedur gekühlt werden sollte, eingekürzt wird. Bei Hengsten kann dies mehrmals im Leben notwendig sein.

Zur Amputation von Kampfzähnen siehe im Kapitel Eingriffe durch den Tierarzt ab S. 250.

Backenzähne

Die Backenzähne sind im Gegensatz zu den Schneidezähnen, die vollzählig nur im Unterkiefer vorhanden sind, im Ober- und Unterkiefer angelegt. Zum Zeitpunkt der Geburt befinden sich im Ober- und Unterkiefer zwei prämolare Milchzähne. Molare sind bereits in den Kiefern angelegt, sie erscheinen im Laufe des Wachstums.

Zahnwechsel der Prämolaren und Erscheinen der Molaren, jeweils im Unter- und Oberkiefer

P 1	3,5–5
P 2	3,5–5 Jahre
M 1	6–9 Monate
M 2	1,5–2 Jahre
M 3	2¾–3¾ Jahre

Unregelmäßiger Abrieb der Backenzähne

Insbesondere ältere Tiere sind von einem unregelmäßigen Abrieb der Backenzähne betroffen. Die Kaufläche der Zähne, die normalerweise oben und unten gleichmäßig durch Kauen und Wiederkauen abgerieben wird, verändert sich über einen längeren Zeitraum, wird unregelmäßig und wellig, weil sich die oberen und unteren Zähne entweder zu wenig oder zu stark abnutzen. Dies ruft an den gegenüberliegenden Zähnen im entgegengesetzten Kiefer eine zu starke oder zu geringe Abnutzung hervor. Durch den dadurch gestörten Kauvorgang entstehen an den Rändern der Backenzähne hervorstehende Spitzen des Zahnschmelzes, die Verletzungen des Zahnfleisches und der Zunge und Schmerzen beim Fressen verursachen.

Zunächst kann beobachtet werden, dass sich die Körperkondition verschlechtert, das Tier kaut weniger wieder und es kommt vermehrt zur Schaumbildung vor dem Maul.

Später gelingt es dem Tier nicht mehr, die Bissen mit der Zunge nach hinten zu befördern, es schiebt die Bissen so lange hin und her, bis sie seitlich in Form eines nassen Wickels wieder aus dem Maul fallen. Spätestens jetzt ist klar, dass ein Zahnarzt gerufen werden muss. Pferdepraktiker kennen dieses Problem von ihren Patienten und verfügen über die für Kameliden fast ebenso geeigneten Maulspreizer, eine Lichtquelle und eine elektrische Raspel. Mit diesem Instrumentarium wird zunächst beim sedierten Tier die Maulhöhle untersucht. Danach wird dort geraspelt, wo die Zähne zu lang sind, bis die Kaufläche der Zähne des Ober- und Unterkiefers wieder gleich hoch sind, und dort, wo sich Spitzen gebildet hatte, wird der Zahnschmelz mit der Raspel abgerundet.

Schaumbildung beim Kauen

Die typischen Wickel sind durch das Unvermögen, den Bissen nach hinten zu befördern, entstanden und fallen aus dem Maul heraus.

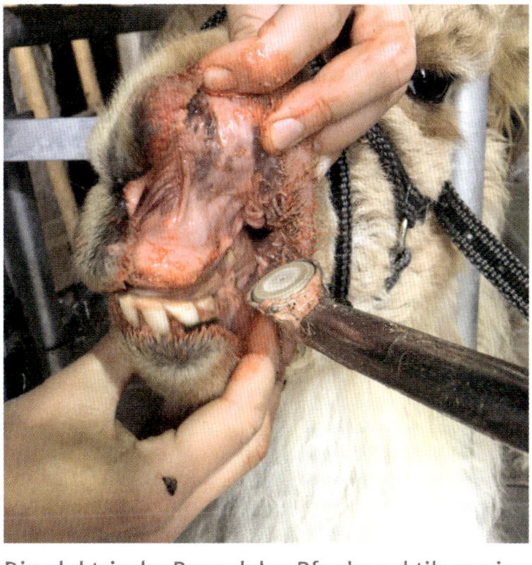

Die elektrische Raspel des Pferdepraktikers eignet sich beim sedierten Tier auch zum Zurücknehmen der nachgewachsenen Kampfzähne.

Zahnabszesse der Backenzähne

Eine weitere häufig zu beobachtende Erkrankung der Zähne ist ein Zahnabszess der Backenzähne (Prämolare und Molare) im Ober- oder Unterkiefer.

Zahnabszesse der Backenzähne können häufig während des Zahnwechsels beobachtet werden, der bei den Backenzähnen länger andauert als der Wechsel der Schneidezähne (siehe Tabelle, S. 109). Wie beim Ausfallen der Schneidezähne können beim Wechsel der Prämolaren in die entstehenden kleinen Wunden Bakterien eindringen.

Bei älteren Tieren können bei Verletzungen der Maulschleimhaut durch Futterbestandteile die Bakterien, die natürlicherweise in der Maulhöhle vorkommen, von der Schleimhaut ausgehend in Richtung Zahnwurzel wandern und eine Entzündung sowie eine Abszessbildung nach sich ziehen.

Ist ein Zahn im Unterkiefer betroffen, wird vom Besitzer eine Schwellung des Unterkieferknochens festgestellt. Ist ein Zahn des Oberkiefers betroffen, dann kann die Schwellung häufig im Bereich unterhalb des Auges beobachtet werden.

Die Abwehrreaktion des Körpers gegen den Fremdkörper und die Bakterien besteht in einer Abszessbildung. Als Abszess wird eine abgekapselte Höhle bezeichnet, die sich mit Eiter gefüllt hat. Eiter besteht aus winzigen zerfallenden Fremdkörpern, die von massenhaft eingewanderten Abwehrzellen (weiße Blutzellen) zersetzt werden und die dabei selbst absterben (toxische Granulozyten). Bei längerem Fortbestand und zunehmender Größe des Abszesses und wegen des geringen Platzes im Kiefer sucht sich der Eiter in den meisten Fällen selbst einen Weg nach außen. Dabei bricht der Abszess auf und sein Inhalt entleert sich. Danach heilt die entstandene Wunde in vielen Fällen von selbst.

Der Abszess kann aber auch unter Zuhilfenahme von chirurgischen Maßnahmen durch den Tierarzt eröffnet werden. Nach der Eröffnung wird gespült, um alle Reste des eitrigen Inhaltes zu entfernen.

Im Falle eines Zahnabszesses, der sich von selbst nach außen entleert oder unter Zuhilfenahme von chirurgischen Maßnahmen entleert wird und anschließend zur Abheilung gebracht wird, kann eine ein- oder mehrmalige Gabe von Antibiotika den Krankheitsverlauf verkürzen. Viele Zahnabszesse heilen nach Antibiotikagabe ohne chirurgischen Eingriff rasch und unkompliziert ab.

Zahnabszess bei einer Lamastute, 3,5 Jahre alt: Deutlich ist die kugelige Schwellung am Unterkiefer zu erkennen.

Zahnabzess beim Zahnwechsel der Backenzähne im Unterkiefer bei einem Hengst, 6 Jahre alt

Fistelbildung

In seltenen Fällen bildet sich ausgehend von der entzündeten Zahnwurzel eine dauerhaft offene spalt- oder röhrenförmige Öffnung entweder nach außen zur Hautoberfläche oder nach innen in die Maulhöhle, die nicht abheilt. Dabei spricht man von einer Fistel. Aus dieser kann über einen längeren Zeitraum Eiter austreten, es können durch die bestehende Fistel auch Futterbestandteile aus der Maulhöhle nach außen an die Hautoberfläche gelangen. Die Abheilung ist stark verzögert und meist ohne einen chirurgischen Eingriff und die Gabe von Antibiotika unmöglich.

Bei einer Zahnfistel muss die Prognose generell vorsichtig gestellt werden.

UNTERSUCHUNG DER MAULHÖHLE BEI VERDACHT AUF ZAHNABSZESSE UND FISTELN

Die Untersuchung der Maulhöhle ist durch die kleine Maulöffnung bei Neuweltkameliden generell schwer durchführbar, da die Backenzähne kaum für die Untersuchung zugänglich sind. Es können Instrumente aus der Pferdezahnmedizin verwendet werden, um die Maulhöhle aufzuspreizen, sowie eine geeignete Lichtquelle, um eine Behandlung unter Sicht auf die Backenzähne möglich zu machen. Dies ist wichtig, um bei einer Spülung feststellen zu können, ob es sich um eine Fistel handelt.

Schwierigkeiten in der Behandlung können Abszesse auch dann machen, wenn sich der Eiter im Knochengewebe ausbreitet. Oft handelt es sich nicht um eine wie sonst übliche weiche Abszesskapsel, die chirurgisch leicht zu spalten ist, sonden um mehrere knochenharte, mit wenig Flüssigkeit gefüllte Kammern zwischen den Zahnwurzel- und Kieferknochenstrukturen (Zahnfächern).

Bei Abszessen, aber auch Fisteln im Unterkiefer ist darauf zu achten, dass der Knochen wegen der Schädigung durch den angesammelten Eiter angegriffen ist und Spülungen oder Manipulationen mit viel Vorsicht und Erfahrung durch einen geübten Veterinär durchzuführen sind. Im schlimmsten Fall könnte der schlanke, lange Unterkieferknochen an der durch den Eiter angegriffenen Stelle brechen, was das sichere Todesurteil für das betroffene Tier bedeutet.

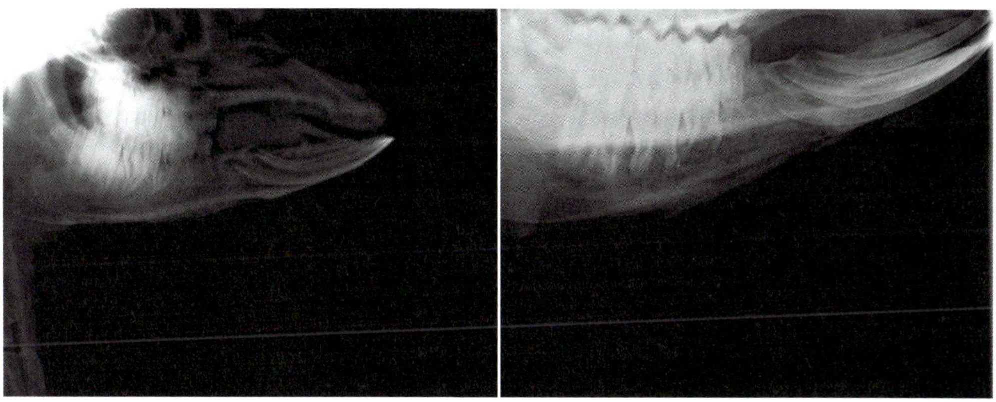

Mehrere Zahnwurzelabszesse bei einem älteren Alpaka (freundlicherweise zur Verfügung gestellt von Dr. M. Ridler)

VERGLEICHENDE ANATOMIE DES MAGENS VON KAMELIDEN UND WIEDERKÄUERN

Kameliden besitzen wie die Wiederkäuer einen mehrhöhligen Magen. Die Abschnitte des Magens werden bei den Kameliden als Kompartimente bezeichnet, während sie bei Wiederkäuern eigene Namen besitzen. Diese Höhlen arbeiten bei Kameliden wie bei den Wiederkäuern als Gärkammern, in denen Millionen von verschiedenen Mikroorganismen pro Milliliter Mageninhalt unter anaeroben (= sauerstofffreien) Bedingungen den Abbau der pflanzlichen Zellulose zu flüchtigen Fettsäuren bewerkstelligen. Außerdem stellen die Bakterien, Wimperntierchen und Hefen mit ihrem vielfältigen Stoffwechsel wichtige Vitamine her (z. B. B-Vitamine, Vitamin K, Vitamin C), die dem Tier nicht zugeführt werden müssen. Durch den Transport der Mikroorganismen gemeinsam mit dem Futterbrei in den Darm und die Verdauung derselben sind sie die wichtigste Eiweißquelle für das Tier schlechthin; daher ist es wichtig, die Verdauungsvorgänge zu kennen, um falscher Fütterung und dadurch Entstehung von Schäden der Magenschleimhaut (Geschwüren) vorzubeugen (siehe Fütterung, S. 137 ff.).

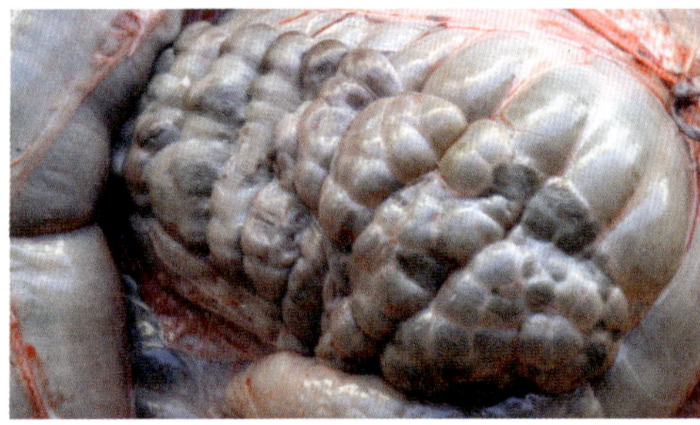

Kamelidenmagen

MAGEN DER WIEDERKÄUER

Die vier Abschnitte des Wiederkäuermagens sind die drei Vormägen (Haube, Pansen, Blättermagen) und der Labmagen. Die Aufgabe der Vormägen ist es, die Nahrung, die im Pansen vorverdaut wurde, zurück in die Maulhöhle zu befördern oder nach ausreichender Zerkleinerung und Verdauung in den Labmagen weiterzubefördern, von wo sie in den Dünndarm gelangt.

Die Haube, oder Netzmagen genannt, schleudert die Bissen aus dem Pansen zurück ins Maul, wo sie wiedergekäut werden, oder entlässt die Nahrung zurück in den Pansen. Der Pansen ist der größte der Vormägen, dort findet der mikrobielle Abbau der ansonsten unverdaulichen Zellulose statt. Im Pansen befinden sich die Nahrungsbestandteile in einer flüssigen Form, darauf schwimmt eine Fraktion aus festeren Bestandteilen und obenauf befindet sich eine Blase aus Gas, das bei der Verdauung den Luftabschluss bildet. Das Gas, bestehend aus Methangas, wird durch einen Ruktus (das Hochwürgen) hervorgerülpst. Der Blättermagen sortiert die zerkleinerte Nahrung und presst dünnflüssigen Futterbrei in den nächsten Abschnitt, den Labmagen. Dort findet beim Jungtier die Verdauung von Milch statt; das im Labmagen von den Zellen der Schleimhaut produzierte Ferment Lab lässt das Milcheiweiß gerinnen. Salzsäure wird im Labmagen von spezialisierten Zellen der Schleimhaut erzeugt, sie wirkt keimtötend und sorgt durch ihren niedrigen pH-Wert gemeinsam mit Enzymen für die Spaltung von Eiweiß. Anschließend gelangt die Nahrung in den Dünndarm, wo die Nährstoffe aufgenommen und vom Blutkreislauf in die Leber und in die Körperzellen transportiert werden.

Typisch für die Vormägen der Wiederkäuer sind die Zotten der Schleimhaut, mit denen die Produkte aus dem Zelluloseabbau in großen Mengen ins Blut aufgenommen werden (Flüchtige Fettsäuren).

Netzmagen eines Wiederkäuers

Blättermagen

Von li. nach re.: Schleimhaut des Netzmagens, Pansens und Blättermagens sowie die glänzende Schleimhaut des Labmagens

DER MAGEN DER KAMELIDEN

Von den Mägen der Wiederkäuer unterscheidet sich der Magen der Kameliden deutlich. Es handelt sich zwar auch um einen zusammengesetzten Magen, jedoch erfüllen die Abschnitte, die in Kompartimente eingeteilt werden, nicht dieselbe Funktion, wie Haube oder Blättermagen der Wiederkäuer, wenn auch das Futter in der größeren Gärkammer des ersten Kompartimentes ebensolchen mikrobiellen Abbauprozessen unterliegt wie im Pansen des Wiederkäuers.

Einer der auffälligsten Unterschiede ist die homogene Füllung des Kamelidenmagens mit stärker strukturiertem Inhalt ohne das Vorkommen der flüssigen oder gasförmigen Komponente, wie im Pansen des Wiederkäuers. Daher neigen Neuweltkameliden weniger zu Blähungen des Magens als die Wiederkäuer. Der Mageninhalt wird durch die häufigeren Kontraktionen effizienter als bei Wiederkäuern durchmischt und scheint länger im Kompartiment zu verbleiben, wodurch sich daher die sehr effiziente Verdauung von pflanzlichen Zellwänden erklären dürfte.

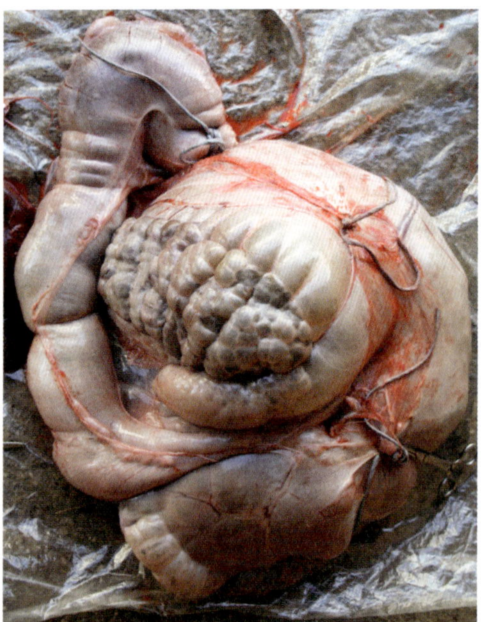

Magen der Kameliden. Rechts und unten die Kompartimente 1 und 2, links oben das Kompartiment 3

Sacculi

Die Bedeutung der säckchenförmigen Ausstülpungen (Sacculi) ist nicht eindeutig geklärt; manchmal findet man in ihnen kleine, steinharte Kügelchen (Bezoare). Am Foto (S. 119) erkennbar ist rechts die Innenseite des ersten Kompartiments, während links das zweite Kompartiment erkennbar ist. Die Größenverhältnisse der Kompartimente C1: C2: C3 sind in etwa 83:6:11 (VAN SAUN, 2005).

Weder im ersten noch im zweiten Kompartiment sind Schleimhautzotten wie im Wiederkäuermagen feststellbar; man vermutet die Aufnahme der entstehenden Stoffwechselprodukte aus dem Zelluloseabbau (flüchtige Fettsäuren) in den Sacculi.

Das dritte und kleinste Kompartiment schließt sich schlauchförmig an das zweite Kompartiment an und enthält in seinem letzten Fünftel säure- und labproduzierende Zellen, wie jeder einhöhlige Magen (Mensch, Schwein) und der Labmagen der Wiederkäuer.

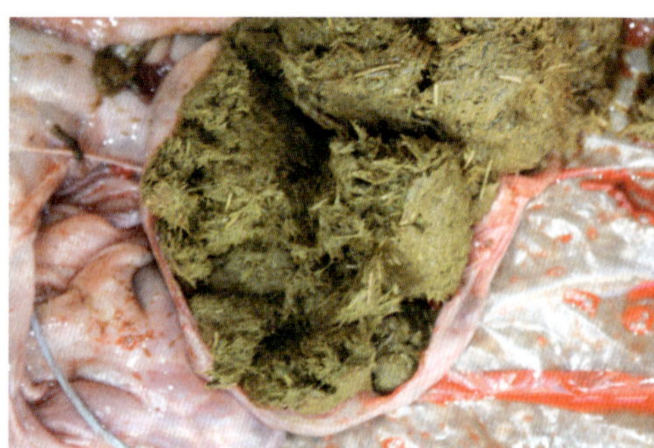

Mageninhalt von Kameliden

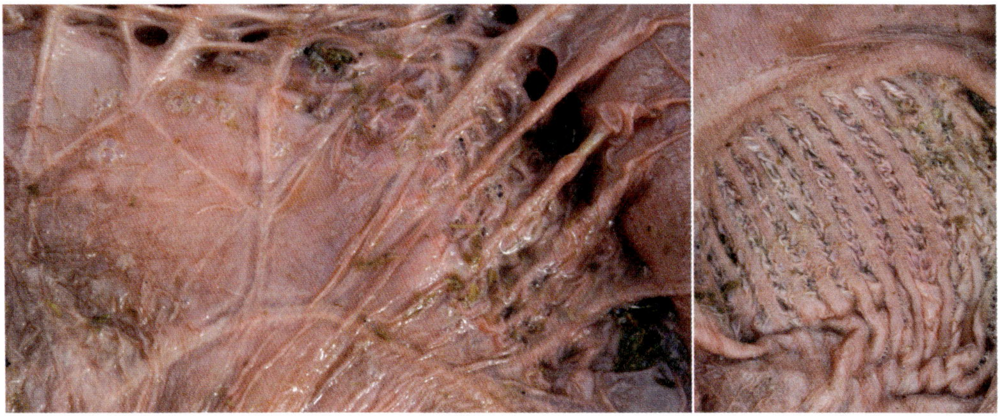

Sacculi im C1

GETRENNTE ENTWICKLUNG VON KAMELIDEN UND WIEDERKÄUERN

Damit wird ersichtlich, dass sich Kameliden und Wiederkäuer im Laufe der Evolution getrennt voneinander entwickelt haben, obwohl beide Familien mehrere dem Lab produzierenden Abschnitt vorgeschaltete Gärkammern besitzen. Mittels mikrobiellen Abbaus und dem Wiederkauakt sind sie in der Lage, Pflanzen zu verdauen. Die Tiere können mit Hilfe der flüchtigen Fettsäuren ihren Energiebedarf und aus mikrobiellem Protein ihren Proteinbedarf nahezu vollständig decken. Zusätzlich zu dieser Fähigkeit können insbesondere Kameliden durch Aufbau von Körperfett und Speicherung desselben während der Zeit der Weide den Vorrat für die magere, kalte Jahreszeit benutzen. Dies erklärt die tendenzielle Abnahme der Körperkondition auch bei maximaler Raufutteraufnahme aus reiner Heufütterung im Winter.

Dennoch erleiden die Tiere keinen Mangel und sind in der Lage, auch aus karger Nahrung alle Nährstoffe zu lukrieren und zusätzlich von den selbst aufgebauten Vitaminen die Körperfunktionen klaglos aufrechterhalten zu können.

Lediglich die Mineralstoffsituation der südamerikanischen Kleinkamele und zusätzliche Bedarfssituationen, wie Trächtigkeit, Laktation und Wachstum, sind abweichend zu betrachten (siehe Mineralstoffversorgung, S. 145 f.).

KRANKHEITEN DES MAGENS

Übersäuerung (Azidose)

Die artenreiche Gesellschaft an Bakterien und Ziliaten (Wimperntierchen) in einem funktionierenden Magen ist sehr empfindlich auf Änderungen der chemischen Zusammensetzung im Magen.

Bei plötzlicher hoher Zufuhr von Eiweiß oder Energie in Form von Zucker (junges Gras, Kraftfutter, Obst) droht durch „Kippen“ des Mageninhaltes (Fäulnisbildende Bakterien nehmen überhand und die nützliche Bakterienflora geht zugrunde) in ein saures Milieu (pH um oder unter 6) eine *akute* Übersäuerung. Das massenhafte Absterben der „guten“ Mikroorganismen kann in solch einer akuten Situation Bakterien, die für gewöhnlich in kleiner Zahl überall (ubiquitär) vorkommen, also auch im Verdauungstrakt, die Möglichkeit geben, sich massenhaft zu vermehren. Nicht selten findet man bei plötzlich verendeten Tieren eine Intoxikation durch Giftstoffe (Endotoxine) von Clostridien, die als Todesursache häufig in Frage kommen.

Magengeschwüre

Auf eine lang andauernde, *chronische* Übersäuerung reagiert die Magenschleimhaut empfindlich. Eine Entzündung mit nachfolgender Geschwürbildung ist die Folge, wenn die Ursachen nicht abgestellt werden. Neben falscher Fütterung mit ungeeigneter Ration (z. B. tägliche Kraftfuttergaben) wird chronischer Stress als Ursache für die Geschwürbildung diskutiert. Unbehandelte Magengeschwüre können zu einem schleichenden Blutverlust, einer mangelhaften Verdauung der Futtermittel und zum Durchbruch in die Leibeshöhle führen.

Eine Blutuntersuchung gibt meistens Aufschluss über die Erkrankung. Bei niedrigem pH-Wert in den Kompartimenten kann auch der pH-Wert im Blut gesenkt sein, die Entzündungsparameter sind erhöht, eine Blutarmut ist feststellbar und die Leberwerte sind eventuell auffällig verändert.

Pansensaft

Nur eine sehr zurückhaltende und vorsichtige, in mehreren Portionen angebotene zusätzliche Eiweißfütterung und die Anwendung nur bei bekannten höheren Bedarfssituationen (Wachstum, Trächtigkeit, Laktation, andere Hochleistungen) können einer schleichenden (chronischen) Übersäuerung entgegenwirken.

Durchfall

Durchfall ist selten die Folge von chronischer Übersäuerung durch eine überhöhte Eiweißzufuhr, sondern ein Ausdruck einer schweren, entzündlichen Darmerkrankung, die verschiedene Ursachen haben kann. Durchfall ist in jedem Fall gefährlich, da die Resorptionsfähigkeit (= die Fähigkeit, dem Nahrungsbrei Wasser zu entziehen) bei Neuweltkameliden normalerweise sehr ausgeprägt ist. Ist der Durchfall nicht durch Behandlung der Ursache (Vergiftung, Bakterien, Viren, Parasiten) zu beherrschen, kann mittels einer Pansensaftübertragung eines frisch geschlachteten Wiederkäuers (erwachsenes Rind, Schaf) versucht werden, die Verdauung durch die im Pansensaft enthaltenen Mikroorganismen im Magen zu stabilisieren und wieder in Gang zu bringen. Dies hat in einigen Fällen bereits erstaunliche Ergebnisse gebracht.

Beispiele für Erreger von Durchfallerkrankungen: E.coli-Bakterien, Clostridien; Rota- und Coronaviren; Einzeller, wie Cryptosoridien, Eimeria. Kotproben können vom Tierarzt untersucht oder an ein Labor zur weiteren Untersuchung eingeschickt werden. Häufig sind Jungtiere durch Durchfallerkrankungen gefährdet.

PARASITEN

HERKUNFT UND BEZEICHNUNGEN

Die Herkunft der Bezeichnung Parasit (gr. *parasitos*, Tischgenosse, neben einem anderen essend) beschreibt treffend die Art von Parasiten, sich am „Tisch“ eines anderen zu bedienen, sich zu vermehren und nach einiger Zeit in der Außenwelt in einen zur Vermehrung passenden Wirt zurückzukehren, indem er mit Futterpflanzen oder aus Feuchtgebieten wieder aufgenommen wird.

Jeder Parasit hat entweder seinen *spezifischen* (bestimmten) Wirt oder schmarotzt (parasitiert) *unspezifisch* in mehreren Wirtsarten. Manche Parasiten benötigen außer dem Aufenthalt außerhalb ihres Wirtes neben der richtigen Umgebungstemperatur oder Feuchtigkeit für ihre Weiterentwicklung einen oder mehrere *Zwischenwirte*. Es konnten insbesondere durch die Forschung von Generationen von berühmten Tierärzten und Buchautoren (wie etwa Prof. Supperer, Prof. Boch, Prof. Prosl, alle: ehem. Wiener Tierärztliche Hochschule) die erstaunlichsten, scheinbar kompliziertesten Wege gefunden werden, die ein Parasit durch die Organismen seiner einfachsten Zwischenwirte zurücklegen muss, um sich wieder in infektiöser Form in seinem Endwirt zu finden.

Hat der Parasit zufällig seinen Weg in einen völlig falschen Wirt gefunden, in dem keine Vermehrung stattfinden kann, spricht man von einem *Fehlwirt*. Im richtigen *Endwirt* jedoch findet geschlechtliche oder ungeschlechtliche Vermehrung statt (Zwittertum) und endet in einer zyklischen Eiablage der weiblichen Wurmindividuen.

Die meisten Endoparasiten leben in Organen, wie Lunge, Herz, Leber, Gallengängen, Mägen, Dünn- und Dickdarm. Viele durchwandern zuvor die Leibeshöhle, durchbohren Organkapseln, vermehren sich und scheiden ihre Eier in den allermeisten Fällen in den Darm des Wirtes aus, um ins Freie zu gelangen und ihre teils unglaubliche Entwicklung in der Außenwelt zu beginnen.

Parasiten ernähren sich, wie ihr Name verrät, von der Nahrung ihres Tischgenossen oder von dessen Körperflüssigkeiten, wie z. B. Blut oder Magen- und Darminhalt, oder auch von dessen Hautschuppen und von den Sekreten, die durch die Schädigung der Haut des Wirtes zur Abwehr freigesetzt werden. Um am oder im Wirt haften zu bleiben, sind viele Parasiten im Besitz besonderer Haftorgane, wie Saugnäpfen an Maul oder Körper von Würmern, oder speziell ausgebildete Beinpaare von Ektoparasiten, die ihm ein Verweilen und eine Vermehrung ersterer im oder letzterer am Wirt ermöglichen.

Parasiten, die im Inneren des Wirtes leben, bezeichnet man als *Endoparasiten* (gr. *endos*, innen), während Parasiten, die an der Körperoberfläche, in den höhlen- und faltenartigen Einstülpungen der Haut leben, ja sogar in den Tiefen der Haarbälge, als *Ektoparasiten* (gr. *ektos*, außen).

Allen gemeinsam ist die verschieden graduelle Schädigung ihres Wirtes, Durchfall, Abmagerung oder quälenden Juckreiz verursachend; ja, sie vermögen bei massenhaftem Auftreten ihren Wirt zu töten, jedoch ist ein solcher Befund meist nur bei durch Trächtigkeit, Jugend oder hohem Alter, bei immungeschwächten oder bei bereits zu schlechtester Körperkondition abgemagerten Tieren der Fall oder, bei Neuweltkameliden generell, bei einem Befall mit Kleinen Leberegeln.

Keineswegs ist dies der Normalfall aber bei einem gesunden Tier, das meist in der Lage ist, in einem gewissen Ausmaß Abwehrkräfte gegen Parasiten zu entwickeln, und damit Anzahl und Ausbreitung einigermaßen in Schach zu halten vermag.

LEBEREGEL

Eine Besonderheit bei der Haltung von den Neuweltkameliden in unseren Breiten ist jedoch, dass diese Tiere nicht gegen jeden Parasiten ein kompetentes Immunsystem auszubilden vermögen und ihm dieses entgegenzusetzen haben. Im Falle der Infektion mit Leberegeln, insbesondere dem Kleinen Leberegel, scheinen Neuweltkameliden besonders gefährdet zu sein, bis hin zu Todesfällen durch die Schädigung des Zielorgans, der Leber. Es ist davon auszugehen, dass der Kleine Leberegel für die meisten parasitär bedingten Todesfälle bei Neuweltkameliden die Ursache ist.

MILBEN

Auch können Milbeninfektionen der Haut durch den verbreitet vorkommenden Zinkmangel und die dadurch unvermutet hochgradig beeinträchtigte Keratinbildung oftmals massiv auftreten. Die dadurch empfindlich gestörte Synthese von Strukturen der Haut durch die Kombination aus Zinkmangel, Parasitenbefall und Entzündung durch Sekundärinfektionen bedeutet den unwiederbringlichen Untergang von betroffenen Partien der Epidermis. Lediglich eine dicke, schuppige und chronisch infizierte

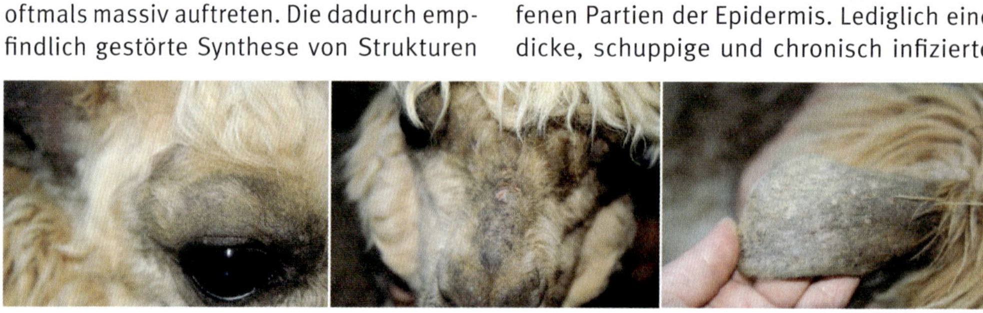

Zustand nach erfolgreich behandelter chronischer Milben- und Sekundärinfektion: Haarlose Stellen als Zeichen untergegangener Haarfollikel. Der Zustand ist unumkehrbar.

Hautpartie bleibt bestehen, die durch Narbenbildung haarlos und pigmentlos wird. Auch im Falle des Abheilens durch die geeignete Therapie wachsen durch das vollkommene Absterben der Haarfollikel keine Haare mehr nach.

Zudem kann bei Tieren mit gestörtem Keratinstoffwechsel, bedingt durch den Zinkmangel, eine chronische, lebenslange Neigung zur Milbeninfektion beobachtet werden, der nur durch beständig wiederholte, vorbeugende Milbentherapie beigekommen werden kann.

Jede Parasitenbehandlung muss kontrollierend mit einem konsequenten Parasitenmanagement stattfinden, will man sinnlose Verluste wertvoller Lamas und Alpakas vermeiden.

INDIVIDUALISIERTE HANDLUNGSARTEN

Hilfreich für ein gutes Parasitenmanagement ist die Tabelle für „Individualisierte Handlungsarten durch Body Condition Scoring und Parasitologischen Untersuchungsbefund“, J. Czerny 2016, modifiziert „BCS-Ampel“ 2020, in der eine Beziehung des Befallsgrades mit Parasiten zur Körperkondition hergestellt wird und eine Behandlungsstrategie für den einzelnen Fall vorgeschlagen wird.

PARASITENKONTROLLE UND PARASITENMANAGEMENT

Ein gutes Parasitenmanagement beginnt mit einer gewissenhaften, konsequenten und regelmäßigen Parasitenkontrolle, und dabei kann man es in manchen Fällen auch belassen, sodass keine Behandlungen notwendig sind.

Diese „behandlungsfreie Strategie“ sei aber nur erfahrenen Haltern von Neuweltkameliden empfohlen. Selbst diese werden im Zweifel zyklisch ein prophylaktisches (vorbeugendes) Entwurmungsprogramm bevorzugen, da nicht immer eine hundertprozentige Sicherheit bei der Durchführung der Sammelkotprobe angenommen werden kann.

Labore sind von dem Material abhängig, das eingeschickt wird. Liegen die von den Besitzern gesammelten Kotproben mehrere Tage in einem aufgeheizten PKW umher, sollten sie entsorgt und müssen wiederholt werden; zu wichtig ist gerade bei den empfindlichen Neuweltkameliden nur durch einen ordentlichen Probeneingang die gewissenhafte Untersuchung durch das Labor. Ebenso können zu große eingesandte Mengen an Kot zu Schwierigkeiten in der Auswertung führen.

Man sollte vom Tierarzt seines Vertrauens jeden schriftlichen Untersuchungsbefund erbitten, der zu Dokumentationszwecken für das vergangene und künftig stattfindende Parasitenmanagement aufbewahrt wird. Ebenso sollte bekannt und dokumentiert sein, welche Entwurmungsmittel verwendet wurden.

Anzahl der empfohlenen Untersuchungen

Dreimal pro Jahr saisonal, wobei der Winter als Saison ausgelassen werden kann. Wenige Parasiten vermehren sich im Winter oder sie ruhen im Wirtskörper, da die Aussicht auf Wiederaufnahme durch einen Wirt im Winter aus der Sicht des Parasiten als gering einzuschätzen ist.

Interpretation der Laborergebnisse

Positive Kotproben

In der Kotprobe wurden Parasiteneier gefunden. Je nach Anzahl der festgestellten Parasitären Objekte werden diese in Grade eingeteilt: Geringgradig – Mittelgradig – Hochgradig.

Eine geringgradige positive Probe bedeutet, dass zum Zeitpunkt der Untersuchung eine geringe Menge an Parasiteneiern vom Tier ausgeschieden wurde; zusammen mit der Beurteilung der Körperkondition wird entschieden, ob umgehend behandelt (entwurmt) wird oder nicht. Geringgradige Anzahl von Parasiteneiern bei gut genährten Tieren ist normal und nicht besorgniserregend!

Ausnahme: Geringgradiger Befall von Kleinem und Großem Leberegel bei allen Tieren und von Kokzidien bei trächtigen Stuten!

Eine mittel- oder hochgradig positive Kotprobe bedeutet, dass das Tier (bei Einzeltieruntersuchung) bzw. die Tiere (bei Sammelkotproben) eine hohe Anzahl an Parasiteneiern ausscheidet und zusammen mit der Beurteilung der Körperkondition eine oder mehrere Behandlungen eingeleitet werden sollten.

Negative Kotproben

Werden bei vorbeugenden Kotuntersuchungen stets negative Ergebnisse aus dem Labor vermeldet (= keine Parasiteneier in der Probe), so sollte dies zunächst kritisch gesehen werden. Es ist eher unwahrscheinlich, dass niemals Parasiteneier gefunden werden. Es könnte auch die Kotprobenentnahme fehlerhaft oder die eingesandte Kotprobenmenge zu groß sein.

Ein einzelnes negatives Probenergebnis bei einem schlecht genährten Tier sollte hingegen ein Alarmzeichen sein und die Kotprobe sollte wiederholt werden, bis eventuell doch eine Parasiteninfektion gefunden wurde. Das Tier befindet sich bei hochgradiger Abmagerung immer in Lebensgefahr!

Negative Kotproben werden dann erwartet, wenn die Tiere mit den richtigen Wirkstoffen nach positiven Diagnosen behandelt wurden. Zwei bis drei Wochen nach der Behandlung sollten die Kotproben negativ ausfallen – im besten Fall auch noch weitere drei Wochen danach.

Nach diesem Zeitraum ist eine Reinfektion wieder möglich.

Als Interpretationshilfe für Laborergebnisse und die entscheidende Antwort, ob entwurmt oder wieder geprobt (untersucht) werden soll, liefert das von der Autorin entwickelte

Entwurmungsschema unter Rücksichtnahme auf die Körperkondition

(„Individualisierte Handlungsarten durch Body Condition Scoring und Parasitologischen Untersuchungsbefund“, J. Czerny 2016, modifiziert „BCS-Ampel“ 2020)

Parasitenbefund (alle außer Leberegel u. Kokkzidien bei trächtigen Stuten)	BC 1	BC 2	BC 3	BC 4	BC 5
Negativ					
Geringgradig					
Mittelgradig					
Hochgradig					
Ausnahmen:					
Kokzidien bei trächtigen Stuten					
Kleiner Leberegel					

Legende:

Negative Kotproben sind zu hinterfragen bzw. zu wiederholen, da öfter hintereinander negative Ergebnisse, außer direkt nach einer gezielten Entwurmung, unter Umständen falsch negativ sein können!

Grün: Keine Entwurmung notwendig. Wiederholung der Kotproben 3-mal pro Jahr.

Gut und sehr gut genährte Tiere (ab BC 3) können bei geringgradigem Befall auch nur weiter beobachtet werden (wiederholte Kotproben im Laufe der Saison, wiederholtes Checken der Körperkondition) und müssen nicht unmittelbar entwurmt werden. Geringgradiger Befall ist bis zu einem gewissen Grad normal; nur nach einer Entwurmung sollten die Ergebnisse negativ ausfallen; Reinfektionen passieren schnell wieder auf der Weide, eine Ausnahme von der Beobachtung und zwingend zu behandeln ist der Befall mit Kleinen oder Großen Leberegeln bei allen Tieren und Kokzidien bei trächtigen Stuten.

Gelb: Entwurmung zeitnah empfohlen.

Mittelgradiger Befall ist ein Hinweis auf hohen Infektionsdruck. Gut genährte Tiere sind selbst nicht in unmittelbarer Gefahr, außer es handelt sich um Leberegel. Es gilt zu bedenken, dass mittelgradig befallene Tiere Ausscheider nennenswerter Mengen an Wurmeiern sind und in Hinblick auf Weidehygiene und Ansteckungsgefahr dann generell die Herden entwurmt werden sollten. Bei gutgenährten Tieren genügen eine Entwurmung und eine negative Kontrolluntersuchung drei Wochen später.

Bei trächtigen Stuten ist ein Kokzidienbefall eine Gefahrenquelle für neugeborene Fohlen (siehe Kokzidiose, S. 130 f.).

Rot: Entwurmung umgehend notwendig. Kontrolle der Kotprobe nach drei und nach sechs Wochen, Folgebehandlungen sollten bei abgemagerten und mageren Tieren durchgeführt werden, bis beide Kontrollen negativ sind.

Abgemagerte und mindergut genährte Tiere (BC 1 und 2) befinden sich in großer (Lebens-!)Gefahr und müssen umgehend, penibel auf die einzelnen Wirkstoffe achtend, entwurmt werden. Die Ursache für die schlechte Körperkondition ist eventuell nicht nur in der Parasitenlast begründet, sondern auch Ausdruck eines Versagens des Leberstoffwechsels aufgrund anderer Ursachen. Solange die Tiere nicht zunehmen (sich die Körperkondition verbessert), darf nicht geruht werden, bis eine Ursache (Stress, Übersäuerung, Magengeschwür, chronische Erkrankungen) herausgefunden und

abgestellt werden kann. Jederzeit kann bei abgemagerten, schlecht fressenden Tieren unerwartet Clostridien-Toxin einen Todesfall binnen weniger Stunden hervorrufen; dies beweisen allerdings nur dann bakteriologische Untersuchungen, wenn sie an Untersuchungsanstalten routinemäßig und nicht nur verdachtsmäßig bei allen toten Neuweltkameliden durchgeführt werden.
In Kombination mit hochgradigem Parasitenbefall können unterernährte Tiere an jeder anderen Erkrankung, aber auch unmittelbar durch die Organzerstörung (Leberegel) sterben!

Einzelne, besser genährte Tiere mit hochgradigem Befall müssen gewissenhaft entwurmt werden, da sie die anderen Tiere in einer Herde anstecken können. Wenn auch nur bei einem Tier ein hochgradiger Befall festzustellen ist, ist anzunehmen, dass

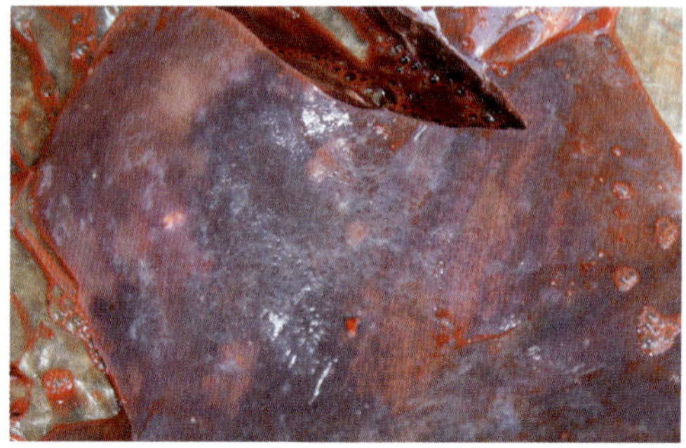

Leber mit Wurmknoten

durch den dadurch bewiesenen Infektionsdruck alle Tiere in Gefahr sind, angesteckt zu werden, oder es bereits sind. Alle Tiere der Herde müssen ausreichend entwurmt werden (siehe Entwurmung, S. 132 ff.) und mit Hygienemaßnahmen (siehe Weidehygiene, S. 53 f.) muss versucht werden, die Infektionsrate niedrig zu halten.

Parasitenbefund und BCS: Die BCS-Ampel, J. Czerny, 2020

	BC 1	BC 2	BC 3	BC 4	BC 5
Geringgradig					
Mittelgradig					
Hochgradig					

Kotprobensammlung

Kotplätze

Alpakas und Lamas besitzen die angenehme Eigenschaft, ihren Kot gemeinschaftlich in unterschiedlichen Zeitabständen auf definierten Kotplätzen abzusetzen. Die Kotplätze können vom Besitzer, insbesondere bei kleinen Beständen, bequem abgeräumt werden. Handelt es sich um mehrere Tiere, dann wird das Reinigen der Kotplätze zur Arbeit. Wohin mit dem Kot lesen Sie im Kapitel „Kompostieren", S. 265 ff.

Wie man ein Hygieneproblem behandeln kann: Die Kotplätze besser (= öfter) reinigen, die Tieranzahl auf der benutzten Weide reduzieren und den Infektionsdruck durch häufige Kotproben und angemessene Entwurmung niedrig halten.

Sammelkotproben

Eine Sammelkotprobe ist eine Sammlung von „Kotperlen" von Lamas und Alpakas innerhalb einer Gruppe von mindestens 2 Tieren. Da die Parasiten nicht jeden Tag dieselbe Menge an Eiern absondern, erhöht das Sammeln an mehreren Tagen hintereinander die Wahrscheinlichkeit, eine aussagekräftige Diagnose zu erzielen. Mit der behandschuhten Hand werden kleine Mengen an „Kotperlen" eingesammelt; es ist nicht zielführend, große

Mengen ins Labor zu schicken; vielversprechender ist, von mehreren Tieren *täglich* eine etwa ein- bis *höchstens* zwei Esslöffel große Menge in ein sauberes Gefäß mit (Schraub-) Deckel zu geben, um den Inhalt derselben Dose mit derselben Menge am nächsten und übernächsten Tag zu ergänzen.

Am letzten Tag der Probensammlung sollte die Probe auch schon zur Post gelangen, und zwar so rechtzeitig, dass die Zustellung an das Labor bereits am nächsten Tag gewährleistet ist.

Deshalb empfehle ich folgende Methode:

Wochenendmethode

Nach jahrelangen Sammelns von Kotproben und Untersuchens derselben sowie kontrollierenden Einsendens an ein vertrauenswürdiges Labor empfiehlt sich die „Wochenendmethode". Dies bedeutet, von Freitagabend bis Sonntag oder von Samstagmorgen bis Montagmorgen wird täglich gesammelt. Die Proben werden gekühlt und bei hohen Außentemperaturen auch gekühlt versandt.

Wochenendmethode, Beispiele

Sammelbeginn			Probeneinsendung
Freitagabend	Samstagabend	Sonntagabend	Montagmorgen
Samstagmorgen	Sonntagmorgen	Montagmorgen	Montagmorgen

Saubere Kotplätze für die Sammelkotprobe

Um die Kotplätze im Stall und Unterstand oder Auslauf für die Sammelkotprobe vorzubereiten, werden sie sauber abgekehrt und nach Möglichkeit trocken gehalten. Dazu verwende ich gemahlenes Vulkangestein, ebenso können Strohpellets oder Sand verwendet werden. Von den am Abend gereinigten Kotplätzen entnehme ich am Samstagmorgen von mehreren Kotstellen der verschiedenen Tiere einige wenige „Kotperlen". Ich nehme keine Klumpen oder weichen Kot. Dazu siehe unten.

Einzeltier-Kotprobe

Stelle ich weichen Kot fest, muss herausgefunden werden, von welchem Tier dieser stammt. Dabei hilft nur die Beobachtung. Steht fest, welches Tier den weichen Kot in Klumpen absetzt, wird in der empfohlenen Menge (ca. ein Esslöffel) eine einzelne Kotprobe genommen, die am nächsten und übernächsten Tag von demselben Tier ergänzt werden kann. Die Dose wird gesondert mit dem Namen des Tieres beschriftet und in den Kühlschrank gestellt.

Sammlung direkt aus dem After

Kotproben können, um Verwechslungen auszuschließen, auch direkt aus dem After entnommen werden. Dies ist bei erkrankten und abgemagerten Tieren zu empfehlen. Auch hier ist eine Sammlung über zwei bis drei Tage möglich. Die Kotperlen werden mit

Kot, der in weichen Klumpen abgesetzt wurde. Kleine Schleimbeimengung von Darmschleim (rechts) sind normal.

der behandschuhten Hand direkt aus dem After entnommen. Es ist zu bemerken, dass diese Methode bei manchen Tieren Stress verursacht.

Die gesammelten Kotproben kommen in den Kühlschrank. Beprobe ich mehrere Herden (z. B. Stutenherde, Hengstenherde), werden die betreffenden Gefäße eindeutig beschriftet.

Jeweils am Sonntag und Montag wiederhole ich die Prozedur. Von den Kotplätzen werden wiederum einzelne Kotperlen von verschiedenen „Haufen“, jeweils nicht mehr als einen Esslöffel, eingesammelt. Sodann wird die an drei Tagen gewonnene Kotmenge durch vorsichtiges Schütteln locker miteinander vermischt.

Aus den *in einem Gefäß* an drei aufeinanderfolgenden Tagen gesammelten Kotproben ist nun eine Sammelkotprobe geworden. Sie wird am Montag umgehend ins Labor geschickt. Die Beförderungsbedingungen der Österreichischen Post AG sehen eine verschlossene Verpackung, eine zweite Umhüllung und eine Verpackung als Paket vor. Um eine sichere Zustellung zu gewährleisten, verschicke ich die Proben per Express-Mail Service (EMS).

Beförderungsbedingungen der Post AG

https://www.ages.at/service/service-tiergesundheit/formulare--probenversand/probenversand/tab/3/

Gefährliche Parasiten

Aufgrund der beschriebenen Besonderheiten von Neuweltkameliden in Bezug auf Parasiten, insbesondere den Kleinen Leberegel, muss die Parasitenbehandlung aufgrund eines konsequenten Parasitenmanagements stattfinden, will man sinnlose Verluste wertvoller Lamas und Alpakas vermeiden.

Parasitenbefall ist unberechenbar. Jedenfalls dürfen parasitäre Infektionen bei Neuweltkameliden niemals übersehen und muss diesen immerwährend Beachtung geschenkt werden. **Kameliden mit Durchfällen sind als akute Notfälle zu behandeln,** gleichzeitige antibiotische Injektionen sind aufgrund ihrer eventuell schädigenden Wirkung auf die Magenbakterien eher zu vermeiden, viel eher noch soll der Flüssigkeitsverlust mit Infusionen ausgeglichen werden.

Gefährlicher Durchfall

ZUSAMMENFASSUNG PARASITENMANAGEMENT

Parasiten suchen nicht nach ihren Wirten, die Wirte werden ihnen auf dem Teller serviert. Hohe Tierzahlen auf geringer Fläche erhöhen den Infektionsdruck! Die Anzahl der Parasiten kann mit guter Hygiene und vorbeugenden, saisonalen Parasitenkontrollen sowie gezielter Entwurmung mit den jeweils wirksamen verschiedenen Mitteln in der richtigen Dosierung verringert werden! Hochgradige Abmagerung führt meist über kurz oder lang zum Tod des betroffenen Tieres. Meist sterben Tiere in diesem Zustand mit oder ohne Therapiebemühungen an den Endotoxinen der Clostridien, die natürlicherweise im Darm vorkommen und sich bei außergewöhnlichen Ereignissen massenhaft vermehren.

Mehr über die Wochenend-Methode, wie man Kotproben selbst untersucht und welche Ausrüstung man dazu benötigt, erfahren Sie in einem meiner Parasiten-Workshops (Termine www.lamas-mit-herz.com).

PARASITEN BEI LAMAS UND ALPAKAS

Ektoparasiten

Insekten

Insekten sind sechsbeinige Tiere, die sich im Haarkleid aufhalten oder die Tiere durch Bisse beunruhigen und Juckreiz und allergische Reaktionen hervorrufen können.

Fliegen und Mücken

Können als Überträger von Krankheiten schweren wirtschaftlichen Schaden anrichten (z. B. Blauzungenvirus, Schmallenberg-Virus, wird durch Stechmücken übertragen).

Haarlinge, Läuse

Haarlinge sind im Besitz von beißend-kauenden, Läuse von Blut saugenden Mundwerkzeugen. Außerdem unterscheiden sich Haarlinge von Läusen in ihrer Körperform: Läuse weisen einen breiten Hinterleib auf und sind von den Haarlingen mit ihrem breiteren Kopfsegment unterscheidbar.

Läuse und Haarlinge kleben ihre Nissen ins Haar, darin entwickeln sich die Larven. Vermutet man Läuse oder Haarlinge, dann muss das Vlies genau mit der Lupe untersucht werden. Haarlinge ernähren sich von Hautschuppen und austretenden Körperflüssigkeiten, die wie die Bisse der Läuse Juckreiz verursachen und den Wert des Vlieses vermindern.

Lokale Behandlung: *Sebacil®* Waschlösung: Wirkstoff: Phoxim, Acarizid (gegen Milben und Zecken), hat auch Wirkung auf beißende Insekten (Läuse)

Läuse, aber auch Milben werden am besten systemisch (mittels Injektion) bekämpft. Dafür eignen sich Wirkstoffe aus der Gruppe der macrozyklischen Laktone (Avermectine, Milbemycine). Avermectine: Ivermectin in *Ivomec®*, Doramectin in *Dectomax®*; Milbemycine: Moxidectin in *Cydectin®*. Die letztgenannten Wirkstoffe sind wirksam in derselben Dosierung gegen Magen- und Darmrundwürmer, siehe S. 134. Dosierung: 0,5 mg/kg Körpergewicht (Ivermectin)

Pour-on Präparate dürften bei Neuweltkameliden nicht ausreichend durch die Haut aufgenommen werden und sind daher nicht zu empfehlen.

Dasselfliegen

Es gibt vereinzelt Berichte über Dasselfliegen bei Neuweltkameliden. Am besten ist es, die Tiere bei Angriffen durch die Fliegen in den Unterstand zu bringen und vorbeugend mit fliegenabwehrenden Mitteln zu behandeln.

Nasendasselfliegen verursachen schwere Entzündungen im Nasen-Rachenraum, wobei es sich um die wachsenden Fliegenlarven handelt.

Hautdasselfliegen legen ihre Eier unter die Haut am Rücken. Sie zerstören beim Nutztier das Leder und verursachen große beulenartige, schmerzhafte Abszesse unter der Haut. In der Haut befindet sich das Atmungsloch der Fliegenlarve. Ihr Vorkommen bei Neuweltkameliden ist fraglich.

Spinnentiere (Zecken und Milben)

Spinnentiere sind achtbeinig, lediglich Jungendformen haben sechs Beine.

Zecken sind wie Insekten (Mücken) Krankheitsüberträger und können bei hochgradigem Befall Blutarmut verursachen (insbesondere bei Jungtieren oder geschwächten Tieren).

Milben sind an verschiedenen Körperstellen anzutreffen: Sie finden sich zwischen den Zehen, an den Beinen und an der Haut zwischen den Schenkeln. Die Milben sind nicht mit freiem Auge sichtbar.

Grabmilben können am ganzen Körper vorkommen und verursachen schuppige Krusten. Sehr häufig gibt es eine starke Vermehrung bei Abwehrschwäche oder bei ausgeprägtem Zinkmangel zusammen mit Sekundärinfektionen (Bakterien, Pilze).

Behandlung

Gegen Insekten können Aufgusspräparate (Phyretroide) oder Sprühlösungen wie Fipronil versucht werden.

Gegen Milben helfen Injektionen von Avermectinen oder ähnlichen Präparaten. Auch eine äußerlich anzuwendende Waschlösung (*Sebacil®*) kann versucht werden. Es müssen ursächliche Faktoren, wie Zink- und jeder andere Mineralstoffmangel, ausgeschlossen werden sowie die gleichzeitige Behandlung der Sekundärinfektion mit geeigneten Antibiotika und in Kombination mit Shampoos eingeleitet werden.

Endoparasiten

Die zumeist im Magen und Darm, aber auch Lunge oder Leber vorkommenden Endoparasiten verursachen eine *Parasitose*. Eine praktische Einteilung, die sich nach der Art der Entwurmungsmittel richtet, erleichtert die Unterscheidung der Infektion und die Auswahl des richtigen Mittels. Bei Mischinfektionen berät der Tierarzt, ob und welche Mittel gleichzeitig miteinander verabreicht werden können.

Nach den *anzuwendenden Entwurmungsstrategien* sind die Endoparasiten wie folgt einzuteilen:

Gruppe 1: Einzeller
Gruppe 2: Bandwürmer und Leberegel
Gruppe 3: Magen-Darm-Rundwürmer

Gruppe 1

Einzeller sind u. a. Kokzidien, die im Darm leben und sich vermehren, indem sie die Zellen der Darmschleimhaut befallen. In den Zellen erfolgt die Vermehrung der Parasiten. Dabei zerplatzt die Zelle und entlässt eine

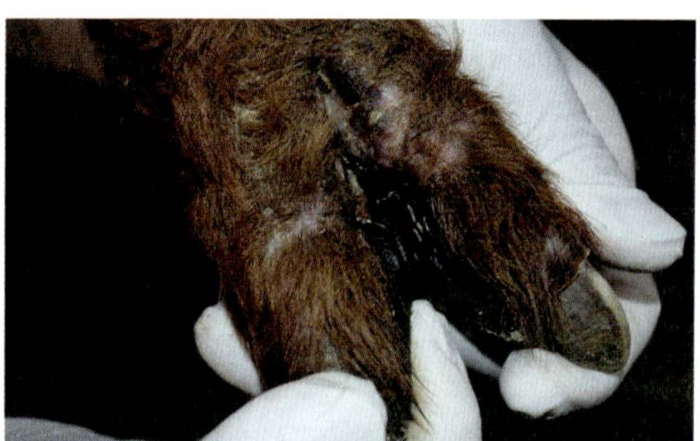

Milben an den Füßen im Zwischenzehenbereich (© Privat)

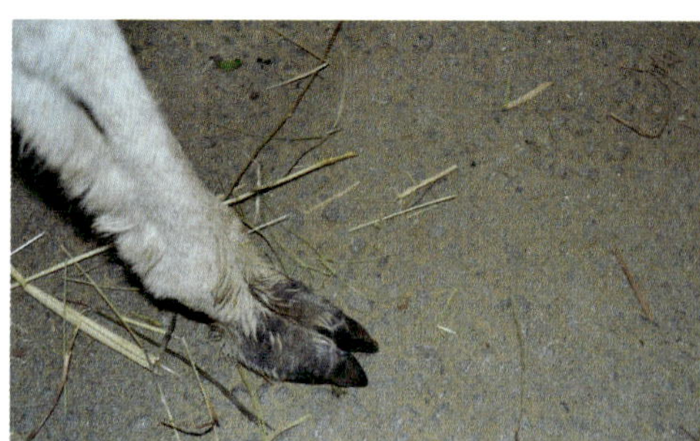

Haarlose Stellen an den Füßen, Verdacht auf Milben (© Privat)

Durchfall und Verschmutzung im Schwanzbereich bei einem Fohlen durch Kokzidiose.

Durchfall bei einem an Kokzidiose erkrankten wenige Tage alten Jungtier

große Menge Oozysten in das Darmlumen, sodass in kurzer Zeit sehr große Mengen an Oozysten in der Kotprobe festgestellt werden können. Befinden sich nur wenige Oozysten („vereinzelt") bei einer Routineuntersuchung in der Probe, muss bei gut ernährten Tieren nicht von einer großen Gefahr ausgegangen werden. Lautet der Befund jedoch mittel- oder hochgradiger Befall, entwickeln die Tiere Durchfall oder handelt es sich um trächtige Stuten, dann muss davon ausgegangen werden, dass die Tiere, insbesondere aber die erst zur Welt kommenden Jungtiere gleich nach der Geburt infiziert werden können: Sie haben keinerlei Abwehr und erkranken häufig in den ersten Lebenstagen an Kokzidiose. Die Umgebung um den After ist vom Durchfall verschmutzt und in der Kotprobe finden sich massenhaft Oozysten. Werden die Tiere nicht umgehend behandelt, drohen sie an der Kokzidiose zu sterben.

In Herden trächtiger Stuten sollte darauf geachtet werden, dass Kotproben *bei jeder Untersuchung* kokzidienfrei sind, um eine Ansteckung der Jungtiere nach der Geburt zu verhindern.

Behandlung
Sulfonamide; Toltrazuril: Erhältlich als Flüssigkeit (*Baycox®*) zum Eingeben ins Maul. Dosierung: einfach, einmalig zu verabreichen. Dosierung: 20 mg/kg Körpergewicht ins Maul verabreichen (per os, S. 255 f.).

Andere Einzeller

Cryptosporidien sind beim Nutzvieh häufiger anzutreffen, aber selten bei Neuweltkameliden. Der Nachweis in der Kotprobe gelingt im Labor. Eine Behandlung ist möglich (Tierarzt). Andere Einzeller parasitieren im Blut und befallen die Blutzellen. Fieber und Anämien sind die Folge. Die Untersuchung einer Blutprobe gibt Aufschluss über Blutparasiten. Der häufigste Übertragungsweg erfolgt über Insekten oder Zecken. Ansteckungen können nur durch Fliegenabwehr verhindert werden. Kommen selten vor.

Gruppe 2

Bandwürmer: Moniezia ssp.

Bandwürmer (Cestoden) benötigen zu ihrer vollständigen Entwicklung einen Zwischenwirt. Nimmt der Endwirt die Zwischenstadien (Larven) auf, können sich in seinem Darm die geschlechtsreifen Bandwürmer entwickeln. Diese saugen sich, manchmal massenhaft, an der Darmwand im Dünndarm fest und ernähren sich vom vorbeischwimmenden Nahrungsbrei. Der Wurm entlässt seine hintersten Bandwurmglieder in den Darm, die vollgepackt mit Eiern sind (*Proglottiden*). Die Bandwurmglieder gelangen mit dem Kot einzeln oder in Ketten ins Freie. Man kann in manchen Fällen (besonders bei Jungtieren) diese sich manchmal noch bewegenden Bandwurmglieder mit freiem Auge sehen.

Der Bandwurm schädigt seinen Wirt durch Nahrungs- und Mineralstoffentzug; betroffene Tiere magern langsam ab. Der Verlust des Glanzes des gesamten Haarkleides ist bei Lamas und Alpakas nicht einfach auszumachen, jedoch machen manche Tiere einen struppigen Eindruck.

In Kotproben können Bandwurmeier schon früh nachgewiesen werden.

Entwicklungszyklus

Zunächst werden die Eier frei und insbesondere auf moosiger Weide von Moosmilben aufgenommen, in denen sich das infektiöse Stadium entwickelt. Die infizierten Moosmilben werden entweder direkt von den Weidetieren gefressen oder gelangen mit dem moosigen Heu ins Futter. Moosige, magere Flächen eignen sich daher nur bedingt als Dauerweiden für Neuweltkameliden.

Leberegel
Großer Leberegel (*Fasciola hepatica*)

Große Leberegel sind bis zu 3 Zentimeter lange, etwa 0,5 Zentimeter breite, flache Saugwürmer (*Trematoden*) und leben in den Gallengängen der Leber. Sie benötigen einen Zwischenwirt, um in den Verdauungskanal von Neuweltkameliden und von dort mittels einer Körperwanderung in die Leber zu gelangen: Eine *Wasserschnecke*, die sich in feuchten Weiden aufhält und die infektiösen Stadien (Larven) aufnimmt. In der Schnecke entwickeln sich Zwischenstadien, die freigesetzt und von den Tieren auf der Weide aufgenommen werden. Befanden sich auf denselben Weiden vorher andere Weidetiere, wie Schafe, Rinder, Ziegen oder auch Wildwiederkäuer, dann ist davon auszugehen, dass die Weiden verseucht sind. Leberegel bzw. die dazugehörigen Zwischenwirte, die Schnecken, halten sich lange Zeit in den feuchten Weiden und es ist ihnen nicht beizukommen. Eventuelle Trockenlegungen von feuchten Stellen können helfen, ansonsten gibt es keine vertretbaren Methoden, außer das Auszäunen der feuchten Stellen. Wird immer wieder Befall mit Großem Leberegel festgestellt, hilft nur eine häufig wiederkehrende (teure) Entwurmung mit dem richtigen Wurmmittel in der richtigen Dosierung. Wirkstoffe, die bei Rindern und Schafen angewendet werden, können auch bei Neuweltkameliden angewendet werden. Von Aufgusspräparaten (Pour on) ist vorläufig abzuraten, denn die Aufnahme des Wirkstoffes durch die Haut ist bei Neuweltkameliden nicht gesichert.

Trotz regelmäßiger Entwurmung ist auf denselben Weiden immer wieder mit Reinfek-

Bandwurmglieder

Moosige Weide

tionen zu rechnen. Große Leberegel durchwandern die Leibeshöhle und bohren sich durch die Organkapsel. In den Gallengängen vermehren sie sich und verursachen eine Entzündung und typische Verkalkungen. So verursachen sie in der Leber große Schäden.

Kleiner Leberegel

Gefährlicher als alle anderen Parasiten ist für Neuweltkameliden der Kleine Leberegel (*Dicrocoelium lanceatum*).

Beim Neuweltkameliden verursacht der Kleine Leberegel massive Leberschäden, denen eine starke Abmagerung folgt. Die Entwurmung kann zu spät kommen. Wirtschaftliche (Total-)Verluste, die auf eine Infektion mit dem Kleinen Leberegel zurückzuführen sind, können durch gutes Parasitenmanagement vermieden werden.

Im Gegensatz zum Großen Leberegel benötigt der Kleine Leberegel einen zweiten Zwischenwirt. Eine *Landschnecke*, die die Eier aufnimmt, scheidet Schleimballen mit einem infektiösen Stadium (Zerkarie) aus, die von Ameisen aufgenommen werden. Im Gehirnganglion der Ameise entwickelt sich ein weiteres Stadium der Zerkarie und bewirkt eine Verhaltensänderung der Ameise: Sie kehrt nicht in ihren Bau zurück, sondern verharrt bis früh am Morgen an Grashalmspitzen. So wird sie von Weidetieren, also auch Lamas und Alpakas, gefressen und der Kreislauf ist geschlossen.

Infektionen mit Kleinen Leberegeln können auch an trockenen Hängen stattfinden; es muss vorbeugende Kotuntersuchungen geben, nachdem die Tiere auf eine neue Fläche zum Beweiden gebracht worden sind (ca. 3–4 Wochen nach Beginn der Weide).

Da es sich beim Kleinen Leberegel um den gefährlichsten Parasiten für Neuweltkameliden handelt, der die Leber massiv schädigt, soll bei positiven Kotproben, auch bereits bei geringgradigem Nachweis, unverzüglich eine Entwurmung mit Praziquantel eingeleitet werden. Die empfohlene Dosierung weicht von denen für anderen Tierarten ab; Schafdosierungen sind bei Neuweltkameliden unzureichend, die empfohlene Dosis muss vollständig ins Maul verabreicht werden. Bei eventuellem Ausspucken verringert sich der im Magen ankommende Wirkstoff und kann keine ausreichende Wirkung entfalten! Es sei jedoch davor gewarnt, nur diesen einen Wirkstoff bei Mischinfektionen mit verschiedenen Parasiten zu verwenden, da leicht diejenigen Parasiten überhandnehmen und sich ungezügelt vermehren könnten, die auf den Wirkstoff nicht ansprechen (Magendarmrundwürmer).

Bandwürmer und Kleine Leberegel werden mit ein und demselben Wirkstoff behandelt. Dieser Wirkstoff, das Praziquantel, ist bekannt für die Behandlung von Bandwürmern bei Katzen, Hunden, Pferden etc. und wird als Medikament (Lösung, Paste) ins Maul verabreicht. Aber bei Vorkommen von Kleinen Leberegeln muss im Gegensatz dazu bei Neuweltkameliden auf die im Vergleich zu Schafen höhere Dosierung geachtet werden, da ansonsten die Leberegel nicht vernichtet werden.

Der Befall mit Kleinen Leberegeln endet für Neuweltkameliden sehr häufig tödlich.

Behandlung gegen den Bandwurm, Kleinen und Großen Leberegel

Wirkstoff: Praziquantel; enthalten in denselben Medikamenten wie für Leberegelbefall. Dosierung: Bei nachgewiesenem Bandwurmbefall und bei Leberegelbefall (Kleiner und Großer Leberegel) muss die hohe Dosierungsempfehlung beachtet werden: 50 mg/kg Körpergewicht ins Maul (per os).

Gruppe 3
Magen-Darm-Rundwürmer, Lungenwürmer (Nematoden)

Die am häufigsten vorkommenden Parasiten sind verschiedene Arten von Magen-Darm-Rundwürmern. Die erwachsenen Würmer leben in den verschiedenen Organabschnitten des Verdauungskanals wie in den Mägen, im Dünndarm und im Dickdarm. Mit speziellen hakenförmigen Mundwerkzeugen heften oder saugen sie sich an der Darmschleimhaut fest und verursachen Schäden an ihr, Entzündungen sind die Folge. Zudem vermehren sie sich stark und entziehen dem Wirt Nähr- und Mineralstoffe sowie Vitamine. Oft magern befallene Tiere ab.

Im Inneren des Wirtstieres findet die Vermehrung der Parasiten statt. Dann werden die Eier ausgeschieden, die in den Kotproben nachgewiesen werden. Nicht zu jeder Zeit werden gleich viele Eier von den erwachsenen, im Darm lebenden Würmer ausgeschieden, sodass es auch vorkommen kann, dass einzelne Kotproben negativ ausfallen, obwohl ein Wurmbefall vorliegt. Deshalb bedient man sich der Methode der Sammelkotprobe sowie wiederholte Untersuchungen, insbesondere nach negativen Ergebnissen (siehe S. 126, „BCS-Ampel") um die Wahrscheinlichkeit zu erhöhen, Wurmeier nachweisen zu können.

Lungenwürmer (*Dictiocaulus viviparus*)

In den Bronchien und in der Lunge befinden sich die adulten, geschlechtsreifen Lungenwürmer und verursachen Husten und Kümmern; die Eier werden hochgehustet und verschluckt, gelangen so in den Darm und durch die Ausscheidungen ins Freie, wo sie sofort ausschlüpfen. Sie werden nicht als Eier, sondern als auswandernde Larven im Kot nachgewiesen (Baermannscher Apparat).

Behandlung

Als Wirkstoffe gegen Magendarmrundwürmer und Lungenwürmer sind viele Medikamente auf dem Markt. Der Tierarzt kann und wird in jedem Fall Antiparasitika anderer Tierarten umwidmen. Am praktischsten und sichersten ist eine Injektion der Wirkstoffe aus der Avermectinegruppe durch den Tierarzt; robust dosieren und eine dickere Nadel verwenden, um das Medikament sicher in das Tier zu bringen. Injektionen erzeugen wenig Stress für die Tiere.

Ältere Wurmmittelwirkstoffe und Wurmmittel in Tabletten- oder Bolusform sind eventuell schwer einzugeben (Ausspucken!) und manche sind aufgrund von Resistenzen nicht mehr wirksam.

Keines der unten genannten Medikamente ist für die Anwendung an Neuweltkameliden zugelassen, daher müssen diese vom Tierarzt umgewidmet werden. Die üblichen Aufzeichnungen über Medikamentenanwendung sind aufzubewahren. Im Rahmen des Tiergesundheitsdienstes können die Medikamente zu Injektionszwecken dem Tierbesitzer auch ausgehändigt werden.

Wirkstoffe

Avermectine: Ivermectin in *Ivomec®*, Doramectin in *Dectomax®*; Milbemycine: Moxidectin in *Cydectin®*. Dosierung: 0,5 mg/kg Körpergewicht (Ivermectin), alle: per injectionem.

Benzimidazole: Fenbendazol in *Panacur® Suspension, Boli, Pulver.* Dosierung: 5 mg/kg Körpergewicht, per os (ins Maul). Albendazol in *Valbazen®*. Dosierung: 5–7,5mg/kg Körpergewicht, per os (ins Maul).

Pour-on-Präparate dürften bei Neuweltkameliden nicht ausreichend durch die Haut aufgenommen werden und sind daher nicht zu empfehlen.

Mikroskopischer Nachweis

Trichostrongyliden verschiedener Arten ist unter dem Mikroskop gemeinsam, dass sie ähnliche Eier ausscheiden, die aber in einigen Punkten typische Eigenschaften besitzen, wie etwa Größe, Länge, Breite und Form (längsoval, rundlich) des Eies oder ihr Inhalt (Furchungskugeln, Embryo, Larve).

Flotationsmethode

Mit der Flotationsmethode können einige der wichtigsten Parasiten (Magen-Darm-Rundwürmer, Kleiner und Großer Leberegel, Bandwurm, Eimeria) leicht festgestellt werden. Für die Durchführung benötigt man eine konzentrierte Lösung (gesättigte Kochsalz-, Zucker-, Zink- oder Magnesiumsulfatlösung), die die Flotation (das Aufschwimmen) der Wurmeier ermöglicht, Küchenutensilien sowie eine Zentrifuge und ein Mikroskop mit höchstens 40-facher Vergrößerung. Hilfreich ist ein Objektträger, in den eine Größenskala eingeritzt ist (Objektmikrometer). Damit können die Wurmeier zu Beginn zuverlässig in kleine, mittlere und große Wurmeier eingeteilt und dadurch leichter identifiziert werden.

Bei der Anwendung der Flotationsmethode werden Wurmeier in verschiedenen Arbeitsschritten zunächst angereichert und danach untersucht. Nach ihrer Größe werden die verschiedenen Wurmeier in kleine, mittelgroße und große und je nach Häufigkeit ihres Vorkommens in gering-, mittel und hochgradig eingeteilt.

Die Identifikation der verschiedenen Wurm-Arten gelingt anhand der Größe und Form ihrer Eier leicht (siehe unten). Es hilft Kamelidenbesitzern ungemein, mehr als die empfohlenen drei Proben pro Jahr selbst durchführen zu können.

Beispiele: Bei häufigen Weidewechseln könnten sich die Tiere unerwartet eine Leberegelinfektion einhandeln und das sollte nicht zu lange unentdeckt bleiben.

In Stresssituationen können sich verschiedene Würmer rasant vermehren und so massenhaft Wurmeier ausscheiden, was bei einer schnell durchgeführten Kotuntersuchung von verändertem Kot oder gar Durchfall Schlimmeres verhindern kann.

Die meisten vorkommenden Wurmarten kommen auch beim Rind und Schaf sowie bei Wildwiederkäuern vor, es gibt aber auch arttypische Parasiten (*Eimeria lamae*, *alpacae*, *macusaniensis*).

Mikroskopie

Kleine Parasitäre Objekte: Bis zu 40–50 Mikrometer lang und 20–25 Mikrometer breit

Eimeria lamae (35 x 28 Mikrometer), *Eimeria alpacae* (25 x 22 Mikrometer) (sind Kokzidien, *Eimeria* ist die Oozyste, Vorkommen im Dickdarm): ellipsoid, eiförmig, dünnschalig, mit körnigem Inhalt; keine anderen von Wiederkäuern übertragenen Arten; *E. macusaniensis*: siehe mittelgroße parasitäre Objekte.

Capillaria sp.: zitronenförmig, dicke, runzelige Wand, schwache Polpfropfen. Kleiner Leberegel: *Dicrocoelium lanceatum*: 38–45 Mikrometer x 22–30 Mikrometer, dunkelbraun, unregelmäßig ellipsenförmig, asymmetrisch, dicke Schale, dunkler Inhalt.

Mittelgroße parasitäre Objekte: 70–95 Mikrometer x 60–75 Mikrometer

Eimeria macusaniensis: 100 x 80 Mikrometer (SCHMÄSCHKE, 2015), viel größer als andere Kokzidien-Oozysten, birnenförmig, dunkelgelb bis braun.

Bunostomum phlebotum: ca. 90 x 50 Mikrometer; unregelmäßig breite Ellipse, dünne Schale, 4–8 Blastomeren, zu unterscheiden von *Chabertia ovina*.

Chabertia ovina (im Dickdarm): 90 x 50 Mikrometer, breite Ellipse, dünne Schale, Inhalt 16–32 Blastomeren.

Ostertagia ostertagi (Magen): ca. 80 x 40 Mikrometer, regelmäßig ellipsoid, dünne Schale, große Anzahl Blastomeren als Inhalt, ähnliche Größe und Form wie *Haemonchus contortus*.

Haemonchus contortus (Magen): 75 x 44 Mikrometer, regelmäßige, breite Ellipse, dünne, hellgelbe Schale, Inhalt große Anzahl von Blastomeren.

Cooperia ssp. (Dünndarm): 75–85 x 32–39 Mikrometer, regelmäßige, schmale Ellipse, schmale Pole, dünne Schale, zahlreiche Blastomeren als Inhalt.

Bandwürmer: *Moniezia expansa*: dreieckig, kleiner, 50–60 Mikrometer; *Moniezia benedeni*: ungefähr viereckig, 80–90 Mikrometer, deutlich unregelmäßig mit eingebogenen Wänden, dicke Schale, enthält einen Embryo.

Trichostrongylus ssp. (Dünndarm): ca. 90 x 45 Mikrometer, unregelmäßig elliptische Form, ungleiche Pole, dünne, glattwandige Schale, 16–32 Blastomeren als Inhalt.

Oesophagostomum b.: ca. 90 x 50 Mikrometer, regelmäßig ellipsoide Form, breite runde Pole, dünne Schale, Inhalt 16–32 Blastomeren.

Stongyloides papillosus: ca. 50–65 x 25 Mikrometer, breit ellipsenförmig, dünne, farblose Schale, Inhalt ein Embryo, der oft am selben Tag ausschlüpft (kann manchmal im Mikroskop beobachtet werden).

Toxocara ssp. (vitulorum): fast kugelförmig, dicke Schale, körniger Inhalt.

Trichuris ovis: 75 x 35 Mikrometer, hell- oder dunkelbraun, zitronenförmig, dicke Wand, typische hervorstehende Polpfropfen.

Große Parasitäre Objekte: größer als 130 Mikrometer

Großer Leberegel (*Fasciola hepatica*): 130–145 x 70–90 Mikrometer, regelmäßig elliptisch, symmetrisch, dünne Schale, gelblich-brauner, körniger Inhalt.

Paramphistomum cervi: 160 x 90 Mikrometer, groß, grünlich durchscheinend, körniger Inhalt.

Nematodirus (Dünndarm): verschiedene Arten (*N. filicollis, helvetianus, battus*), regelmäßig ellipsenförmig, dünne Schale, Inhalt 2–8 deutliche, bräunliche, große Blastomeren (kugelige Zellen).

FÜTTERUNG

ALLGEMEINES

Pflanzenorgane sind die Wurzeln, Stängel, Blätter und Blüten. Wasser und Mineralstoffe werden in speziellen Zellen aus den Wurzeln nach oben befördert. Kohlendioxid tritt durch die winzigen Öffnungen der Blätter ein, den Spaltöffnungen.

In den Zellorganellen (Chloroblasten) entsteht tagsüber bei der Photosynthese Zucker und Sauerstoff. Nachts geben die Pflanzen aus den Spaltöffnungen Kohlendioxid an die Umgebung ab. Das Chlorophyll in den Zellorganellen verleiht den Pflanzen ihre grüne Farbe.

Photosynthese

Aus Wasser (H_2O) und Kohlendioxid (CO_2) vermag die grüne Pflanze mit Hilfe von Sonnenlicht in ihren Zellorganellen einfache Zucker ($C_6H_{12}O_6$) und Sauerstoff (O_2) zu bilden. Einige Pflanzen werden wegen ihres hohen Zuckergehaltes kultiviert (Zuckerrübe, Zuckerrohr). Komplexe Zuckerverbindungen spielen auch in pflanzlichen Gerüstsubstanzen (z. B. Lignin) eine wichtige Rolle, die den Pflanzenzellwänden Stabilität verleihen.

PFLANZEN ALS FUTTERMITTEL

Futterpflanzen bestehen zum Großteil (über 90 %) aus Wasser; durch Trocknung wird der hohe Wassergehalt auf unter 10–15 % in der Trockenmasse reduziert.

Als Futterpflanzen für Lamas und Alpakas eignen sich die in Mitteleuropa auf herkömmlichen Weiden, Wiesen und Mähflächen natürlich vorkommenden Gräser und Kräuter. Als „Kräuter“ werden, im Gegensatz zu den einkeimblättrigen Gräsern, krautig wachsende zweikeimblättrige Blütenpflanzen und mehrjährige Stauden bezeichnet.

In die natürlichen Blumenwiesen mit zahlreichen Sorten verschiedener Gräser und Blütenpflanzen wird in der modernen konventionellen Landwirtschaft vermehrt Klee und Gras einiger weniger Hochleistungssorten nach- bzw. eingesät, die einerseits schnelleres Wachstum und höhere Nährstoffgehalte (Eiweiß) versprechen und andererseits hohe Düngergaben vertragen.

Düngung

Düngung ist wichtig für den Erhalt einer Pflanzengemeinschaft, damit sie nicht dauerhaft verarmt und ertragreich wächst; jedoch erhält der Boden durch die Ausscheidungen der Weidetiere bei der Beweidung in natürlicher Weise Nährstoffe.

Gleichzeitig fördert der Verbiss durch die Weidetiere direkt das Pflanzenwachstum, und zwar nicht nur in die Höhe, sondern auch das der Wurzeln in die Tiefe. Dadurch werden die Pflanzen widerstandsfähiger gegen Austrocknung, der Boden wird gelockert und Bodenlebewesen werden gefördert.

Bodenverbesserung durch Beweidung

Weidetiere halten die Weiden „offen“, das heißt, einer Verbuschung wird wirksam vorgebeugt. Sie verbringen unbemerkt in ihren Haaren hängen gebliebene Pflanzensamen auf jeden Winkel der Weide.

Lamas und Alpakas als Weidetiere

Wenn allerdings Exkremente nur auf einzelne Stellen, wie auf die Kotplätze bei unseren Neuweltkameliden, anfallen und nicht, wie bei Rindern, Schafen oder anderen Weidetieren, auf die gesamte Fläche verteilt ausgeschieden werden, so entsteht an einzelnen Stellen eine hohe Düngerkonzentration, während andere Stellen praktisch frei von Nährstoffen bleiben.

WEIDEMANAGEMENT

Die Besitzer von Neuweltkameliden erkennen bald, dass eine ordentliche Bewirtschaftung der vorhandenen Flächen im Sinne einer guten Landwirtschaft viel mehr Arbeit bereitet, als lediglich Tiere zu halten, zu füttern und zu pflegen. Genauso muss er sich Gedanken über die Beseitigung und Lagerung der Ausscheidungen seiner Tiere machen sowie bei Auftreten von Unkräutern und sich ständig vergrößernder Kotstellen Maßnahmen ergreifen.

Absammeln des Kotes auf der Weide

Regelmäßiges Reinigen der Kotplätze nicht nur in den Unterständen, sondern auch auf der Weide ist bei einer geringeren Tieranzahl realistisch, bei einer höheren Anzahl wird dies zur Herausforderung. Durch das rings um die Kotstellen schnell wachsende Gras wird die Reinigung mühsam und zeitaufwändig; ist die Vegetation bereits kniehoch, hilft nur die regelmäßige Mahd der Kotstellen. Das hierbei gewonnen Gras kann nicht zur Fütterung verwendet werden, da die Konzentration an Parasitären Objekten (Eier, Larven) dies verbietet.

Pflege der Kotstellen

Der Bewuchs rund um die Kotstellen wird von den Tieren nicht gefressen. Hier muss der Kot abgesammelt, an anderer Stelle gelagert und danach gleichmäßig ausgebracht werden. Eine Art der Düngung, die gleichzeitig dem Humusaufbau dienlich ist, ist die Erzeugung von Mistkompost, siehe S. 265 ff.

Mulchen

Sind die Kotstellen ausgeufert, hilft das Mulchen, um die Nährstoffe auf eine größere Fläche zu verteilen, durch den Abbau der Grasreste eine Humusbildung in Gang zu setzen und auf diese Art wieder Gleichgewicht herzustellen. Eine später erfolgende Mahd der gründlich oder wiederholt gemulchten Flächen zur Futtergewinnung ist möglich; wird allerdings die Fläche wieder als Weide genutzt, legen die Tiere in den meisten Fällen an denselben Stellen wieder Kotplätze an.

Weitere Maßnahmen zur Bekämpfung von stickstoffanzeigenden Pflanzen im Bereich der Kotstellen (Hirse, Brennessel, Ampfer)

Kompostierung

Eine Möglichkeit, an Kotstellen gemähtes Gras sinnvoll zu verwerten, ist die Kompostierung (siehe S. 265 ff.), bei der durch die in den Kompostmieten entstehende Hitze die Parasiten zuverlässig abgetötet und gleichzeitig Unkrautsamen vernichtet werden.

Kalkung

Regelmäßige Kalkung der Kotstellen hilft mit, ein Ungleichgewicht an Mineralstoffen (Kalkmangel) im Boden auszugleichen, und sie vernichtet verschiedene Stadien von Parasiten. Solcherart behandelte Stellen auf Weiden müssen ausgezäunt werden, da die Tiere verleitet werden, sich zu wälzen, und der Kalk durch seinen basischen pH-Wert Hautschäden verursachen kann.

Portionsweide

Eine einfache und wenig zeitaufwändige Methode zur Optimierung der Reinigung ist es, bei ausreichend vorhandener Weidefläche diese in Parzellen zu unterteilen, die nacheinander beweidet werden und zwischendurch gereinigt und evtl. nachgesät oder anderweitig gepflegt, ja auch gemäht werden können.

Die Portionsweide gelingt durch einen mobilen Zaun. Es eignen sich Zaunstempel aus Hartplastik, die einfach versetzt werden können, und nicht immer bedarf es mehrerer stromführender Litzen, da die Tiere die optische Abgrenzung der neuen Futterquelle innerhalb des Geheges, solange Futter vorhanden ist, in den meisten Fällen ohne Weiteres akzeptieren.

RAUFUTTER

Heugewinnung

Ist die Fläche ausreichend groß, können Teile davon zur Futterwerbung (Heugewinnung) herangezogen werden.

Erster Schnitt

Das beste Futter für die genügsamen Neuweltkameliden ist der erste Schnitt, der lange, bis in den Juli hinein, stehenbleibt. Die Gräser blühen aus, die Blütenpflanzen bilden Samen aus, was sich langfristig günstig auf die Vielfalt der Pflanzengemeinschaft auswirkt. Mit der Dauer der Vegetationsperiode steigt in den Pflanzen der Rohfasergehalt, während der Eiweißgehalt abnimmt. Da die Tiere sehr gute Futterverwerter sind, sollte dieser getrocknete erste Schnitt zur Abdeckung des Rohfasergehaltes das ganze Jahr über zur Fütterung zur Verfügung stehen.

Zweiter Schnitt

Für Zeiten, in denen ein erhöhter Bedarf besteht, sollte spät im Sommer oder früh im Herbst von denselben Flächen Futter gewonnen werden, das nach dem ersten Schnitt aufwächst. Dieser zweite Schnitt ist blattreich und gleichzeitig rohfaserarm; die Inhaltsstoffe sind zugunsten des Pflanzeneiweißes verschoben. Heu vom zweiten Schnitt kann zusätzlich zum ersten Schnitt

Maschinelle Heuernte

Idealer erster Schnitt, blühende Gräser

verfüttert werden, wenn die Tiere trächtig sind oder wenn früh im Jahr Junge zur Welt kommen, bevor noch nennenswerter Aufwuchs auf der Weide steht. Auch bei großer Kälte sollte den Tieren dieses schmackhafte Futter zur Verfügung stehen, um die Aufrechterhaltung der Körpertemperatur und der Körperfunktionen zu gewährleisten und den Muskelabbau hintanzuhalten.

Vorsicht vor zu später *zweiter* Mahd! Durch die im Herbst verstärkt aktiven Bodenbewohner, wie Wühlmaus und Maulwurf, gelangen die aufgeworfenen Erdhügel ins Futter, sodass der Rohaschegehalt und auch die Gefahr von Clostridieneintrag ins Futter steigen.

Silage

Auch Grassilagen sind für Neuweltkameliden eine mögliche, gern gefressene, schmackhafte und abwechslungsreiche Kost. Dennoch eignen sich geöffnete Silageballen nicht zur Lagerung, sie müssen rasch aufgebraucht werden. Auch bei den Silagen, die wegen des Mangels an ausreichender Sonneneinstrahlung zur Trocknung im Herbst angefertigt werden, ist darauf hinzuweisen, dass bei Verunreinigung durch Erde die oben erwähnten unerwünschten Bakterien massenhaft ins Futter gelangen und das Auftreten der gefährlichen Clostridien-Erkrankung fördern.

FUTTERBEURTEILUNG

Die Ernte wird grobsinnlich (Aussehen, Geruch, Beimengungen) und mittels Laboranalyse untersucht und bewertet.

Bergheu

Aussehen, Geruch, Beimengungen

Ideales Heu vom ersten Schnitt ist grobstängelig mit erkennbaren getrockneten Blättern, Blüten und Fruchtanteilen (Samen, Rispen von ausgeblühten Gräsern). Der Geruch ist typisch würzig-aromatisch. Futter, das dumpf, stickig oder schimmelig riecht, sollte nicht verfüttert werden. Schüttelt man die Stängelanteile vollständig aus, bleibt ein kleiner Anteil an Stielen und eventuell kleinere Äste übrig. Futter mit hohem Anteil an Erde oder Staub sollte nicht verfüttert oder vor Gebrauch gründlich ausgeschüttelt werden.

Futtermittelanalyse

Um festzustellen, wieviel Rohfaser und Nährstoffe in den Futterpflanzen steckt, egal ob frisch oder getrocknet, werden Futterproben im Labor untersucht. Der Ursprung aller heute angewendeten modernen Futtermittelanalysen liegt in der Weender (Göttinger) Futtermittelanalyse. Damit werden zusammenfassend verschiedene Analyseverfahren bezeichnet. In einem Schritt wird durch Trocknung der Trockenmasseanteil (Trockensubstanzgehalt in %) der Probe festgestellt; in verschiedenen weiteren chemischen, aber auch rechnerischen Verfahren werden aus der Trockenmasse z. B. durch Veraschung der Rohaschegehalt, in anderen Verfahren der Rohfasergehalt sowie in einzelnen Analysen die Zellinhaltsstoffe, der Rohproteingehalt, das Rohfett und nicht zuletzt die verdauliche Energie ermittelt. Ebenso analysiert werden Mineralstoffe, Spurenelemente, sogar toxische Substanzen (Schadstoffe, Mykotoxine, Pflanzenschutzmittel) können in verschiedenen Analyseverfahren nachgewiesen werden. Die Analysewerte können dann dazu herangezogen werden, verschiedene Nutztiere ganz nach ihrem Bedarf zu füttern.

Pflanzliches Eiweiß

In den Früchten und Samen, aber besonders in den jungen Blättern vieler Pflanzen werden über die Wurzeln Stickstoffverbindungen aufgenommen und durch den Pflanzenstoffwechsel gebildete Proteine (Eiweißverbindungen) gespeichert. Einige Pflanzen werden wegen ihres vergleichsweise höheren Eiweißgehaltes kultiviert (Luzerne, Kleearten).

Zellulose

Gerüststrukturen verschiedener Pflanzen, wie Zellulose, Pektine, Lignin etc., sind chemisch sehr vielfältig. Zellulose ist ein Vielfachzucker bzw. Polymer aus Glucosemolekülen. Zellulose wird in den Pflanzenzellen über beta-glykosidische Bindungen zu hochmolekularen Zelluloseketten aufgebaut und bildet wasserunlösliche, reißfeste Fasern. Zellulose ist trotz der Salzsäure im einhöhligen Magen (Schwein, Mensch) unverdaulich und wird nur zu einem kleinen Teil in einem Abschnitt des Dickdarmes (Blinddarm) verdaut.

VERDAUUNG VON ZELLULOSE BEI PFLANZENFRESSERN

Pflanzenfresser sind in der Lage, mit Hilfe von Mikroorganismen entweder in ihrem mehrhöhligen Magen (Kamelartige, Wiederkäuer) oder im Dickdarm und Blinddarm (Pferde, Kaninchen) Zellulose zu verdauen und die entstandenen Spaltprodukte zu verstoffwechseln.

Da in den beschriebenen Abschnitten des Verdauungssystems (siehe Magen der Kameliden, S. 118) ideale Bedingungen vorherrschen, wie sauerstofffreie (anaerobe) und warme Umgebung (Körpertemperatur), ständige Versorgung mit nachfolgender Nahrung, durch Speichel oder Verdauungssäfte gepufferter pH-Wert rund um den neutralen Bereich (pH über 6 bis 7), können sich hier zelluloseabbauende Mikroorganismen, wie Bakterien, Wimperntierchen und Hefen, massenhaft vermehren, heften sich an die Pflanzenfasern an und beginnen durch ihre freigesetzten Enzyme, die Zellulose zu verdauen. Eine Mindest-Verweildauer im Magen und ständige Durchmischung sowie das Einspeicheln und Wiederkauen zum Zwecke des Pufferns der entstehenden (Fett-)Säuren und der Zerkleinerung der Pflanzenfasern sind die Voraussetzung für einen effizienten Abbau.

Die im Magen in großen Mengen vorhandenen und sich ständig vermehrenden Bakterien dienen dem Säugetier selbst als Proteinquelle; bei eiweißarmer Ernährung kann durch so effektive Verdauung wie bei den Neuweltkameliden der Eiweißbedarf beinahe ausschließlich aus den ständig nachwachsenden und verdauten Magenbakterien gedeckt werden. So ist es zu erklären, dass die Tiere bei magerer Kost, wie sie in den Ursprungsgebieten vorliegt, dennoch keinen offensichtlichen Mangel erleiden.

Die Zellulose wird von den Mikroorganismen zu kurzkettigen Fettsäuren (z. B. Essigsäure, Propionsäure, Buttersäure) abgebaut, die von der Schleimhaut des Magens in den Blutkreislauf aufgenommen werden. Welche Rolle dabei die im Magen der Kameliden, C1 und C2, vorhandenen Sacculi spielen, ist bis heute noch nicht restlos geklärt.

Die zahlreichen gebildeten Fettsäuren sind unter anderem Bausteine für den Fettstoffwechsel. Nach ihrer Aufnahme in den Blutkreislauf werden sie zunächst in die Leber transportiert, um dort verstoffwechselt zu werden. In den Zellen des Fettgewebes gespeichert, stehen sie in Notzeiten zur Verfügung.

Bedeutung des Speichels

Speichel hat einen hohen (basischen) pH-Wert (9). Da die kurzkettigen Fettsäuren den pH-Wert des Mageninhaltes sehr niedrig machen würden, wirkt der Speichel dem als Puffer und damit der Übersäuerung entgegen. Der Speichel wird aus den Speicheldrüsen im Maul jedem Bissen reichlich hinzugefügt, der wiedergekaut wird.

Verwertung des Stickstoffes

Ebenso liefern die gefressenen Pflanzen den Stickstoff, den die Mikroorganismen zum Wachstum benötigen. Durch den Abbau der Proteine entstehen Ammoniak und Methangas.

Harnstoff

Ammoniak wird in der Leber zu Harnstoff verstoffwechselt und von der Niere als harnpflichtige Substanz ausgeschieden.

Kamelartige, aber auch Wiederkäuer, können jedoch auch den im Blut zirkulierenden Harnstoff in die Speicheldrüsen an den beim Wiederkauen reichlich fließenden Speichel abgeben. Dieser steht bei Mangelsituationen als Stickstoffquelle für die Mikroorganismen zur Verfügung und wird herangezogen, um wieder in Bakterien-Eiweiß umgewandelt zu werden.

Gasbildung bei der Verdauung durch Wiederkäuer

Bei der Verdauung von Zellulose durch anaerobe Mikroorganismen im Magen entsteht Methangas und Kohlendioxid. Das als klimaschädlich bekannte Methangas verlässt den Körper beim Ructus, das dem Wiederkauakt vorhergehende Hervorwürgen der Bissen aus dem Magen. Auf diese Art und Weise wird der Organismus diesen Überschuss „los“.

SAFT- UND KRAFTFUTTER

Zuckerhältiges Saftfutter (z. B. Rübenschnitzel, Obst) und Kraftfutter (Getreide, Mais) in größeren Mengen sollten nicht routinemäßig in der Neuweltkamelidenfütterung eingesetzt werden. Zu hoch ist die Gefahr, in Unkenntnis des wahren Bedarfes den Magen zu schädigen. Azidosen können akut, aber auch schleichend verlaufen und Magengeschwüre verursachen. Magengeschwüre sind sehr häufig Ausgangspunkt für tödliche Erkrankungen. Bei vielen Sektionen werden Magengeschwüre festgestellt, obwohl die Todesursache eine andere ist. Magengeschwüren kann man vorbeugend begegnen; hält man die Tiere knapp und füttert stets Heu vom ersten Schnitt, werden die meisten

Tiere während der Weidesaison an Gewicht zulegen und während der Wintersaison Gewicht abnehmen. Erhöhten Bedarf besser mit Luzerneheu ausgleichen, auch in Form von mineralisierten Pellets, und von Kraftfutter absehen.

Zum Anlocken und „Verwöhnen" können kleine Mengen an Obst und Kraftfutter gefüttert werden: Einmal täglich 20 bis 30 Dekagramm pro Tier (Fütterungsempfehlung bei Mischfuttermitteln beachten) in der Wintersaison an einzelne Tiere verfüttern, die auffällig an Gewicht (› 1 Punkt Körperkondition Abnahme, bei BCS unter 3) abgenommen haben. Bei jeder festgestellten Gewichtsabnahme dennoch nachforschen, welche anderen Ursachen in Frage kommen (Parasitenstatus, siehe S. 125, Magengeschwüre).

Maßvolle Fütterung von Obst

FÜTTERUNG VON ALPAKAS

Für das gleichmäßige Wachstum von Alpakavlies können eigens zusammengesetzte Mischfuttermittel gefüttert werden, die meist auf Basis von Luzerneheu zusätzliche Mineralstoffe, wie Selen und Zink, und die Vitamine A, D und E enthalten.

Die bedarfsgerechte Fütterung von Alpakas ist dann angezeigt, wenn die Tiere aufgrund bester Genetik Vliesqualitäten liefern, die bei jeglicher Unterversorgung Einbußen bedeuten würden, Erkrankungen nach sich ziehen und damit wirtschaftlichen Schaden anrichten würden. Um sich ausreichend Wissen über die Vliesqualität der erworbenen Alpakas und die sie beeinflussenden Schwankungen aufgrund von Jahreszeit, Trächtigkeit oder die Produktion von Muttermilch anzueignen, sind Faserproben unumgänglich und für die zusätzliche Fütterung von Mischfutter für Alpakas maßgeblich. Um Futtermittel für Alpakas richtig zusammenzustellen, muss genaue Kenntnis über die zu erwartende Faser bestehen und es sollte nicht auf beliebige angepriesene Mischfutter oder billige Mineralfutter zurückgegriffen werden; zu hoch ist die Gefahr, wertloses oder gar schädliches Futter zu erwerben.

Derjenige Züchter, der Tiere von hoher und nachgewiesener Qualität verkauft, kann eine professionelle Fütterungsempfehlung ab- und die Bezugsquellen angeben. Die auf einer x-beliebigen Internetseite erhältlichen Futtermittel können selten die hohen Ansprüche faserliefernder Tiere durch überteuerte und schlecht zusammengesetzte Futtermischungen erfüllen.

Bei allen zugekauften Futtermitteln sollte die Inhaltsstoffliste studiert werden; ein für die Schmackhaftigkeit eingesetzter hoher Salzgehalt (NaCl) oder ein nicht für Lamas und Alpakas geeigneter Gehalt an Mineralstoffen, wie z. B. ein überhöhter Kupfergehalt, kann sich negativ auswirken und sogar eine giftige Wirkung entfalten.

MINERALSTOFFE UND SPURENELEMENTE

Wie alle vom Menschen gehaltenen Tiere benötigen Haussäugetiere wie auch insbesondere Neuweltkameliden Mineralstoffe (Kalzium, Phosphor, Natrium, Kalium, Magnesium, Schwefel) und Spurenelemente (Eisen, Selen, Zink, Kupfer, Jod, Mangan, Kobalt, Molybdän) zur Aufrechterhaltung aller Körperfunktionen. Die genannten Elemente werden für Lamas und Alpakas in fertigen Mischungen lose als Pulver und Granulat oder gepresst in Blockform angeboten.

Die Tiere nehmen theoretisch so viel von der Mischung auf, wie sie benötigen; es ist daher von entscheidender Bedeutung, ob genügend Mineralstoffe im richtigen Verhältnis abgemischt wurden, ob und wie viel Salz dem Futter beigefügt wird (Schmackhaftigkeit) und ob mit einer Mineralstoffmischung alle möglichen Bedarfssituationen abgedeckt werden können.

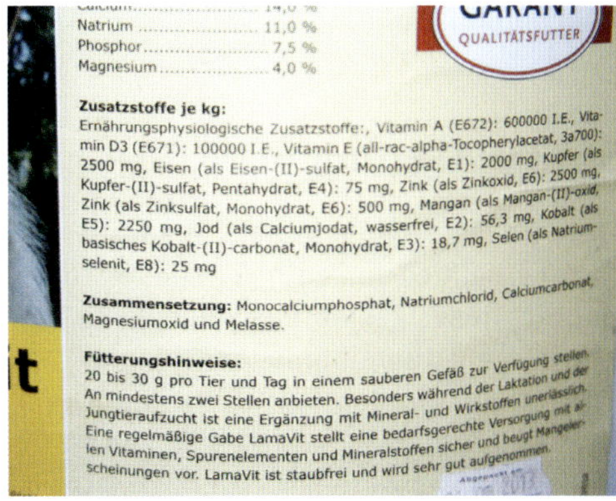

Mineralstoffmischungen für Lamas und Alpakas

Mineralstoffe, die zugeführt werden müssen, da sie weder in den Böden noch in den darauf wachsenden Pflanzen in ausreichendem Maße vorkommen, sind Zink, Selen, Jod und Kupfer.

Mangelsituationen einiger Mineralstoffe bei Neuweltkameliden

Bei einigen Mineralstoffen kommt es häufiger zu Mangelsituationen.

Zink

Da die mitteleuropäischen Böden uralte Meeresböden sind, sind diese arm an Mineralstoffen bzw. fehlt ein vergleichbarer Gehalt an Mineralstoffen überhaupt. Ausreichend Zink, das speziell bei Neuweltkameliden, die aus einer vulkanisch aktiven Gegend und damit von viel mineralstoffreicheren Böden, wie in Südamerika, stammen, ist beispielsweise unbedingt für die Bildung von Enzymen zur Keratin- und damit Haarbildung vonnöten.

Jod, Selen

Auch mangelt es bekanntermaßen in manchen Gebieten an Jod und Selen. Ersteres wird nicht zuletzt wegen der gefürchteten Kropfbildungen vor allem in österreichischen inneralpinen Tälern (Salzachtal, Zillertal) seit Jahrzehnten dem Speise- und Viehsalz zugegeben, sodass bereits vermutet werden kann, dass eher eine Über- denn eine Unterversorgung eine Rolle bei manchen Problemen (Fruchtbarkeit) spielen könnte.

Selen ist wie Jod ein essentielles Spurenelement. Der Organismus benötigt Selen unter anderem für die Muskelaktivität. Bei Selenmangel liegen Neugeborene fest, das Herz schlägt schnell, da auch der Herzmuskel zu wenig Selen erhält; Abhilfe schafft zumeist eine einzelne Selengabe. Eine Wirkungsverstärkung bei Muskeldystrophie ist bei gemeinsamer Verabreichung mit Vitamin E zu erwarten (Synergieeffekt). Es kann als einmalige Dosis (Oralspender für Lämmer oder Injektion durch den Tierarzt) in Kombination mit Vitamin E gegeben werden; weitere Gaben können toxisch wirken und werden nicht empfohlen! Auch wirkt sich eine ausreichende Versorgung von Muttertieren mit Selen positiv auf die Fruchtbarkeit aus.

SALZ (NATRIUMCHLORID)

Viehsalz ist zumeist jodiert, lose oder gepresst erhältlich und enthält reines Natriumchlorid; dieses gesiebte, schneeweiße Salz ist frei von Verunreinigungen.

Es sollte überlegt werden, den Tieren eventuell *jodfreies* Salz vorzulegen. Auch wenn Jod ein essentieller Mineralstoff ist, ist jedem industriell hergestellten Futtermittel, das Mineralstoffmischungen enthält, jodiertes Salz hinzugefügt.

Salz in natürlicher Form (Steinsalz, Ursalz, heimischer Bergkern etc.) enthält kleine Mengen an natürlichen Spurenelementen und sollte dem Viehsalz vorgezogen werden. Die Tiere lecken ausgiebig daran und nehmen dadurch nicht nur NaCl auf.

Natürliches Salz – Bergkern

VITAMINE

Neuweltkameliden sind durch ihre Magenbakterien für viele, insbesondere die wasserlöslichen Vitamine „Selbstversorger". Gesunde Tiere sind in der Lage, genügend Vitamine des B-Komplexes, Vitamin C und Vitamin K selbst zu synthetisieren.

Die fettlöslichen Vitamine sind Vitamin A, Vitamin D, Vitamin E und K. Vitamin A und E werden in der Weideperiode ausreichend über das Grünfutter aufgenommen und können bis zu einem gewissen Grad im Fettgewebe und in der Leber gespeichert werden. Vitamin A wird als Provitamin, dem Betacarotin, aufgenommen. Werden Pflanzen zur Konservierung getrocknet, verlieren sie im Laufe der Lagerung das Carotin, bis es vollständig verschwunden ist. Daher ist bei reiner Heufütterung eine Substituierung notwendig. Vitamin D ist im Grünfutter nur in geringem Maße vorhanden. Es wird unter Sonneneinstrahlung unter der Haut gebildet und kann im Körperfett gespeichert werden. In sonnenarmen Monaten ist eine Vitamin-D-Ergänzung eventuell sinnvoll, wenn es sich um spät im Herbst oder im Winter geborene Fohlen handelt, da eventuell die Gefahr eines Mangels und einer Rachitis (Knochenerweichung) besteht. Mit der Muttermilch wird kaum Vitamin D ausgeschieden, daher können auch Stuten vor der Geburt mit einer Vitamin-D-Injektion behandelt werden (GAULY et al. 2011).

Dieses Fohlen, 4 Wochen alt, mit dunkler Fellfarbe bekommt im Winter zu wenig Sonnenlicht.

Die Vitamin-D-Substitution sollte mittels Injektion durch den Tierarzt geschehen, damit keine Überdosierung entsteht, die gefährlich sein kann.

Vor allem wiederholte oder falsch dosierte Injektionen führen zum gegenteiligen Erfolg, eine Hypervitaminose D kann die Folge sein, bei der Kalzium aus den Knochen mobilisiert wird und die Gewebe und insbesondere die Nieren mit Kalzium überschwemmt werden.

Bevor erneut Injektionen verabreicht werden, sollte mittels Messung des Vitamin-D-Gehaltes in einer Blutprobe festgestellt werden, ob genügend Vitamin D in den Körper gelangt ist.

NÄHRSTOFFBEDARF DER NEUWELTKAMELIDEN

Neuweltkameliden unterscheiden sich von anderen Haustierarten (Nutztieren) dadurch, dass sie in der Fütterung relativ anspruchslos sind und keine das Wachstum, die Trächtigkeit und Laktation und eine eventuell bei Wanderungen übersteigende „Mehrleistung" erbringen, wie unsere milch- oder fleischliefernden Tierarten (Milchkuh, Schwein, Mastrind, Lege- und Masthuhn), die durch optimierte Fütterung weit über das normale Wachstum hinausgehende Leistun-

Zum Erhaltungsbedarf kommt der Leistungsbedarf, hier: Extremsituation Trekking bei winterlichen Bedingungen (© Privat)

gen teilweise unter bedenklichen Haltungsbedingungen erbringen müssen.

Erhaltungsbedarf

Die bloße Aufrechterhaltung der normalen Körperfunktionen, wie die Erhaltung einer gleichmäßigen Körpertemperatur, der Verdauung und des Stoffwechsels, die Herz- und Muskeltätigkeit, die Stehen oder Liegen sowie Fressen mindestens erfordern, wird als Erhaltungsbedarf bezeichnet.

Leistungsbedarf

Bewegung, wie Weidegang, Spaziergänge und Trekkingtouren, das Wachstum, eine fortgeschrittene Trächtigkeit mit dem wachsenden Fötus und die Säugezeit sind physiologische Zustände, in denen mehr Energie und Nährstoffe verbraucht werden und die mit dem Leistungsbedarf angegeben werden.

Zu berücksichtigen ist das gleichmäßige Wachstum von hochwertigem Alpakavlies, das bei der Versorgung mit einfachem Heu als Winterfutter nicht ausreichend gewährleistet ist, sodass eine bedarfsgerechte Fütterung mit geeigneten Futtermitteln nicht wegzudenken ist.

Auch erfordern Krankheiten eine höhere Versorgung mit Nährstoffen.

Erhalten die Tiere mehr Futter, als sie für ihren Bedarf benötigen, können sie verfetten.

Dies kann insbesondere bei kleintragenden Stuten (1.–4. Trächtigkeitmonat) ein Problem nach der Geburt darstellen.

GIFTPFLANZEN

Viele liebevoll in Gärten kultivierte Pflanzen erweisen sich als regelrechte Lama- und Alpaka-„Killer". Es sollte von deren gleichzeitiger Haltung völlig abgesehen werden. Schon einzelne Blätter von Oleander können die Tiere innerhalb eines oder mehrerer Tage töten. Von Nachbarn verabreichter Grünschnitt mit Blättern und Früchten der Eibe sind ebenfalls tödlich; so ließe sich die Liste beliebig fortsetzen.

Gut gemeinte, über den Zaun geworfene Pflanzen erweisen sich als Todesfalle. Rhododendron, Goldregen, Buchs, Liguster, Thuja – diese und viele andere Ziersträucher sind im Gegensatz zu den vielen einheimischen Gehölzen, wie Fichte, Tanne, Hainbuche etc., giftig für Neuweltkameliden.

Jedoch auch heimische Pflanzen, wie Eibe, Herbstzeitlose und Seidelbast, sind sehr giftig, sodass die Pflanzen in der Umgebung der Tiere, auf der Weide und besonders an den verbuschten Rändern zunächst – vom Menschen – als solche erkannt und in weiterer Folge entfernt werden müssen.

Interessanterweise werden manche giftigen Pflanzen nicht gefressen, wie Hahnenfuß, oder manche Frühlingsblüher. Auch Herbstzeitlose oder das Laub von Schneerosen sowie Adlerfarn bleiben (meist) stehen.

Entdeckt man Giftpflanzen in der Wiese, muss diesen über die ganze Vegetationsperiode Beachtung geschenkt werden. Manche Pflanzen können in ihrer Blüte gepflückt, aber auch ausgezäunt werden, wenn sie in Horsten vorkommen (Farne). Oder man mäht sie ab und vernichtet das getrocknete Laub (Kompostierung von Giftpflanzen, S. 272).

Keinesfalls dürfen solche getrockneten Giftpflanzen ins Heu gelangen! Herbstzeitlose-Fruchtstände finden sich immer wieder im Heu, sie werden von den Tieren zwar übrig gelassen, könnten aber durchaus mitgefressen

Eibe

Rhododendron

Oleander

Fruchtstände der im Herbst blühenden Herbstzeitlose, gefunden im Heu.

Giftig: Schwarzer Nachtschatten

Wacholder – dornig, ungiftig und schmackhaft

Fichtennadeln sind eine gute Ergänzung zur Weide oder bei Heufütterung.

werden. Bei ungeklärten Todesfällen kann immer eine Vergiftung in Frage kommen.

Giftig können auch Laub und Früchte von heimischen Bäumen sein, wie etwa Eichenlaub und Eicheln, Bucheckern, Früchte von Ahorn – bei letzteren sind die Blätter ungiftig.

Ungiftig sind Äste von immergrünen Fichten, Kiefern, Tannen oder natürlich wachsendem Wacholder, sodass sich diese genannten Pflanzen insbesondere im Winter durch ihren Gehalt an für Neuweltkameliden bekömmlichen Inhaltsstoffen auch zur Zusatzfütterung und als Abwechslung eignen. Auch die Rinde wird abgenagt und gefressen; sie enthält möglicherweise wertvolle Mineralstoffe, sodass Mängel hintangehalten werden, und ätherische Substanzen in ihren Nadeln und der Rinde, die durch Gerbstoffe und ätherische Öle eventuell eine stabilisierende oder anregende Verdauungsfunktion erfüllen.

Über Giftpflanzen existiert vergleichsweise viel Literatur. Weiterführende Literatur, die zur Lektüre empfohlen wird, entnehmen Sie dem Literaturverzeichnis auf S. 8.

Krankheitssymptome durch Vergiftungen

Allgemeines über Krankheitssymptome bei Neuweltkameliden

Es gibt nur wenige Symptome, die bei Neuweltkameliden direkt auf eine Krankheit hinweisen. Meist sind die Symptome unspezifisch, das heißt, mehrere Erkrankungen kommen für dieses Symptom in Frage.

Es ist wichtig, die Symptome zu erkennen und genau zu beschreiben, um dem Tierarzt die Arbeit zu erleichtern; jedoch ist auch für den Veterinär die Eingrenzung meist schwierig, sodass weitere Untersuchungen (Blutuntersuchung, Harnuntersuchung, Ultraschalluntersuchung) notwendig werden.

Eine Therapie muss oft symptomatisch eingeleitet werden, das heißt, gegen Fieber werden fiebersenkende Mittel, gegen Schmerzen schmerzstillende Mittel angewendet. Nicht immer kann eine exakte Diagnose gestellt werden, insbesondere am Betrieb, da manche Untersuchungsmethoden (z. B. Röntgen, Blutgasanalyse) nicht überall zur Verfügung stehen.

Es empfiehlt sich, gemeinsam mit dem Tierarzt zu beraten, ob das Tier, *immer gemeinsam mit einem zweiten, vertrauten Tier aus der Herde,* auf eine (Universitäts-)Klinik verbracht werden sollte, damit dort versucht werden kann, eine Diagnose zu finden. In manchen Fällen werden Tiere kostengünstig abgeholt (Tierrettung), können aber auch selbst mit einem *Überweisungsschreiben des behandelnden Tierarztes* zur Klinik gebracht

Krankheiten sind bei Neuweltkameliden mitunter recht schwer zu erkennen.

werden. Es sollte eine Klinik angefahren werden, die Erfahrung mit Neuweltkameliden als Patienten hat; nicht jede Klinik ist darauf eingestellt, diese Tiere zu (be-)handeln.

Auch nationale Vereine können Auskunft darüber erteilen, welcher Tierarzt für Neuweltkameliden spezialisiert ist und ob es eventuell eine Anlaufstelle gibt, wo auch der behandelnde Tierarzt Tipps für die Untersuchung eines Neuweltkameliden bekommt.

Wichtig

Verbringung eines Patienten in eine Klinik: immer gemeinsam mit einem zweiten, vertrauten Tier aus der Herde und immer mit Überweisungsschreiben des behandelnden Tierarztes.

In der Aufregung nicht vergessen: *Führerschein*, Viehverkehrsschein, Tiertransportbefähigungsnachweis, Aufkleber Lebendtiertransport am Anhänger.

Leitfaden für Tierärzte

Persönliche Mitteilung:

Bei einer Vergiftung kommt jedes der unten genannten Symptome in Frage! Aus dem Vorbericht (der Anamnese) muss herausgefunden werden:

- Was haben die Tiere seit wann gefressen?
- Welche Beschaffenheit hat die Weide (welche Futterpflanzen wachsen): Klee, Kreuzblütler, Senfartige?
- Futter zeigen lassen (Heu, Luzerneheu untersuchen: Befinden sich Giftpflanzen (siehe Foto der Herbstzeitlose S. 149) oder Teile davon, Fremdkörper, Teile von Insekten darin?
- War das Futter auch für andere Spezies vorgesehen (toxische Anteile an Mineralstoffen oder Spurenelementen im Futter für Kühe/Pferde)?
- Können die Tiere Metallteile belecken oder gelangen Schwermetalle mit ins Wasser/

Futter (Bleirohre, freiliegende Kupferdrähte)?

- Haben die Tiere Zugang zu Medikamenten für andere Tierarten (Rinder, Hühner)?
- Werden Lecksteine/Mineralstoffmischungen für andere Tierarten verwendet oder haben die Tiere Zugang dazu?
- Ist der Kupfergehalt der eigenen Lecksteine bekannt und entspricht dieser den Empfehlungen für Lamas/Alpakas?
- Stehen Bäume oder Sträucher am Rand oder in der Weide, gibt es die Möglichkeit von gebrochenen Ästen (Eichen, Ahorn, Eibe, Thujen) nach einem Sturm?
- Sind durch einen Sturm vermehrt Früchte (Eicheln, Ahornfrüchte) auf die Weide gefallen?
- Könnten verwehte Blätter (aus Gärten und Anlagen; Oleander, Rhododendron) in die Weide gelangt sein?
- Wurden Äste verfüttert (Liguster, Buxus u. a.) und wer verfüttert diese Äste (Nachbarn, Fremde)?

Die häufigsten Symptome bei kranken Neuweltkameliden

- Appetitlosigkeit *(Anorexie)*
- Apathie, Schwäche
- vermehrtes Speicheln, Durst
- Bauchkrampf, Durchfall *(Kolik , Diarrhö)*
- Verminderte Magen- und Darmmotilität: die peristaltischen Bewegungen des Magens und des Darmes sind stark herabgesetzt und bei der Untersuchung kaum oder nicht mehr feststellbar
- Erhöhte/verringerte Körpertemperatur (Hyperthermie/Hypothermie); normale Körpertemperatur 37,5 °C bis 38,9 °C; Farbe der Schleimhäute: blass/gerötet
- Schock
- Atmung, Herz: (normale Atemfrequenz, abhängig von der Außentemperatur 10–30/Minute; normale Herzfrequenz: 60–90/Minute, FOWLER, 2010) -Atemnot; beschleunigte Atmung *(Dyspnoe, Tachypnoe)*
- Herzrasen, verringerte Herztätigkeit *(Tachykardie, Bradykardie)*
- Neurologisch/muskulär: Ruhiges, teilnahmsloses Verhalten; das Tier fällt in einen schlafähnlichen Zustand; Bewegungsstörungen; Hinterhandlähmung, Steifigkeit, Krämpfe; Kreiseln, Kopfpressen, *Ophistotonus* (das krampfhafte, starke Überstrecken des Halses und Kopfes nach hinten)
- Leberwerte: immer die eventuell zusätzliche extrem schädigende Rolle von Leberegelbefall bei Neuweltkameliden berücksichtigen!

Symptome richtig (und rasch) deuten und ggf. symptomatische Therapie einleiten! Einige Beispiele:

Weide: kleereich, der Klee enthält verschiedene biologisch wirksame Verbindungen, die, im Übermaß gefressen, Schaum vor dem Maul bewirken. Die Folgen können Blähung, Schock, blasse Schleimhäute, Tachypnoe; perakuter Verlauf, Tod sein.

Weidetetanie
Bei jungem, eiweißreichem Aufwuchs: Ein hoher Kaliumgehalt verursacht einen Magnesiummangel und als Folge Krämpfe, Steifigkeit beim Gehen, Einknicken der Gliedmaßen, später nach hinten gestreckter Kopf, Tachykardie, Dyspnoe. Die Diagnose erfolgt durch eine Blutuntersuchung. Therapieversuch: Magnesiumhaltige Infusion.

Insekten, die massenhaft auftreten und ins Heu mit verarbeitet werden: Toxin: Cantharidin. Das Heu auf Anzeichen von Insektenbestandteilen (Heuschrecken, Käfer) untersuchen. Symptome: Appetitlosigkeit, Speicheln, Kolik, Durst, Durchfall, Schleimhautgeschwüre, Blut im Harn, Verfall, Schock, Tod. Blut- und Harnuntersuchung müssen erfolgen. Therapie: Aktivkohle, Schleimhautschutz, Antibiotika, Infusionen mit Korrektur des Säure-/Basenhaushaltes. **Herbstzeitlose**: Toxine: herzwirksame Glykoside. Symptome: Durchfall mit Blutbeimengung, Atemnot (Dyspnoe), Herzversagen, perakuter Verlauf, Tod.

Rinde, Blätter, Knospen, Eicheln von Eichen: Für die Nieren giftige Tannine verursachen Ulcera (Geschwüre) an Schleimhäuten des Magen-Darm-Trakts, Durchfall, Nierenversagen (Nierenwerte). Wichtig: Harnuntersuchung (Glucosurie, Proteinurie). Therapie: Intravenöse Flüssigkeitszufuhr (Natrium, Chlorid, Kalium, Calzium), Diuretika (Furosemid), Korrektur der Azidose, Antibiotika. Vorbeugung: Eichen auszäunen, insbesondere in Mastjahren.

Beachte: andere (Schwer-)Metalle, wie Arsen, Quecksilber, Blei und Kupfer, erzeugen ähnliche Symptome wie bei Eicheln.

Ahornfrüchte: Verschiedene Vergiftungssymptome aufgrund ihrer Inhaltsstoffe (Tannine). Symptome: Anorexie, Lethargie, Tachykardie, Hypothermie, Anämie. Diagnose: Blut- und Harnuntersuchung: Metabolische Azidose, Hämoglobinurie. Therapie: Aktivkohle zur Absorption, Vitamine zum Zellschutz (Vitamin C, Vitamin E), evtl. Glucocorticoide, Bluttransfusion, Diurese (Furosemid), intravenöse Flüssigkeitszufuhr, Bikarbonatzusatz wegen Azidose. Vorbeugung: keine Äste verfüttern, Früchte nicht mit ins Heu wickeln, nach Stürmen Vorsicht vor massenhaft auftretenden Früchten auf der Weide.

Oleander: Alle Pflanzenteile sind giftig, auch getrocknet. Risikofaktoren: Windiges Wetter, das die giftigen Blätter in den Unterstand weht; versehentlich Pflanzenabschnitte gefüttert; beim Kindergeburtstag an Pflanzenteilen geknabbert. Auch im Heu nach typischen Blättern suchen (länglich-lanzettlich, dunkelgrün, trocken: braun, Faserung typisch, auch im Mageninhalt auffindbar). Zwei Arten Toxin (z. B. das herzwirksame Glykosid Oleandrin). Symptome: Appetitlosigkeit, Speicheln, Koliken, Durchfall, Lethargie, Herzrhythmusstörungen (Bradykardie), verminderte oder gestoppte Magen- und Darmbewegungen. Blutuntersuchung: Azotämie (harnpflichtige Substanzen im Blut erhöht, bis hin zu Nierenversagen), Hyperglykämie, Nierenwerte erhöht. Therapieversuch: Aktivkohle zur Absorption, intravenöse Energie- (Dextrose) und Flüssigkeitszufuhr mit Diuretika (Furosemid).

GEWICHT UND BODY CONDITION SCORING

FESTSTELLUNG DES GEWICHTES

Das Gewicht kann durch Wiegen oder Schätzen unter Zuhilfenahme des Body Condition Scoring (S. 157 ff.) festgestellt werden. Auch eine Messung des Brustumfanges kann analog zu den Nutztieren durchgeführt werden, wenn Tabellen und Erfahrung vorliegen.

Wiegen

Es kann eine Tierwaage für größere Tiere angeschafft werden, die aus einer rutschfesten Plattform und einer Wiegeeinheit besteht. Die Wiegung erfolgt, indem das Tier die Plattform betritt. Wird das Betreten der Plattform öfters im Training (siehe S. 83 ff.) geübt, so gestaltet sich das Wiegen als einfach durchführbar.

Schätzen des Gewichtes von Lamas

Das Gewicht ausgewachsener Lamas übersteigt selten 180 Kilo, die meisten männ-

Das Gewicht von Lamas lässt sich durch den BCS recht gut schätzen.

lichen Tiere mit normaler Körperkondition wiegen etwa 150 Kilo. Normal große Stuten wiegen etwa 120–135 Kilo.

Genauere Schätzungen lassen sich mithilfe des Body Condition Scoring erstellen. Das Tier wird aufgrund seiner Größe anhand der Normaldaten geschätzt. Nun wird die Körperkondition beurteilt. Jeder einzelne höhere Punkt beim Body Condition Scoring bringt ca. 15 Kilo Zuschlag, jeder niedrigere ca. 15 Kilo Abzug. Vom geschätzten Gewicht ausgehend (das ab und an durch Wiegung festgestellt werden sollte!), zieht man bei mageren Tieren 15 Kilo ab, bei fetten Tieren addiert man je Punkt 15 Kilo dazu. Diese Daten wurden aufgrund von wiederholten eigenen Schätzungen und der Verifizierung durch Wiegung erhoben.

Der „Schätzfehler" anhand der Körpergröße beruht auf unterschiedlicher Körperkondition.

Beispiele für die Schätzung des Gewichtes aufgrund der Normaldaten und Beurteilung der Körperkondition (BCS), um das ungefähre Gewicht treffgenau zu schätzen.

Geschätztes Gewicht Lama	BC 2	BC 2,5	BC 3	BC 3,5	BC 4	BC4, 5
110						
(z. B. kleine Stute oder Wallach)	– 15 Kilo		X		+ 15 Kilo	
135 (z. B. größere Stute)	– 15 Kilo		X		+ 15 Kilo	
150 (schlanker Hengst)	+ 15		X		+ 15	
160 (kräftig gebauter Hengst)		– 15 Kilo		X		+ 15
170–180 (z. B. sehr großer Wallach)		– 15		X		+ 15

X= Schätzung aufgrund von Größe und Körperlänge

Schätzung des Gewichtes von Alpakas

Auch das Gewicht von Alpakas variiert beträchtlich. Für ein normal großes Alpaka können 55–65 Kilo Körpergewicht angenommen werden; ein Punkt plus bei der Körperkondition kann mit bis zu 8 Kilogramm Zuschlag berechnet werden.

Größere Alpakas, die in sehr guter Körperkondition stehen, bringen bis zu 85 Kilo auf die Waage.

Geschätztes Gewicht Alpaka	BC 2	BC 2,5	BC 3	BC 3,5	BC 4	BC 5	Gewicht inkl. Ab-/ Zuschlag
55 (zart gebaute Stute, Jährling)	– 8		X		8		48–63
60 (kleiner Hengst)	– 8		X				52
65 (große schlanke Stute, trainierter Hengst)		X		+ 8		+ 16	81

Gewichtsschätzungen, wenn keine Wiegedaten vorliegen, sind sehr wichtig für die Dosierung von Medikamenten!

BODY CONDITION SCORING – BEURTEILUNG DER KÖRPERKONDITION

Warum Body Condition Scoring?

Haus- oder Nutziere, die in menschlicher Obhut leben, werden auch von Laien auf den ersten Blick als mager oder fett erkannt. Es lässt auch einen geübten Tierbesitzer unschwer vermuten, dass magere Tiere krank oder mit Parasiten befallen sein könnten oder fette Tiere offensichtlich sehr gerne von übermaßig angebotenem Futter naschen. Die objektive Beurteilung durch Verteilung von Punkten für die Körperkondition (Body Condition Scoring, engl.) hat in der Nutztierhaltung eine viel größere Bedeutung und nimmt mittlerweile einen festen Platz in der Bewertung von Auswirkungen der modernen Tierhaltungssysteme auf die in Käfige und Stallungen gepferchten Nutztiere ein. Als unverzichtbares „Tool" (Werkzeug, engl.) für die Beurteilung des Tierwohls bewertet das Body Condition Scoring nach objektiven Kriterien die Körperkondition und deckt dadurch Defizite in der Tiergesundheit durch die Haltung und Fütterung schonungslos auf. Die Beurteilung der Körperkondition wird beispielsweise in der Geflügel-, Schweine- und Milchviehhaltung angewendet.

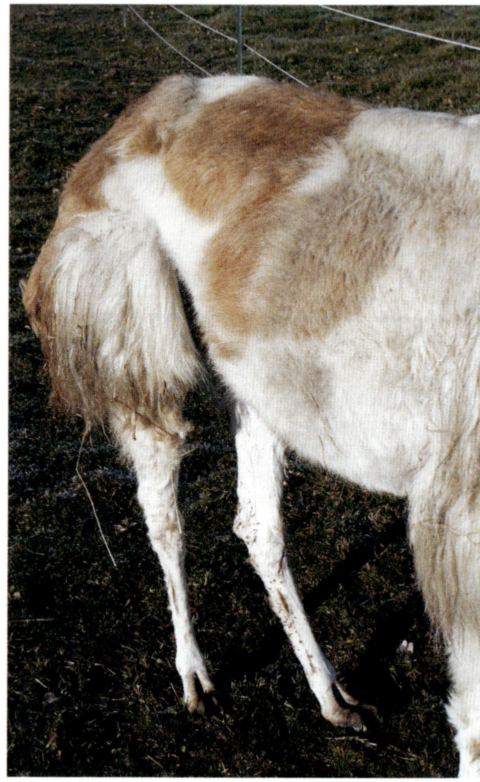

Die Beurteilung der Körperkondition: ein hochgradig abgemagertes Tier, was durch das dichte Vlies jedoch schwer erkennbar ist

Bei Neuweltkameliden wird die Beurteilung der Körperkondition deshalb angewandt, weil der Zustand der Tiere unter ihrem ausgeprägten Vlies vom erwünschten Zustand stark abweichen kann, ohne dass dies dem Anfänger auffällt. Das leicht zu erlernende Body Condition Scoring schützt Neuweltkameliden vor schleichender Abmagerung und hilft, Krankheit und Tod vorzubeugen.

Für den Beginn genügt beim Neuweltkameliden eine 5-stufige Einteilung. Später kann sie auf halbe Punkte verfeinert werden, wenn man seine Tiere besser kennt und Krankheiten, die die Körperkondition anzeigen kann, vorbeugend entgegentreten möchte, einen Bestand untersucht oder die Parasitenkontrolle in Kombination mit Body Condition Scoring (siehe „BCS-Ampel" S. 126) betreibt.

Was bedeutet eine Körperkondition von:

- 1: sehr mager
- 2: dünn
- 3: schlank, optimale Körperkondition
- 4: mäßig verfettet
- 5: verfettet

WIE KANN DIE KÖRPERKONDITION BEI NEUWELTKAMELIDEN BEURTEILT WERDEN?

Am Körper der Tiere werden zwei Körperregionen zur Beurteilung herangezogen.

Körperregion 1: Lendenwirbelsäule

Die erste Körperregion befindet sich vom Übergang der Brustwirbelsäule entlang der gesamten Lendenwirbelsäule und den beiderseits tastbaren Beckenknochen. Alle genannten Strukturen besitzen Knochenenden (z. B. Dornfortsätze der Brust- und Lendenwirbel, Hüfthöcker), die unter der Haut liegen und mehr oder weniger gut fühlbar sind, je nachdem, wie viel Muskulatur und Fett vorhanden ist.

Man befühlt, neben dem Tier stehend, diese Körperregion mit unter das Vlies grabenden und greifenden Bewegungen einer Hand von vorne nach hinten in der Mitte und seitlich der Wirbelsäule, wo sich die Dornfortsätze und die Querfortsätze der Brust- bzw. Lendenwirbel befinden. Nun wird beurteilt, ob und wie viel von den knöchernen Strukturen sowie den Weichteilen (Muskeln, eventuell Faszien und Fettgewebe) tastbar sind.

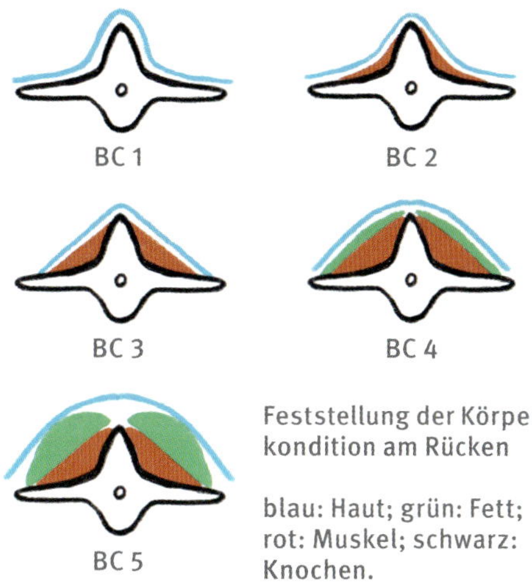

Feststellung der Körperkondition am Rücken

blau: Haut; grün: Fett; rot: Muskel; schwarz: Knochen.

BC 1

Ausgesprochen abgemagerte, kranke, eventuell sehr alte Tiere besitzen äußerst spitze, hervorstehende Knochenenden direkt unter der Haut. Es ist kein Fettgewebe oder Muskelgewebe mehr fühlbar, höchstens der Eindruck von Faszien (Bindegewebe, das die Reste der Muskeln umgibt) der durch hochgradige Abmagerung völlig rückgebildeten Muskulatur. Solche Tiere findet man gerade noch lebend; meist sind diese Tiere bereits schwer krank bzw. sogar häufig todkrank, haben lange Zeit gehungert, sind meist hochgradig von Parasiten befallen, liegen fest und sterben. Obacht auf das Risiko für eventuelle Magengeschwüre (Stress). Eine vorbeugende Behandlung von Magengeschwüren gibt zusammen mit einer raschen Parasitendiagnostik und der entsprechenden Entwurmung etwas Hoffnung, dass sich die Körperkondition zur nächsten Stufe entwickelt.

BC 2

BC 2 hat unter der Haut fühlbar hervorstehende knochige Strukturen, aber mit ein wenig Muskelmasse zwischen den Faszien, die sich weich anfühlt und die (harte) Kontur zwischen Dornfortsatz und Querfortsatz ein wenig abmildert. Dennoch ist die Ausformung von konkaver Natur, das heißt, eine deutliche Einziehung zwischen den beschriebenen Knochenpunkten ist vorhanden. Tieren mit BC 2 muss ebenfalls höchstes Augenmerk gewidmet werden, da beim 5-stufigen Scoring, die Grenze zwischen sehr krank (BC 1) und gesund (BC 3) in einem einzigen Scoring-Punkt liegt. Tiere mit BC 2 müssen bewusst gut (besser als zuvor) und, wenn möglich, zusätzlich einzeln gefüttert werden. Ein Parasitenstatus muss unbedingt erhoben und mit den richtigen Mitteln entwurmt werden (Ausreichende Dosierung, Leberegel müssen in Betracht gezogen werden). Eine Kontrolluntersuchung nach 3 Wochen ist anzuraten. (Siehe Parasitenmanagement, S. 123 ff.)

Lamas und Alpakas, die im Winter ein dickes Vlies bekommen haben, wird man nicht auf den ersten Blick als verfettet oder abgemagert erkennen; nur die Beurteilung der Körperkondition jedes einzelnen Tieres ist aussagekräftig. Oberflächliche Beurteilungen, die alle Tiere als gut genährt darstellen, weil ihr Vlies Ihnen wollige, kugelrunde Tiere vorspielt, sind ohne das Body Condition Scoring wertlos. Sehr oft sind Sie mit dem Tod der teuer erworbenen Tiere mit dem überraschenden Befund einer hochgradigen Abmagerung konfrontiert.

BC 3

Die zu befühlende Stelle an der hinteren Wirbelsäule zeigt unter der Haut geradlinig zwischen den Wirbeldorn- und Querfortsätzen verlaufende Weichteilstrukturen, die auf gute Bemuskelung ohne Verfettung zurückzuführen sind und weder als hervorgewölbt noch als eingefallen zu beschreiben sind.

Dies ist der anzustrebende ideale Zustand, in dem sich vitale, aktive, fruchtbare und bewegungsfreudige Tiere befinden. Bei Alpakas kann ein etwas geringerer Wert von 2,5 Einfluss auf das Wollwachstum haben. Derart schlanke, trainierte und nicht im Übermaß, sondern eventuell bewusst restriktiv gefütterte Tiere (kein oder wenig Zusatzfutter zum Heu in der kalten Jahreszeit; restriktiver Zugang zur Weide im Sommer) sollten das Ziel jeden Halters sein, doch darf man den Übergang zu BC 2 nicht übersehen, etwa durch Nachlässigkeit bei der Parasitenprophylaxe. Auch sollten säugende Stuten niemals unter BC 3 (Alpakas: 2,5) geraten, da sie bald nach der Geburt durch die Energie, die in Milch verwandelt wird, Körpermasse (zunächst Fett, später Muskulatur) einschmelzen und eventuell unbeobachtet abzumagern drohen. Ein gleichzeitiger gravierender Parasitenbefall kann zu schneller Gewichtsabnahme führen, übersehen werden und die Gesundheit oder sogar das Leben der Stute und damit das Leben des Fohlens gefährden.

BC 4

Die Knochenpunkte der hinteren Brust- und Lendenwirbelsäule sind kaum fühlbar, dafür ist eine sich vorwölbende mäßige Fettschicht auf den Muskeln zwischen Querfortsätzen und Dornfortsätzen vorhanden.

BC 4 ist der Zustand, in dem die meisten sehr gut gefütterten und wenig trainierten Tiere, nicht säugende, eventuell in der Vorgeschichte unfruchtbare Stuten und an der Futterstelle dominante Tiere vorgefunden werden. Allein anhand der Beurteilung der Körperkondition kann der Untersucher schnell herausfinden, welches der Tiere eines der in der Herde dominierende ist. Die anderen Tiere werden von jenem mäßig verfetteten oder verfetteten Tier von der Futterstelle vertrieben. Dominante Tiere bleiben in der kalten Jahreszeit den ganzen Tag in unmittelbarer Nähe der Futterstelle stehen, um etwaige Rivalen zu vertreiben.

BC 5

Entlang der letzten Brustwirbel und der Lendenwirbelsäule ist eine deutlich konvexe Hervorwölbung von reichlich Fettgewebe, das das Muskelgewebe überlagert, zu ertasten. Knochen können nur sehr schwer oder gar nicht mehr festgestellt werden, die Kontur ist insgesamt rundlich und deutlich nach außen gewölbt.

BC 5 ist der Zustand einer Verfettung, der bereits gesundheitsschädlich sein kann und sich bei Stuten in vielen Fällen negativ auf die Fruchtbarkeit auswirkt. Derartig überkonditionierte Stuten müssen verhältnismäßig oft gedeckt werden und es ist manchmal fraglich, ob sie überhaupt trächtig werden. Ein sehr hohes Körpergewicht kann sich nachteilig auf die Bandstrukturen der Gliedmaßen (insbesondere der Zehengelenke) auswirken.

Körperregion 2: Zwischenschenkelspalt

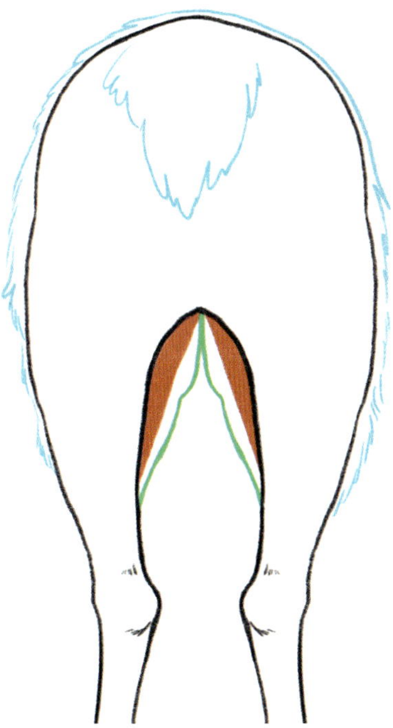

Beurteilung der Körperkondition im Zwischenschenkelspalt: schwarz: BC 1; rot: BC 3, grün: BC 5.

Die zweite Körperstelle, an der die Körperkondition festgestellt und in Kombination mit der zuerst beschriebenen zur endgültigen Beurteilung herangezogen wird, ist die Ausformung der inneren Oberschenkelkontur.

BC 1

BC 1 kann bei einem Blick von hinten zwischen die Hinterbeine im Bereich der Oberschenkel wenig bis keine Muskelmasse der inneren Oberschenkelmuskulatur festgestellt werden, eine deutliche o-förmige Ausformung (konkav) weist auf bereits hochgradig eingeschmolzenes Muskel- und nicht vorhandenes Fettgewebe hin. Zum Gesundheitszustand und zur Prognose gilt das oben bei BC 1 gesagte.

BC 1 bis 1,5

BC 2

BC 2 sind schlanke bis magere Tiere, die Kontur der inneren Oberschenkelstrukturen (lange Muskeln, die von der Beckensymphyse bis zur Innenseite des Knies ziehen) ist nicht muskulös, sondern hager, aber nicht dürr.

BC 3

BC 3 sind muskulöse, trainierte, aber nicht dicke Tiere, die Kontur erscheint schlank und gerade nach unten ziehend mit einer dezenten Wölbung der gut ausgeformten Muskeln jeder Seite. Man sieht die einzelnen Muskelbündel unter der Haut hervorscheinen, aber

BC 3 bis 3,5

es ist kein oder wenig Fett vorhanden. Das Tier ist nicht abgemagert, aber auch nicht fett.

BC 4

BC 4 ist bei mäßigen bis deutlichen Fettpaketen, die auf die Muskeln an der inneren Kontur des Oberschenkels aufgelagert sind, festzustellen und lässt eine deutliche konvexe Wölbung erkennen. Das Fett hat aber noch nicht solche Ausmaße, dass es mit dem Fettpaket der anderen Seite zusammenstößt.

BC 5

BC 5 ist bei stark verfetteten Tieren oft so gewölbt, dass das auf die nicht mehr sichtbaren oder nur zu erahnenden Muskeln aufgelagerte Fettpaket der einen mit dem Fettpaket der anderen Seite zusammenstößt und das Fett manchmal sogar etwas herabhängt. Auch für diese Tiere gilt für den Gesundheitszustand und mögliche Auswirkungen auf die Fruchtbarkeit das oben gesagte.

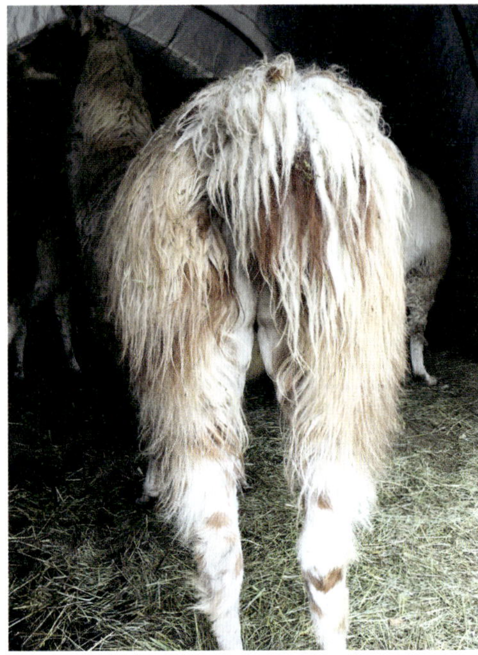

BC 4,5

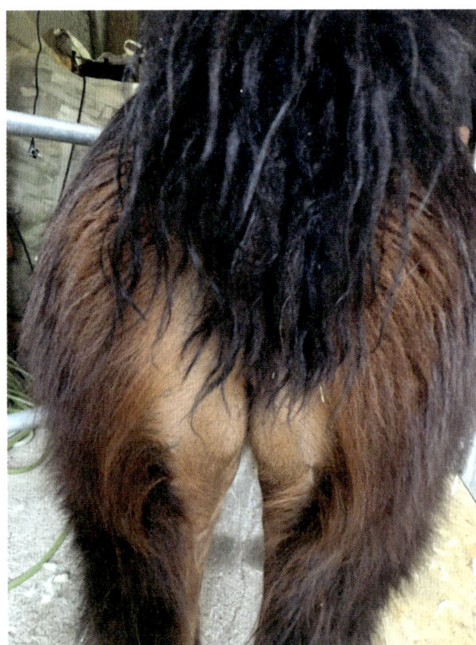

BC 5

DIE FORTPFLANZUNG BEI NEUWELTKAMELIDEN

Neuweltkameliden sind soziale Tiere, die in freier Wildbahn in kleineren Herden leben. Ein Leithengst leitet und beschützt mehrere Stuten, die die jungen Fohlen und die Jungtiere aus dem vergangenen Jahr führen. Die Anzahl der lebend geborenen Fohlen innerhalb einer Herde kann von Jahr zu Jahr variieren und bleibt durch die ausschließlichen Geburten von Einlingen niedrig; nicht alle Stuten werden oder bleiben trächtig, ebenso wenig werden alle Fohlen ihr erstes Lebensjahr erreichen. Männliche Fohlen werden nach dem ersten Lebensjahr aus dem Rudel vertrieben. Danach müssen sie sich ei-

Deckakt

nem anderen Rudel anschließen, das in den meisten Fällen ein „Junggesellenrudel“ ist, in dem sich mehrere andere Junghengste und einige ältere männliche, auch bei Kämpfen kastrierte Tiere befinden. Im Junggesellenrudel ist der junge Hengst sicherer vor Jägern als alleine. Er lernt, wo Wasser gefunden werden kann, wo sich Mineralien befinden und wo die nächste Nahrungsquelle ist. Im Schutz dieses Rudels reift er zum Hengst heran und übt in dieser Zeit die Rangkämpfe, die ihn etwa ab dem Beginn seines vierten Lebensjahres befähigen werden, den Kampf mit einem rudelführenden Hengst aufzunehmen. Bereits die Probierkämpfe können ausgesprochen grob ausfallen. Mit Schreien, Jagen, Beißen und Schlagen versucht der Hengst seinen Konkurrenten einzuschüchtern, bis dieser sich unterwirft (siehe Unterwerfung, S. 29). Im „echten“ Kampf um ein Rudel jedoch ist das Ziel, den Gegner auszuschalten, um die Stuten zu decken. Es wird in einigen Fällen gelingen, den alten Leithengst zu vertreiben oder zu töten.

BEWAFFNETE AUSEINANDERSETZUNG UNTER HENGSTEN

Beobachtungen in privat gehaltenen Hengstengruppen, in dem sich mehrere gleichaltrige und gleich starke Hengste befinden, vermitteln einen Eindruck von der rohen Gewalt, die meist in Verbindung mit der Anwesenheit von Stuten ausbricht. Die Bewaffnung der Hengste, die Kampfzähne, ist unter Umständen tödlich für den Unterlegenen. Mit den Kampfzähnen, die hakenartig nach hinten weisen, ineinandergreifen und messerscharf sind, kann der Konkurrent schwer verletzt oder getötet werden. Zielorgane zum Einsatz der Kampfzähne sind die langen Sehnen der Vorder- oder Hinterläufe, um den Gegner bewegungsunfähig zu machen, oder die Hoden, die mit einem gezielten Biss abgerissen werden können. Doch wird der Gegner auch in einem kameltypischen „Halskampf“ zu Boden gedrückt und gebissen.

Die Halskämpfe sind auch von anderen Tierarten bekannt, die über einen langen Hals verfügen (Großkamele, Giraffen). Auch Schlagen mit dem Kopf nach dem Gegner kann beobachtet werden. Ziel ist es ebenfalls, den Konkurrenten bewusstlos zu schlagen, um den Gegner auszuschalten.

Jungtiere üben den Halskampf

Hautdicke

Wie dick die Haut am Hals wirklich ist, ist bisher noch nicht genau vermessen worden, da in der zugänglichen deutsch- oder englischsprachigen Literatur wenige Hinweise und keine Studien dazu existieren. Dass die Haut am Hals der Hengste aber zum lebensrettenden Schutz vor gefährlichen oder ansonsten tödlichen Bissen eines Konkurrenten außergewöhnlich dick sein muss, liegt auf der Hand.

DECKAKT

Hat der Hengst sein neues Rudel erobert, beginnt er, die Stuten zu decken. Dazu erhebt er sich hoch auf die Hinterbeine (ein erwachsener Lamahengst erreicht dadurch ein beeindruckendes Höhenausmaß von mehr als zweieinhalb Metern), drückt seine Vorderbeine in den Rücken der Stute und versucht, sie zum Ablegen zu zwingen. Ist die Stute bereits trächtig, wird sie ihn durch heftiges, wiederholtes Spucken abwehren („Abspucken"), bis er von ihr ablässt oder sie trotz Trächtigkeit deckt. Eine nicht trächtige Stute lässt sich auf dem Boden nieder. Das Niederlegen geschieht zuerst mit den Vorder- und dann mit den Hinterbeinen. Der Hengst lässt sich mit gespreizten Vorderbeinen auf ihrem Rücken im Bereich der Lendenwirbel und des Kreuzbeines nieder. Sofort beginnt er, mit den typischen gurgelnden Lauten („Orgeln") in sie einzudringen, indem er mit der Spitze seines Penis die Vagina sucht. Der kleine Fortsatz an der Penisspitze (*Processus urethralis*) beginnt sich kreiselnd zu drehen und sucht sich den Weg in die Stute. Dabei werden bereits mehrere Tropfen feuchten Sekretes aus den Geschlechtsdrüsen des Hengstes abgesondert, die das Eindringen erleichtern.

Probierakt

In freier Wildbahn wird der Leithengst so lange probieren, seine Stuten zu decken, bis sie trächtig sind; ihn also wiederholt bei allen seinen Deckversuchen abspucken. Danach verhält sich der Hengst unauffällig und kommt seiner Aufgabe, die Herde zu beschützen, nach.

Zucht versus Vermehrung

Zucht bedeutet Erfahrung, ein gutes Auge für den Körperbau der ausgewählten Tiere; und nicht zuletzt die ausreichende Kenntnis über die Vererbungs- und Charaktereigenschaften des eingesetzten Hengstes. Ausschlaggebend für erfolgreiche Zucht ist die Auswahl der zu verpaarenden Tiere. Wer männliche und weibliche Tiere besitzt und diese wahllos verpaart, betreibt Vermehrung, aber nicht Zucht! Vermehrung steigert in wenigen oder keinen Fällen die Qualität der Tiere, nur ihre Anzahl. Ein talentierter Züchter beurteilt die Qualität der Tiere anhand von Zuchtmerkmalen. Manche dieser Merkmale können und sollen durch gezielte Verpaarung verbessert werden; als Vererber der Merkmale muss der richtige Hengst eingesetzt werden; gute Zucht hat ihren Preis; bei der Anschaffung zu Zuchtzwecken sind wertvolle Tiere den Tieren vorzuziehen, die zu billigen, ja verramschten Preisen abgegeben werden. Unerschwingliche Preise werden dann verlangt, wenn die Genetik außergewöhnlich wertvoll ist und der Züchter die Tiere gar nicht zur Abgabe vorgesehen hat. Fehler im Körperbau und Charakter müssen beim Kauf bereits erkannt werden, wenn man sich Tiere zur Zucht anschafft. Der seriöse Züchter kann alle Merkmale erklären und die Vorzüge der zum Verkauf stehenden Tiere aufzählen; der Tiervermehrer will schlechte Tiere zu günstigen Preisen loswerden. Unseriös ist es, wenn schlechte Tiere zu hohen Preisen gehandelt werden; wenn zukünftige Besitzer überredet werden, Tiere abzunehmen, die angeblich ansonsten zum Metzger gehen würden; besser ist es, die Finger von solchen Angeboten zu lassen. Mehr Informationen dazu sind im Abschnitt „Anschaffung von Tieren", S. 63 ff., nachzulesen.

FRUCHTBARKEIT DES HENGSTES

In manchen Gegenden, sowohl abhängig von Temperatur und der Höhenlage, mag die Jahreszeit eine Rolle in der Fruchtbarkeit spielen; nicht zu jeder Zeit erlaubt es der Testosterongehalt und damit die Libido der Hengste, frequent die langen oder häufigen Deckakte erfolgreich zu Ende führen zu können. Spucken die Stuten den Hengst auch bei wiederholten Versuchen nicht ab, kann dies bedeuten, dass sie nicht trächtig sind und eventuell darauf geachtet werden muss, ob der Hengst überhaupt fruchtbar ist. Schlechte Fruchtbarkeit beim Hengst ist aber auch auf eventuell zu wenig spermienbildendes Gewebe zurückzuführen (siehe Kapitel Hoden) oder auch auf das Alter des Hengstes. Zwei- und selbst dreijährige Hengste sind nicht immer bereits uneingeschränkt fruchtbar; der unzureichende Hormongehalt des Individuums oder der Jahreszeit, Höhenlage etc. geschuldet, auch die ständige Gesellschaft von Stuten in der Nähe kann die Ursache sein. (Zu) Junge Hengste, die keine Stuten trächtig machen, sollten im Folgejahr nochmals probiert werden und ungeachtet dessen einem Tierarzt zur Untersuchung vorgestellt werden. Dabei erfolgt nach einer klinischen Untersuchung zur Feststellung des allgemeinen Gesundheitszustandes eine gesonderte Untersuchung des äußeren Genitales; beim Hengst gehört dazu eine Untersuchung der zugänglichen Teile des Penis und der Vorhaut sowie eine Untersuchung der Hoden. Auch kann eine unentdeckte Entzündung der akzessorischen Geschlechtsdrüsen (Bulbourethraldrüse, Prostata) oder der ableitenden Harnwege durch so entstandene Entzündungsprodukte, die bei ihrem Austritt dem Ejakulat beigemengt werden, (Urin und Ejakulat nehmen denselben Weg nach Eintritt des Nebenhodenganges in die Harnröhre) den pH- Wert (7,2 bis 7,8; FOWLER 2010) des Ejakulates verändern und die Befruchtungsfähigkeit der Spermien herabsetzen.

MÄNNLICHE GESCHLECHTSORGANE

Penis

Es wären nicht Kamelartige, wenn sich nicht auch der Penis in seinem Bauplan besonders von dem der anderen Tierarten unterscheiden würde.

Lama- und Alpakahengste besitzen einen Penis vom fibroelastischen Typ wie die anderen Paarhufer; der im Gegensatz zum muskulokavernösen nicht Mithilfe eines verstärkten Bluteinstromes in die Schwellkörper eine Vergrößerung erlangt (Pferd, Mensch), sondern durch einen geringen Bluteinstrom zwischen festen Bindegewebsfasern und einer in der Leiste gelegenen s-förmigen Krümmung versteift und verlängert wird. Beim Ausfahren des Penis zu Beginn des Deckaktes orgelt der Hengst intensiv. Durch stoßartige Vorwärtsbewegungen seines Beckens gelangt die Penisspitze bis in die Gebärmutterhöhle der Stute. Dieser Vorgang dauert lange; wiederholt korrigiert er die Position, um den heftig kreiselnden Fortsatz erfolgreich in die äußere Öffnung des Muttermundes zu positionieren und diesen zu durchdringen. Nach langen Minuten, die sich meist zu einer halben oder ganzen Stunde summieren, erfolgt der Samenerguss (die Ejakulation), der Hengst springt unvermittelt von der Stute weg.

Die Spitze des Penis ist beim Neugeborenen zunächst mit der Vorhaut (Präputium) verwachsen, die sich langsam im Laufe der ersten zwei Lebensjahre von ihrer Verklebung löst.

Werden Hengste früh, im ersten Lebensjahr, kastriert, kann diese Verklebung zeitlebens bestehen bleiben (FOWLER, 2010). Es dürfte beim *kastrierten* Hengst keine Rolle spielen, ob die Verklebung bestehen bleibt oder nicht. Solange der Harnabsatz möglich ist, ist die Funktion beim Kastraten (Wallach) ausgereizt.

Die Verklebung löst sich beim Junghengst bis zum Erreichen des dritten Lebensjahres.

Anteil der gelösten Verklebungen in den ersten Lebensjahren (0–3) (FOWLER, 2010)

0–1	8–12 %
1–2	70–78 %
2–3	100 %

An der Spitze des Penis befindet sich bei Neuweltkameliden ein 1–3 cm langer Fortsatz (*Processus urethralis*), der einerseits die Öffnung der Harnröhre beherbergt und durch seine Ausrichtung beim Harnabsatz den Harnstrahl nach hinten richtet. Andererseits trägt dieser Fortsatz zum Auffinden der Scheide und Penetration des Muttermundes beim Deckakt bei, indem er beim erigierten Penis mit kreisenden Bewegungen die Vagina aufsucht und durch ihre äußere Öffnung in die Höhle der Gebärmutter vordringt.

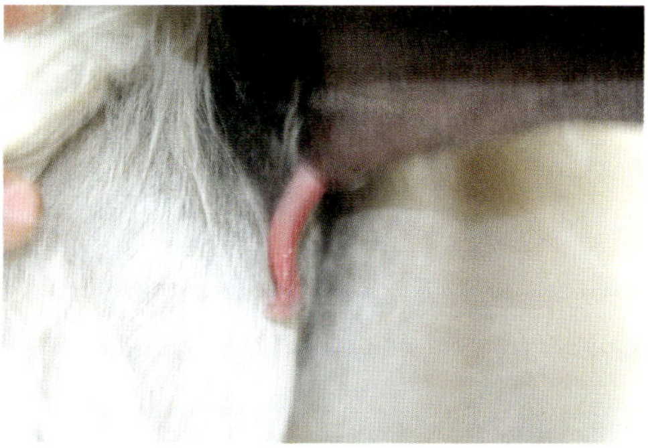

Harnröhrenfortsatz, fotografiert beim Deckakt

Harnröhre

Die Spitze des Penis enthält das Ende der Harnröhre, die sich, von der Harnblase ausgehend, in mehrere Abschnitte einteilen lässt. Nach ihrem Austritt aus der Harnblase folgt dem Teil, in dem die Samenleiter in die Harnröhre münden, alsbald der Teil, an dem Prostatasekret aus der 3 x 3 x 2 cm großen Prostata (FOWLER, 2010) dem Ejakulat beigemengt wird. Die Sekrete der Bulbourethraldrüsen, die paarig der Harnröhre aufgelagert sind, sind am Beginn des Deckaktes, vermischt mit geringen Mengen Harns, an der Penisspitze sichtbar. Die den Penis verlängernde s-förmige Krümmung enthält eine „Reserve", die erst beim Deckakt in ihrer vollen Länge nötig ist. Die Länge des Penis im ausgestreckten Zustand beträgt 35–40 cm (FOWLER, 2010).

Im Bereich des Beckens legt sich die Harnröhre eng an den Bogen des Beckenknochens an und bildet dort eine für Neuweltkameliden typische Aussackung, das Diverticulum, das ein Katheterisieren der Harnröhre unmöglich macht. Jeder eingeführte Katheter bleibt in diesem blind endenden Hohlraum stecken und kann nicht über die Kurvatur des Beckens in Richtung Blase geschoben werden. Hier ist neben der Harnblase selbst ein möglicher Ort, an dem sich Harngrieß verfangen und den Harnabsatz erschweren oder unmöglich machen kann.

Dann tritt der Penis in das straff am Körper getragene Präputium ein und mit ihm die Harnröhre, die in besagtem Fortsatz der Penisspitze endet. Lediglich beim älteren

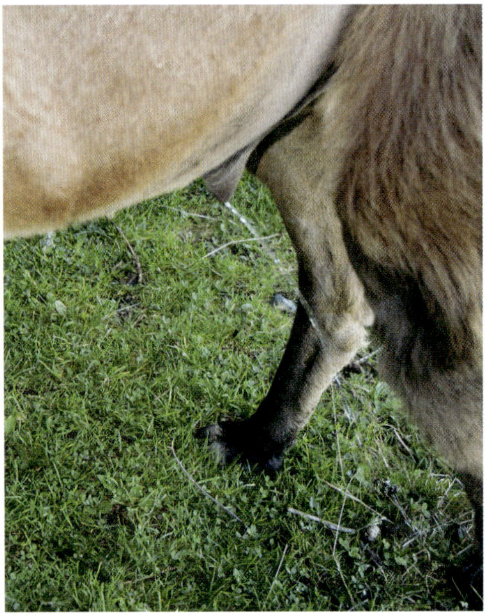

Harnabsatz beim männlichen Tier

Hengst oder Wallach kann das Präputium lockerer und geringgradig pendelnd vorhanden sein.

Harnblase

Die Harnblase wird beim männlichen Tier sehr langsam und in einem dünnen Strahl, den der viel geringere Durchmesser als beim weiblichen Tier verursacht, in einem nach hinten gerichteten Strahl entleert.

Harngrieß

Die Neigung zur Bildung von Harnsteinen oder Harngrieß (Urolithiasis) wird meist durch die Kastration, aber auch durch Fettleibigkeit bei intakten Hengsten verstärkt. Rund um Kristallisationskerne, wie es natürliche, abgestorbene Zellen der Blaseninnenwand sind und die im Harnsediment bei der mikroskopischen Harnuntersuchung immer gefunden werden können, sowie etwaige Entzündungszellen können sich bei einem bestimmtem pH-Wert kleinste Kristalle bilden, die meist nicht löslich sind. Die Kristalle sammeln sich am Boden der Blase in einem kleinen See, was gut in der Ultraschalluntersuchung beobachtet werden kann. Wenn die Steinchen aber mit dem Harn ausgeschwemmt werden und denselben Durchmesser wie die englumige Harnröhre (3–5 mm, FOWLER, 2010) erreichen, dann führt dies zur Verlegung der Harnröhre und der Harnabsatz wird unmöglich. Dem kann nur durch einen Versuch des herbeigerufenen Tierarztes beigekommen werden, einen geeigneten Katheter so weit wie möglich von der Penisspitze aus in Richtung Beckenkrümmung vorzuschieben, um das Steinchen aus seiner Position zu stoßen. Meist befinden sich die Steinchen im letzten Abschnitt der Harnröhre in der Nähe des Präputiums, aber leider mitunter auch an einer Stelle weiter hinten im Bereich des Divertikels. Da der Katheter unweigerlich im Diverticulum ansteht, kann auch nur so weit geholfen werden.

Operation einer Harnröhrenfistel

Bleibt die Harnröhre verlegt, hilft eine Operation, die den Harnabsatz unter Umgehung der gesamten Länge des Penis vom Becken abwärts ermöglicht. Ein geschickter Tierarzt stellt eine Öffnung zur Überbrückung der verlegten Harnröhre operativ her: Ein Schnitt auf Höhe des Dammes (oberhalb der Stelle, an der sich die Hoden befunden haben), bei dem die Harnröhre auf einer Länge von 1,5–2,5 cm eröffnet wird und ihre Schnittstellen mit der äußeren Haut vernäht werden, sodass der Harn künftig an dieser Stelle nach außen treten kann. Es handelt sich dabei um eine künstlich hergestellte Fistel. Wenn diese Operation durchführt wird, kann das Leben des betreffenden Tieres gerettet werden. Dieses wird fortan den Harn aus der neuen Harnröhrenöffnung absetzen.

Über die Hoden

Abstieg der Hoden

Die Hoden (*Orchis*, gr. Hoden) wandern bei den Säugetieren bereits vor der Geburt durch den Leistenspalt aus der Bauchhöhle aus (sie steigen ab) und befinden sich dann, von schützenden Hüllen und nicht zuletzt von einem zähen Sack aus kollagenreicher Haut, dem Hodensack, umgeben, außerhalb der Leibeshöhle.

Bei neugeborenen männlichen Fohlen von Lamas und Alpakas sind die beiden sehr kleinen Hoden im Normalfall zum Zeitpunkt der Geburt bereits abgestiegen und somit sichtbar. Sie sind schwer zu ertasten und haben eine weiche, beinahe fluktuierende Konsistenz. Da die Hoden außerdem mit einem kräftigen Muskel ausgestattet sind, können sie angezogen werden und sind dann nicht permanent sichtbar.

Die Fähigkeit männlicher Tiere, ihre Hoden mittels dieses Muskels anzuziehen oder den Muskel erschlaffen zu lassen, hilft mit, die Temperatur des Hodengewebes zu regulieren. Das spermienbildende Gewebe der Hoden benötigt zur einwandfreien Funktion eine kühlere Temperatur als der Rest der im Körper befindlichen Organe. Deshalb liegen Hoden bei den Säugetieren im Gegensatz zu Vögeln oder Reptilien stets außerhalb des Körpers und werden bei Hitze locker hängengelassen, während sie bei großer Kälte, aber auch zum Schutz beim Hengstkampf (FOWLER, Medicine and Surgery of Camelids, Blackwell Publishing 2010) durch die Kontraktion des Muskels näher an den Körper herangezogen werden können.

Lage und Größe

Normal abgestiegene Hoden sind paarig angelegt, haben eine dem Alter entsprechende Größe und lagern im Hodensack. Stets sollten die Hoden beim erwachsenen Tier parallel liegen und gleich groß sein. Man vermisst Höhe und Breite jedes Hodens und notiert diese Maße. Normale Hoden haben beim Lama-Zuchthengst eine Länge von 5,4 cm sowie Breite von 3,3 cm und beim Alpakahengst eine Länge von 3,7 cm und Breite von 2,4 cm (FOWLER, Medicine and Surgery of Camelids, Blackwell Publishing 2010). Im Verhältnis zur Körperoberfläche haben Neuweltkameliden jedoch relativ kleine Hoden, Alpakahengste im Verhältnis dazu größere als Lamahengste. Auch ist die Lage eher ungewöhnlich, da die Hoden eng an den Körper geschmiegt nahe des Sitzbeinbogens unterhalb des Afters und nicht wie bei vielen Haussäugetierarten in der Leistengegend platziert sind.

Untersuchung der Hoden

Nach der Vermessung durchtastet man vorsichtig und sorgsam das Gewebe, um eventuelle Veränderungen aufzuspüren. Die relativ dicke Haut des Hodensackes kann das Aufspüren von Veränderungen erschweren, sodass viel Übung im Durchtasten erfor-

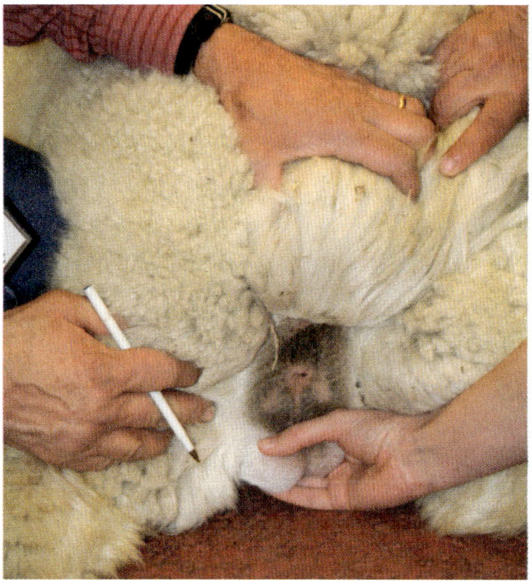

Untersuchung der Hoden

derlich ist. Das Gewebe fühlt sich derb-fest an, die äußeren Hüllen des Hodens und die von ihnen ausgehenden, blattartig in das Hodeninnere reichenden bindegewebigen Strukturen halten das Hodengewebe unter Druck. Da die Hoden aus der Bauchhöhle ausgewandert sind, sind sie von Hüllen umgeben, die als Ausstülpungen des Bauchfells bezeichnet werden können.

Kryptorchismus

Bleibt einer der Hoden oder auch beide während ihres Abstieges in der Leistengegend zurück oder sitzt sogar in der Beckenhöhle fest, dann handelt es sich um einen oder zwei kryptorchide (*kryptos*, gr. verborgen) Hoden. Diese Hoden können annähernd normale Größe (und Funktion!) erreichen; häufig sind sie jedoch klein und nicht palpierbar (tastbar) und müssen im Zuge der Kastration unter Vollnarkose aus der Leistengegend oder durch die Bauchdecke aus der Beckenhöhle geholt werden. Der Hengst kann nämlich trotz Kryptorchismus fruchtbar sein und Nachkommen zeugen. Kryptorchide Hoden können wie bei den anderen Säugetierarten eventuell begründet durch die höhere Temperatur im Inneren des Körpers tumorös entarten. Einem durch Kryptorchismus drohenden Hodentumor kann nur durch Kastration entgegengewirkt werden.

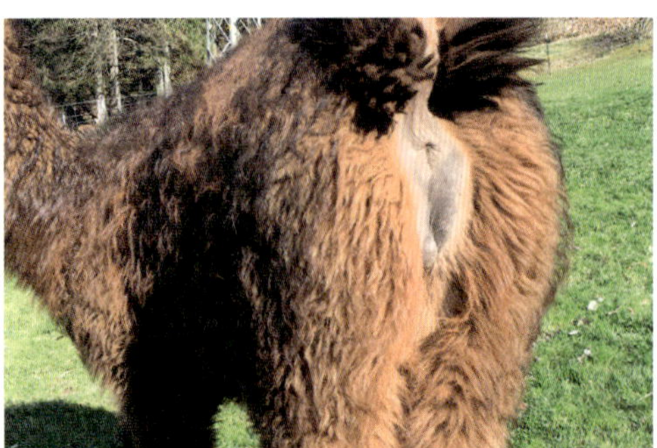

Kryptorchismus

Abnorme Größe

Sind die Hoden nicht gleich groß, so kann dies mehrere Ursachen haben. Manchmal bleibt einer oder sogar beide Hoden im Wachstum zurück. Wird einer oder beide zurückgebliebenen Hoden nicht durch die steigende Testosteronkonzentration bis zum Erreichen der Geschlechtsreife zum Wachstum angeregt, bezeichnet man dies als Hodenhypoplasie. Weitere Veränderungen können am besten mittels Ultraschalluntersuchung festgestellt werden. Verhärtungen, Knotenbildung, Gewebeverdichtungen, Verkalkungen und Zysten können nicht einfach ertastet, jedoch in der bildgebenden Untersuchung unkompliziert lokalisiert werden. Verkalkungen und Zysten innerhalb des Hodengewebes kommen am häufigsten vor. Zysten sind einzeln oder mehrfach vorkommende unregelmäßig große Hohlräume im spermienbildenden Gewebe.

Die Fruchtbarkeit kann bei großen Zysten durch die Verdrängung des spermienbildenden Gewebes signifikant herabgesetzt sein. Deshalb sind bei Zuchthengsten gleich große Hoden mit idealerweise nachgewiesen einwandfreiem Gewebe maßgeblich für den Wert und die Reproduktionsfähigkeit des betreffenden Tieres.

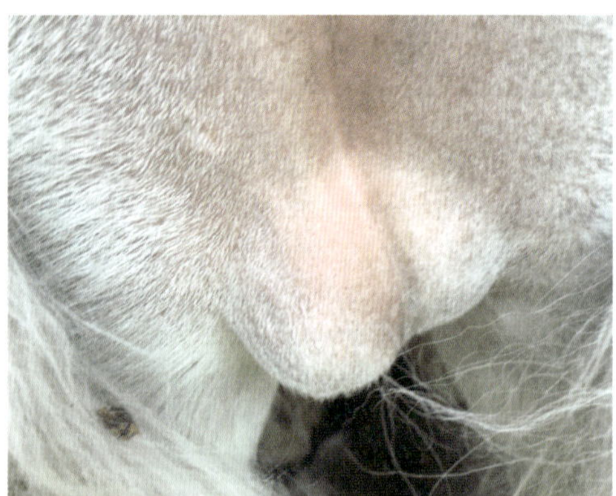

Ungleich große Hoden

Zysten

Zysten sollten ebenso wie Kalkeinlagerungen vermessen und dokumentiert werden, um den Verlauf bzw. die Veränderung (Vergrößerung oder Verkleinerung) bei einer später erfolgenden Untersuchung nachvollziehbar machen zu können.

Hodenödem

Eine weitere Ursache für die permanente Vergrößerung eines oder beider Hoden ist starke Hitze, bei der es zu einem Hodenödem kommen kann. Hodenödeme sind Wasseransammlungen im Gewebe, die reversibel (umkehrbar), aber auch irreversibel (unumkehrbar) sein können. Bei jeder der beschriebenen Veränderungen der Hoden kann die Fruchtbarkeit mehr oder weniger herabgesetzt bzw. eingeschränkt sein.

Verwendung zur Zucht

Hengste mit ungleich großen Hoden oder selbst jene Tiere mit gleich großen Hoden mit von außen nicht sicht- oder fühlbaren, jedoch durch bildgebende Maßnahmen nachgewiesenen Hodenveränderungen können zu unbefriedigenden Deckergebnissen (Unfruchtbarkeit) führen. Diese Tiere sollten nach Möglichkeit von der Zucht ausgeschlossen werden, da diese Veränderungen erblich sein können.

Funktion

Das Hodengewebe besteht aus spermienbildendem sowie hormonbildendem Gewebe. Mehrere kleinere, die Samenzellen ableitende Gänge münden in die beiden Nebenhoden. Dort werden die noch unreifen und bewegungsunfähigen Spermien im stark geschlängelten Nebenhodengang gespeichert. Vom Nebenhoden aus führt der Samenleiter ins Innere des Körpers und mündet nahe der Harnblase in die Harnröhre (Urethra) und damit in den Penis. Die über einen längeren Zeitraum im Nebenhoden gespeicherten und bei der Ejakulation (Samenerguss) abtransportierten Zellen sind die Spermien. Nach ihrer Abgabe aus dem Hodengewebe sind sie noch unreif und reifen erst in den Nebenhoden zu befruchtungsfähigen Samenzellen.

Zur vollständigen Reifung bedarf es jedoch noch der Sekrete aus den männlichen Geschlechtsdrüsen, um auch Bewegungs- und damit Befruchtungsfähigkeit zu erlangen. Akzessorische Geschlechtsdrüsen sind bei Neuweltkameliden die Vorsteherdrüse (*Glandula prostatica*, Prostata) und die Harnröhrenzwiebeldrüse (*Glandula bulbourethralis*, FOWLER, Medicine and Surgery of Camelids, Blackwell Publishing 2010), die die Sekrete beisteuern, die zunächst durch Gelbildung für eine gewisse Unbeweglichkeit der Samenzellen zwecks Verharrens im Körper der Stute bis zur Ovulation (dem Eisprung) sorgen, danach jedoch für die Bewegungsfähigkeit der Spermien notwendig sind, um die Eizelle zu erreichen (FOWLER, Medicine and Surgery in Camelids, Blackwell Publishing, 2010).

GESCHLECHTSREIFE MÄNNLICHER TIERE

Die bei den Neugeborenen winzigen, erbsen- bis bohnengroß deutlich fühlbaren Hoden erleben im ersten Lebensjahr der Junghengste den vollständigen Abstieg der Hoden in den Hodensack. Dabei nehmen die Hoden auch deutlich an Wachstum zu, bis die zunächst etwa wachteleiergroßen Hoden parallel zueinander in den beiden

Aussackungen des Skrotums (Hodensack) „angekommen“ sind.

Die Junghengste sind etwa 6–9 Monate alt. Jetzt ist es wichtig zu beobachten, wie sich die Hoden verhalten: Bleiben sie gleich groß und parallel oder verschieben sie sich gegeneinander im Hodensack? Ist ein Hoden im Wachstum zurückgeblieben?

Bei im Hodensack parallel liegenden Hoden der ausgewählten Hengste, die zur Zuchteignung ausgewählt werden, muss auch auf eine regelrechte Größe geachtet werden. Alpakahengste besitzen im Unterschied zum Lama relativ große Hoden. Sind besonders große Hoden von kompaktem Gewebe vorhanden und konnte durch eine Ultraschalluntersuchung ausgeschlossen werden, dass es sich um Hoden mit Zysten handelt, dann liegt es an der individuellen züchterischen Entscheidung, diesen Hengst bei Zutreffen anderer Vererbungsmerkmale als neuen Deckhengst für die Stutenherde zu verwenden.

Der Eintritt in die Geschlechtsreife beginnt mit der Zeugungsfähigkeit, die bei frühreifen Tieren bereits vor Abschluss des Wachstums erreicht wird.

Anzahl zeugungsfähiger männlicher Tiere nach Alter
1. Lebensjahr ‹ 10 %
2. Lebensjahr › 30 %
3. Lebensjahr ‹ 100 %
(Quelle: FOWLER 2010)

Zuchtreife

Die Zuchtreife unterscheidet sich wie bei weiblichen Tieren von der Geschlechtsreife. Wie aus obenstehender Tabelle hervorgeht, sind im zweiten Lebensjahr bereits 30 % der Tiere zeugungsfähig. Der Eintritt in die Geschlechtsreife geschieht zur selben Zeit. Der Zahnwechsel ist noch nicht vollzogen; das Wachstum noch nicht abgeschlossen. Es liegt in der Hand des Züchters, den Hengst früher oder erst später, nach vollständig abgeschlossenem Wachstum (Alpakahengst ca. 18–24 Monate, Lamahengst ca. 30–42 Monate) zur Zucht einzusetzen.

WEIBLICHE GESCHLECHTSORGANE UND ZYKLUS

Die im Inneren des Körpers verborgen liegenden Teile der weiblichen Geschlechtsorgane sind die paarig angelegten Eierstöcke (*Ovarien*) und Eileiter (*Tuben*), die Gebärmutter (*Uterus*, lat.; *Metra*, *Hystera*, gr.) mit den beiden schlanken Gebärmutterhörnern (*Cornua uteri*) und dem Muttermund (*Cervix*) sowie die bei Neuweltkameliden lange Scheide (*Vagina*) und die Schamlippen, die von außen als Scham (*Vulva*) sichtbar sind.

Vulva eines neugeborenen Stutfohlens

Vulva

Die Schamlippen legen sich schmal und klein um die Öffnung der Scheide und formen eine nach unten angedeutete Spitze, die die Klitoris enthält. Die Scheide gesunder Stuten ist von rosafarbener Schleimhaut ausgekleidet und beherbergt nahe ihrer Öffnung nach außen in ihrem Boden die Öffnung der Harnröhre (Urethra).

Beim Neugeborenen erscheinen die Schamlippen groß und geschwollen, die spaltförmige Öffnung lang und die Geschlechtsbestimmung kann sogleich auf den ersten Blick erfolgen.

Eileiter

An den beiden vorderen Öffnungen der Gebärmutterhörner befindet sich auf beiden Seiten je ein Eileiter mit einer trichterförmigen Öffnung, dem Infundibulum, das die auf dem Eierstock reifende Eizelle nach dem Eisprung aufnimmt. Im Eileiter findet die Befruchtung statt. Danach wandert die befruchtete Eizelle in das Gebärmutterhorn und nistet sich ein. Die meisten Trächtigkeiten entstehen im linken Uterushorn.

Eierstöcke

Die Eierstöcke sind klein (0,8 bis 1,5 cm, eigene Beobachtungen) und unterscheiden sich in ihrer Funktion von Wiederkäuern oder Pferdeartigen durch ihren besonderen Zyklus.

Follikelwellen

An der Oberfläche der Eierstöcke sind viele sehr kleine, durchsichtige Bläschen (Follikel) sichtbar. In den Follikeln reifen die Eizellen in „Wellen", das heißt, es sind stets mehrere Eizellen, die fast zeitgleich reifen, während weitere Eizellen zeitversetzt ebenfalls gemeinsam zu reifen beginnen.

Diese Besonderheit bei Kameliden hat zur Folge, dass fast jeden Tag eine reife Eizelle zur Befruchtung zur Verfügung steht. Betrachtet man die Wellen der Eizellen, dann kann leicht festgestellt werden, dass es nur wenige Tage gibt, an denen keine reife Eizelle zur Befruchtung bereitsteht. Aufgrund der stets reifenden Eizellen, die keine Abhängigkeit von Saison, Tageslänge oder Außentemperatur haben, ist es das ganze Jahr über möglich, aus einem Deckakt eine Trächtigkeit zu erzielen. Das Reifen der Follikel wird durch Hormone gesteuert, die von der Zirbeldrüse (die Anhangsdrüse im Gehirn) in den Blutkreislauf abgegeben werden und die auf den Follikelaufbau und Gelbkörperabbau hemmend oder freisetzend wirken.

Erst bei Eintreten einer Trächtigkeit endet das Spiel der Hormone und wirkt der ansteigende Spiegel von Gelbkörperhormonen trächtigkeitserhaltend. Inwieweit der am Ovar gebildete Gelbkörper und die sich ausbildende Plazenta (Mutterkuchen) hormonproduzierend wirken, kann der Spezialliteratur entnommen werden.

Eingriffe in die Fruchtbarkeit

Es wird Nicht-Tierärzten davon abgeraten, ohne genaue Kenntnisse der Wirkungen von Hormonen diese analog zu Kühen oder Stuten sowie Schweinen anzuwenden. Die Anwendung von gelbkörperabbauenden (luteolytischen) Hormonen bei Neuweltkameliden soll zu Todesfällen geführt haben. (FOWLER, 2010)

Weltweit wird Embryotransfer bei Kameliden angeboten, diese Dienstleistung kann durch spezialisierte Tierärzte angefordert werden (British Veterinary Camelid Society).

Künstliche Befruchtung

Auch künstliche Befruchtung bei Neuweltkameliden wird durch spezialisierte Tierärzte angeboten. Zur Absamung wird ein Phantom verwendet, bei dem Sperma in eine künstliche Vagina abgeleitet und anschließend frisch übertragen oder eingefroren wird.

Phantom, fotografiert in Ohio auf der International Camelid Conference

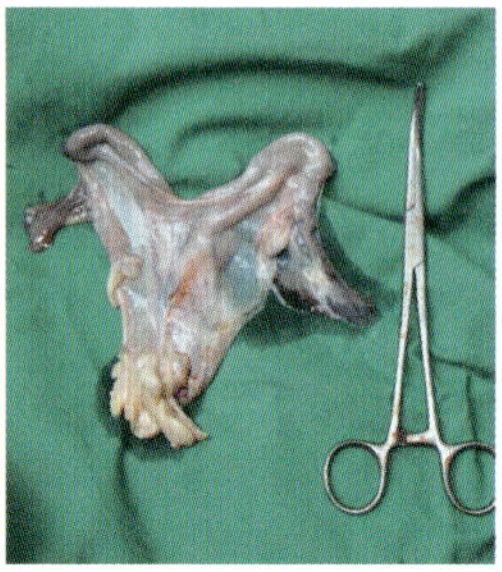

Weibliches Genitale, Sektionspräparat

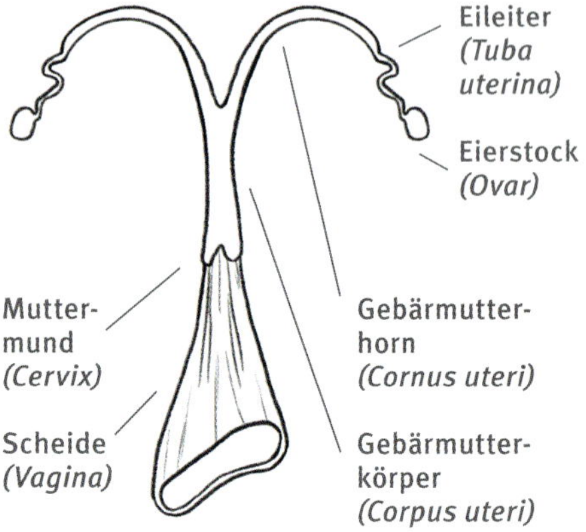

Eisprung

Weibliche Lamas und Alpakas haben keinen regelmäßigen oder saisonalen Zyklus, wie wir ihn von den Kühen, Pferdestuten, Ziegen oder Schafen kennen.

Der Deckakt selbst löst den Eisprung aus, der aufgrund der mechanischen und hormonellen Reizung des weiblichen Genitales durch den Hengst nach etwa 24 Stunden stattfindet, wenn sich ein sprungreifer Follikel auf einem der beiden Eierstöcke befindet (Induzierte Ovulation, siehe rechts).

Die Einhaltung von Paarungsabständen zwischen vier und sieben Tagen macht es relativ wahrscheinlich, alsbald eine Befruchtung herbeizuführen. Hat eine Befruchtung erfolgreich stattgefunden, dann laufen hormonelle Vorgänge ab, durch die sich das Verhalten der Stute ändert: Die Stute „spuckt" den Hengst „ab", sie lässt aufgrund der Bildung von Trächtigkeitshormonen keinen Deckakt mehr zu. Dieser „Spucktest" eignet sich zur Feststellung einer Trächtigkeit, wenn die Stute über einen Zeitraum von 10–14 Tagen wiederholt dem Hengst zugeführt wird und sich das Abspucken jedes Mal wiederholt. Zeigt sich die Paarungsbereitschaft jedoch nach diesem Zeitraum erneut, dann muss mit dem Decken fortgefahren werden.

Der hormonproduzierende Gelbkörper bildet sich an jener Stelle, an der die Eizelle aus dem Follikel entlassen wurde. Werden Stuten auch nach mehreren (> 5) Deckversuchen nicht trächtig, dann kann dies mehrere Ursachen haben, die nicht nur bei der Stute, sondern auch beim Hengst gesucht werden müssen.

Induzierte Ovulation

Befindet sich der Penis in der richtigen Position und hat ein Samenerguss stattgefunden, so wird innerhalb eines Tages durch den mechanischen Reiz am Muttermund eine Hormonausschüttung ausgelöst, die eine Kaskade von weiteren Hormonreaktionen zur Folge hat, sodass am Ende eine Eizelle aus einem reifen Follikel ausgeschleudert (Ovulation) und vom Infundibulum des Eileiters aufgefangen wird. Jetzt kann das in die Gebärmutter abgesetzte und in den Eileiter aufgestiegene Sperma des Hengstes die Eizelle befruchten. Es handelt sich bei dem beschriebenen Vorgang um eine (durch den Deckakt) induzierte (ausgelöste) Ovulation, die man in der Veterinärmedizin sonst nur von Katzen und Kaninchen kennt. Nur eine einzelne befruchtete Eizelle begründet eine erfolgreiche Trächtigkeit. Zwillingsgeburten finden so gut wie nie statt; entweder werden diese in einem frühen Stadium resorbiert und es entsteht keine erfolgreiche Trächtigkeit oder die beiden Fohlen sterben frühzeitig ab.

Nidation

Unter Nidation versteht man die Einnistung eines wenige Tage alten Embryos in die Gebärmutterhöhle.

Eine Trächtigkeit tritt dann erfolgreich ein, wenn die befruchtete Eizelle zunächst durch den Eileiter (Tube) wandert. Ihre Hülle (*Zona pellucida*) schützt sie vor Anheftung in der Tube (Eileiterträchtigkeit). So „rollt" der winzige Embryo im Laufe der ersten Tage seiner Existenz in die Gebärmutter und stellt durch komplizierte zelluläre Prozesse eine Verbindung zu Zellen der Gebärmutterwand her. Der entstehende Zellhaufen wird von Blutgefäßen umwachsen und ernährt. Aus diesen Zellen der Gebärmutterwand entwickeln sich im Laufe der erfolgreichen Trächtigkeit die Plazenta und die Nabelschnur.

Plazenta

Der Mutterkuchen (Plazenta) ist eine *Plazenta diffusa*, die sich eng und großflächig mit feinen Blutgefäßnetzen an die Gebärmutterschleimhaut anschmiegt. Sie erfüllt zusammen mit dem Fruchtwasser und dem wachsenden Fötus im Laufe der Trächtigkeit bei Neuweltkameliden meist das linke Uterushorn. Die Ernährung des Ungeborenen findet durch die Nabelschnur statt. Das Fruchtwasser schützt den Fötus vor Druck und vor Stößen, die von außen auf ihn eindringen.

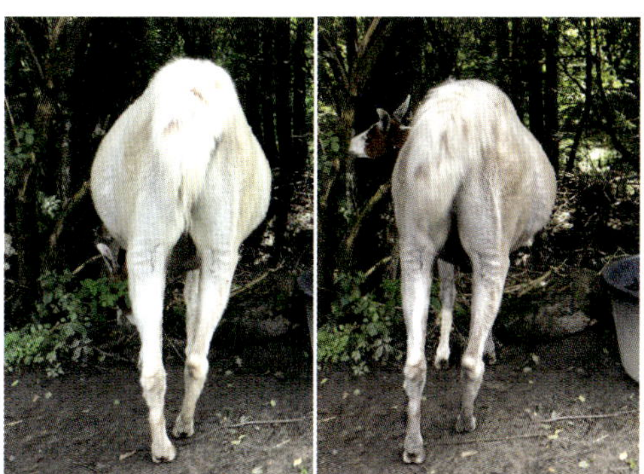

Trächtige Stute, das Junge liegt im unteren und rechten Segment. Der Magen liegt immer links und wird vom trächtigen Uterus nach oben verdrängt.

Die Lage des trächtigen Uterus im Bauch der Mutter ist auf der rechten Seite. Links befindet sich der stets gefüllte Magen mit seinen drei Kompartimenten; die Gedärme werden vom trächtigen Uterus nach rechts verdrängt; der richtige Zugang zum Fötus bei einem Kaiserschnitt ist dennoch von links, um ein Hervorrutschen des Darmes zu verhindern.

Ursachen für Unfruchtbarkeit bei der Stute

Eine vermutete Unfruchtbarkeit bei Stuten kann verschiedene Ursachen haben. Häufig sind Stuten zu fett. Eine Körperkondition von 3 bringt die besten Fruchtbarkeitsergebnisse. Ist die Körperkondition über 4 nach dem Body Condition Scoring, dann ist häufiges und erfolgloses Decken der verfetteten Stuten die frustrierende Folge.

Andere Ursachen können organischer Natur sein: Folge einer nicht vollständig ausgeschiedenen Nachgeburt können aufsteigende Entzündungen sein, die die Einnistung einer befruchteten Eizelle in der durch Entzündung veränderten Gebärmutterschleimhaut unmöglich machen. Beim Deckakt übertragene Keime können unbemerkt Entzündungen und Verklebungen der Eileiter hervorrufen.

Hormonelle Ursachen für Unfruchtbarkeit stehen im Zusammenhang mit den

Funktionskörpern (Follikel, Gelbkörper) des Eierstockes und können mittels Hormonbestimmung oder Ultraschalluntersuchung diagnostiziert und vom Tierarzt behandelt werden (siehe Hormonbestimmung, S. 176 f.)

Der Nachweis einer Trächtigkeit gelingt durch das Abtasten des trächtigen Uterus mit der Hand um den 35. bis 40. Tag. Diese Untersuchung ist bei Lamas mit kleiner Hand des Untersuchers möglich oder mittels Ultraschalluntersuchung zu Beginn der Trächtigkeit oder Hormonbestimmung im Blut der Stute.

Viele Trächtigkeiten werden in den ersten drei Trächtigkeitsmonaten unbemerkt beendet; dies wird als häufig bei den Neuweltkameliden beschrieben. Die Ursache für den frühembryonalen Tod und die danach folgende Resorption des Embryos ohne äußere sichtbare Anzeichen einer Fehlgeburt (Abortus) ist unbekannt.

Auch bei wildlebenden Arten (Guanako, Vikunja) kann beobachtet werden, dass die Stuten nicht jedes Jahr ein Fohlen zur Welt bringen. Die Reproduktionsfähigkeit ergibt sich augenscheinlich nicht aus einer jährlichen erfolgreichen Trächtigkeit, zumal die Trächtigkeiten sehr lange dauern und nur ein Junges geboren wird; vielmehr kann angenommen werden, dass durch die vergleichsweise hohe Lebenserwartung der Tiere der hohe Anteil an Verlusten von Trächtigkeiten insgesamt ausgeglichen wird. Beachtet man die Körperkondition und deckt die Stuten nach dem zehrenden Winter, dann kann bei domestizierten Arten auch eine höhere Rate an Trächtigkeiten erzielt werden.

Auch den jahreszeitlichen hormonellen Veränderungen bei den Hengsten (FOWLER, 2010) muss Beachtung geschenkt werden.

Geschlechtsreife

Das Erreichen der Geschlechtsreife variiert von Tier zu Tier. Berichte über frühreife Stuten, die bereits im Alter von fünf oder sechs Monaten erfolgreich gedeckt wurden (RAPPERSBERGER, 2008, GAULY et al., 2011), sind eher die Ausnahme.

Geschlechtsreif ist ein Tier dann, wenn es erfolgreich Nachkommen zu zeugen vermag. Nicht zu verwechseln ist die Geschlechtsreife mit der Zuchtreife, die das ideale Alter zur ersten Deckung angibt und bei der Schäden, wie etwa verringertes Wachstum der Mutterstute, durch zu frühe Verwendung zur Zucht hintangehalten werden.

Beginn der Geschlechtsreife

Die Eierstöcke beginnen schon vor Beendigung des zweiten Lebensjahres durch steigende Hormonspiegel stets heranwachsende Follikel auszubilden, die je eine Eizelle enthalten. Die Jungstute könnte bereits jetzt trächtig werden. Der richtige Zeitpunkt zur erstmaligen Belegung wird durch die Zuchtreife ausgedrückt.

Zuchtreife

Die Zuchtreife erreicht eine Alpakastute früher als eine Lamastute im Alter von etwa 14–18 Monaten. Wenn die Alpakastute bereits mehr als zwei Drittel ihres zu erwartenden Endgewichtes erreicht hat, kann eine erstmalige Bedeckung erfolgen. Damit wäre die Stute nach der 345 +/– 10 Tage Tage dauernden Trächtigkeit etwa zweieinhalbjährig und hat zum Zeitpunkt der ersten Geburt ihr Wachstum bereits abgeschlossen. Lamastuten werden später das erste Mal gedeckt, sie sind nicht so frühreif wie Alpakas. Es sollten Lamastuten nicht vor dem zweiten Lebensjahr (24 Monate) gedeckt werden! Eine Lamastute ist erst mit drei Jahren vollständig ausgewachsen und zu diesem Zeitpunkt kann ohne Weiteres ihre erste Geburt stattfinden. Es mag andere Empfehlungen für frühere Zuchtnutzung geben, doch wenn man die vielen Jahre berechnet, die eine Stute Junge gebären kann, muss ein so junges Tier nicht gedeckt werden.

Trächtigkeitsdauer

Die am einfachsten zu merkende Faustzahl sind 345 +/– 10 Tage, die eine Trächtigkeit bei Neuweltkameliden dauert. Andere Zahlen sind bei den verschiedenen Autoren geläufig. Auch sind sehr lange Trächtigkeiten keine Ausnahme; selbst bei einer Trächtigkeitsdauer von 370 Tagen besteht kein Grund, einzugreifen.

Deckakt und Befruchtung

Die Besonderheiten der Geschlechtsorgane bei Kameliden beschränken sich also nicht nur auf die Follikelreifung in Wellen, sondern setzen sich bei der Befruchtung und Trächtigkeitsdauer fort.

Der Deckakt bei Kameliden unterscheidet sich insofern von Haussäugetieren, als derselbe im „Sitzen" stattfindet. Der Hengst bespringt die Stute und zwingt sie durch sein Gewicht, sich niederzusetzen.

Zu Beginn des Deckaktes dringt der Hengst mit seinem Penis vom fibroelastischen Typ, dessen s-förmige Schleife verstrichen ist, um die notwendige Länge zu erreichen, in die Stute ein und bahnt sich durch drehende Bewegungen des Penisfortsatzes durch Scheide und Muttermund seinen Weg in die Gebärmutter.

Deckakt im Sitzen

Dieser Prozess ist begleitet von den unnachahmlichen Lauten des Neuweltkamelidenhengstes, das mit einem „Orgeln" beschrieben wird. Es ist nicht von Nachteil, den Sprung „aus der Hand" zu begleiten und zu überwachen, denn bei dichtem, langem Vlies der Stute kann sich der Penis darin verfangen und der Deckakt zu Ende gebracht werden, ohne die Stute penetriert zu haben. Befindet sich der Penis zu Beginn auch in der richtigen Position, soll dennoch öfters nachgesehen bzw. nachgegriffen werden, um sich vom richtigen „Sitz" in der Scheide zu überzeugen. Weil der Deckakt lange dauert, meist eine halbe bis zu einer Stunde, ist dazu genügend Zeit und es kann eine falsche Positionierung leicht korrigiert werden, indem die Spitze des Penis wieder vorsichtig mit der Hand in die Scheide eingeführt wird.

Der Deckakt endet abrupt; der Hengst springt von der Stute weg und beendet das Orgeln.

Kontrolle der erfolgreichen Bedeckung

Da die Follikel in den beschriebenen Wellen reifen, ist es sogar relativ wahrscheinlich, dass eine Trächtigkeit bereits beim ersten Deckakt erfolgt. Manche Stuten benötigen zwei oder drei Versuche, bis die hormonellen Veränderungen die Verhaltensänderung („Abspucken", „Spucktest") und die erfolgreiche Einnistung des Embryos anzeigen. Ein aktivierter Fettstoffwechsel bei adipösen Tieren stört oder unterbindet die Hormonfreisetzung; fehlt das trächtigkeitserhaltende Hormon oder wird es nicht in ausreichender Menge gebildet, dann kann trotz erfolgreicher Befruchtung der Eizelle keine Einnistung stattfinden und der wenige Tage alte Embryo stirbt ab.

Kurze Deckintervalle von vier bis höchstens sieben Tagen führen bei erfahrenen Züchtern innerhalb von zwei bis drei, maximal vier Wochen recht zuverlässig zu Trächtigkeiten. Die Körperkondition der gesunden Stute und die Libido des Hengstes sind die entscheidenden Faktoren. Erfahrene, aktive und nicht ängstliche oder gar zurückhaltende Hengste sind in der Lage, für die Dauer der Decksaison täglich mindestens eine Stute zu decken, und sollten immer dann eingesetzt werden, wenn ein Problem bei der Stute vermutet wird, selbstverständlich immer unter Berücksichtigung von Körperbau, Stammbaum und Vererbungsqualitäten der Tiere.

Der Zustand der Stute nach dem Deckakt
Sollte bei der Stute nach dem Deckakt eine kleine Menge rosafarbenen Schleimes rund um die Vulva festgestellt werden, dann deutet dies auf eine leichte Blutung der Scheidenschleimhaut hin, die durch den langsamen Prozess des Eindringens entstehen kann. Starke Blutungen aus der Scheide sind besorgniserregend; treten diese beim nächsten Deckakt (Probierakt) wiederholt auf, sollte der Paarungspartner (Hengst) gewechselt werden oder auf eine Paarung verzichtet werden.

Spucktest

In der Lama- und Alpakazucht wird die Stute dem Hengst wenige Tage nach dem ersten Versuch und danach in mehr oder weniger regelmäßigen Abständen von vier bis sieben Tagen zugeführt; die Abstände sind von Züchter zu Züchter verschieden; es zählt die Erfahrung und das Fingerspitzengefühl. Die Handhabung wird sich bei jedem Züchter unterscheiden. Spuckt die Stute bei mindestens drei Versuchen hintereinander, kann man davon ausgehen, dass sie sich zumindest im Anfangsstadium der Trächtigkeit befindet. Als sicher kann eine Trächtigkeit jedoch zu keinem Zeitpunkt gerade ihres Beginnes gelten; Aborte sichtbarer Föten (nach dem dritten Trächtigkeitsmonat) sind selten; Frühträchtigkeiten sind jedoch relativ häufig in Gefahr, durch Resorption des Embryos vor dem 45. Gestationstag (frühembryonaler Tod), symptomlos beendet zu werden. Gewissheit schafft nur die Ultraschalluntersuchung.

Spucktest

Hormonbestimmung und Ultraschalluntersuchung bei Stuten

Um sicher zu gehen, dass die Stuten trächtig sind, verlässt man sich heute in einem fortschrittlichen Zuchtbetrieb nicht mehr nur auf den Spucktest. Da in den ersten Wochen häufig eine Resorption des Embryos stattfindet, sollte innerhalb der ersten 14–21 Tage nach der Bedeckung eine Blutentnahme für die Hormonuntersuchung veranlasst werden. Das zu bestimmende Hormon ist das Gelbkörperhormon Progesteron, das die Existenz eines trächtigkeitserhaltenden Gelbkörpers beweisen soll.

Eine weitere Untersuchung des Progesteronspiegels ist nach 10–12 Tagen sinnvoll, da aus verschiedenen Gründen das Progesteron zunächst hoch sein, später aber wieder sinken kann.

Ist der Progesteronspiegel niedrig (‹ 1 ng/ml), dann ist die Stute vermutlich nicht trächtig; ist er hoch (deutlich höher als › 2 ng/ml) so kann eine Trächtigkeit angenommen werden. In beiden Fällen, und auch wenn sich der Wert um den Grenzwert von 2 ng/ml bewegt, ist eine Ultraschalluntersuchung etwa in der dritten Trächtigkeitswoche sinnvoll und letztendlich beweisend für eine Trächtigkeit. Die Ultraschalluntersuchung kann vor dem dritten Trächtigkeitsmonat wiederholt werden; so kann eine frühembryonale Resorption rechtzeitig und noch vor Ende der Saison erkannt werden.

Gelbkörperhormone können auch über Fruchtbarkeitsprobleme Aufschluss geben und beim Fruchtbarkeitsmanagement herangezogen werden. Stuten, die nicht trächtig werden, können etwa Ovarialzysten oder persistierende Gelbkörper aufweisen, die analog zur Pferdestute oder Kuh mittels rektaler Ultraschalluntersuchung festgestellt werden können.

Eine rektale Ultraschalluntersuchung wird mit einem Linearschallkopf durchgeführt; Ultraschalluntersuchungen durch die Bauchdecke mit einem Konvexschallkopf von der linken Flanke aus (siehe Ultraschalluntersuchung, S. 257).

MILCHDRÜSE

Allgemeines über die Milchdrüse (lat. *Mamma*; gr. *Mastos*) der Säugetiere (*Mammalia*)

Milchdrüsen sind modifizierte Schweißdrüsen, die sich im Laufe der Evolution bei den Säugetieren entwickelt haben. Ihr Sekret, die Milch, stattet die Jungen nach der Geburt mit einer kompletten Nahrung aus. Nur so ist es den Jungen bereits bald nach der Geburt möglich, mit der Herde mitzulaufen und ständig Zugang zu Flüssigkeit und energiereicher Nahrung zu haben. Das noch nicht vollständig entwickelte Verdauungssystem kann sich parallel dazu langsam an die Nahrung der Erwachsenen gewöhnen. Auch der Magen von neugeborenen Säugern hat sich im Laufe der Entwicklung an diese Milchnahrung angepasst. Bei jedem Säuge-

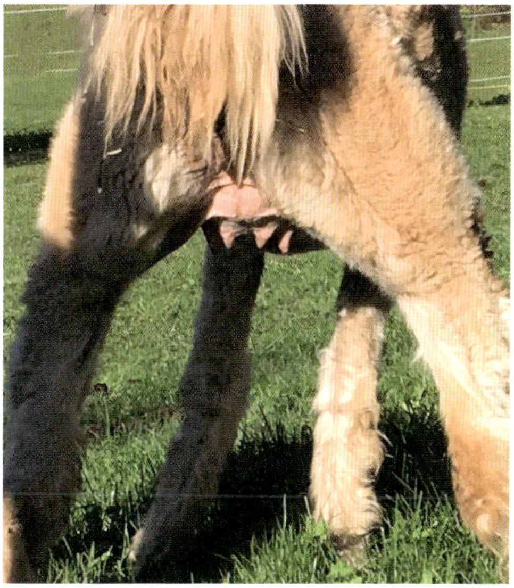
Milchdrüse

tier befindet sich zumindest ein Abschnitt im Verdauungssystem, in dem ein von spezialisierten Zellen gebildetes Ferment (Casein) das Milcheiweiß in jene Form bringt, die es dem Körper erlaubt, dessen Spaltprodukte (Peptide, Aminosäuren) über die Dünndarmschleimhaut aufzunehmen. Damit die Milch nicht in die bei Kameliden und Wiederkäuern erst wachsenden Kompartimente C1 und C2 bzw. die Vormägen gelangt und durch Fehlgärungen die Entwicklung der Magenflora behindert, rinnt die Milch über eine Lippe bzw. die Schlundrinne in den Abschnitt, der die Milch dicklegt: Das letzte Fünftel des schlauchförmigen C3 entspricht in etwa dem Labmagen des Kalbes, in dem Lab produzierende Zellen das besagte Ferment zur Eiweißaufschließung produzieren (siehe Vergleichende Anatomie des Magens der Kameliden und Wiederkäuer, S. 116 ff.).

Schon bald nach der Geburt beginnen die Fohlen an Gras- oder Heuhalmen zu knabbern. Durch Übertragung von Magenbakterien und Wimperntierchen und nicht zuletzt durch den mechanischen Reiz der strukturierten Nahrung durch aufgenommene Fasern entwickeln sich die zur Geburt noch ganz kleinen Kompartimente langsam zu jenen funktionsfähigen Gärkammern für die mikrobielle Verdauung von Futterpflanzen. Wie diese Mikroorganismen in den Magen des Neugeborenen gelangen, wird in Fachkreisen diskutiert. Es ist einleuchtend, dass von der Haut des Euters oder auch von der Oberfläche der Futterpflanzen einige Arten der Mikroorganismen den Magen besiedeln, die sich am besten an das Milieu (körperwarme, ph-Wert-ideale, anaerobe Bedingungen) angepasst und andere, zwecklose oder pathogene Arten verdrängt haben.

Eigene Beobachtungen haben gezeigt, dass durch teilweise intensiven Kontakt zwischen dem Maul von Herdenmitgliedern mit dem

Maulkontakt zwischen Herdenmitgliedern und Säuglingen

Abzusetzendes männliches Fohlen, 11 ½ Monate alt

Maul des Säuglings sehr wohl die Möglichkeit einer Übertragung natürlicher Magenbakterien, die ja durch das Wiederkauen auch in die Maulhöhle gelangen, möglich und plausibel ist.

Mit zunehmender Entwicklung der Kompartimente und mit abnehmender Anzahl der Saugakte während des Wachstums des Fohlens nimmt die Notwendigkeit der Milchverdauung ab. Das Jungtier wird zunehmend unabhängiger von der Milch der Mutter. Die Stute selbst scheint in vielen Fällen vor der Geburt des nächsten Jungen dafür zu sorgen, dass der Milchfluss versiegt, indem sie das Junge am Saugen hindert.

Manchmal kann das ältere Junge eine Gefahr für das in der nächsten Saison geborene Fohlen bedeuten, nämlich, wenn es die gesamte im Euter bereitgestellte Milchmenge für den eben geborenen Winzling mit ein, zwei kräftigen Schlucken wegtrinkt und das neue Fohlen durch die fehlende Füllung des Euters und dadurch mangelhafte Aufnahme von Kolostrum geringere Überlebenschancen hat. In menschlicher Obhut kann dem durch Absetzen der Fohlen entgegengewirkt werden.

MILCHDRÜSE BEI DEN NEUWELTKAMELIDEN

Alle Arten innerhalb der Familie der Schwielensohler (Kameliden) besitzen ein Euter mit vier Zitzen. In jede der vier Zitzen münden die Ausführungsgänge von zwei Milchdrüsenkomplexen. Jeder dieser beiden separaten Drüsenkomplexe (siehe Tabelle) mündet in einem Ausführungsgang an der Zitze. Bei den Neuweltkameliden münden demnach zwei Ausführungsgänge an jeder Zitze. Die Milch wird in den Zellen des Drüsengewebes, das durch seine große Anzahl von winzigen Aussackungen, den Alveolen, eine sehr große Oberfläche vorzuweisen hat, gebildet und vor dem Austritt der Ausführungsgänge beider Drüsen an der Zitze in den Hohlräumen der milchableitenden Gänge und in der Zitzenzisterne gespeichert.

Übersicht über die Euter der (Haus-) Säugetiere

Tierart	Anzahl Zitzen	Anzahl Drüsenkomplexe
Kuh	4	4
Schaf, Ziege	2	2
Pferd	2	2
Kameliden	4	8

Das im Vergleich zur Körpergröße relativ kleine Euter von Lama- und Alpakastuten ist mit straffen bindegewebigen Strukturen in der Leistengegend positioniert und nicht auffällig sichtbar. Ein laktierendes Euter ist größer und kann gut von der Seite und von hinten betrachtet werden. Um den Zeitpunkt der

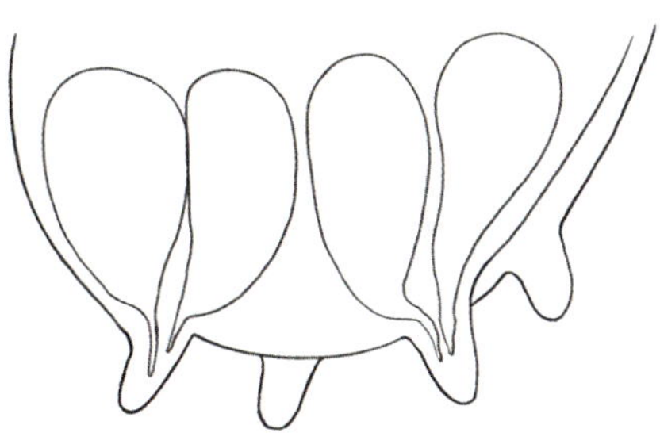

Milchdrüsen der Neuweltkameliden

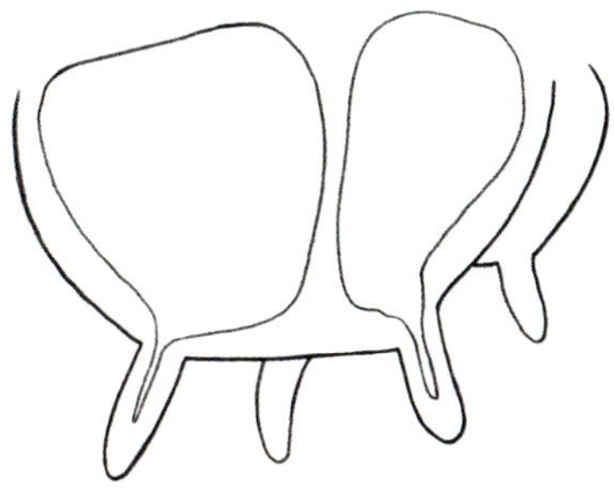

Milchdrüse der Kuh

Geburt schwillt das Euter an, es kann sich ein Euterödem bilden, das sich im Normalfall in den Tagen nach der Geburt zurückbildet. Die Zitzen sind klein und nur bis zu ca. 2 cm kurz. Es können überzählige, doppelte und Zitzen mit oder ohne Drüsengewebe und mit oder ohne eigene Ausführungsgänge vorkommen. Bei anderen Tierarten (Milchkühen) sind diese Bildungen erblich und unerwünscht. Bei der Beurteilung von Lamas und Alpakas wird dieser Punkt auch in den Standards erhoben.

Blut-Euterschranke

Die versorgenden Blutgefäße, aus denen die Milchdrüse die Grundstoffe für die Zusammensetzung der Muttermilch bezieht, bilden eine Barriere gegen verschiedene, meist schädliche Inhaltsstoffe des Blutstromes, sodass man von einer Blut-Euterschranke spricht. Gewisse Medikamente (wie etwa verschiedene Antibiotika), aber auch giftige Substanzen können nicht bis in das Drüsengewebe gelangen, da sie an der Blut-Euterschranke „abgewiesen" werden. So erklärt es sich, warum manche Wirkstoffe bei einer Mastitis (Euterentzündung) nicht bis ins Drüsengewebe vordringen können. Bei schweren Mastitiden durch *E. coli* bricht die Blut-Euterschranke komplett zusammen, die Milch verändert ihren „milchigen" Charakter; grünlich-wässriges Sekret bei hohem Fieber zeigt eine Schädigung durch Endotoxine an. Sofern eine Behandlung nicht zu spät kommt, kann durch die aufgehobene Blut-Euterschranke mit Medikamenten gearbeitet werden, die nun bis in die Drüse gelangen.

Kolostralmilch (Biestmilch)

Die Muttermilch verändert ihre Zusammensetzung je nach den Bedürfnissen des Jungtieres. Die allererste, um den Zeitpunkt der Geburt gebildete Milch hat die Aufgabe, das Neugeborene, das völlig ohne Abwehrkräfte zur Welt kommt, bereits in den ersten Stunden seines Lebens vor Krankheitserregern zu schützen. Der winzige Darm ist nach der Geburt bis auf wenig Mekonium, dem Darmpech, noch leer und die Schleimhaut für große Moleküle, wie Immunglobuline, durchlässig.

Immunglobuline

Zu dieser Zeit entlässt das Blut der Mutter jene verhältnismäßig großen Eiweißmoleküle ins Eutergewebe, die Immunglobuline. Diese Globuline werden in der Leber der Mutter gebildet und dienen der Abwehr. Sie sind wie eine Schluckimpfung für das Neugeborene wirksam. Es gibt verschiedene Arten von Immungobulinen, wie IgA, IgM und IgG, die sofort nach der Aufnahme bei den ersten Saugakten durch die nur für wenige Stunden nach der Geburt durchlässigen Darmzellen in den Blutkreislauf und auf direktem Weg in die gefährdetsten Organen des Neugeborenen gelangen. Dies sind die Schleimhäute in Nase, Mund und Verdauungsorganen sowie die Schleimhäute der tieferen Atemwege und der Harn ableitenden Wege. IgA verhindert im Darm die Anheftung von pathogenen Keimen. IgM gelangt auf die Oberflächen von Schleimhäuten, während IgG im Gewebe der Zielorgane (Lunge, Darm) Affinität zu Antigen aufweist.

Die Biestmilch schützt das Neugeborene in den ersten Stunden seines Lebens vor Krankheitserregern.

Info Immunisierung
Affinität= eine Anziehung zu ähnlichem; ein bestimmtes Immunglobulin hat eine Affinität zu einem bestimmten Antigen, es zieht die krankmachende Zelle an und neutralisiert sie.
Das Prinzip der Abwehr im Körper beruht auf der Identifikation eines Proteins oder Teilen davon (Epitop) auf der Oberfläche von Viren, Bakterien usw. Der Körper bildet nun einen passenden Antikörper, der sich mit dem Epitop verbindet und die krankmachende Zelle dadurch unschädlich macht (neutralisiert). Auf diesem Prinzip beruht teilweise die Herstellung von Impfstoffen: Anteile der Oberfläche eines Virus, Bakterientoxins oder Bakteriums, der für den Körper *gerade nicht* krankmachend ist, werden in den Körper injiziert, wodurch Antikörper produziert werden, die dann bei Auftreten des *wirklich krankmachenden* Virus, Toxins oder Bakteriums (Antigen) den Körper schützen (Immunisierung).

Die Immunstoffe aus der Kolostralmilch schützen das Junge bei jedem Schluck Muttermilch vor all den häufigsten Keimen, die in der Umgebung der Mutter respektive der Herde und damit des Jungtieres auftreten. Bereits zuvor wurden sie vom Immunsystem der Mutter als krankmachend identifiziert und bereits vor der Geburt wurden die Antikörper ausgebildet.

So wird auch die schützende Wirkung von Abwehrstoffen des Muttertieres auf das Jungtier durch Impfungen, die rechtzeitig vor der Geburt erfolgen sollten, auf weitere gefährliche Erreger ausgedehnt. Erfolgt nahtlos eine Immunisierung des Jungtieres, dann kann das Immunsystem schnell einen belastbaren Impfschutz aufbauen (siehe Clostridienimpfung, S. 261).

Es ist für Kameliden nicht bekannt, ob Immunstoffe aus der Muttermilch die Wirkung von Impfantikörpern neutralisieren. Dies konnte jedoch bei anderen Tierarten nachgewiesen werden.

Reife Muttermilch

Reif wird die Muttermilch im Anschluss an die Kolostralphase, die bereits nach wenigen Stunden endet.

Reife Milch ist ein vollwertiges Nahrungsmittel für den Säugling; gelangt ein vitaler Säugling innerhalb seiner ersten Lebensstunden und -tage ungestört an die Zitzen, so ist sein Überleben so gut wie gesichert.

Störfaktoren können sein: Das ältere Jungtier aus dem vergangenen Jahr, das die zu Beginn wenige Milch mit wenigen Saugakten wegtrinkt; ein Hengst, der die Mutter nach der Geburt zu decken versucht; Stress in der Herde durch Umgruppierung oder Transport, Wasser- oder Futterknappheit, Futterwechsel oder Krankheit der Mutter.

Es darf nicht vergessen werden, dass Spulwurmlarven während des Zeitraumes der Trächtigkeit mobilisiert werden und mit der Muttermilch direkt in den Darm der Jungtiere gelangen.

Zusammensetzung der Milch

Milch der verschiedenen Neuweltkameliden hat eine sehr ähnliche Zusammensetzung. Auch die Milch von Dromedaren und Trampeltieren weist ähnliche Inhaltsstoffe auf. Die Milch von Großkamelen wird in Kulturkreisen, in denen die Tiere zum Zwecke der Milchgewinnung gehalten werden, als bekömmliche Trinkmilch und für die Herstellung von verschiedenen Lebensmitteln, wie Speiseeis oder Kamelschokolade, und wegen ihres Gehaltes an pflegenden Stoffen (Lanolin) als Zusatz in Badeprodukten verwendet.

Kamelmilch enthält außerordentlich viel Vitamin C und wird auch von Allergikern gut vertragen.

Milch von Kameliden enthält weniger Fett und Eiweiß als Kuh- oder Ziegenmilch. Im Vergleich zu Milchen der Wiederkäuer enthält Kamelmilch mehr Milchzucker.

Schafmilch unterscheidet sich von Lama- und Alpakamilch in ihrem Fett- und Wassergehalt. Zur mutterlosen Aufzucht oder als Zusatzfutter eines nicht ausreichend versorgten Neugeborenen eignet sich getrocknete Schafmilch („Lämmerstarter"). Sie ist relativ einfach erhältlich und verursacht wenig oder keine Verdauungsbeschwerden, wie Blähung oder Durchfall, beim Neuweltkameliden.

Milchinhaltsstoffe, alle Werte in % (FOWLER, 2010, und MAURER, 2015)

Tierart	Wasser	Fett	Eiweiß	Lactose	Menge in ml/Tag
Lama, Alpaka	86,9 (79–89,5)	2,7	3,4	6,5	320 (40–1.200)
Kamel	86,5	4,5	3,6	5 (3,3–5,8)	
Kuh	87	4,5	3,6	4,8	
Ziege	87	3,17 (1,5–5,9)	2,9 (2,1–4,4)	5,2–7,7	
Schaf	81	5,44 (7,9)	4,7 (6,2)	4,8	

Saugen

Die Saugakte der Jungen sind tagsüber häufiger als nachts und verringern sich während der ersten Lebensmonate. Dies kann bei der mutterlosen Aufzucht berücksichtigt werden. Die ersten Schlucke jedes Saugaktes stillen den Durst der kleinen Säugetiere. Mit fortschreitenden Saugbewegungen entleert sich die Drüse langsam und der Fettgehalt der Milch nimmt zu. Das erst zum Ende des Saugaktes aufgenommene Fett wird von den Drüsenzellen der Milchdrüse in kleinen Tropfen abgeschnürt (Micellen) und von den Verdauungssekreten im Darm des Säuglings zu Fettsäuren gespalten.

Anmelken der Mutter

Manche Situationen nach der Geburt machen den Menschen glauben, eingreifen zu müssen. Dazu gehört in den meisten Fällen die Angst, dass das Jungtier zu wenig oder gar keine Biestmilch aufnehmen wird. Jede einzelne Geburt ist spannend. Ist erst einmal der Geburtsvorgang gut ausgegangen und das Fohlen erweist sich als vital und lebensfähig, dann erwartet der Mensch freudig, aber nervös, dass das Jungtier nach vielen Versuchen auf seinen langen Beinen steht und (endlich!) die Milchdrüse aufsucht. Nichts ist nervenaufreibender, als den vielen zunächst erfolglosen Versuchen des Jungen zusehen zu müssen, um zum lebenserhaltenden Euter zu gelangen. Einmal sucht es zwischen den Vorderbeinen, das andere Mal wird es vielleicht sogar von seiner eventuell noch unerfahrenen Mutter weggestoßen oder -geschlagen.

Die Geburt ist mit der Austreibung des Jungen für die Mutter noch nicht zu Ende. Die

Wehen der Nachgeburtsphase können ebenso wie geburtswirksame Wehen schmerzhaft sein und bis zu 6 Stunden andauern. Jede Stimulation am Euter bewirkt eine Ausschüttung des wehenfördernden Hormones Oxytocin und verursacht Kontraktionen der Gebärmutter. Dies wird von Stuten als schmerzhaft und unangenehm empfunden und erst das Hervorbringen der Nachgeburt mildert diesen Zustand. Vielleicht wartet man also besser auf die Nachgeburt, bevor man Mutter und Junges, und vor allem sich selbst, in die stressige Situation des ersten Saugen*müssens* am Euter bringt.

Oxytocin, als das wehenfördernde, aber auch als „Wohlfühl-" oder Bindungshormon bekannt, bewirkt die Kontraktion der Korbzellen in den Alveolen der Milchdrüse. Zuerst trinkt das Jungtier die wässrige, zuckerreiche und durststillende Milch und erst danach, wenn die Korbzellen durch den ansteigenden Oxytocinspiegel im Blut der Mutter aktiv ihren Inhalt entleeren, gelangt es an die fette, nährstoffreiche und damit sättigende Milch.

Herangehensweise bei ruhigen Tieren

Mit Daumen und Zeige- oder Mittelfinger werden der Reihe nach an allen Zitzen vorsichtig melkende Bewegungen ausgeführt, bis die Milch aus einer oder mehrerer Öffnungen jeder Zitze in dünnen Strahlen hervorschießt. Zuvor lösen sich manchmal Keratinpfropfen, mit denen das Euter zum Schutz vor dem Eindringen von Keimen verschlossen war.

Herangehensweise bei verängstigten Stuten

Stuten, die schlagen oder sich niedersetzen, bindet man mit einem weichen, breiten Band nach oben, etwa an eine Stallwand oder an einen Holzzaun. Die Binde wird so am Bauch und *vor* dem Euter platziert, dass das Euter nicht gestaut oder gequetscht wird.

Herangehensweise bei Milchlosigkeit

Echte Milchlosigkeit ist selten; oft hilft das ruhige Abwarten des Abganges der Nachgeburt. Man sorgt für eine stressfreie Umgebung und belässt ruhige Artgenossen in der Nähe. Schmackhaftes Futter oder ein Kübel gut warmes Wasser mit einer Handvoll Haushaltszucker als Ablenkung von der ungewohnten Situation der Geburt, die manchmal ein Schock für die Mutter sein kann, hilft mit, die Stute zu entspannen.

Die Melkversuche sollen so lange geduldig und vorsichtig wiederholt werden, bis reichlich Milch in Strahlen ermolken werden kann. In der Zwischenzeit kann gefrorene Kolostralmilch aufgetaut und vorsichtig erwärmt und dem Neugeborenen mit einer sauberen Spritze ins Maul gegeben werden. Nicht zu frühes Aufgeben hilft mit, eine Aufzucht von Hand zu vermeiden. Neugeborene haben sehr wenige Energiereserven; eine möglichst zugfreie Umgebung des gut abgetrockneten Neugeborenen hilft mit, Energieverluste klein zu halten (siehe mutterlose Aufzucht, S. 200 f.).

Grundsätze für den Umgang mit Milch

- Milch ist eine sterile Körperflüssigkeit, wie Urin, Blut usw.
- Erst nach dem Verlassen des Euters bei Kontakt mit Licht und Sauerstoff verdirbt die Milch.
- Milch bietet ideale Lebensbedingungen für Keime.
- Der Speichel von Säuglingen an der Euterhaut wirkt antimikrobiell und schützt das Euter vor dem Eindringen durch Keime.
- Weiße Blutzellen dienen der Abwehr und werden bei Entzündungen in hoher Zahl ausgeschieden (Zellzahl).
- Bei jeder Berührung des Euters Einmalhandschuhe verwenden, gegebenenfalls das Euter mit warmer Seifenlösung groß-

flächig waschen und mit sehr sauberen, gut gebügelten Tüchern abtrocknen! Nach dem Waschen Handschuhe wechseln!

Kolostralmilch ermelken und konservieren

Achtung! Nutzen Sie jede sich bietende Gelegenheit, Kolostralmilch zu ermelken und zu konservieren. Auch ein Fingerhut voll von Immunglobulinen hilft vielleicht später einem anderen Fohlen zum Start ins Leben! Immer Handschuhe und saubere Gefäße verwenden!

Die erste sich bietende Gelegenheit ist unmittelbar nach einer Geburt, wenn das Euter angemolken wird. Immer bei der Hand sollten saubere (sterile) Plastikgefäße (Eprouvetten, 20-ml-Spritzen, steril verpackt, mit Stoppel oder aufgesetzter Kanüle verschließen) oder kleine, mit sehr heißem Wasser gespülte Dosen oder Schraubgläser sein, in die die ersten Strahlen der Milch gemolken werden. Die Erfahrung hat gezeigt, dass selbst sensible Stuten zum Zeitpunkt nach der Geburt in Anwesenheit des Fohlens die Berührung am Euter durch den Menschen dulden, sodass kein Tropfen wertvoller Biestmilch verschwendet werden muss. Die Milch kann bei –18 °C (Tiefkühltruhe) aufbewahrt werden und sollte nach ca. einem halben Jahr verworfen werden.

Diese Stute wurde an einem Gurt an der Stallwand hochgebunden und so am Niederlegen gehindert.

Krankheiten der Milchdrüse

Chronische Erkrankungen der Milchdrüse sind bei Neuweltkameliden selten und fallen oft nicht auf. Treten Erkrankungen jedoch innerhalb der ersten Tage nach der Geburt auf, so sind diese meist akut und schwer. Durch die große Anzahl an Drüsen (siehe Tabelle, S. 179) ist jedoch der Verlust einiger weniger Drüsen nicht so gravierend, als dass die Ernährung des Fohlens in Gefahr geraten könnte. Bei mehreren betroffenen Drüsen und akuten Symptomen (Fieber) ist das unverzügliche Eingreifen durch den Tierarzt wegen der Gefahr für das Leben der Stute jedoch unbedingt anzuraten.

Euterödem

Ödeme der Milchdrüse können bereits vor der Geburt auftreten und sind bis zu einem gewissen Grad normal. Sie sind in der Regel schmerzlos. Das Gewebe des Euters schwillt merkbar an. Die Haut fühlt sich kühl und gespannt an. Drückt man mit der Fingerbeere ins Gewebe und bleibt ein Abdruck bestehen, dann handelt es sich um eine durch Hormone verursachte Wasseransammlung im Gewebe (Ödem). Bleibt das Ödem auch nach der Geburt bestehen oder verschlimmert (vergrößert) es sich, dann ist möglicherweise der Zugang zu den Zitzen für das Jungtier erschwert. Es kann nicht die notwendige Milchmenge oder gar keine Milch aufnehmen.

Abhilfe schafft zunächst das häufige Anmelken der Mutter, um den Milchfluss aufrecht zu erhalten und damit die Milchbildung anzuregen. Nicht vergessen, die gewonnene Milch sogleich an das Fohlen verfüttern und die überflüssige Milch konservieren!

Eine Massage des Eutergewebes mit der behandschuhten Hand mit streichenden Bewegungen zum Bauch hin oder in kreisenden Bewegungen eventuell mit Eutersalbe (Tierarzt) regt die Durchblutung der Haut und möglicherweise den Abtransport der Flüssigkeit im Gewebe an. In der Homöopathie wird bei Ödemen erfolgversprechend das Mittel *APIS* verwendet.

Wenn das Ödem so stark ist, dass alle diese Maßnahmen nicht fruchten, muss der Tierarzt hinzugezogen werden. Er wird ein Medikament verabreichen, das entwässernd wirkt und das Ödem zur Rückbildung veranlasst.

Die wichtigste Maßnahme, das wiederholte Anmelken, sichert das Überleben des Jungtieres und seine Ernährung mit Muttermilch, erfordert aber viel Geduld und ist sicherlich von einer kooperativen Stute abhängig.

Ödem durch Blutansammlung

In seltenen Fällen kann Blut die Ursache für eine Gewebeschwellung sein, jedoch bleibt dann das Ödem auf diejenige Stelle beschränkt, auf die stumpfe Gewalt, etwa ein Stoß oder Schlag, eingewirkt hat. Auch wird die Haut in diesem Fall dunkel verfärbt sein oder sich im Laufe eines Tages dunkel färben.

Vorsicht! Die Berührung kann sehr schmerzhaft sein! Eine das Blutgerinnsel abbauende Salbe (Heparin) auftragen, bei heftigen Schmerzen Schmerzmittel verabreichen, um den Saugakt möglich zu machen. Zwangsmaßnahmen verursachen Stress und lassen den Milchfluss versiegen.

Mastitis

Als Mastitis wird die Entzündung der Milchdrüse bezeichnet. Die Zusammensetzung, die Farbe und die Konsistenz der Milch verändern sich je nach betroffenem Gewebe und Schwere der Entzündung.

Die Milch kann bei einer leichten Entzündung unverändert aussehen, aber auch flockig, käsig oder grünlich-wässrig mit und ohne (blutige) Gewebefetzen. Die Ursache sind meist Bakterien, die durch die Zitzenöffnungen in die milchableitenden Strukturen (Zisterne, milchableitende Gänge) bis in das Eutergewebe eindringen. In weniger gravierenden Fällen entzünden sich, oft auch unbemerkt, die milchableitenden Gänge (Galaktophoritis), während tief ins Drüsengewebe eindringende Keime eine weit schwerwiegendere Mastitis mit einhergehendem, dauerhaftem Verlust des Drüsengewebes verursachen können. Das Immunsystem des Euters reagiert mit einer massenhaften Einwanderung von Entzündungszellen (weißen Blutzellen), die die Erreger bekämpfen. Diese Zellen können mittels California Mastitis Test nachgewiesen werden.

Diagnose der Mastitis – California Mastitis Test, Gemelksprobe

Um sicherzugehen, dass eine Mastitis vorliegt, kann durch den Besitzer selbst ein California Mastitis Test („Schalmtest") durchgeführt werden. Die Testsubstanz zerstört die Zellwände von Körperzellen in der Milch und erkennt die Menge der freigesetzten DNA aus Zellkernen. Bei hoher Anzahl an Entzündungszellen (weißen Blutkörperchen) gemeinsam mit der DNA der Bakterien wandelt sich die Testflüssigkeit bei Kontakt mit dem Milchsekret in ein Gel um und bewirkt, je nach Qualität der Testsubstanz, einen Farbumschlag.

Praxistipp: Ein benachbarter Milchbauer könnte diesen Test samt Testschale zur Verfügung stellen und bei der Interpretation behilflich sein – oder ein solcher kann angeschafft werden (z. B. im Lagerhaus).

Der Tierarzt wird in jedem Mastitisfall bei kooperativen Stuten mittels dieses Tests die Güte der Milch und die Schwere der Entzündung einschätzen.

Es kann analog zur Kuh auch eine Gemelksprobe entnommen werden, um eine antibiotische Behandlungsmöglichkeit einzugrenzen; da diese aber unter sterilen Bedingungen gewonnen werden muss, ist dies nicht für Besitzer zu empfehlen. Bei selbst entnommenen Proben könnte dann im Labor die Flora der Hand des Probennehmers angezüchtet werden oder die pathogenen Erreger werden von apathogenen („Schmutzkeime", „Kontaminanten") überwuchert, was eine Auswertung unmöglich macht.

Zeigt die Stute Appetitlosigkeit, Fieber und eine Rötung und Schwellung sowie Schmerzhaftigkeit, muss von einer akuten Mastitis ausgegangen werden, die im besten Fall mit einem unwiederbringlichen Verlust der betroffenen Drüsenkomplexe, im schlimmsten Fall jedoch unbehandelt mit dem Tod der Stute endet. Manche Erreger (z.B. *Escherichia coli*) sind aggressiv, vermehren sich stark im Drüsengewebe und erzeugen Endotoxine. Dabei bricht die Blut-Euterschranke zusammen und die Endotoxine oder die Erreger selbst gelangen in den Blutkreislauf. Dies verursacht schwerste Symptome, wie hohes Fieber, Kreislaufzusammenbruch und Organversagen. Das Sekret verliert seinen typischen Milchcharakter und erscheint wässrig-grünlich.

Umgekehrt gelingt es aber bei rechtzeitigem Eingreifen durch den Tierarzt, dass Medikamente, die sonst von der Blut-Euterschranke aufgehalten werden, ins Euter passieren können und den Erreger unschädlich machen. Auch werden dabei entzündungshemmende und schmerzstillende Mittel verabreicht. Bei Kreislaufproblemen (blasse oder stark gerötete Schleimhäute, schwankender Gang, Niederlegen) müssen Infusionen verabreicht werden.

Tipps für den Tierarzt

Die Behandlung erfolgt systemisch analog der Mastitis bei Wiederkäuern.

Achtung, lokale Behandlung! Für Wiederkäuer vorgesehene Euterinjektoren sind nicht für die Instillation in das Euter von Lamas und Alpakas geeignet, da an deren Zitzenspitzen entweder zwei sehr englumige Ausführungsgänge münden oder die Mündungen der beiden Ausführungsgänge sich knapp innerhalb der Zitzenspitze befinden. Vorsichtiger Instillationsversuch mit ca. 1 mm Katheter (Katerkatheter). Dabei versuchen, beide Ausführungsgänge aufzusuchen.

Im Zweifel bewährte antibiotische und antiphlogistische, systemische Behandlung mit eutergängigen Mitteln analog zum Wiederkäuer anwenden.

Ad Infusionem: Niemals sollten als generelle Versorgung glukosehältige Infusionen verabreicht werden, ohne sich zuvor durch einen Test oder eine Blutuntersuchung von einer Hypoglykämie überzeugt zu haben. (siehe Blutglucose, S. 254 f.)

GEBURT UND GEBURTSHILFE

Einige Geburten kündigen sich an, andere verlaufen rasch und unbemerkt – selten sieht man den Verlauf einer Geburt. Eine Überwachung des Unterstandes bzw. des Stalles mittels Kamera kann helfen, eine herannahende Geburt nicht zu übersehen.

Es gibt einige Anzeichen einer nahenden Geburt.

AM KÖRPER DER STUTE

Das Euter und die Schamlippen schwellen an. Dies kann manchmal bereits Tage vor der Geburt beobachtet werden. Die Stute sondert sich von der Herde ab, steht öfters am Kotplatz und setzt dort kleine Mengen Urin ab; eventuell wälzt sie sich öfters. Manche Stuten zeigen jedoch auch keine Anzeichen einer nahenden Geburt.

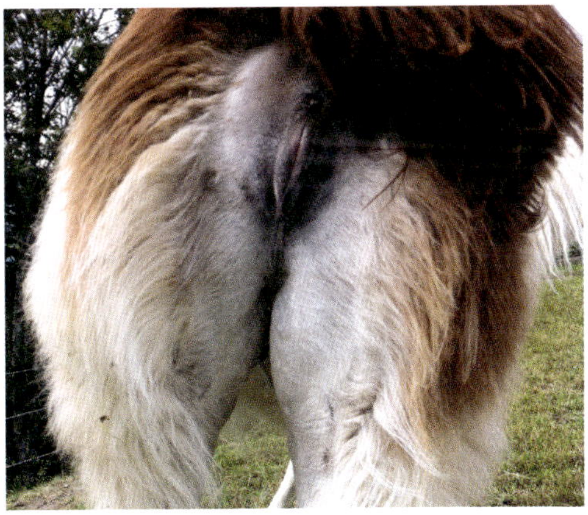

Die geschwollenen Schamlippen zeigen die nahende Geburt an.

AN DER TAGESZEIT

Zu den Eigenarten der Neuweltkameliden gehört die Tatsache, dass die meisten Geburten tagsüber stattfinden. Nicht alle Geburten passieren bei schönem Wetter; jedoch sind sie selten während Schlechtwetterperioden zu verzeichnen – man erhält den Eindruck, Stuten scheinen auf gutes Wetter „warten" zu können: Sonnenschein und ein milder Wind sind prädestinierte Tage, an denen die Stuten, vorzugsweise in den späten Vormittagsstunden, ihre Fohlen zur Welt zu bringen. Die Tragzeit beträgt ungefähr 345 +/– 10 Tage, wobei dieses „ungefähr" sich durchaus auch auf 370 Tage ausdehnen kann.

Die Tatsache, dass die Jungen nicht wie bei den meisten anderen Tierarten von der Mutter abgeleckt werden, wirft die zwingende Notwendigkeit auf, sie zu trocknen. Dies scheinen das Wetter und der Wind zu bewerkstelligen.

Es finden jedoch genauso Geburten bei Regenwetter statt und auch da gelingt es den Jungen zu trocknen, da die Mutter einen schützenden Platz für die Geburt aufsucht.

Manchmal ist der Zeitpunkt der Befruchtung nicht genau bekannt, dadurch bleibt auch die genaue Dauer der Tragzeit unbekannt.

Wenige Tage altes Fohlen; hier wird anschaulich, wie ein Fohlen durch abgebeugte Gelenke und einen nach hinten „gefalteten" Hals im Körper der Mutter Platz findet

GEBURTSVERLAUF

Voraussetzungen für einen unkomplizierten Geburtsverlauf sind neben der gewohnten und stressfreien Umgebung alle beschriebenen anatomischen Voraussetzungen, die geburtsfähigen Stellungen und Lagen des Fötus im Verhältnis zu den Geburtswegen der Mutter.

DIE PHASEN DER GEBURT

Eröffnungsphase

Die hormonelle Situation der Stute und die Stoffwechselsituation des Fötus zwingen beide Organismen zu einem unbekannten Zeitpunkt, die Geburt einzuleiten. Die Plazenta (der Mutterkuchen) altert und ist nicht mehr länger in der Lage, den wachsenden Fötus mit seinem steigenden Nährstoffbedarf zu versorgen. Es ist nicht geklärt, welche Vorgänge im mütterlichen Organismus den Beginn der Geburt einleiten. Es werden Stresshormone des Fötus vermutet, die das trächtigkeitserhaltende Hormon Progesteron abbauen und damit das Einsetzen des geburtswirksamen Hormones Oxytocin fördern.

Eintreten des Fötus in die Geburtswege

Die Gebärmutterwand besteht aus glatten Muskelzellen, die im Laufe der Trächtigkeit an Zahl und Größe enorm zugenommen haben. Trifft das Hormon Oxytocin auf die Gebärmuttermuskelzellen, beginnen diese, sich zu kontrahieren. Durch die Kontraktionen (Wehen), die zuerst in längeren, dann in immer kürzeren Abständen erfolgen, öffnet sich der Muttermund zentimeterweise.

Zunächst ist der Stute äußerlich nichts anzumerken, sodass die Eröffnungsphase in den meisten Fällen unbemerkt verläuft. Manche Stuten ziehen sich von der Herde

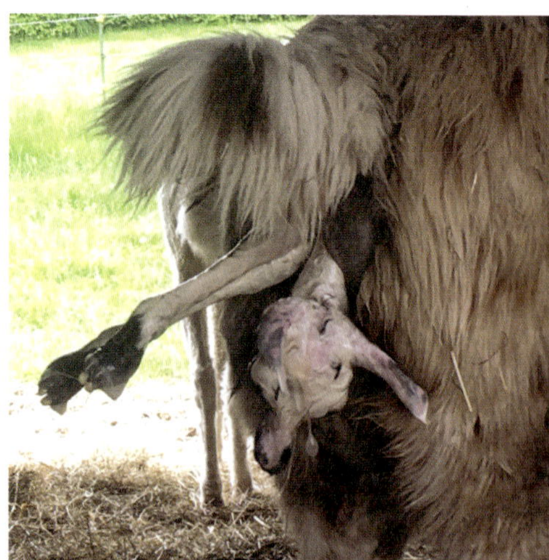

zurück und suchen einen ruhigen Platz auf, an dem sie fressen oder eventuell liegen.

Nachdem der Muttermund am Ende der Eröffnungsphase verstrichen (= vollständig geöffnet) ist, tritt der Fötus durch den Muttermund in das knöcherne Becken ein. Der vitale Fötus hilft mit, die ideale Position durch die engen Geburtswege zu finden.

Die Eröffnungsphase kann mehrere Stunden dauern; bei Stuten, die bereits mindestens ein Fohlen geboren haben, kann diese Phase deutlich kürzer ausfallen, ebenso wie die nächste Phase.

Austreibungsphase

Während der Austreibungsphase passieren Kopf und Vorderbeine des Fötus langsam die Enge des verstrichenen Muttermundes und gelangen nun Wehe für Wehe durch die Enge der Scheide, bis sie von außen sichtbar werden. Nach den Schultern muss auch der Brustkorb den Muttermund passieren, und hängt erst ein Teil des Körpers aus der Scheide, hilft die Schwerkraft mit, auch den Hinterleib des Jungen zur Welt zu bringen.

Da der Fötus noch mit der Nabelschnur verbunden ist und ihre Funktion, das Junge mit Sauerstoff zu versorgen, bis zum Ende der Geburt aufrecht bleibt, ist auch keine Gefahr in Verzug, wenn schon die Vorderbeine und der Kopf sichtbar sind. Manche Fohlen beginnen bereits zu atmen, wenn die sie umhüllende Membran während der Geburt reißt.

Erste Atemzüge

Das Neugeborene

Die Stute bringt ihr Junges bevorzugt im Stehen, aber auch im Liegen zur Welt. Es fällt zumeist in einem Schwall aus Fruchtwasser zu Boden. Dort muss es sich aus seiner Hülle kämpfen und seinen ersten Atemzug tun. Im Gehirn befindet sich das Atemzentrum, das auf den steigenden Kohlendioxidgehalt im Blut reagiert und einen Atemreflex auslöst.

Dabei wird reflektorisch zum ersten Mal Luft eingesogen, da mit dem Abreißen der Nabelschnur die Verbindung zum mütterlichen Organismus abreißt und ein Sauerstoffmangel entsteht.

Da Geburten bei Lamas und Alpakas unkompliziert und rasch, ja manchmal überraschend verlaufen, ist ein Eingreifen meistens nicht notwendig. Im Zweifelsfall kann das Neugeborene aus seiner Hülle befreit werden.

Beim ersten Atemzug schließt sich im Herzen ein Loch, das zwischen den Herzhälften bis zur Geburt bestanden hat, da der Blutkreislauf eines Ungeborenen noch vermischtes Blut führt. Von da an wird der Blutkreislauf in einen sauerstoffreichen, von der Lunge kommenden, und einen sauerstoffarmen, vom Körper zum Herzen strömenden Blutkreislauf getrennt. Der Nabel, an dem die Nabelschnur des Fötus mit dem mütterlichen Kreislauf verbunden war, reißt ab und verödet. Es verbleibt ein dünnes Fädchen, in dem einst die Nabelgefäße in die Bauchhöhle gelangt sind, das in den ersten Tagen nach der Geburt abtrocknet und später unbemerkt abfällt.

Dieses Blutgefäß ist in Einzelfällen Eintrittspforte für Nabelinfektionen und kann zu eitrigen Leberabszessen führen; jede Art von Hygienemaßnahmen, Vorbeugung etc. sind hier ausnahmsweise unangebracht! Manipulationen durch menschliche Hände führen erst recht zur Infektion. Tritt dennoch ein Nabelgeschwür auf, muss rechtzeitig durch den Tierarzt eingegriffen werden!

Für den Fötus ist die Geburt damit zu Ende; die Mutter durchläuft die dritte und letzte Phase der Geburt.

Nachgeburtsphase

Nach der erfolgreichen Austreibung des Fötus löst sich die Plazenta (der Mutterkuchen) von der Gebärmutterhöhle und verlässt durch den Muttermund und die Scheide den Körper der Stute. Durch die Kontraktionen, die zuletzt die Nachgeburt hervorbringen, verkleinert sich die Gebärmutter bereits stark und schließt ihre Rückbildung innerhalb von 14 Tagen nach der Geburt vollständig ab. Die Nachgeburt wird in den meisten Fällen innerhalb weniger Stunden nach der Geburt ausgeschieden und sollte auf ihre Vollständigkeit überprüft werden. Dazu wird die Nachgeburt ausgebreitet und auf ihr typisches Aussehen überprüft. Fehlt offensichtlich ein Teil oder ragen Fetzen aus der Scheide der Mutter, muss von einer unvollständigen Lösung ausgegangen werden.

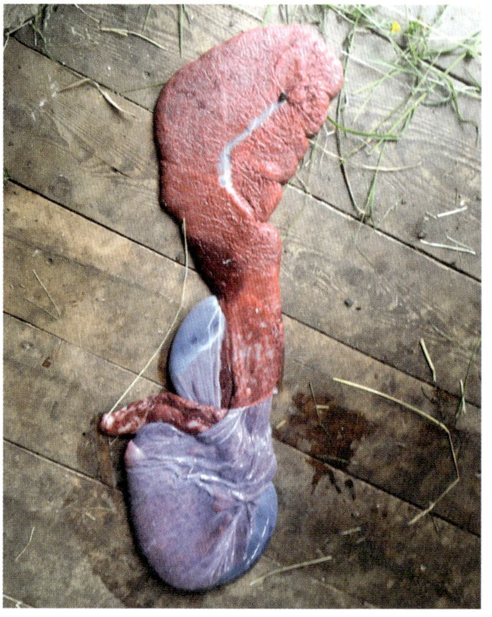

Vollständige Nachgeburt

Normale Körpertemperatur (Gemessen im After): 37,5 bis 38,9 °C

Vemutet man Reste der Nachgeburt in der Stute, dann sollte in den Tagen nach der Geburt die Körpertemperatur mit dem Fieberthermometer zweimal täglich im After kontrolliert werden. Ein Tierarzt ist hinzuzuziehen, wenn keine vollständige Lösung der Nachgeburt stattfindet und die Körpertemperatur der Stute über 38,9 °C steigt.

GEBURTSLAGE

Es werden die *Vorderendlage*, bei der das „vordere Ende“ des Fötus, also Kopf und Vorderbeine zuerst geboren werden, von der *Hinterend- oder Steißlage*, die Geburt mit den Hinterbeinen zuerst, unterschieden. Beide Lagen sind geburtsmöglich.

Voraussetzungen für einen unkomplizierten Geburtsverlauf sind neben der gewohnten Umgebung anatomische Voraussetzungen, die mit geburtsfähigen Stellungen und Lagen des Fötus im Verhältnis zu den Geburtswegen der Mutter beschrieben werden.

Nachgeburt mit abgerissener Nabelschnur

Im Gegensatz dazu ist die *Querlage* geburtsunmöglich und erfordert das Einschreiten durch einen Geburtshelfer, da ansonsten Mutter und Fötus zum Tode verurteilt sind.

Bei manchen Querlagen liegt der Rücken wie ein Schiffsrumpf quer vor dem Becken und kann demzufolge nicht in die Geburtswege eintreten.

GEBURTSSTELLUNG

Es wird bei der Beurteilung eines Geburtsverlaufes die *obere Stellung* beschrieben, bei der der Rücken des Fötus im Verhältnis zum Rücken der Mutter oben liegt, und eine *untere Stellung,* bei der das Junge auf dem Rücken und im Verhältnis zur Stute unten liegt. Die untere Stellung ist eine geburtsunmögliche Stellung.

Weiters müssen für eine normal verlaufende Geburt folgende Voraussetzungen anatomischer Natur erfüllt sein: Das Junge muss mit Kopf und Beinen gerade nach vorwärts gestreckt liegen. Knickt eines der Gelenke ab oder bleibt der Kopf zurück (der Kopf ist „verschlagen"), indem er sich mit dem Hals nach hinten wendet, so bildet sich ein Hindernis im Ablauf der Geburt. Diese gerät ins Stocken.

Bei einer Austreibungsphase, bei der Kopf und Vordergliedmaßen die Vorwärtsimpulse der Wehen durch Abknicken eines Gelenkes (Zehengelenke; Handwurzel- oder Sprunggelenk) unterbrechen, ist von einer verzögerten oder unterbrochenen Geburt auszugehen.

Ein anderer Grund für eine verzögerte Geburt kann das Sistieren (Aufhören) der Wehentätigkeit sein.

In allen Fällen einer verzögerten Geburt oder bei Stillstand der Geburt ist umgehend ein Tierarzt zur Geburtshilfe zu rufen.

DARF EINE UNTERSUCHUNG DER STUTE DURCH DEN BESITZER DURCHGEFÜHRT WERDEN?

Eine Möglichkeit, die stattfindende Geburt zu beurteilen, ist die Untersuchung mit der Hand durch den in Geburtshilfe bereits unterrichteten Besitzer. Dabei handelt es sich um Personen, die an einem Geburtshilfeseminar, das von den Vereinen meist im Frühjahr angeboten wird, teilgenommen haben und die bereits durch Geburten am eigenen Betrieb Erfahrung gesammelt haben.

Die Untersuchung soll dazu dienen, die *Lage des Ungeborenen* festzustellen, um bei Abnormalitäten nicht zu lange mit der Verständigung des Tierarztes zur Geburtshilfe zuzuwarten.

Durch ihr Verhalten zeigt die Stute die nahende Geburt an. Die einsetzenden Wehen sind schmerzhaft, das Tier legt sich hin, wälzt sich, steht wieder auf, sondert sich von der Herde ab, steht häufig in der typischen Stellung am Kotplatz usw. Oft sucht die Stute den schützenden Unterstand auf. Dauert der Zustand an, ohne dass eine Frucht erscheint, dann kann durch die Untersuchung festgestellt werden, ob sich überhaupt ein Fötus in den Geburtswegen befindet.

Die Voraussetzungen zur Untersuchung einer gebärenden Stute sind Hygiene und Sorgfalt. Die Haare am Schwanz können mit einem wasserabweisenden Verband eingebunden werden. Die Scham wird mit einer Seifenlösung gründlich gereinigt und mit einem sauberen Tuch getrocknet. Diese Maßnahmen können auch bis zum Eintreffen des Tierarztes vorgenommen werden.

Durchführung der Untersuchung

Die Hände des Untersuchers werden gründlich mit einer milden Seifenlösung sauber geschrubbt; ein langer Untersuchungshandschuh aus den Beständen des Tierarztes soll bereitliegen. Ebenso eine Flasche Gleitmittel, das großzügig vor dem Hineingreifen in die Scheide verwendet wird. Hände mit langen Fingernägeln haben bei der Geburtshilfe nichts verloren.

Nun werden die Geburtswege mit der behandschuhten und mit reichlich Gleitmittel versehenen Hand untersucht. Dabei wird die Hand vorsichtig in die Scheide eingebracht und die vorhandenen Teile des Fötus rundherum abgetastet.

Der Kopf kann leicht identifiziert werden. Die Hand folgt der von den Fruchthüllen umgebenen Frucht und tastet nun vorsichtig, eine hohle Hand bildend, das Scheidengewölbe rund um die Frucht nach weiteren Teilen ab.

Es sollten im besten Fall Zehen und Gelenke von zwei Beinen auffindbar sein. Gibt es außer dem Kopf keine weiteren Teile zu ertasten, dann ist es vermutlich zu früh, um einzugreifen.

Wird *kein* Fötus in den Geburtswegen vorgefunden, dann ist der Tierarzt zu verständigen. Wenn sich der Muttermund nicht ausreichend geöffnet hat, kann der Tierarzt medikamentell eingreifen. Der Tierarzt untersucht auch, ob sich die Gebärmutter in der normalen Lage befindet. In sehr seltenen Fällen kommt es zu einer Drehung des Uterus um seine eigene Achse (Torsio). Diese wird durch den Tierarzt berichtigt, bevor die Geburt überhaupt stattfinden kann.

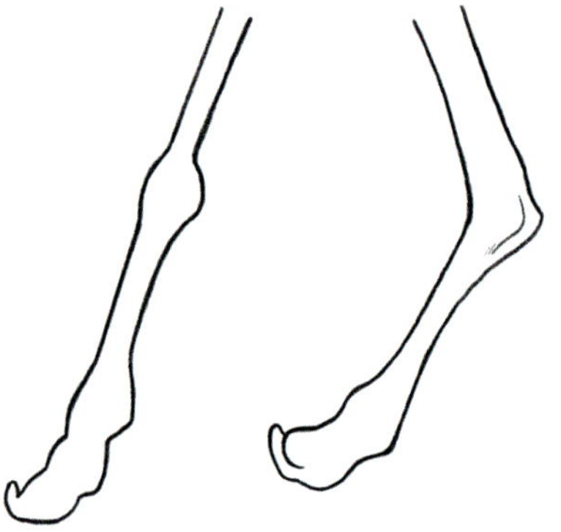

Vorder- (links) und Hinterbein (rechts) eines Fötus

Wodurch werden Vorder- von Hinterbeinen unterschieden?

Sowohl Vorder- als auch Hintergliedmaßen (siehe S. 95) haben dieselben Zehengelenke.

Das Fesselgelenk ist das dickste der Zehengelenke, das knapp oberhalb der bei Fohlen durch die Feuchtigkeit bei der Geburt glasig erscheinenden Schwielensohle folgt.

Danach kann bei einer Vordergliedmaße im Anschluss an den langen Mittelhandknochen als nächst folgendes Gelenk weiter oben das Handwurzelgelenk als **dickes, rundes Gelenk** getastet werden, während das Sprunggelenk, das dem Fußwurzelgelenk entspricht, ebenfalls im Anschluss an den langen Mittelfußknochen als deutlich **kräftiges, abgewinkeltes** Gelenk mit dem deutlich fühlbaren Fersenbeinhöcker und der unverwechselbaren Achillessehne getastet werden kann.

Man zählt, die Hand in der Scheide, die Gelenke von unten nach oben und zwar so lange, bis man sich anhand der Beschreibung davon überzeugen konnte, um welche Gliedmaße(n) es sich handelt. Es wird betont, dass an *vorderen Gliedmaßen* keinesfalls gezogen werden darf, wenn *kein Kopf* dazu tastbar ist! Die Folge sind in die Geburtswege verkeilte Körperteile, die von einem Tierarzt erst wieder in eine gute Geburtsposition gebracht werden müssen, was nicht immer gelingt, wenn vorher unsachgemäß angezogen wurde!

Niemals an Beinen ziehen, die als Vordergliedmaßen identifiziert wurden, wenn kein Kopf ertastet werden kann!

ZUSTAND DER STUTE NACH DER GEBURT, GEBURTSVERLETZUNGEN

Ist die Scheide oder der Muttermund durch eine schwere Geburt oder einen Eingriff gerissen, so zeigt sich dies meist in einer Blutung.

Solche ernsthaften Verletzungen der Geburtswege der Stute müssen durch umsichtige Geburtshilfe vermieden werden, um die folgenden Geburten nicht durch Vernarbungen in der Scheide oder des Muttermundes zu gefährden. Die meisten Blutungen sistieren (stoppen) von selbst; bei einer starken Blutung aus der Scheide, eventuell mit pulsierendem Blutstrahl, der etwa kleinfingerdick rinnt, muss umgehend ein Tierarzt gerufen werden, um den *Scheidenriss oder Riss im Muttermund* zu vernähen bzw. den Ort der Blutung aufzusuchen und zu vernähen. Nahten innerhalb der Scheide sind für einen mit Rinder- oder Pferdegeburtshilfe vertrauten Tierarzt kein Problem. Manchmal behilft er sich einer Klemme, die in den innen liegenden, blutenden Bereich gesetzt wird; auch dadurch kann eine Blutung beendet werden. Das Risiko des Verlierens der Klemme besteht jedoch. Calcium wirkt blutgerinnungshemmend und kann in Form einer langsamen, streng intravenösen Infusion analog anderer Großtiere im analog zum Körpergewicht errechneten Volumen verabreicht werden.

Gebärmuttervorfall

Nach einer Geburt, insbesondere einer Schwergeburt, kann durch geschwächte Bandstrukturen, die normalerweise das Organ *in situ* (in ihrer Position) halten, die Gebärmutter vorfallen, das heißt, sich nach außen stülpen. Der Anblick der aus der Vagina quellenden großen, blutroten Gebärmutter ist für die meisten Besitzer schockierend. Wichtig sind bis zum Eintreffen des sofort gerufenen Tierarztes Ruhe und Sauberkeit. Liegt das Tier, dann sollte das Organ auf ein

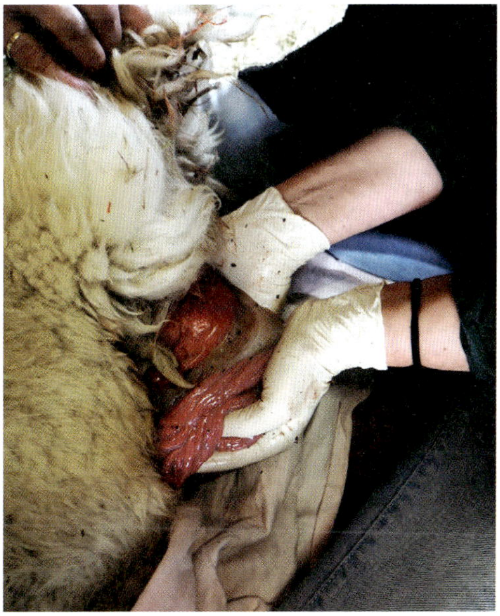

Reposition des vorgefallenen Uterus (© A. Sabath)

sauberes Tuch gebettet werden und nicht in staubiger oder dreckiger Einstreu zu liegen kommen.

Der Tierarzt wird Anweisungen geben, was er benötigt, es kann dies kaltes Wasser aus dem Schlauch sein oder weitere saubere Tücher, jedenfalls sollten mindestens zwei Hilfspersonen zur Verfügung stehen, eventuell ein Kübel mit warmem Wasser und Seife. Nach der Reposition der Gebärmutter ins Innere und „Zunähen“ der Schamlippen muss abgewartet und den Anweisungen des Tierarztes gefolgt werden. Die Stute wird mit Antibiotika, die in die Gebärmutter verabreicht werden, versorgt. Die nächsten Tage folgen mit Beobachtung von Körpertemperatur und Fressverhalten. Die erneute Bedeckung der Stute muss abgewogen werden, da sich der Vorfall bei der nächsten Geburt wiederholen kann.

PATHOLOGIE DER TRÄCHTIGKEIT

Verwerfen (Abortus)

Als Verwerfen wird das frühzeitige Ende einer Trächtigkeit bezeichnet, bei dem der Embryo oder der Fötus abstirbt und resorbiert (im Mutterleib aufgelöst) oder ausgeschieden wird. Bei fortgeschrittener Trächtigkeit kann auch eine Frühgeburt (vor dem errechneten Termin) stattfinden, bei dem ein zumindest vorübergehend lebensfähiger Fötus zur Welt kommt.

Abortusursachen

Resorption

Aus unbekannten Ursachen findet bei Neuweltkameliden häufig (bis zu 60 %, GAULY 2011) ein frühembryonales Absterben der Frucht in den ersten beiden Monaten der Trächtigkeit statt. Der befruchtete Embryo kann sich nicht einnisten oder die Einnistung findet nicht unter idealen Bedingungen statt, sodass die Trächtigkeit nicht aufrechterhalten werden kann. Die Gründe dafür sind nicht geklärt. Es werden hormonelle Ursachen im Betracht gezogen. (GAULY, 2011)

Die Resorption dieser kleinen Frucht bleibt unbemerkt. Ein Anzeichen für den frühembryonalen Fruchttod kann die verlängerte oder wieder auftretende Deckbereitschaft sein.

Verbesserung der Trächtigkeitsrate bei Resorption – Vermeidung „leerer“ Stuten zum Geburtstermin

Manche Stuten scheinen nach dem typischen, mehrmaligen Abspucken des Hengstes bereits trächtig. Bei einem nach einigen Wochen wiederholten Deckversuch (Spucktest), bei dem die Stute den Deckakt erneut duldet, muss von einer Resorption ausgegangen werden.

Es sollte daher auch bei vermeintlich trächtigen Stuten *nach dem Ende der Decksaison* doch noch einmal mit dem Hengst „probiert“ werden, um „leere“ Stuten frühzeitig zu erkennen. Dadurch kann die Trächtigkeitsrate verbessert werden. Selbstverständlich leistet eine wiederholte Ultraschalluntersuchung hervorragende Dienste.

Frühabortus

Abgänge sehr kleiner Früchte in einem frühen Trächtigkeitsstadium (etwa bis zum 3. oder 4. Trächtigkeitsmonat) sind nicht sehr häufig. Sie dürften jene Stuten betreffen, die sich um den Geburtstermin überraschend als nicht trächtig erweisen. Die Stute ist meist unauffällig; eventuell können Schleim- und Blutklumpen am Kotplatz gefunden werden, der abortierte Embryo wird in der Regel übersehen.

Abortus bei fortgeschrittener Trächtigkeit

Hier steht die Stute vor dem Geburtstermin am Kotplatz und presst auffällig. Eine deutlich erkennbare Frucht wird mitsamt ihren Hüllen ausgetrieben. Die Hüllen sollten auf ihre Vollständigkeit überprüft werden. Der Fötus ist tot oder stirbt unmittelbar nach der Austreibung.

Für die Stute kann der Abortus wegen einer Infektion der Geburtswege gefährlich sein. Deshalb muss in den ersten Tagen zweimal täglich die Körpertemperatur gemessen werden, um bei auftretendem Fieber sofort reagieren zu können. Der Tierarzt muss dann umgehend gerufen werden. Er untersucht die Stute und verabreicht Antibiotika. In den meisten Fällen ist die Stute jedoch unauffällig.

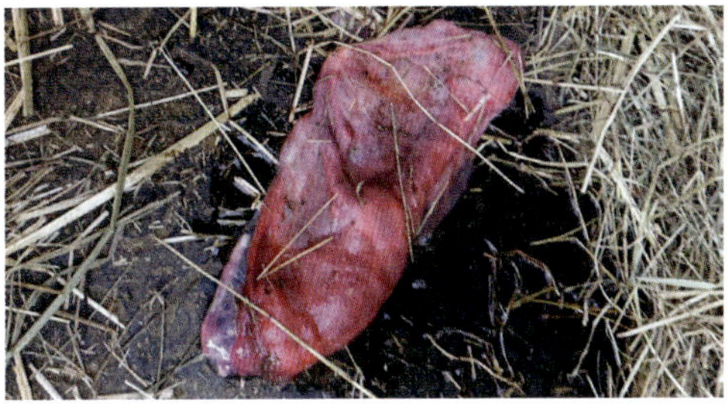

Abortierter Fötus in seinen intakten Eihüllen, ca. 6. Trächtigkeitsmonat bei einem Alpaka. Erkennbar ist rechts oben der Kopf mit dem dunkel erscheinenden Auge, die Schulter ist ca. in der Mitte. (© S. Hennerbichler)

Zwillinge

Zwillingsträchtigkeiten bei Neuweltkameliden sind extrem selten. Zwillingsträchtigkeiten enden mit hoher Wahrscheinlichkeit mit einem Abortus oder mit einem Frühabortus unbemerkt. Werden die Zwillinge ausgetragen und früh geboren, dann sind diese Neugeborenen oft lebensschwach und überleben die ersten Tage nicht.

Die Gebärmutter von Neuweltkameliden lässt eine gleichzeitige zweite Trächtigkeit aus unbekannten Gründen nicht zu. Bei der „normalen" Trächtigkeit eines einzelnen Fötus bedeckt die Plazenta die Schleimhaut

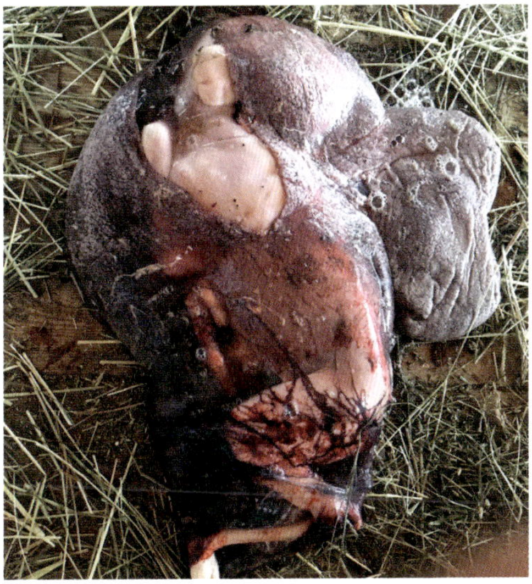

Beide Föten befinden sich in einer gemeinsamen Plazenta. (© A. Sabath)

Zwillingsträchtigkeit bei einem Alpaka, beendet nach einem Abortus im 7. Trächtigkeitsmonat (© A. Sabath)

der Gebärmutter großflächig; dies lässt vermuten, dass durch die Einnistung des Embryos eine weitere Einnistung unmöglich wird und der gesamte Raum für den Einling zur Verfügung steht.

Trauma und andere Ursachen

Selten vorkommende Ursachen für einen Abortus aufgrund einer mechanischen Ursache, wie einen Schlag, Sturz oder Stoß, führen zur Loslösung der Plazenta und zum Ersticken des Fötus im Mutterleib. Auch Vergiftungen (GAULY, 2011) durch Pflanzen, wie Oleander oder Rhododendron, als Ursachen werden beschrieben.

Stress und Glucocorticoide

Stress kann durch die freigesetzten Stresshormone eine frühzeitige Beendigung der Trächtigkeit verursachen. Stressauslösende Situationen sollten bei trächtigen Stuten tunlichst vermieden werden (Transport, Futter- oder Weidewechsel, Umgruppierung, Scheren, Impfen etc.).

Während der Trächtigkeit wird der Tierarzt bei notwendigen Behandlungen keine Corticoide anwenden. Diese Arzneimittel dürfen bei trächtigen Stuten ausschließlich zur Einleitung der Geburt angewendet werden.

Vorgehen bei einem Abortus

Die Früchte samt Eihüllen gekühlt rasch an eine Untersuchungsanstalt (AGES in Österreich) mit einem Begleitschreiben einsenden. Darin die Bitte auf Untersuchung auf Abortuserreger formulieren.

Infektiöse Ursachen

Bakterien

Chlamydien: Die Ansteckung erfolgt durch Futter, Wasser oder Einstreu. Es wird auch die Übertragung beim Deckakt durch den Hengst auf die Stute und umgekehrt diskutiert. Eine vorherige Untersuchung eines Scheidentupfers (Tierarzt) kann die Chlamydien identifizieren. Chlamydien können auch durch zugekaufte Tiere eingeschleppt werden und in einem Stadium verharren, das erst bei einer Trächtigkeit „geweckt" wird. Chlamydien werden mit Abortusmaterial (Fruchtwasser, Eihüllen, Fötus) in Massen ausgeschieden und verseuchen die Umgebung (Einstreu). Daher nach einem Abortus den Stall gründlichst reinigen und dabei immer mit Handschuhen arbeiten, da eine Übertragung von Abortuserregern auf den Menschen ebenfalls möglich ist.

Mäusekot im Futter beherbergt gesundheitliche Gefahren.

Brucellen: Sind bekannt als Abortuserreger: Laut seuchenrechtlichen Bestimmungen (Österreich) müssen Neuweltkameliden beim Import und Export auf Brucellen untersucht werden. Diese Untersuchungen auf Antigen/Antikörper werden von Amts wegen stichprobenartig (z.B. Tankmilch, Blutuntersuchungen) bei den Wiederkäuern durchgeführt.

Andere, seltenere bakterielle Ursachen: Salmonellen, Coxiellen, Leptospiren (übertragen von Nagetieren) u. a.

Parasitäre Ursachen

Toxoplasma gondii: Übertragung durch Katzenkot

Neospora caninum: Übertragung durch den Kot infizierter Hunde. Hunde infizieren sich durch das Fressen von Nachgeburtsteilen infizierter Weidetiere.

Nachgeburten gehören nicht auf den Misthaufen, sondern müssen fachgerecht in der Tierkörperverwertung entsorgt werden. Bei mehreren Nachgeburten: Einfrieren, sammeln und dann abgeben.

Achtung!
Wenn Hunde oder andere Fleischfresser Nachgeburtsteile fressen und ihre Hinterlassenschaften auf der Weide zu finden sind, besteht Übertragungsgefahr.

Entwurmte und angeleinte Haushunde, die mit handelsüblichem Hundefutter und nicht mit Frischfleisch gefüttert werden, sind keine Überträger. Dennoch gehört Hundekot nicht auf die Weide oder die Mähwiese und muss von den Besitzern sorgsam eingesammelt werden.

Virale Erreger

Schmallenbergvirus, Blauzungenvirus: Die Viren dringen durch die Plazenta in den ungeborenen Föten ein und verursachen Missbildungen (Schmallenbergvirus) und Abortus. Die Erreger werden von Stechmücken übertragen.

Totgeburt

Die Geburt eines ausgereiften, aber toten Fohlens zum Geburtstermin kann verschiedene vorangegangene, kurzfristige Störungen als Ursache haben: die vorzeitige Ablösung der Plazenta (z. B. durch ihre Lage, durch eine Infektion), Geburtshindernisse (Schwergeburt) oder angeborene Defekte. Das Fohlen erleidet zumeist einen Sauerstoffmangel. Im Falle einer absteigenden Infektion (durch das Blut der Mutter gelangen Keime in die Plazenta) oder aufsteigenden Infektion (aus den Geburtswegen in die Gebärmutter und Plazenta eindringende Keime) wird der Fötus von den mütterlichen ausgeschütteten entzündlichen Stoffen (Zytokine) bereits im Mutterleib so sehr geschädigt, dass er während der Geburt oder kurz danach an einer Lungenfunktions- oder Durchblutungsstörung des Gehirns verstirbt.

Ein Eingreifen ist hier meist aussichtslos, da die Zeit zur Erforschung der komplexen Ursachen fehlt.

Lebensschwache Fohlen

Der Tod innerhalb des ersten Lebensstunden steht meist in Zusammenhang mit den oben beschriebenen erlittenen Schädigungen bereits vor oder während der Geburt, oder eines angeborenen Defektes im Herzen, der eine Sauerstoffunterversorgung der Gewebe zur Folge hat, und wahrscheinlich in vielen Fällen mit einem Wärmeverlust, bei dem das Neugeborene nicht in der Lage ist, die Körpertemperatur aufrecht zu erhalten. Auch muss in den ersten Lebensstunden Kolostrum aufgenommen werden, damit genügend Energie und Abwehrstoffe in den Körper gelangen.

BIOLOGIE DES NEUGEBORENEN – NEONATOLOGIE

NACH DER GEBURT

Neugeborene Lamas und Alpakas werden als Fohlen oder Crias bezeichnet. Sie werden meistens in einer intakten Eihülle geboren. Da die Mutter das Kleine nicht ableckt, muss es sich selbst aus der Eihülle befreien, sonst droht es zu ersticken. Durch das rege Zappeln des vitalen Neugeborenen zerreißt die Umhüllung, so diese nicht schon beim Geburtsvorgang zerrissen ist.

Anschließend muss das neugeborene Tier trocknen, da es vom Fruchtwasser noch nass ist. Es kann mit einiger Regelmäßigkeit beobachtet werde, dass Lama- und Alpakageburten an sonnigen oder trockenen oder auch leicht windigen Tagen von selbst, unkompliziert und vielfach überraschend stattfinden. Ausnahmen sind jedoch immer möglich. Auch bei strömendem Regen finden Geburten statt. Die Stute sucht dann Schutz im Unterstand oder auf der Weide unter Bäumen oder Büschen.

Das Jungtier findet vielleicht nicht sofort das Euter; im Freien tut es sich leichter, denn es sucht instinktiv nach einer dunklen Stelle

Durch Zappeln hat sich die Eihülle geöffnet.

Wenige Stunden nach der Geburt ist das Fohlen an der Sonne getrocknet.

„Weiche“ Ohren bei frühgeborenen Fohlen

an seiner Mama, wo sich das Euter verbirgt. Im schattigen Stall ist die Suche für das Fohlen schwieriger.

Das Geburtsgewicht von ausgetragenen Alpakas beträgt etwa 4–6 Kilogramm (3,6–10,4 kg, FOWLER, 2010), eines Lamas 6–12 Kilogramm (8–20 kg, FOWLER, 2010). Die Geburtsgewichte können bei älteren Stuten zunehmen (FOWLER, 2010).

Ausgereifte Crias stellt man an den durchgebrochenen Schneidezähnen im Unterkiefer fest. Meist sind beidseits zwei Schneidezähne fühl- und sichtbar.

Sind die Fohlen früh geboren und noch nicht vollständig ausgereift, dann befindet sich im Unterkiefer lediglich ein harter Wulst, unter dem die Schneidezähne vorhanden sind. Viele früh geborene Crias haben geknickte Ohren und schwache Sehnen, sodass sie durchtrittig erscheinen.

Diese Anzeichen einer zu frühen Geburt sind dann nicht besorgniserregend, wenn das Fohlen das Euter selbständig aufsuchen kann und regelmäßig zum Trinken geht. Dennoch sollte immer die innere Körpertemperatur im After kontrolliert und eventuell eine

Noch nicht ganz trocken, erkundet dieses Neugeborene (Mitte) schon die Welt.

Neugeborenes Fohlen, durchtrittig (rechts)

vorbeugende Selengabe ins Maul vorgenommen werden.

Die zu weich erscheinenden Ohren und durchtrittigen Gelenke verschwinden innerhalb der nächsten Tage oder Wochen.
Fohlen, die die meiste Zeit des Tages mit erhobenem Kopf und zurückgelegten Ohren ruhen, sollten immer sorgfältig beobachtet werden. Findet keine oder keine regelmäßige Aufnahme von Muttermilch statt, dann verhungern die Fohlen aufgrund des Energiemangels innerhalb kurzer Zeit (meist innerhalb des ersten Lebenstages, siehe Milchmangel, S. 183).

SOZIALE BINDUNG

Neugeborene werden umgehend von den anderen Herdenmitgliedern begrüßt. Zumeist beinhaltet die Begutachtung auch eine Geruchskontrolle am After.

Geruchskontrolle

MUTTERLOSE AUFZUCHT

Ein Drama bahnt sich an, wenn die Mutter bei der Geburt oder kurz danach verendet. Das Jungtier würde in dieser Situation in der freien Wildbahn schnell Opfer eines Prädators werden und ist ohne die Versorgung durch die Mutter ohne Überlebenschance. In häuslicher Pflege bedarf die mutterlose Aufzucht jedoch der Einhaltung einiger Grundsätze, um keine groben Fehler in der Aufzucht zu machen.

Zunächst muss die richtige Nahrung zubereitet werden, um dem Jungtier einen Start ins Leben zu ermöglichen.

Die Zusammensetzung der Kamelidenmilch ist im Unterschied zu anderen Milchen von Kuh, Stute, Ziege oder Schaf fettärmer und laktosereicher (siehe Zusammensetzung der Milch, S. 181 f.).

Info
Es wird empfohlen, sich nach guter, dick-gelber Kolostralmilch einer Kuh, Ziege oder eines Schafes umzusehen. Eventuell kann diese tiefgekühlt oder frisch von einem Rinder-, Ziegen- oder Schafbauern erworben werden oder bereits im Vorfeld, gefroren in Plastikflaschen, auf Lager gegeben werden. Es gibt bereits getrocknete Kolostralmilch für Kameliden zu kaufen (Deutschland).

Fehlt Kolostralmilch, dann ist der Ersatz am besten frische Ziegenmilch, die erwärmt mit der Flasche gegeben werden kann. Ein Fläschchen für Lämmer- oder Zickleinaufzucht ist schnell besorgt.

Menge der verabreichten Milch sowie Anzahl der Mahlzeiten pro Tag:
Das Fohlen soll 12–18 % seines Körpergewichtes alle 2 Stunden, auch nachts (alle 4 Stunden), zu sich nehmen (M.TRAH, T. WITTEK, 2013).

Weitere wertvolle Tipps finden sich in: ALPAKAS UND LAMAS, M. TRAH, T. WITTEK, LAMA VERLAG, VEREIN DER ZÜCHTER; HALTER UND FREUNDE VON NEUWELTKAMELIDEN E. V.

Besonders bei Neuweltkameliden zu beachten

Die Milch sollte nicht oder nur so kurz wie nötig von Hand gegeben werden und das Tier im besten Fall nur an die Flasche (und nicht an die Hand) gewöhnt werden. Auch wenn es schwerfällt, aber insbesondere ein männliches Fohlen kann bei der Zuwendung durch den Menschen fehlgeprägt werden. Auch Stutfohlen können eine gewisse Fehlprägung entwickeln, die in den beobachteten Fällen meist milder verläuft; dennoch fallen solche „mild" fehlgeprägten Alpakas oder Lamas, die sich ohne Scheu dem Menschen nähern und etwa an der Kleidung und in Taschen nach Futter suchen, teilweise unangenehm auf (siehe Berserk Male Syndrome, S. 206 ff.).

(© Privat)

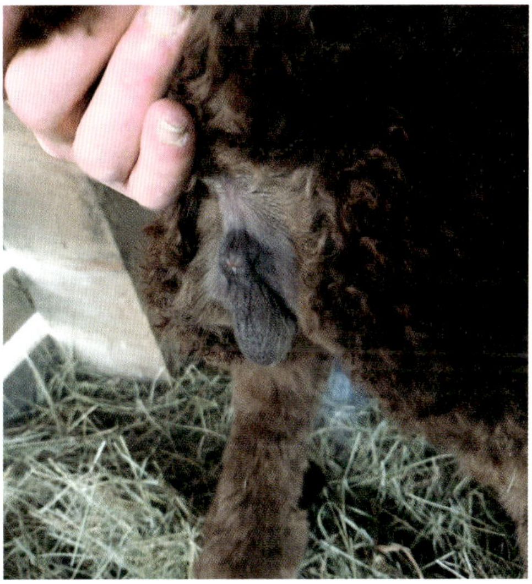

Vulvaatresie beim weiblichen Neugeborenen (© Alpacas En Colores)

Die Flasche für das Neugeborene kann stattdessen an eine Halterung im Stall angebracht werden, wo von nun an zu den festgelegten Zeiten die notwendigen Mahlzeiten verabreicht werden. Neben der Flasche in der Halterung sollten sich nur Herdenmitglieder im Stall/Unterstand befinden.

OPERATIONEN BEI NEUGEBORENEN

Eine Allgemeinanästhesie (Vollnarkose) bei jungen Lama- und Alpakafohlen ist nur unter strengster Indikation (etwa ein lebensbedrohlicher Zustand) anzuwenden!

Der Wärme- und Energieverlust der Säuglinge ist wie bei den anderen Tierarten hoch; Neugeborene sind während eines Eingriffes warm zu lagern (Wärmelampe, Wärmebett) und während des Eingriffes mit angewärmten Infusionen zu versorgen.

Die Notwendigkeit einer Vollnarkose ist genau gegenüber dem Risiko, den Patienten in der Narkose zu verlieren, abzuwägen.

Kleinere Eingriffe können mit einer Lokalanästhesie vorgenommen werden, zum Beispiel Vulvaatresie, Analatresie, S. 202 f.

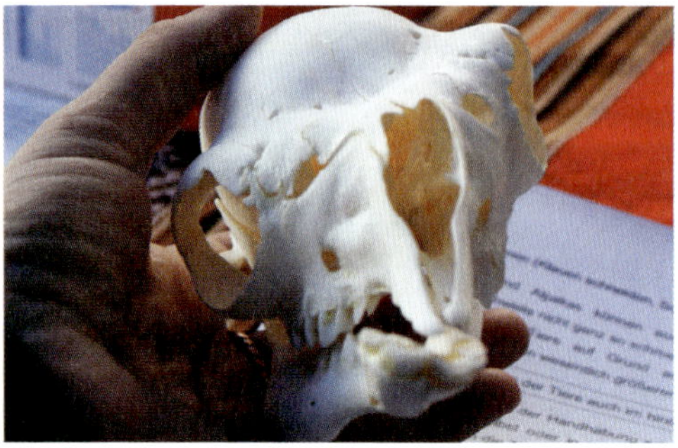

Wry face, Schädelpräparat von M. TRAH, fotografiert bei einer Fachtagung in Irrsee/DE, 2013

Teilweise blaue Iris

ANGEBORENE ERKRANKUNGEN

Durch Inzucht oder genetische Fehler, die bei der Befruchtung oder während der Embryonalentwicklung entstehen oder weitervererbt werden, sind manche Erkrankungen beim neugeborenen Lama oder Alpaka bekannt.

Knochenstrukturen

Wry face

Das Wry face, das bei Lama und Alpaka beschrieben wird, ist eine seitliche (einseitige) Verkürzung des Nasenbeines und des Oberkieferknochens, damit verbunden sind Veränderungen am Atmungs- und Verdauungstrakt. Eventuell besteht die Unmöglichkeit zu fressen oder ausreichend zu atmen. Das Tier sollte in diesem Fall eingeschläfert werden, da keine Operation möglich ist.

Polydaktylie

Über die beiden Zehen eines Beines hinausgehende, weitere Zehenknochen mit unterschiedlich ausgebildeten Zehengelenken und Hautanhangsgebilden, wie Nagel und Schwiele. Fohlen mit solchen Missbildungen sind meist lebensschwach oder kommen tot zur Welt.

Knickschwanz

Angeborener „Fehler“, mit diesen Tieren sollte nicht weitergezüchtet werden, da diese Missbildung erblich ist (siehe S. 93).

Weichteilstrukturen

Blindheit

Durch Inzucht können Fohlen blind zur Welt kommen (siehe Hornhauttrübung, S. 216).

Taubheit

Blaue Augen werden mit Taubheit in Verbindung gebracht. Bekannt als „Merle-Faktor“ bei Hunden, wird die mögliche Taubheit bei Neuweltkameliden in der Literatur erwähnt. Tiere mit blauen Augen sollten deshalb von der Zucht ausgeschlossen werden. Einer Verwendung der Tiere ist aber nichts entgegenzusetzen (siehe Albinismus, S. 220).

Atresia ani

Diese angeborene Abwesenheit eines Anus (der Analöffnung) wird auch bei vielen anderen Tierarten beschrieben. Dabei ist der Darmausgang durch Haut verschlossen bzw. gibt es keinen Darmausgang. Sie kann operativ behoben werden, wenn eine Vorwölbung der Darmschleimhaut mit Darminhalt vorhanden ist. Die Operation wird durch den Tierarzt durchgeführt: an der Stelle des normalerweise vorhandenen Anus wird die Haut eröffnet und mit der Schleimhaut des Enddarms vernäht. Manchmal gibt es zufriedenstellende Ergebnisse, wenn auch der Schließmuskel vorhanden ist.

Atresia vulvae

Die *Atresia vulvae* tritt selten bei weiblichen Neugeborenen auf. Sie wird auch auch Vulvaaplasie oder Vulvaadhäsion genannt. Dabei sind die Schamlippen und die Schamspalte verschlossen.

Da die Öffnung der Harnröhre bei weiblichen Tieren im Vestibulum der Scheide liegt (siehe weibliche Geschlechtsorgane), kann der Harn durch die nicht vorhandene Schamspalte (*Rima vulvae*) nicht oder nur in kleinen Mengen abgesetzt werden. Der Harn sammelt sich unter der Haut und wölbt diese im Bereich unter dem After vor. Er kann auch in die Gebärmutter abfließen (*Urometra*).

Im hier beschriebenen Fall war das Fohlen nach der Geburt und in den darauffolgenden 24 Stunden vital und trinkfreudig. Es konnte davon ausgegangen werden, dass die Möglichkeit des Harnabsatzes nach außen bestand, jedoch ein Abfließen in die Gebärmutter war auch denkbar.

Die Operation ist meist unkompliziert und sollte unter Lokalanästhesie vorgenommen werden.

Ein in der Schweiz bei einem erwachsenen weiblichen Alpaka beschriebener Fall (SCHWEIZERISCHE VEREINIGUNG FÜR WIEDERKÄUERGESUNDHEIT, CASE 05-2015-1, ELENA STORNI, VETSUISSE FAK. UNIV. ZÜRICH) wurde durch eine einfache, unter

Atresia Vulvae beim Neugeborenen weiblichen Alpakafohlen (© Alpacas En Colores)

Lokalanästhesie vorgenommene Inzision des hervorquellenden Perineums bei durch Atresie verschlossener Vulva vorgenommen. Die Schleimhaut der Scheide wurde anschließend mit Einzelknopfnähten an die Haut angenäht und das Problem damit behoben.

Da das Problem eventuell erblich ist, sollten diese Tiere von der Zucht ausgeschlossen werden.

Eine Allgemeinanästhesie (Vollnarkose) bei einem jungen Lama- und Alpakafohlen ist nur unter strengster Indikation (lebensbedrohlicher Zustand) anzuwenden (siehe Neonatologie, S. 201).

JUNGTIERAUFZUCHT UND ÜBERLEGUNGEN ZUR ZUCHT

WANN WERDEN JUNGTIERE VON DER HERDE GETRENNT?

Männliche Fohlen

Das Absetzen (= Weggeben von den Müttern) der männlichen Fohlen geschieht rund um den Beginn des zweiten Lebensjahres. Über das gesamte erste Lebensjahr können die Junghengste bis auf wenige Ausnahmen bei den Müttern bleiben. Manches einjährige Fohlen trinkt noch ein bisschen bei der Mutter, wenn diese es zulässt. Es ist aber längst in der Lage, sich ohne Muttermilch vollständig alleine zu ernähren. Im Alter von ca. einem Jahr ist das Fohlen auch in der Lage, sich an eine neue Situation nach der Trennung zu gewöhnen, ohne Schaden zu nehmen, sodass nichts gegen das Absetzen spricht. Auch ein früheres Absetzen wird praktiziert; meist, um die Stute bei erneuter Trächtigkeit zu schonen.

Für die Bildung einer Junghengstgruppe von mindestens zwei Junghengsten ist die Gesellschaft von Wallachen am besten geeignet. Wallache verhalten sich weniger aggressiv als geschlechtsreife Hengste und die Verletzungsgefahr für die Jungtiere entfällt damit.

Einzelne Junghengste

Die Nachteile bzw. die Gefahr einer Fehlprägung eines einzelnen Junghengstes werden im Kapitel „Berserk male“, S. 206 ff., beschrieben.

Weibliche Fohlen

Handelt es sich um Jungstuten, ist eine Trennung von den Müttern nicht zwingend notwendig.

Jungstuten, die zur weiteren Verwendung als Zuchttiere am Betrieb verbleiben, können mit bzw. von den Müttern weiter aufgezogen werden.

Das Absetzen vor der Geburt des nächsten Fohlens geschieht meist komplikationslos von selbst, insbesondere wenn die Intervalle zwischen Geburt und neuerlicher Deckung etwas verlängert werden, um der Stute zwischen Laktation und der nächsten Trächtigkeit etwas Pause zu vergönnen. Diese Pause ist notwendig, da gleichzeitige Laktation und Trächtigkeit die Stuten mehr mitnehmen, als möglicherweise förderlich für die Gesundheit ist. Trächtigkeit und Laktation wirkt sich auf das Vlieswachstum bei Alpakas aus. Nährstoffmangelsituationen durch gleichzeitige Trächtigkeit und das Säugen des Vorjahresfohlens wirken sich auch negativ auf die Körperkondition aus.

Sehr dünne Stuten sollten eine Pause erhalten, das heißt, Stuten eine Saison lang nicht zu bedecken. In Anbetracht der langen Nutzungsdauer können Stuten genügend Fohlen zur Welt bringen, sodass die Genetik ausreichend erhalten bleibt.

AUSWAHL VON TÖCHTERN ZUR ZUCHT

Töchter von ausgewählten Verpaarungen sind wertvoll für das Fortkommen der Zucht. Die genetischen Merkmale werden über ein und dieselbe Verpaarung mittels der geborenen Vollgeschwister erhalten und gegebenenfalls über gezielte Anpaarungen verbessert.

Hervorragende Stuten bringen einige wertvolle Nachzucht, wenn Paarungen mit demselben Vatertier wiederholt werden und die Nachkommen einer Stute anhand von Exterieur- und sonstigen Merkmalen beurteilt werden, die im Zuchtwert zusammengefasst werden.

Zucht bedeutet nicht unbedingt Vielzahl in der Reproduktion, sondern Konstanz und Erhaltung von Merkmalen, die etwa durch die Tierbeurteilung und in Fasermesswerten objektiviert wird.

Nur wenn angemessene Preise erzielt werden können, sollten Jungstuten aus der Hand gegeben werden (= zum Verkauf angeboten).

ÜBERLEGUNGEN ZUR ZUKUNFT DER ZUCHT AUF EINEM BETRIEB

Droht die Reproduktionsfähigkeit von Zuchtstuten durch ihr fortgeschrittenes Alter zu versiegen, dann muss für ausreichend Nachzucht aus diesen Linien vorgesorgt werden, um den Zuchtbetrieb aufrecht erhalten zu können: Jungstuten der ausgewählten Linien verbleiben am Betrieb und können mit einem vielversprechenden Hengst verpaart werden, um entweder bewährte Merkmale zu erhalten oder neue Merkmale zu erzüchten.

Das mit dem Alter der Stuten steigende Alter der Besitzer kann manchmal Überlegungen rechtfertigen, die Zucht auslaufen zu lassen, das heißt, keine Jungstuten mehr zu behalten, um den Tierbestand verantwortungsvoll durch natürliche Abgänge zu reduzieren. Wenige ältere Tiere zu hinterlassen, erscheint mir tierschutzgerechter als eine größere, gewachsene Herde beim Tod des Besitzers zu „zerreißen“ und die Tiere auf viele neue Besitzer aufzuteilen. Eine testamentarische Festlegung, wer für den Verkauf der hinterlassenen Tiere verantwortlich zeichnet, erspart die Sorge um das Fortbestehen einer liebevoll und über viele Jahre aufgebauten Zucht.

BERSERK MALE SYNDROME

Definition eines Syndroms: Eine Reihe von verschiedenen Symptomen, die zusammen als eine Störung/Krankheit wahrgenommen werden.
Mit „Berserk Male Syndrome" werden die Auswirkungen der Fehlprägung männlicher Tiere beschrieben.

Wie äußert sich diese Fehlprägung?

Eine milde Form der Fehlprägung ist dann festzustellen, wenn ein einzelnes Tier einer Herde die gewöhnlich von Lamas und Alpakas eingehaltene Distanz auffällig unterschreitet. Es läuft heran, drängt sich auf, schnüffelt an der Kleidung oder im Gesicht, sucht die Nähe, sucht an Taschen. Diese milde Form der Fehlprägung ist häufiger bei weiblichen Tieren zu beobachten.

Beim Berserk Male Syndrome stürmt der fehlgeprägte Hengst beim Betreten des Geheges auf den Menschen zu, attackiert ihn, schlägt mit dem Kopf nach ihm, beißt, springt mit dem Brustbein voran gegen den Körper des Menschen und bringt ihn zu Fall. Es gibt Berichte über ernsthafte Verletzungen, etwa an den Achillessehnen, die Krankenhausaufenthalte nach sich gezogen haben, und Berichte über Hengste, die versuchten, „ihren" Menschen zu decken. Oft ist die Prägung auf einen einzelnen Menschen bezogen, manchmal auch auf jede Person (Kinder!). Filme zeigen, wie mehrere Menschen (Männer!) versuchen, erfolglos einen Hengst zu bändigen. Durch die enorme Hebelwirkung des langen Halses und der Gliedmaßen gelingt es nicht, das Tier zu halftern oder festzumachen.

Als Tierärztin zu einem Tier gerufen, das eindeutig fehlgeprägt und dadurch gefährlich ist, lehne ich die Behandlung ab. Wenn feststeht, dass es sich um einen Berserk Male handelt, dann empfehle ich die Schlachtung/Euthanasie. In Extremfällen muss eine Distanznarkose durchgeführt werden, um das Tier anbinden und fixieren zu können.

Ein fehlgeprägter Hengst

Natürliche (Artgerechte) Prägung

Neugeborene Fohlen orientieren sich an ihrer Mutter, folgen ihr anfänglich überallhin oder ruhen zwischen den Saugakten alleine. Nach wenigen Tagen oder Wochen beginnt das Fohlen sich an seiner Umwelt und seinen Herdenmitgliedern zu interessieren (und stellt dabei auch fest, dass es Menschen gibt). Es nähert sich, so wie jedes junge Tier, neugierig jedem „neuen" Lebewesen, auch dem Menschen. In dieser Phase muss das Fohlen, weiblich wie männlich, in jedem Fall ignoriert oder mit Fingerschnippen verwiesen bzw. mit einer Handbewegung fortgeschickt werden. In keinem Fall darf das Fohlen angelockt werden oder Annäherungsversuche belohnt werden. Im Laufe des ersten Lebensjahres soll das Fohlen alles, was es wissen muss, ausschließlich von seinen Herdenmitgliedern lernen. Nur einem solchermaßen gefestigten Tier kann sich später der Mensch mit respektvoller Ruhe nähern und das Tier lässt in Folge die Manipulationen, die der Mensch durchführt, ruhig über sich ergehen.

Entstehung der Fehlprägung

Das Syndrom kann nur dann beobachtet werden, wenn Menschen in der Fohlenaufzucht gravierende Fehler machen. Die Fehler erklären sich unter anderem durch falsche Tierliebe, Unwissenheit und Informationsmangel. Die Tiere selbst folgen nur ihrem natürlichen Verhalten, das keineswegs den Menschen als Geschlechtspartner oder Kampfgegner vorsieht. Eine hohe Gefahr für eine Fehlprägung besteht dann, wenn auf dem Betrieb in einem Jahr nur ein einzelnes Fohlen geboren wird und dieses Fohlen männlich ist. Es sollten einige Dinge im Umgang mit diesem Fohlen bedacht werden. Weniger groß ist die Gefahr der Fehlprägung, wenn mehrere weibliche Fohlen geboren worden sind und für ein einzelnes männliches Fohlen als Spielgefährten vorhanden sind, wodurch das Interesse des Jungtieres am Menschen viel geringer ist. Der richtige Zeitpunkt, sich über eine mögliche Fehlprägung Gedanken zu machen, ist nach der letzten Geburt in der Herde, wenn feststeht, dass nur ein einzelnes männliches Fohlen in der betreffenden Saison aufwachsen wird. Folgende Überlegungen sollten bereits zu diesem frühest möglichen Zeitpunkt gemacht werden: Wohin kann ich den jungen Hengst geben, wenn kein zweites männliches Jungtier heranwächst? Woher und wann kann ich ein zweites männliches Jungtier beziehen, das mit meinem Junghengst im nächsten Jahr vergesellschaftet werden kann?

Ein einzelnes Hengstfohlen aufziehen

Ein schlechter Zeitpunkt, sich erstmalig Gedanken zu machen, was mit diesem Fohlen zu tun ist, ist dann, wenn es beginnt, spielerisch die Stuten zu decken. Dabei darf dieses spielerische Aufreiten auf die Herdenmitglieder nicht mit Deckversuchen verwechselt werden.

Einzelne Hengstfohlen bedürfen eines Spielgefährten, um dessen Anschaffung man sich rechtzeitig kümmern sollte.

Dann ist schnelle Hilfe immer schwierig, denn nicht allzu viele Betriebe werden so schnell eine neue Hengstgruppe bilden können, entweder weil die Tiere bereits zum Verkauf reserviert sind oder weil keine passenden Wallache vorhanden sind. Planung und Planbarkeit muss für alle Betriebe gleichermaßen gelten, für die, die Jungtiere weggeben müssen, aber auch für diejenigen, die ein Jungtier dazunehmen können. Sie ist nur dann gegeben, wenn der Betrieb rechtzeitig in Kenntnis gesetzt wird. Lama- und Alpakavereine (Adressen siehe S. 55) oder befreundete/benachbarte Betriebe können darüber Auskunft geben, ob ebenfalls ein einzelnes männliches Jungtier geboren wurde, das gekauft werden kann, oder ob für das nächste Jahr die Bildung einer passenden Hengstengruppe geplant ist, in die ein Einzeltier integriert werden kann.

Es spielt dabei keine Rolle, ob es sich um Alpakas oder Lamas handelt. Möchte man selbst eine eigene Hengstgruppe bilden, müssen ausreichend Platz sowie ältere, eventuell einzelne Wallache vorhanden sein. In der Natur werden Junghengste aus dem Rudel vertrieben und müssen sich einer Gruppe männlicher Tiere anschließen, um Nahrung und die Sicherheit in einer Herde zu finden. Wallache sind die geeignetsten Erzieher, sie lassen die Junghengste toben und spielen, ohne sich einzumischen (intakte, erwachsene Hengste würden sich in die spielerischen Kämpfe einmischen und könnten die Junghengste mit ihrer körperlichen Überlegenheit verletzen), zeigen ihnen jedoch unmissverständlich die Grenzen ihres frechen oder schlechten Verhaltens an, indem sie sie zurückweisen. Andererseits lernen die jungen Hengste von den Wallachen Nahrungssuche, Wachsamkeitsverhalten, Unterwerfungs- oder Dominanzverhalten.

Warum sind männliche Tiere gefährdet und warum werden sie gefährlich?

Die problematischste Zeit im Leben eines fehlgeprägten Neuweltkameliden beginnt in der Zeit der einsetzenden Geschlechtsreife. Die Fehlprägung hat bereits früher in der Kindheit durch den Menschen stattgefunden und wird erst jetzt zum immer größer werdenden, unlösbaren Problem. Die Zeit des Erwachsenwerdens, die Pubertät, sollte nur im intakten Rudel stattfinden, denn das nun folgende Erreichen der Geschlechtsreife zeigt jetzt das hässliche Gesicht der scheinbar gutgemeinten Prägung auf den Menschen: Der Hengst fährt fort, mit gleichaltrigen, gleich starken Herdenmitgliedern seine Kräfte zu messen, unter anderem auch mit seinem Freund, dem Menschen. Es mag für manche Menschen (noch) lustig sein, sich mit einem kleinen oder wachsenden Tier zu balgen, das jedoch ohne Halfter und auf einer freien Fläche, wo es nicht in einer Ecke gefangen werden kann, dann Oberhand gewinnen wird, wenn es an Körpergewicht und an Körpergröße zugenommen hat. Zwischen Spiel eines Jugendlichen und Kampf eines Erwachsenen existiert eine schmale Grenze. Schnell kann aus dem Spiel Ernst werden. Zweck des Kampfes geschlechtsreifer Tiere ist es, den Gegner auszuschalten, um die Stuten zu decken.

Ein fehlgeprägter Hengst kann versuchen, einen Menschen „auszuschalten“ oder zu decken. Wer einmal dem Deckakt von Neuweltkameliden beigewohnt hat, wünscht sich nicht in die Situation, unter einem 150 Kilogramm schweren Lamahengst zum Liegen zu kommen, der mit seinen Vorderbeinen im Kreuz seines vermeintlichen Partners diesen zu Boden drückt.

Wer die Verletzungen gesehen hat, die sich Hengste mit den Kampfzähnen, aber auch mit den Schneidezähnen des Unterkiefers, ja selbst mit amputierten und nachgewachsenen Kampfzähnen zufügen können, der versteht, warum Veterinäre mit Erfahrung die Behandlung fehlgeprägter Hengste ablehnen und warum, auch wenn es unter Tierschützern verpönt sein mag, solche Tiere geschlachtet oder euthanasiert werden sollten. Fehlprägung währt lebenslang, nie kann diese Verhaltensstörung „gelöscht“ werden. Diese Tiere sind auch nicht als Herdenschutztiere geeignet, auch wenn dies bereits fälschlicherweise von Schafbesitzern angenommen wurde.

Euthanasie als (Er-)Lösung

Fehlgeprägte Hengste, an denen das Berserk Male Syndrome festgestellt wurde, sind weder lustig anzusehen noch kann ihr Verhalten verändert werden. Die Kastration nützt nichts, egal zu welchem Zeitpunkt sie vorgenommen wird, die Unterbringung lebenslang alleine ist für das Tier nicht artgerecht. Vor den Gefahren, die von dem Tier ausgehen, kann nicht genug gewarnt werden. Seine lange Lebenserwartung von etwa zwanzig Jahren muss das Tier in lebenslanger Einzelunterbringung erleben, nie kann das Tier gehalftert und mitgenommen werden. Es ist keine Tierliebe, das vom Menschen gemachte Syndrom dem Tier zuzumuten, und es spricht auch gegen die Haltung eines fehlgeprägten Tieres, dass diejenigen Menschen gefährdet sind, die dem Tier eine Behandlung, eine Entwurmung, die Nagelpflege oder Schur angedeihen lassen.

Schlachtung

Trotz der Aufschreie der Tierschützer und Gegner der Verwertung als Schlachttier handelt es sich in Österreich bei Neuweltkameliden um lebensmittelliefernde Tiere. Lamas und Alpakas dienten und dienen in ihren Herkunftsländern als wichtiger Teil der Ernährung, der Verkauf von Fleisch und Leder als Teil des kargen Einkommens südamerikanischer Bauern. Es mag unterschiedliche Meinungen geben, aber Lama- oder Alpakafleisch ist bekömmlich und fettarm sowie eiweiß- und mineralstoffreich. Die genaue Zusammensetzung vom Fleisch der Neuweltkameliden findet sich ausführlich in: GAULY, Neuweltkameliden. Auch viele andere Haustierarten werden der Schlachtung zugeführt und jeder Tierhalter möge für sich entscheiden, was in diesem Fall das Richtige für ihn ist.

Beim Vorgang des Schlachtens wird ein gesundes Tier zum Zwecke der Ausschaltung des Bewusstseins schonend (!) und schmerzlos betäubt. Anschließend werden die großen Halsarterien eröffnet. Das Herz des bewusstlosen, jedoch noch lebenden Tieres pumpt so lange Blut aus dem Körper, bis der Tod durch Verbluten eintritt. Es ist normal, dass ein Tier nach ordnungsgemäß durchgeführter Betäubung während des Ausblutens Bewegungen zeigt, es handelt sich dabei um reflektorische Muskelbewegungen. Anschließend wird die Leibeshöhle inklusive der Brusthöhle eröffnet und die Organe entnommen. Danach wird der Schlachtkörper in zwei Hälften geteilt und jede Hälfte an einer kräftigen Sehne des Vorder- oder Hinterbeines aufgehängt, nachdem Kopf, Zehen und Fell entfernt wurden. Die Nieren verbleiben zumeist im Schlachtkörper, der wie die anderen Organe Herz, Lunge und Leber der Fleischuntersuchung durch den beauftragten Veterinär zugeführt wird. Es existieren in den Gesetzestexten keine expliziten Vorschriften für Neuweltkameliden. Nach Auskunft durch einen Amts- und Landesveterinär (Österreich) ist die Beschau wie bei kleinen Wiederkäuern auszuführen.

Also wird der zuständige Veterinär das Tier vor (Lebendtierbeschau) und nach der Schlachtung (Fleischuntersuchung) bei Nichtvorhandensein erkennbarer Krankheiten als tauglich für den Verzehr durch den Menschen freigeben. Er wird dies mittels Tauglichkeitskennzeichnung, den Fleischuntersuchungsstempel, auf dem Schlachtkörper vornehmen (Österreich).

Dieser junge Hengst wächst im Herdenverband auf.

DAS AUGE

Die ausdrucksvollen Augen von Neuweltkameliden begeistern die Menschen durch ihre anmutige Größe und exotische Schönheit. Für Tiere in ihrer natürlichen Umgebung sind die Eigenschaften und Fähigkeiten ihrer Augen jedoch überlebenswichtig.

Neuweltkameliden haben besonders ausdrucksvolle Augen.

SEHVERMÖGEN

Es gibt wenige Hinweise in der Literatur, wie gut oder schlecht Neuweltkameliden in der Dämmerung sehen. Jedenfalls ziehen sie sich bei Nacht auf Schlafplätze zurück, was eventuell auf schlechtes Dämmerungssehen zurückzuführen ist. Bei Tageslicht dagegen sehen Neuweltkameliden hervorragend. Nicht zuletzt durch den hoch getragenen Kopf, verleihen ihnen die seitlich am Kopf befindlichen Augen sehr viel Übersicht über das Umfeld. Gerne stellen sich etwa Hengste auf einen Aussichtspunkt, einen Hügel oder Misthaufen, um noch mehr Überblick über die Umgebung zu bekommen.

Aussichtspunkt der Hengste

DAS GESICHTSFELD

Das Gesichts- oder Sehfeld der Neuweltkameliden als Fluchttiere ist enorm. Durch die seitliche Positionierung der Augen am Kopf sehen die Tiere auch schräg hinter ihnen auftretende Gefahren, jedes Nähern von hinten wird durch eine kleine Drehung des Kopfes festgestellt, die einer Drehung der Ohren folgt, wie auf dem Foto ersichtlich.

Sich wildlebenden Fluchttieren unbemerkt zu nähern, kann nur durch extrem langsame Bewegung (Anschleichen) geschehen. Da in Herden viele Augen gleichzeitig schauen, wird jeder Eindringling mit Sicherheit entdeckt. Dem Wächter kommt die wichtige Aufgabe des Warnens zu; nähert man sich einer grasenden Herde, dann versucht der Wächter, den ansonsten ungefährlichen Eindringling aufzuhalten und mit seinem Körper eine Barriere zu bilden (siehe Verhalten, S. 33 f.). Nähert sich der Eindringling der Herde weiter, die zu diesem Zeitpunkt längst das Grasen beendet hat und mit hocherhobenen Hälsen und aufgerichteten Ohren das Geschehen verfolgt, dann flüchtet die Herde bei ernstzunehmender Gefahr.

Gesichtsfeld eines Neuweltkameliden, Lama-Jungstute

STRESS

Wer Neuweltkameliden kennt, hat bereits beobachtet, dass nicht nur Neugierde, sondern insbesondere auch Missempfinden durch die Körpersprache (siehe S. 28 f.) Ausdruck findet. Ein wesentliches Ausdrucksmittel neben den Ohren sind auch die Augen.

Empfinden Neuweltkameliden Stress, dann bildet sich eine Hautfalte unter dem Unterlid, die durch einen stressbedingten Krampf des ringförmigen Hautmuskels hervorgerufen wird. Stress empfinden Tiere auch in Gegenwart ranghöherer Tiere; ebenso wie bei Umgruppierung, Verladung, Transport, Behandlungen sowie bei Eingriffen, wie Scheren, Nägelschneiden etc.

Es hilft, manche sich wiederholenden Situationen mit den Tieren zu üben, um den Stress so gering wie möglich zu halten (siehe Medical Training, S. 92 f.).

STRUKTUREN UM DAS AUGE

Die schützende knöcherne Höhle, in der das Auge liegt, nennt man Orbita. Der größte und nicht sichtbare Teil des Augapfels mit Linse, Glaskörper und Netzhaut sowie Sehnerv und Augenmuskeln liegt geschützt innerhalb des knöchenden Schädels. Mehrere Knochen

Sklera oder weiße Augenhaut

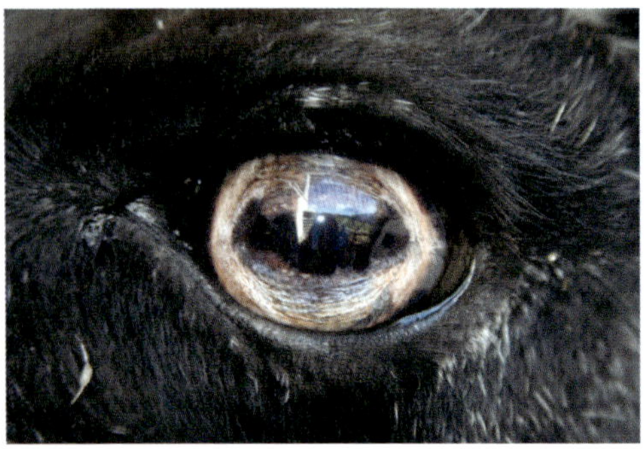

Das gesunde Auge. links: innerer, rechts: äußerer Augenwinkel. Am inneren Augenwinkel münden die Ausführungsgänge der Tränendrüsen, deren Sekret (Tränenflüssigkeit) die Hornhaut befeuchtet und über den Tränennasenkanal abfließt.

sind an der Bildung der Augenhöhle beteiligt. Äußerlich sind die hervorstehenden Strukturen, wie die Hornhaut, die die vordere Augenkammer umgibt, durch die äußere Haut in Form der Augenlider geschützt.

Ein ringförmiger Hautmuskel bedeckt vorderseitig die knöcherne Basis der Augenhöhle.

Am inneren Augenwinkel befinden sich die Ausführungsgänge der Tränendrüsen, deren Sekret, der Tränenfilm, das Auge an der Oberfläche feucht hält und über einen Verbindungskanal in die Nase, den Tränennasengang, abfließen kann.

Die Hornhaut geht an ihren Rändern in die derbe, weiße Augenhaut (Sklera) über, die den Augapfel rundum umgibt und durch die Blutgefäße und Nerven in den Augapfel eintreten.

Die innen anliegende Netzhaut mit ihren licht- und farbsensitiven Nervenendigungen bildet den hinteren Abschluss der widerstandsfähigen Sklera; bei Dunkelheit wird bei vielen Tierarten das *Tapetum lucidum* sichtbar, das Lichtstrahlen zurückwirft (reflektiert) und Dämmerungssehen erleichtert. Dieses Tapetum fehlt Neuweltkameliden. Bei Prädatoren (Katze, Hund, Luchs, Bär, Fuchs, Wolf) leuchtet das Tapetum orange oder gelb, während es bei Pflanzenfressern normalerweise grün aufleuchtet.

Die Augenlider

Die drei (!) Augenlider (Oberlid und Unterlid, drittes Augenlid oder Nickhaut) schützen von außen den Augapfel. Bei geschlossenen Lidern liegen die Innenseiten des Ober- und des Unterlides an der Sklera (weiße Augenhaut) und der Cornea (Hornhaut) an. Sie sind mit einer rosa Schleimhaut (Lidbindehaut) überzogen, die am Lidrand in die äußere und damit behaarte Haut übergeht.

Nickhaut

Das dritte Augenlid ist eine dem Besitzer oft erst dann bekannte Struktur, wenn sie vorfällt und damit sichtbar wird. Der Ursprung der Nickhaut befindet sich mit der knorpeligen, beidseits mit Bindehaut überzogenen Basis am inneren Augenwinkel und quillt bei der Untersuchung durch Druck auf den Augapfel hervor.

Natürlicherweise dient sie dem Schutz nach Verletzungen des Auges, insbesondere der Hornhaut. Fällt sie dauerhaft und beidseits vor, ist dies ein Anzeichen für viele mögliche Krankheiten, die von einem Tierarzt untersucht werden müssen.

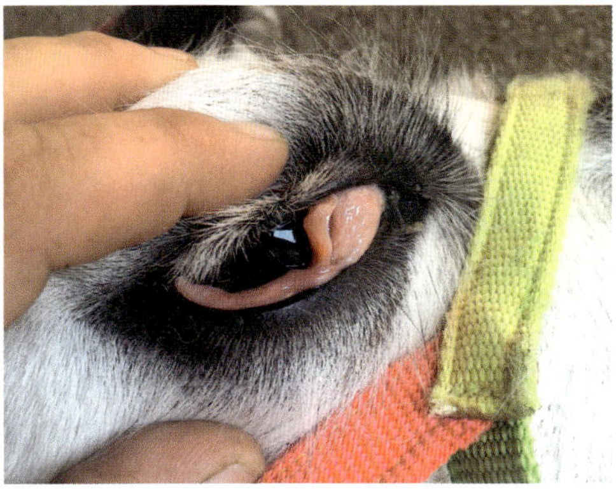

Untersuchung der Lidbindehaut und der Nickhaut

Fällt die Nickhaut einseitig vor, so deutet dies auf ein infektiöses oder sonstiges krankhaftes Geschehen wie auch auf eine Verletzung der Hornhaut hin. Bedeckt die Nickhaut die Hornhaut vollständig oder teilweise, dann muss untersucht werden, wie die Hornhaut an ihrer Oberfläche aussieht. Dazu muss das dritte Augenlid über die Hornhaut in Richtung des inneren Augenwinkels zurückgeschoben werden, damit ein Blick auf die Hornhaut überhaupt erst möglich wird. Der Tierarzt wird zur eingehenden Untersuchung ein geeignetes Instrument und möglicherweise ein Lokalanästhetikum dabei verwenden.

Furchtlose Besitzer, die im Besitz kurzer Fingernägel und sauber gewaschener Hände sind, erfassen das vorgefallene dritte Augenlid mit den Fingerbeeren des Daumens und Zeigefingers und ziehen es beherzt in der beschriebenen Richtung zur Seite, um die Hornhaut besichtigen zu können.

Die Nickhaut wird wegen ihres befremdlichen Aussehens stiefmütterlich behandelt, dabei beherbergt sie unzählige Zellen des Immunsystems und kann als hervorragender Helfer bei Eingriffen an der verletzten Hornhaut dienen.

Lidrand und Lidkante

Der äußere und der innere Lidrand bilden eine haarlose Kante zwischen Innen- und Außenseite des Ober- oder Unterlides. Dort existieren kleine Härchen und feine Drüsenknäuel winziger Talgdrüsen, die ihr Drüsensekret genau an jener Kante abgeben, diese „einfetten" und dadurch die permanent gebildete Tränenflüssigkeit am Austritt hindern. Manchmal ist das Augenlid nach innen (Entropium) gedreht, dadurch reiben die feinen Härchen des Lidrandes an der Hornhaut. Bei einer Drehung des Lidrandes nach außen (Ektropium) rinnt der Tränenfilm über die Lidkante hinaus. Es entsteht eine Tränenrinne, die das Fell dunkler einfärbt. Das Auftreten von Problemen (chronischen Entzündungen) durch ein angeborenes En- oder Ektropium kann mittels kosmetischer Chirurgie ausgeglichen werden.

Sind die Augenlider unversehrt, so sind sie in der Lage, die Lidspalte vollständig zu verschließen.

Lidbindehaut

Die inneren Anteile des Ober- wie Unterlides sowie die gesamte Nickhaut ist mit einer Lidbindehaut überzogen. Es handelt sich um eine normalerweise rosafarbene Schleimhaut, die mit schleimbildenden Zellen und vielen Abwehrzellen versehen ist, mit denen

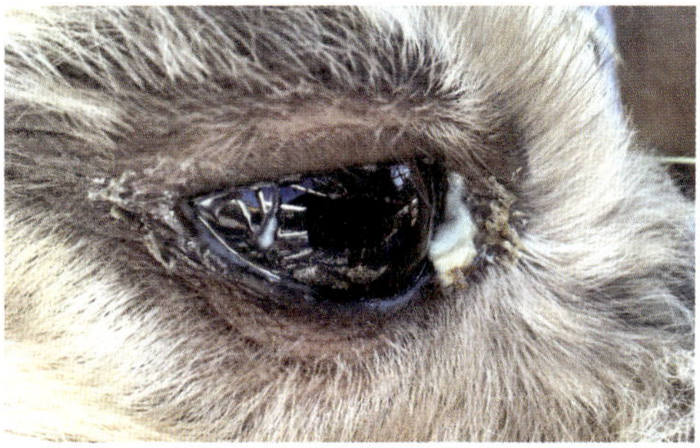

Conjunctivitis: Eitriger Ausfluss sammelt sich im inneren Augenwinkel.

sie eindringende Keime bekämpft. Durch den Tränenfilm werden Keime und Entzündungszellen ausgeschwemmt.

Bindehautentzündung

Dennoch kommt es häufig zu Entzündungen der Lidbindehaut, sei es durch Staub oder Zugluft, durch Ansteckung sowie beim Eindringen von Fremdkörpern und Verletzungen. Die Zellen der Schleimhaut produzieren vermehrt Schleim, um ein Anhaften der Bakterien an der Hornhaut zu verhindern. Vermehren sich die Bakterien dennoch übermäßig, dann entsteht durch die absterbenden Immunzellen und Bakterien Eiter. Bleibt die Entzündung unbehandelt, kann sich eine chronische Entzündung entwickeln, die über kurz oder lang die Hornhaut angreifen wird (siehe Behandlung der Hornhaut, S. 215 f.).

Ausfluss

Außer der feuchten Hornhaut sind normalerweise keine Sekrete (flüssige Ausscheidungen) zu sehen. Mögliche abnormale Sekrete sind durchsichtig (übermäßiger Tränenfluss), eitrig oder schleimig. Diese hinterlassen auch an der Haut, wenn sie an ihr herabrinnen, Spuren (Sekretrinnen) und fallen durch eingetrocknete Klumpen auf. Jedes eitrige oder schleimige Exsudat ist abnormal und

Durch Operation wiederhergestelltes unteres Augenlid nach einem Ausriss. Die Lidkante und somit die Funktion des Lides konnten wiederhergestellt werden.

muss beobachtet (Tränenfluss) oder behandelt (eitrig, schleimig) werden.

Verletzungen der Lider

Allen Verletzungen der Lider (Ober- und Unterlid) muss umgehend Beachtung geschenkt werden; handelt es sich um Zusammenhangstrennungen (z. B. Ein- oder Abriss eines Lides), die durch hervorstehende Nägel oder andere Gegenstände in der Umgebung verursacht werden, so ist umgehend der Tierarzt hinzuzuziehen. Kleine Hautläsionen außerhalb des Lidrandes, die den Lidrand nicht betreffen, können mit *Betaisodona*-Seife gereinigt und mit Zinksalbe oder Zinkspray bis zum Abheilen behandelt werden (siehe Heilung der Haut, S. 226 ff.).

Lidödem

Verengt sich die Lidspalte und sieht das Auge kleiner aus als normal, dann handelt es sich eventuell um ein Lidödem, wie es bei allgemeiner Wassereinlagerung (z. B. Trächtigkeit) oder auch durch ein allergisches Geschehen wie nach Insektenstichen in der Nähe des Auges vorkommen kann. Nur bei einem sehr ausgeprägten Ödem wird eine Behandlung durch den Tierarzt eingeleitet. Die meisten Ödeme sind reversibel und verschwinden langsam. Eventuell sollte das betroffene Tier aufgestallt werden, um weitere Auslöser (Insektenstich, Allergene) vom Tier abzuhalten.

Die Hornhaut

Ein gesundes Auge ist im Besitz einer durchsichtigen, feucht glänzenden Hornhaut. Die Hornhaut besitzt keine Blutgefäße, was ihre Durchsichtigkeit erklärt. Allerdings ist die Hornhaut von zahlreichen Nervenfasern durchzogen. Deshalb sind Hornhautverletzungen sehr schmerzhaft und das Tier hält sein Auge krampfhaft geschlossen oder reibt seinen Kopf am Boden oder an Gegenständen, um den Schmerz zu lindern. Dabei gelangen Keime der Umgebung in den Bereich der Wunde, die sich dann schnell infiziert. Bakterien in einer verletzten Hornhaut können ein Hornhautgeschwür verursachen, daher muss eine verletzte Hornhaut unbedingt behandelt werden!

Hornhautverletzungen

Oberflächliche und kleine, kratzerhafte Hornhautverletzungen können bisweilen selbst abheilen. Ist jedoch durch Keimbesiedelung ein Geschwür entstanden, so wächst aus der Sklera (Lederhaut oder weiße Augenhaut) ein Blutgefäß in die gefäßlose Hornhaut ein, bis es die Verletzung erreicht hat. Wie überall im Körper rufen Botenstoffe des zerstörten oder sterbenden Gewebes Zellen des Immunsystems herbei, und es werden Reparaturzellen aktiviert, die den Defekt reparieren. Dies kann aber erst stattfinden, wenn der Defekt nach dem Einwachsen des Gefäßes von Blut umspült ist. Ein auf die Hornhaut wachsendes Blutgefäß sieht ungewöhnlich aus, da die Hornhaut ja normalerweise durchsichtig ist. Im Anschluss an die Reparatur zieht sich das Blutgefäß jedoch vollständig von der Hornhaut zurück und hinterlässt je nach Größe des reparierten Defektes eine sichtbare Narbe.
Zum Schutz der Hornhaut bei schweren Hornhautverletzungen kann der Tierarzt eine Nickhautschürze anlegen. Dabei wird das dritte Augenlid nach oben über den Defekt gezogen und vorübergehend angenäht. Die antibiotische Behandlung wird ununterbrochen fortgesetzt, da nur bei Unterdrückung des Keimwachstums eine Heilung zu erwarten ist.

Zur Abdeckung eines schweren Hornhautdefektes kann eine Nickhautschürze angelegt werden. Das auf dem Foto sichtbare dritte Augenlid wird nach oben genäht und deckt den Defekt vollständig ab.

Behandlung von Hornhautverletzungen

Kleinste Verletzungen, etwa durch Splitter, sind für Besitzer nur schwer erkennbar. Sie verursachen jedoch Schmerzen und das Auge wird zugeklemmt.

Kleinere oder größere Kratzer sowie eventuell ältere Verletzungen sind strich- oder grubenförmig. Oft geht eine Entzündung der Schleimhaut des dritten Augenlides (Bindehautentzündung) einher und es befinden sich größere Mengen von Eiter oder Schleim im Auge.

Antibiotische Behandlung
Ein für die Anwendung am Auge geeignetes antibiotisches Medikament (Augentropfen, Augensalbe) wird vom Besitzer alle 3–4 Stunden verabreicht (z. B. ins Unterlid getropft). Lediglich nachts wird mit der Antibiose pausiert, jedoch wird abends reichlich Vitamin-A-hältige Salbe (Salbenstrang von ca. 3–5 cm Länge und doppelter Dicke) in das Auge verabreicht. Die Behandlung muss bis zur vollständigen Heilung angewendet werden, wobei die Verabreichung der antibiotischen Augentropfen auf dreimal täglich zurückgenommen werden darf.

links: Eine angeborene vollständige Hornhauttrübung ist irreversibel und das Fohlen ist blind.

rechts: Reversible Hornhauttrübung durch ein Ödem (© E. Hackel)

Cortisonhältige Präparate, auch wenn sie gewünschte antibiotisch wirksame Stoffe enthalten, dürfen niemals an einer verletzten Hornhaut angewendet werden! Sie verursachen eine Perforation der Hornhaut und verhindern durch Immunsuppression die Heilung! Erblindung kann die Folge sein.

Größere stich- oder rissförmige Verletzungen der an sich zähen Hornhaut, etwa durch Pflanzenteile, wie dürre Äste, oder hervorstehende Nägel, auch nach Eindringen eines Fremdkörpers, die eine tiefe Verletzung oder gar Zusammenhangstrennung zur Folge haben, müssen umgehend vom Tierarzt behandelt werden. Zu jeder der Behandlungen der Hornhaut gehört eine strenge, ja pedantische Antibiose.

Zusammenhangstrennungen mit Austritt des Kammerwassers bedürfen einer chirurgischen Versorgung. Der Tierarzt wird mit einer hauchdünnen, kaum sichtbaren Nadel und einem ebenso beinahe unsichtbaren Faden die Hornhautverletzung unter lokaler Schmerzausschaltung vernähen und anschließend das Kammerwasser durch sterile Salzlösung ersetzen und auffüllen. Dabei erkennt er auch die Dichtheit seiner Naht, wenn keine Flüssigkeit mehr austritt. Anschließend kann das dritte Augenlid als Nickhautschürze über die defekte Stelle gezogen und am Oberlid befestigt werden. Nur bei strenger Antibiose (Verabreichung der antibiotischen Augentropfen und Vitamin-A-Salbe in der empfohlenen Frequenz) heilt die Hornhaut eventuell unter Einwachsen eines Blutgefäßes (siehe kleinere Hornhautverletzungen, S. 215 f.). Der Tierarzt wird die Nickhautschürze lösen und dahinter wird die Hornhaut mit einem sich zurückbildenden Blutgefäß und einer bestehenbleibenden Narbe sichtbar.

Hornhauttrübung, Hornhautödem

Die normale Reaktion der Hornhaut auf eine Verletzung besteht in einer Flüssigkeitsansammlung (Ödem) innerhalb ihrer sehr dünnen, durchsichtigen Zellschichten. Dadurch wird die Hornhaut plötzlich sichtbar und erscheint grau oder blau. Die Iris und die Pupille sind bei einem hochgradigen, vollständigen Hornhautödem nicht mehr sichtbar. Das Ödem verschwindet langsam bei Behandlung der Ursache. Bleibt es bestehen oder besteht es von Geburt an, so bleibt die Hornhaut getrübt und das Tier erblindet.

Iris und Pupille

Iris und Pupille trennen die vordere Augenkammer von der hinteren Augenkammer, der Linse und dem Glaskörper. Durch den Irismuskel, der die Weite der Pupille reguliert, wird der Lichteinfall auf den Augenhintergrund (Netzhaut) gesteuert.

Die Pupille ist bei Neuweltkameliden queroval.

Die Iris (Regenbogenhaut) ist meist färbig, Schwarz- und Brauntöne sind am häufigsten, aber auch hellere Töne kommen vor. Die Farbe entsteht durch pigmentgebende Melanozyten.

Die Pigmente schützen die empfindliche Netzhaut vor schädigenden UV-Strahlen. Je mehr und dunkler die Pigmente sind, desto mehr Schutz besteht.

Mangelt es an Pigmenten, erscheint das Auge blau.

Fehlt die Fähigkeit, Pigment aufzubauen, von Geburt an vollständig, dann spricht man von Albinismus. Bei vollständig fehlendem Pigment erscheint die Iris durch die hindurchschimmernden Blutgefäße rosa oder rot.

Da bei anderen Tierarten bei angeborenem Pigmentmangel Gesundheitsschäden beschrieben werden (z. B. blauäugige Hunde mit Taubheit), sollten blaue Augen bei Neuweltkameliden einen Zuchtausschlussgrund darstellen.

Kolobom

Die Pupillenöffnung ist wie beim kleinen Wiederkäuer queroval und dunkel, da dahinter die durchsichtige, am Ziliarmuskel befestigte Linse einen Blick in den Glaskörper freigibt. Die Ränder der Pupillenöffnung sind nicht in jedem Fall glatt. In die Pupille stehende oder hängende zipfelartige Ausstülpungen der Iris (Kolobome) sind normal.

Erkrankungen der Iris

Entzündungen der Iris können auch bei Neuweltkameliden vorkommen; dabei kann eine Farbveränderung und Größenveränderung (Schwellung) der Iris beobachtet werden. Ist die Pupille permanent weit oder permanent eng, müssen ebenfalls Erkrankungen angenommen werden und das Tier sollte dem Tierarzt vorgestellt werden.

Dunkelbraune Iris

Braune Iris

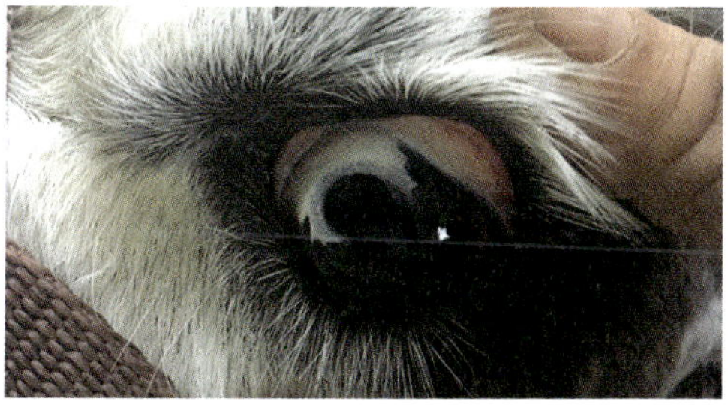

Teilweise blaue Iris

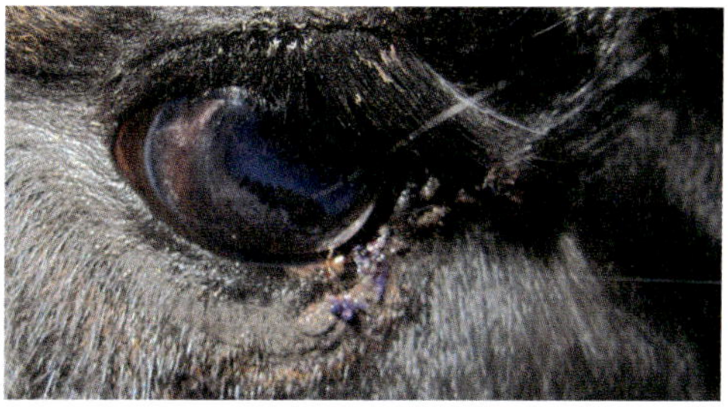

Iriskolobom am Übergang zur Pupillenöffnung

HAUT UND ANHANGS-ORGANE

Das Vlies der Alpakas ist besonders wertvoll.

DIE HAUT

Die Haut umhüllt den Körper schützend und bewahrt ihn mit ihren Strukturen vor schädigenden Einflüssen der Umwelt (z. B. Kälte, Hitze, Nässe). Die Haut dient mit ihren Haaren und Drüsen der Thermoregulation. Ebenso erfüllt die Haut eine wichtige Aufgabe als Wasser- und Energiespeicher (Fett) und speichert damit auch die im Fett löslichen Vitamine (A, D, E, K). Die Haut selbst ist auch Bildungsort von Vitaminen (Vitamin D) und Hormonen.

An vielen Punkten ist die Haut durch starke bindegewebige Fasern mit Faszien und an Knochenpunkten fest mit dem Körper verbunden, an anderen ist sie zur Unterlage hin locker und verschieblich. Bei Neuweltkameliden ist die Haut jedoch insgesamt weit weniger verschieblich oder locker als bei anderen Haussäugetieren. Dies bereitet dem Tierarzt möglicherweise mehr Schwierigkeiten bei der Untersuchung oder der subkutanen Verabreichung von Medikamenten als bei den „gewohnten" Haussäugetieren.

Die Haut ist ein sehr großes und komplett geschlossenes Organ, das sich nur am Maul und Nase in die Schleimhäute des Maules und der Nase sowie an der Anal- und den Geschlechtsöffnungen in die Schleimhäute des Darm- und Geschlechtsapparates öffnet. An den Augen geht sie am inneren Lidrand in die Lidbindehaut über. Auch der äußere Gehörgang ist mit Haut ausgekleidet, in der spezialisierte Zellen das Ohrenschmalz erzeugen.

Die Haut ist in mehreren Schichten aufgebaut. Die unterste, dem Körper zugewandte Schicht ist die Unterhaut (*Subcutis*), gefolgt von der Lederhaut (*Dermis*) und der Oberhaut (*Epidermis*), die die Haut nach außen abschließt.

DIE ANHANGSORGANE

Die Haut bildet Anhangsorgane aus, die zusätzlich zum Schutz dienen:

Bei den Neuweltkameliden sind dies Haare, Schwielensohlen und Nägel sowie Talg- und Schweißdrüsen und spezialisierte Drüsen der Haut, während Hörner und Hufe, die ebenfalls Bildungen der Haut sind, bei den Neuweltkameliden fehlen.

AUFBAU DER HAUT

Epidermis – äußerste Hautschicht

Die Zellen der Epidermis

Basalzellen

Die Epidermis ist die oberste, der Außenwelt zugewandte Schicht der Haut. In der Tiefe, wo die Epidermis an die Lederhaut grenzt, befindet sich ihre Basalschicht. Auf dieser sitzen die Basalzellen nebeneinander, Zelle an Zelle, und teilen sich ununterbrochen.

Hornzellen (Keratinozyten)

Die aus den Basalzellen hervorgehenden Hornzellen (Keratinozyten) werden kontinuierlich nach außen geschoben, wo sie je nach Dicke der Haut früher oder später an die Oberfläche gelangen.

Im Laufe ihrer Wanderung durch die verschiedenen Schichten quellen die Zellen zunächst auf (Stachelzellschicht), verlieren langsam ihren Zellkern (Körnerschicht), sterben ab und bilden dann flache Schichten aus abgestorbenen, keratinhaltigen Schuppen (Hornschicht).

Deshalb findet man in der obersten Hautschicht gesunder Haut nur Zellen ohne Zellkern, die schuppenförmig abgestoßen werden (Keratozyten). An sehr beanspruchten Körperstellen kann sich diese Hornschichte stark verdicken, eine Hornhaut wird ausgebildet. Bei Neuweltkameliden sind dies z. B. die Ellbogen oder die Kniegelenke, wo die Haut beim Liegen den Boden berührt, aber auch am Brustbein, an dem eine mächtige Hornschicht ausgebildet ist.

Alle Zellen der Epidermis sind untereinander mit spezialisierten Verbindungen („tight junctions“) fest verbunden. Zwischen den Zellen befindet sich ein feiner Film aus Lipiden (Fetten), der mitwirkt, eine wasserdichte, undurchdringliche Barriere nach außen zu bilden.

Melanozyten und Pigmente

Ebenfalls in der Tiefe der Epidermis befinden sich zwischen den Basalzellen sitzende Pigmentzellen oder Melanozyten. Mit langen, fingerförmigen Fortsätzen geben die einzelnen Melanozyten ihr Pigment, das Melanin, an mehrere Hautzellen ab.

Das Melanin schützt die Haut vor schädigender UV-Strahlung und verleiht der Haut ihre eigene Farbgebung (Pigmentierung). Die kleinen Pigmentkörnchen der Melanozyten sind schwarz oder braun (Eumelanin) oder rot (Phaeomelanin). Durch die genetisch vorgegebene Mischung der Pigmente entstehen die verschiedenen Farbtöne der Haut von Rot bis Braun und Schwarz. Wo das Pigment fehlt, bleibt die Farbe weiß (siehe Albinismus, S. 220).

Auch die Haare und verschiedene andere Gewebe, wie die Iris (Regenbogenhaut), erhalten Pigment von den Melanozyten, die das betreffende Gewebe mit schützenden Pigmenten versorgen.

Weiße Tiere haben keine Pigmente in den Haaren. Haut und Nägel sowie die Iris können jedoch dunkel pigmentiert sein. Die Farbgebung ist durch mehrere Gene fixiert

Die Iris des rechten Tieres enthält wenig Pigment, die bei Neuweltkameliden querovale Pupillenöffnung erscheint dunkel.

und bei Neuweltkameliden wenig erforscht. Die Iris blauer Augen enthält wenig Pigment, diese können erblich sein. Bei anderen Tierarten kann in Kombination mit blauen Augen Taubheit auftreten (Merle-Faktor bei Hunden).

Im Bereich des Auges sind dunkle Augenlider und eine dunkel pigmentierte Iris von großem Vorteil, da das empfindliche Auge durch viel Pigment am besten vor schädlicher UV-Strahlung geschützt wird.

Albinismus

Bei den sehr selten auftretenden Albinos ist durch genetische Faktoren die Melaninsynthese in den Melanozyten gestört, es kann kein Pigment erzeugt werden. Ihre Haut, ihre Haare und auch die Regenbogenhaut enthalten kein Pigment. Daher sind die Tiere vollständig weiß und ihre Haut und Fußnägel rosa. Am Auge scheinen die Blutgefäße der Iris durch, sodass ihre Augen rot sind.

Immunsystem der Haut

An der Oberfläche gesunder Haut existieren eine Vielzahl verschiedener Bakterien und Pilze, die als normale „Hautflora" angesehen werden können. Durch ihre Anwesenheit auf gesunder Haut hemmen diese Keime die Vermehrung krankmachender (pathogener) Mikroorganismen. Gemeinsam mit den in der Haut liegenden immunkompetenten Zellen schützt die Hautflora vor der Vermehrung und vor dem Eindringen krankmachender Organismen.

Zellen des Immunsystems

Neben der mechanischen Barriere, die die Haut gegen Umwelteinflüsse bildet, befindet sich mit dem Immunsystem der Haut eine sehr effiziente Abwehr über die ganze Körperoberfläche verteilt. Seine Zellen befinden sich zur Abwehr bereits in der Haut (Langerhanssche Zellen, Lymphozyten) oder sind in der Nähe der tiefer liegenden Blutgefäße (Mastzellen) lokalisiert und werden dort von Endothelzellen der Blutgefäße angelockt, um in die Epidermis auszuwandern (zirkulierende Lymphozyten).

Bei Verletzungen oder eindringenden Bakterien, Pilzen oder Parasiten werden von den aktivierten Immunzellen Botenstoffe entsandt, die weitere Immunzellen in das Gewebe locken (siehe auch Entzündung der Haut, S. 229 ff.).

Ernährung der Epidermis

Die Epidermis besitzt wie die Hornhaut des Auges keine eigenen Blutgefäße. Ihre Ernährung erfolgt durch Diffusion der Nährstoffe aus kleinsten Blutgefäßnetzen (Kapillaren), die sich unter der Epidermis in der Lederhaut befinden.

Dermis

Kollagene und elastische Fasern

Als Dermis wird die Lederhaut bezeichnet. Bekannt ist diese vom Gerben der Haut. Beim Gerben entsteht festes Leder, bei dem das Kollagen der Haut die Hauptrolle spielt.

Die Kollagenfasern der Dermis gemeinsam mit elastischen Fasern verleihen der Haut ihre unvergleichlich dehnbare Geschmeidigkeit und Elastizität. Die Haut fügt sich faltenlos und enganliegend an den Körper und kehrt immer wieder in ihre ursprüngliche Position zurück, sodass Verletzungen durch Hängenbleiben mit Hautfalten oder Zusammenhangstrennungen bei stumpfen Verletzungen (Stöße, Prellungen) selten sind.

Auch ist die Haut an manchen Stellen zum Schutz vor Verletzungen besonders dick: Die Haut am Hals der Hengste soll bis zu vier Zentimeter dick sein, jedenfalls kann sie die zwei- bis dreifache Dicke normaler Haut erreichen (GAULY, VAUGHAN, CEBRA, 2011).

Haare und Blutgefäße

Innerhalb der Dermis befinden sich außerdem die Schäfte der Haare, die sich von der Epidemis ausgehend in die Tiefe stülpen, sowie die aus der Subcutis kommenden Blutgefäße. Diese versorgen durch sich fein verzweigende Kapillaren die Zellen der Epidermis an der Oberfläche sowie auch die Drüsen, Haarschäfte und -muskeln in der Dermis selbst.

Ebenfalls in der Dermis befinden sich viele sensible Nerven und Nervenenden, die als Druck-, Schmerz-, Kälte- und Wärmerezeptoren ausgebildet sind und für die hohe Sensibilität der Haut verantwortlich sind. Spezialisierte Nervenenden findet man bei den langen Tasthaaren in der Nähe der Maul-, Nasen- und Augenöffnung.

Unterhaut (Subcutis)

In die Unterhaut sind reichlich Fettgewebe, kollagene Fasern, die tiefen Haarbälge, größere Blutgefäße, Nervenbündel und Muskeln eingelagert. Sie verleiht der Haut zum Körper hin maximale Beweglichkeit. Die Unterhaut ist ein wichtiger Wasser- und Fettspeicher. Bei Neuweltkameliden gibt es nur sehr wenig lockere Unterhaut.

HAARE

Zum Schutz vor Kälte und Nässe dient Lamas und Alpakas, wie den meisten anderen Säugetieren auch, ihr „Fell“, das bei Neuweltkameliden Vlies genannt wird. Die Besonderheit des Vlieses von Neuweltkameliden besteht in der außergewöhnlich hohen Anzahl an Haaren, die ununterbrochen nachwachsen, sowie an der hohen Anzahl an sehr dünnen Haaren („Faser“) insgesamt. Dies ist auf die Lebensumstände der wildlebenden Formen zurückzuführen, die sich an extreme Temperaturen in den sehr hohen Seehöhen der südamerikanischen Anden angepasst haben. Aber auch Altweltkamele besitzen ein sehr feines Vlies (Kamelhaar), das sie vor Hitze und Kälte der Wüsten schützt. Es wird wie das Vlies von Alpakas zu wertvollen Produkten verarbeitet, wird jedoch nicht durch Schur, sondern durch Auskämmen gewonnen.

Aufbau der Haare

Matrixzellen

In den Haarwurzeln oder Haarbälgen – tiefen Ausbuchtungen, die mit epidermalen Zellen ausgekleidet sind und die bis in die Unterhaut reichen – bilden spezialisierte Basalzellen (Matrixzellen) immer neue Haare, die aus gemeinsamen Haarfollikeln an der Oberfläche der Epidermis herauswachsen. Die von den sich analog den Basalzellen der Epidermis ständig teilenden Zellen gebildeten Keratinfäden bilden die Haarrinde; in der Mitte des einzelnen Haares befindet sich das Haarmark (Medulla), das bei Primärhaaren mit Glykogenvakuolen ausgefüllt ist, während es beim Sekundär- oder Wollhaar lediglich mit Luft gefüllt ist oder gänzlich fehlt. So können unter dem Mikroskop alle Haararten leicht voneinander unterschieden werden.

Zwischen den Matrixzellen befinden sich Melanozyten, die ihre Pigmente an das Haar abgeben und analog der Haut dem Haar seine Farbe verleihen. Weißes Haar enhält keine Pigmente.

Farbvererbung

Wildlebenden Tieren dient als einer der wichtigsten Überlebensfaktoren ihre Fellfarbe zur Tarnung. Daher ist auch beiden Wildformen der Neuweltkameliden, den Guanakos und Vicunjas, die gleiche oder eine sehr ähnliche Fellfarbe aller Individuen („Wildfarbe") gemeinsam. Eine in der Wildnis durch Mutationen entstandene weiße Fellfarbe ist höchstens dem Prädator dienlich, seine Beute schneller zu erspähen. Deshalb kann sich die weiße Fellfarbe im Vergleich zu den Vorteilen der Wildfarbe nicht durchsetzen.

Erst im Laufe der Domestikation wurden verschiedene Fellfarben bei Alpakas und Lamas hervorgebracht. Durch Selektion und Zucht wurde und wird versucht, eine bestimmte Fellfarbe zu erzüchten. Bei den einfärbigen Alpakas gelingt dies bereits in vielen Fällen. Mehrfärbige Tiere können wiederum mehrfärbige, aber auch einfärbige Nachkommen hervorbringen. Da aber viele verschiedene Gene für die Farbvererbung verantwortlich sind, wird die Zucht auf eine bestimmte Farbe bei Neuweltkameliden in Zukunft nur durch viel intensivere Erforschung der Farbvererbung gelingen können.

Über 30 natürliche Farbschläge bei den Alpakas reichen von Schwarz (true black), Schwarzbraun (bay black) über Dunkel-, Mittel- und Hellbraun (brown) zu Dunkel-, Mittel- und Hellrotbraun (fawn), Dunkel-, Mittel- und Hellgraubraun (rose gray) und Dunkel-, Mittel- und Hellsilbergrau (silver grey), über Creme-, Beige- oder Champagnerfarben bis hin zum reinen Weiß. Auf Farbkarten können die Fellfarben verglichen werden. Auch mehrfärbige, gefleckte oder gepunktete Fellfarben kommen vor. Da Gene sich aber nie vorhersehbar verhalten, ist es schwierig, die Farbe vorherzusagen; es konnten aus reinweißen Eltern bereits schwarze Nachkommen beobachtet werden.

Kutikula

Die Matrixzellen am Grund der Haarwurzel bilden das Haar, während spezialisierte Zellen (Zellen der inneren und äußeren Wurzelscheide) das Haar während seines Wachstums an die Oberfläche stützen. Die Zellen der äußeren Wurzelscheide treten mit den Basalzellen der Epidermis an der Oberfläche in Verbindung und bilden nach dem Verlassen des Haarfollikels ein dünnes Häutchen auf der Oberfläche des Haares, die Kutikula.

Die das Haar während des Wachstums stützenden Zellen der inneren Wurzelscheide verschwinden vor dem Erreichen der Oberfläche. Die flachen, das Haar umhüllenden Zellen der Kutikula unterscheiden sich von Tierart zu Tierart; sie können z. B. als glatte Schuppen (Mensch, Vicunja) oder raue Schuppen mit Häkchen (Schaf) ausgebildet sein. Je rauer die Schuppen sind, desto mehr neigen Haare zum Verfilzen. Alpakahaar verfilzt nicht, da die Oberfläche der Haare mit glatten, kleinen Schuppen überzogen ist, die dem Haar auch seinen Glanz verleihen (siehe Alpakavlies, S. 236 ff.).

Primär- und Sekundärhaare

Je nachdem, ob das Haar aus einem Primär- oder Sekundärfollikel wächst, wird es als Primär- oder Sekundärhaar bezeichnet.

Primärhaare

Primärhaare werden auch als Deckhaare, Leithaare oder Grannenhaare bezeichnet und sind in der Regel dick (> 50 Mikrometer) und lang. Sie haben ein mikroskopisch deutlich sichtbares Haarmark, das sich in Vakuolen (Hohlräume) gliedert.

Jedes Primärhaar wächst aus seinem tief reichenden Primärfollikel gemeinsam mit zahlreichen Sekundärhaaren aus kleineren, oberflächlich liegenden Sekundärfollikeln aus einer gemeinsamen Öffnung, dem Haartrichter. Die Haare verlassen den Haartrichter in einem bestimmten Winkel, der die Kräuselung verursacht.

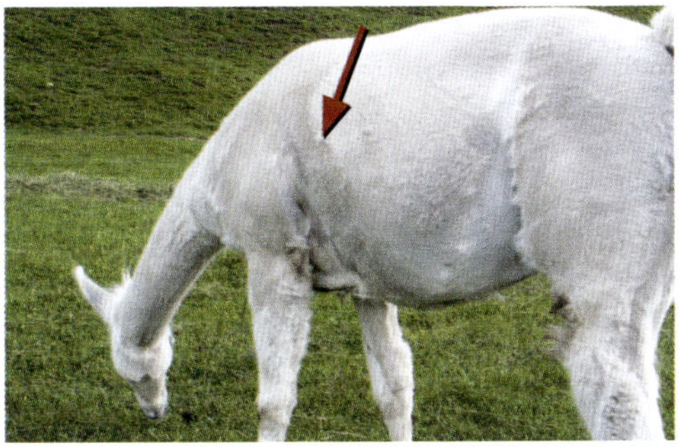

Vom Widerrist schräg nach vorne, dann nach hinten und unten verlaufender Haarwirbel dient zur Ableitung von Wasser.

Da kein nennenswertes Wollfett bei Neuweltkameliden vorhanden ist, ist davon auszugehen, dass auch Talgdrüsen nur in sehr geringer Zahl vorhanden sind oder nur an speziellen Stellen des Körpers etwa Aufgaben der Duftmarkierung erfüllen (siehe Tarsaldrüsen, S. 37 f.).

An manchen Körperstellen bildet sich ein kreisförmiger oder länglicher Haarwirbel (Vortex), an dem sich die Wuchsrichtung der Haare ändert. Haarwirbel sind genetisch vorgegeben; sie haben an manchen Körperstellen die Aufgabe, herabfließendem Wasser die Richtung vorzugeben. Dies wird bei geschorenen Tieren sichtbar; oftmals gelangt der Regen durch das dichte Vlies jedoch nicht bis an die Körperoberfläche.

Sekundärhaare

Aus den Sekundärfollikeln wachsen mehrere sehr dünne Sekundär- oder Wollhaare, die den Körper vor Kälte schützen und auch bei Hitze isolieren. Sie besitzen nur sehr wenig oder gar kein Haarmark. Das bei Sekundärhaaren nur schmale, luftgefüllte Mark verleiht dem Vlies sein geringes Gewicht bei hohem Volumen. Marklose Haare bestehen nur aus Keratinfäden, die sich durch die Form der Öffnung in eine bestimmte Richtung (°/mm) drehen und gemeinsam mit allen anderen

Die Krümmung des Haares („Crimp") entsteht aufgrund seines Querschnittes, der auch durch die Keratinisierung beeinflusst wird. Bei der Haaranalyse werden alle untersuchten Haare in mehreren Merkmalen sehr genau voneinander unterschieden, da diese Werte die Qualität der untersuchten Faser darstellen.

aus dem Haarfollikel wachsenden Haaren Crinkle oder Crimp bilden.

Selektion

Bei Alpakas wurde über Tausende von Jahren Jahre von den Menschen versucht, die Anzahl der Primär- oder Leithaare durch züchterische Auswahl (Selektion) zu reduzieren bzw. ihren Durchmesser zu reduzieren; bei Alpakas sind die Leithaare meist so dünn, dass sie von den Sekundär- oder Wollhaaren mit freiem Auge nicht mehr ohne Weiteres unterschieden werden können.

Dicke der Haare in Mikrometer (Durchschnitt in Tausendstelmeter) (FOWLER, 2010)

Mensch	50–80
Merino-Schaf	10–30
Vikunja	10 (13)–30
Lama: Wollhaar/ Leithaar	10(26)–40/40 (70)–150
Huacaya Alpaka	16 (23)–40
Suri Alpaka	16–35
Altweltkamel: Trampeltier/Dromedar	5–40/20–50

Häufige Fragen zu Alpaka- und Lamahaar

Ist die Faser bei Neuweltkameliden innen hohl?

Haare bestehen außen aus einer dünnen Kutikula, die den Zellen der Wurzelscheide entwachsen, und der Haarrinde, den ständig wachsenden Keratinfäden. Im Inneren befindet sich das Haarmark, das aus Marksubstanz und Luft besteht, was den Haaren ihr Volumen und ihr geringes Gewicht verleiht.

Warum filzen Alpakahaare nicht?

Die Zellen der Kutikula sind nicht wie bei anderen wollliefernden Tieren winzige hervorstehende Schüppchen oder Häkchen, sondern liegen ganz glatt an der Oberfläche des Haares an, sodass dieses nicht mit den Häkchen der anderen Haare verfilzen kann.

Warum haben Neuweltkameliden kein Wollfett?

Weil Alpakas und Lamas fast keine Talgdrüsen besitzen, die das Haar einfetten könnten, entsteht auch kein oder nur wenig schützendes Wollfett, da in der Tiefe der Haut sehr wenige Talgdrüsen nur an bestimmten Stellen ausgebildet sind (siehe Tarsaldrüsen, S. 37 f.).

EIN AUSFLUG IN DIE GENETIK: KERATINSYNTHESE UND ZINKBEDARF

Jede Zelle eines winzigen Embryos erhält bei der Zeugung die genetische Information der beiden Eltern. In jeder der elterlichen Zellen (Ei- und Samenzelle) befindet sich durch eine vorherige Reduktionsteilung nur mehr die Hälfte der Chromosomen, damit nach der Verschmelzung ein doppelter Chromosomensatz vorhanden ist. In einem sehr frühen Entwicklungsstadium, nach wenigen Zellteilungen bildet der Embryo drei Keimblätter, aus denen sich die verschiedenen Gewebe entwickeln.

Ektoderm, Mesoderm, Entoderm

Das äußere Keimblatt oder Ektoderm bildet die Haut, die Hornhaut und Linse sowie Nervengewebe. Gewebe ektodermalen Ursprungs enthalten keine Blutgefäße.

Das mittlere Keimblatt, das Mesoderm, bildet Gewebe von Muskeln, Skelettstrukturen sowie Gewebe des Herz-Kreislaufsystems.

Das innere Keimblatt oder Entoderm bildet Teile des Verdauungssystems und seiner Drüsen sowie den Atmungs- und Geschlechtstrakt.

Später erhält jede Zelle eines Gewebes durch Aktivierung bestimmter Gene eine gewisse Aufgabe.

Gene sind Teilstücke der DNS (Desoxyribonukleinsäure), die komplett im Zellkern jeder einzelnen Körperzelle enthalten ist und die vor jeder Zellteilung identisch verdoppelt wird.

Mittels Rezeptoren an der Oberfläche der Zelle werden im Inneren der Zelle mit Hilfe *bestimmter Enzyme* Gene (kurze Abschnitte der DNS) aktiviert und die Zelle beginnt, bestimmte Stoffe herzustellen. So stellen die Beta-Zellen der Bauchspeicheldrüse Insulin her, die Zellen der Hormondrüsen bestimmte Hormone etc. Die richtigen Bausteine entnehmen die Zellen dem Blut, werden innerhalb der Zelle zu dem bestimmten Stoff zusammengesetzt und aus der Zelle ausgeschleust.

Viele wichtige Enzyme enthalten winzige Mengen von mineralischen Spurenelementen wie Eisen, Kupfer und Zink.

Keratinsynthese

Haarwachstum

Die Basalzellen der Haut und die Matrixzellen des Haarbalggrundes können mithilfe eines zinkhaltigen Enzymes aus *Cystein*, einer Aminosäure, Keratin aufbauen, während Cystein selbst in der Leber aus der schwefelhaltigen Aminosäure *Methionin* gebildet wird. Die beiden Aminosäuren werden von den Bakterien im Magen der Kameliden in großen Mengen gebildet, sodass kein Mangel an diesen schwefelhaltigen Bausteinen besteht.

Mithilfe des zinkhaltigen Enzyms werden innerhalb der Matrixzellen des Haares aus den verfügbaren Aminosäuren Ketten gebildet, die mit Schwefel-(Disulfid-)Brücken untereinander verfestigt werden. Sehr hartes Keratin, wie bei den Nägeln der Kameliden, enthält viele solcher Disulfidbrücken. Die Keratinketten falten und drehen sich und bilden kleinste Keratinfilamente, die sich zu größeren Fibrillen vernetzen und zuletzt das widerstandsfähige und zugfeste Keratin der Haare entsteht oder, wie in den Hautzellen, schuppenartiges und übereinandergeschichtetes Keratin eine wasserfeste und doch geschmeidige Barriere gegen die Außenwelt bildet.

Da das Enzym zur Keratinsynthese ohne Zink nicht funktioniert, ist Zink der limitierende Faktor für die Bildung von hartem, widerstandsfähigem Keratin. Neuweltkameliden in Südamerika kennen keinen Mangel an diesem Mineralstoff, denn der südamerikanische Kontinent ist durch die Plattentektonik von Erdeben und Vulkanismus geprägt. Dadurch gelangten im Laufe der Jahrtausende viele Mineralien an die Oberfläche und konnten und können auch von den Pflanzen aufgenommen werden. Diese Pflanzen werden von den Tieren gefressen und somit steht genügend Zink unter anderem für die Keratinsynthese zur Verfügung.

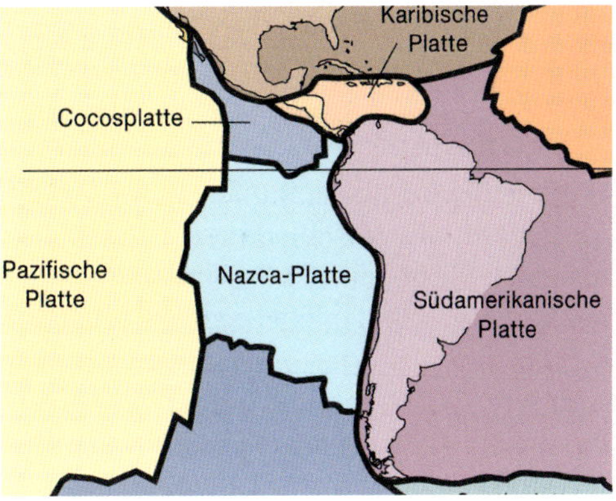

Die Nazca-Platte schiebt sich unter den Südamerikanischen Kontinent und verursacht Erdbeben und Vulkanismus. (© Wikimedia Commons/ TomCatX)

Es ist bekannt, dass in Mitteleuropa ein genereller und in manchen Gegenden ein zusätzlicher lokaler Mangel an bestimmten Mineralstoffen besteht. Selenmangel, Kupfermangel, Jod- und Zinkmangel sind bekannt und Ursache für einige Erkrankungen bei den verschiedenen Nutztieren, aber auch beim Menschen (z. B. Kropfbildung bei Menschen und Tieren in Jodmangelgebieten im Salzburger Pinzgau oder im Tiroler Zillertal vor der Jodierung des Speise- und Viehsalzes).

Deshalb liegt es auf der Hand, dass Tiere, die in den letzten hundert Jahren aus Südamerika importiert wurden und hier Futter von generell zinkarmen Böden fressen, alsbald Zinkmangelerscheinungen entwickeln, die sich leider sehr schnell auf der Haut „ablesen" lassen: Viele, wenn nicht die meisten dem Tierarzt vorgestellten Lama- und Alpakapatienten leiden an Hauterkankungen. Ich wage die Behauptung, dass alle sichtbaren Hauterkrankungen und die Sekundärinfektionen auf den generellen Zinkmangel zurückzuführen sind. Schuppige Stellen, Krusten, Infektionen mit Bakterien, Pilzen und Milben lassen an zugrundeliegendem Zinkmangel nicht den kleinsten Zweifel!

ERKRANKUNGEN UND VERLETZUNGEN DER HAUT, HEILUNG UND PFLEGE

Alopezie

Allgemein wird als Alopezie Haarlosigkeit bezeichnet, die verschiedene Ursachen haben kann. Sie beginnt an bestimmten Stellen des Körpers. Dabei fallen Haare einzeln oder in Büscheln aus oder brechen ab, bis sich schüttere Stellen gebildet haben. Diese werden meist erst bemerkt, wenn sich die Alopezie über einen Körperteil ausgebreitet hat.

Alopezie kann verschiedene Ursachen haben:

Mechanische Ursachen

Durch Reibung bestimmter Körperstellen an den immer gleichen Gegenständen der Umgebung, wie ein schlecht sitzendes Halfter, immer gleiches Durchschlüpfen bei einer Futterraufe, ein harter Boden etc. Die Haare brechen ab, sobald sie in ihrem Wachstum die Oberfläche der Haut erreicht haben. Auch durch ständigen Juckreiz brechen die Haare ab und es entstehen haarlose Stellen an den bekratzten oder benagten Körperteilen.

Um unterscheiden zu können, ob Haare ausgefallen sind oder abgebrochen, verwendet man eine starke Taschenlampe und beleuchtet damit die Haut von der Seite, indem man eine Falte mit den Fingern bildet, wo dies möglich ist. Sind die Haare abgebrochen, können die kurzen Stoppeln der nachwachsenden Haare festgestellt werden und Haarausfall von Haarbruch unterschieden werden. Natürlicherweise sind mehrere Körperstellen der Haut von Neuweltkameliden nur spärlich behaart oder erscheinen haarlos. Es sind dies der Bauch, die Innenseiten der Oberarme und Oberschenkel sowie die Haut unter dem Schwanz. Auch die Umgebung um die Nase an den Übergängen zur Nasenschleimhaut ist wenig behaart.

Alopezie der Nase bei Fohlen (© Privat)

Alopezie beim Fohlen

Bei Fohlen sieht man häufig bald nach der Geburt beginnend eine sich mit der Zeit vergrößernde haarlose Stelle an der Mitte oder seitlich an der Nase.

Meist sind diese haarlosen Stellen harmlos und verschwinden von selbst, ohne dass Sekundärinfektionen auftreten. Die haarlosen Stellen entstehen ursächlich vermutlich beim Saugakt. Alpaka- und Lamafohlen verbringen viel Zeit mit dem Trinken am Euter der Mutter. Durch die Reibung an der Haut der Mutter brechen die Haare an der Nase ab

Alopezie am Nasenrücken

und es entstehen zunächst harmlose, kleine haarlose Stellen. Sie wachsen mit der sich verringernden Anzahl der Saugakte mit zunehmendem Alter des Fohlens wieder nach. Nur in seltenen Fällen kann eine Infektion mit Milben über die Haut des mütterlichen Euters erfolgen und es muss die Infektion mittels des Nachweises der Milben auch beim Säugling behandelt werden.

Auch haarlose Stellen an den Füßen mit Juckreiz sind Hinweis auf Milbeninfektion. Durch ein Geschabsel (siehe S. 235) können die Milben nachgewiesen werden. Mittels Injektion oder Waschlösung kann versucht werden, die Milben zu behandeln (siehe Parasiten der Haut, S. 129 f.).

Sekundärinfektion der Haut

Durch verschiedene Ursachen, wie feuchte und verschmutzte Einstreu, aber auch bekratzte oder benagte Stellen, verringert sich die Widerstandsfähigkeit der Haut und Bakterien, Pilze oder Parasiten beginnen, sich auf der Haut zu vermehren. Diese Sekundärinfektionen folgen der Schädigung der Haut. Am Beginn einer bakteriellen Infektion bilden sich zunächst kleine, nur schwer erkennbare gelbliche Schuppen, die milden Juckreiz verursachen. Die Schuppen werden bei anhaltendem Juckreiz allmählich größer und formen sich zu unübersehbaren dicken

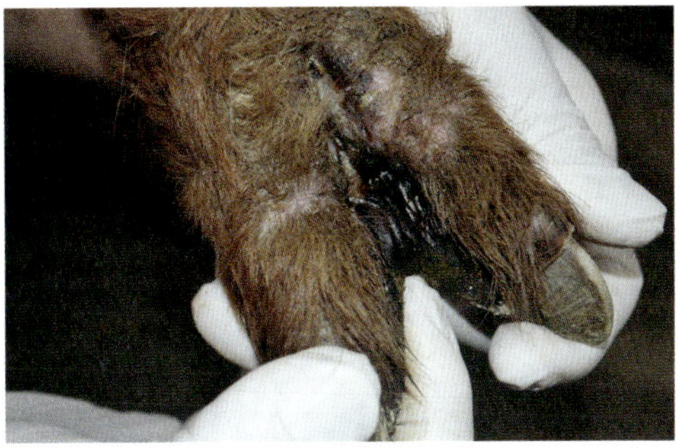

Haarlose Stelle mit einer Sekundärinfektion oberhalb des Zehengrundgelenkes. Der gelbe Belag weist auf die Sekundärinfektion hin, es besteht der Verdacht auf eine bakterielle Infektion und ursächlich auf einen Milbenbefall. (© Privat)

Krusten aus Bakterien, Sekret und Eiter. Die Haare fallen aus. An beanspruchten Stellen an den Zehen, aber auch in Falten, in denen sich Feuchtigkeit und Wärme staut, können sich einzelne Milben, die nahezu an jedem Tier in sehr geringer Anzahl vorkommen, massiv vermehren und zur Komplikation einer Sekundärinfektion beitragen. Der feuchte Untergrund birgt Ansteckungsgefahr auch für die anderen Tiere mit Milben.

Zinkmangel

Fehlt das Zink für das keratinbildende Enzym durch Zinkmangel in der Ernährung, dann kann kein oder nicht genügend zug- oder reißfestes Keratin ausgebildet werden. Die

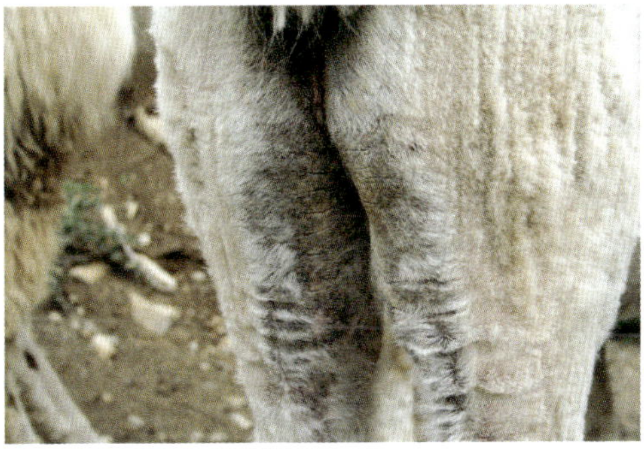

Krustenbildung bei Zinkmangel bei einem Lama

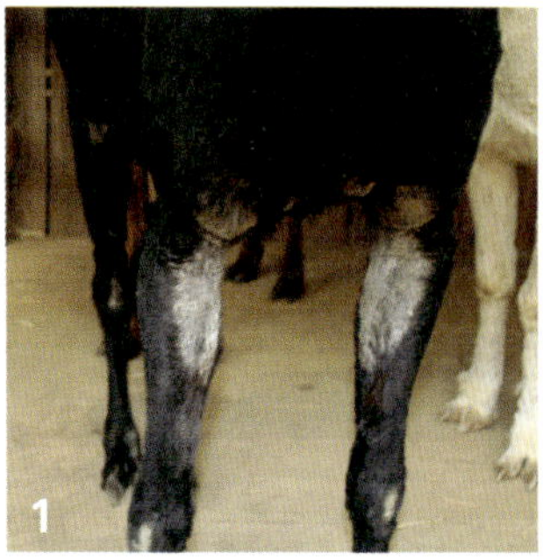
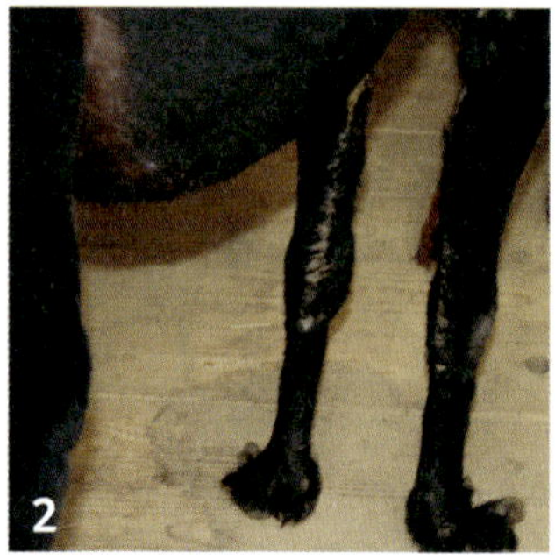

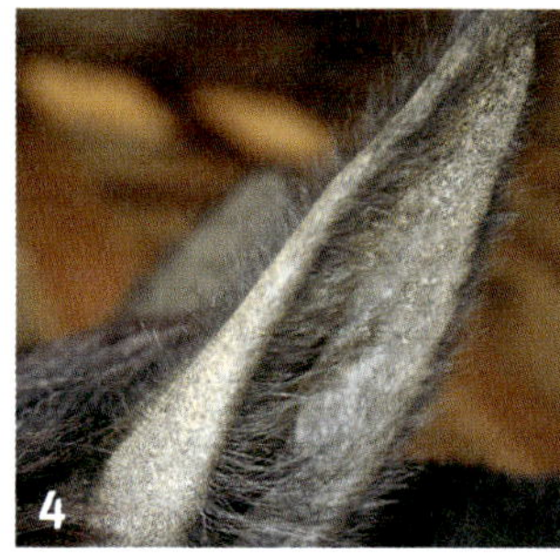

1) Als Folge des Zinkmangels und der dadurch gestörten Keratinsynthese zeigt sich bei diesem Tier eine Schuppenbildung mit Haarausfall an den Vorderbeinen, 2) dezente Schuppenbildung an der hinteren Kontur der Vorder- und Hinterbeine, am Schwanzansatz, an den Fußgelenken und 3) eine beginnende Alopezie am Nasenrücken sowie 4) an den Ohren. Bei genauem Hinsehen sieht man kleine, gelbliche Schuppen, möglicherweise der Beginn einer Sekundärinfektion mit Bakterien.

nur mangelhaft ausgebildeten Haare fallen aus. Da auch die Keratinisierung der Hautzellen mit betroffen ist, bilden sich vermehrt Schuppen, die Haut wird empfänglicher für Sekundärinfektionen.

Zinkmangel behandeln

Chronischer Zinkmangel kann mittels Substitution (Ergänzung) durch dauerhafte orale Verabreichung von Zink zur Besserung führen. Meist dauert es 6–8 Wochen und darüber hinaus bis zur Milderung der übermäßigen Schuppenbildung und dem Nachwachsen neuer Haare, etwa durch Gabe von Futtermitteln für Neuweltkameliden, die mit dem Mineralstoff angereichert sind. Bei neu auftretenden Zinkmangelerscheinungen kann die einmalige orale Verabreichung einer für andere Tierarten (Kälber, Fohlen) zugelassenen Mineralstoff- und Vitaminpaste versucht werden.

Ob die Substitution von Zink in organischer Form (z. B. Zinkmethionin) oder anorganischer Form (z. B. Zinksulfat) effektiver ist, wird kontrovers diskutiert. Auch die Interpretation des Zinkgehaltes in Blutuntersuchungen ist nicht unumstritten, da nicht sicher ist, ob auch das *intrazellulär gebundene Zink* oder nur das *im Serum vorhandene Zink* der Messung zugänglich ist. Selbst Haaranalysen konnten die gewünschte Korrelation zu den sichtbaren Hautveränderungen (noch) nicht herstellen, sodass zusammenfassend festgestellt werden muss, dass für diese Erkrankung, die zu den häufigsten Hauterkrankungen bei Neuweltkameliden gehört, dringender Forschungsbedarf besteht.

Die Haut hat bedauerlicherweise nur wenige Strategien, bei Erkrankungen reagieren zu können. Im Grunde ist die Reaktion der Haut beinahe immer dieselbe, was für den behandelnden Tierarzt und auch den Besitzer äußerst frustrierend sein kann. Hat man jedoch verstanden, warum die Haut so und nicht anders reagiert, ist dies bereits sehr hilfreich bei der Behandlung und Pflege.

Entzündung der Haut

Eine Entzündung der Haut wird durch das Einwandern von Entzündungszellen aus den

Blutgefäßen der Dermis verursacht, denn die Epidermis selbst besitzt keine Blutgefäße. Die Entzündungszellen werden durch Botenstoffe angelockt, die von den Immunzellen der Epidermis freigesetzt werden, wenn Zellen durch verschiedene Eindringlinge angegriffen oder durch Verletzungen zerstört werden. Die Folge einer Entzündung der Haut ist eine Rötung (die unter dem Fell schlecht sichtbar ist), Schmerzen, Verdickung, wie etwa durch Ödembildung (Flüssigkeitsansammlung), und vermehrte Wärme in dem betroffenen Hautareal sowie sehr häufig dadurch ausgelöster Juckreiz.

Ursachen für Entzündungen der Haut sind einerseits in einem bereits geschwächten Aufbau der Hautzellen selbst (z. B. Enzymmangel bei fehlendem Zink, bei Mangel an Nährstoffen) zu finden sowie in einem dadurch geschwächten Zusammenhalt der Zellen (tight junctions) untereinander, was das Eindringen und die Vermehrung von Bakterien, Pilzen oder Milben in die Hornschicht erleichtert.

Allergische Reaktionen, Autoimmunerkrankung

Beide Krankheitskomplexe sind eng mit einer ungewöhnlichen und zuweilen heftigen Reaktion des Immunsystems verbunden.

Im Fall einer Allergie reagiert der Körper auf bestimmte Allergene. Meist sind dies Bestandteile im Futter oder in der Atemluft, aber auch nach Insektenstichen oder einem Kontakt der Haut mit allergieauslösenden Stoffen aus der Umgebung. Anstatt eine Toleranz gegenüber den chemisch uneinheitlichen Stoffen zu zeigen, reagiert der Körper überempfindlich, es entwickeln sich unter dem Vlies sichtbare Symptome an der Haut (Rötung, Bildung von Bläschen oder Pusteln, Juckreiz) oder den Atemwegen (Niesen, Anschwellen der Schleimhäute der Nase, Atemnot durch Anschwellen der Schleimhäute in den tieferen Atemwegen).

Autoimmunerkrankungen hingegen sind genetisch fixiert und in der Regel nicht heilbar. Sie können in ihrer Symptomatik höchstens mit Medikamenten unterdrückt oder gemildert werden (Immunsuppression). Es handelt sich auch um Erkrankungen, die durch Umweltfaktoren (Stress, Infektionen, Trächtigkeit) ausgelöst werden können. Der Körper richtet seine Abwehr gegen seine eigenen Zellen. Dies kann auch Hautzellen betreffen.

Es gibt mehrere Möglichkeiten, Autoimmunerkrankungen festzustellen, wenngleich diese als sehr selten gelten.

Abwehrmechanismen der Haut bei einer Entzündung

Erhöhte Zellteilung

Durch erhöhte Zellteilung in der Basalschicht der Epidermis, die die Information aus den äußeren Epidermisschichten erhält, dass eine Schädigung (Noxe) vorhanden ist oder ein Krankheitserreger versucht, einzudringen, werden vermehrt Hautzellen und damit sichtbare Schuppen an der Oberfläche gebildet, um den Erreger mittels wachsender Mächtigkeit (Dicke) der Epidermis loszuwerden.

Generell ist sichtbare Schuppenbildung ein unspezifischer Hinweis auf eine vermehrte Zellteilung der Basalschicht. Die Reaktionsfähigkeit der Haut ist ohnehin beschränkt, da alle an der Oberfläche sichtbaren normalen, aber auch abnormalen Hautzellen von einer einzigen Zellschicht erzeugt werden und die häufigste zu beobachtende

Reaktion der Basalzellen eine erhöhte Zellteilung ist. Auch hier gilt es, festzustellen, ob die erhöhte Zellteilung zunächst auf eine mangelnde Vitamin- und Spurenelementversorgung zurückzuführen ist. In diesem Fall ist die Qualität des gebildeten Keratins mangelhaft; die Schuppen sind weich, schmierig oder klumpig.

Es gilt, die Ursache bzw. den Erreger ausfindig zu machen (Methoden der Diagnostik: Scotch-Tape-Methode, Geschabsel, Abklatsch-Zytologie, Bakteriologie, Antikörperbestimmung, Biopsie, siehe S. 233 ff.).

Zusammenhangstrennungen der Haut

Durch Bisse, Schnitte oder Hängenbleiben zerrissene Haut gibt einen Blick auf die tieferliegenden Strukturen frei: Faszien der Muskulatur, Blutgefäße und Nerven, manchmal Knochenpunkte, die direkt unter der Haut liegen.

Selbstheilung

Ist die Wunde bereits älter als 24 Stunden, handelt es sich nicht mehr um eine frische Wunde. Die Haut bedient sich in diesem Fall ihrer eigenen Strategie und ist in vielen Fällen selbst in der Lage, den Defekt durch Heilung zu reparieren.

Die gerissene Haut rollt sich je nach Größe mehr oder weniger stark nach innen, zum Körper hin ein und es vergrößert sich zunächst scheinbar die darunter freigelegte Stelle. Die Haut zieht sich jedoch im Laufe weniger Tage nach der Verletzung dank der kollagenen und elastischen Fasern in der Dermis zusammen und bringt dadurch die Wundränder näher aneinander. Neuere Forschungen haben gezeigt, dass Hautzellen in der Lage sind, festzustellen, wie weit der andere Rand des Defektes entfernt liegt.

Je nach Tiefe der Verletzung und ob sie auch Gefäßbündel betrifft, entsteht eine mehr oder weniger starke Blutung. Die Blutung ist wichtig, denn sie reinigt die Oberfläche und benetzt das verletzte Areal. Auf dieser hautlosen Fläche sprießen nun Zellen des Bindegewebes aus den Blutgefäßen der Dermis ein und bedecken den Defekt mit winzigen Blutgefäßknäueln, aus denen Bindegewebs-(Reparatur-)Zellen einwandern, dem Granulationsgewebe. Dieses Gewebe sieht aus wie kleine, rötliche Körnchen, die bei jeder Berührung leicht zu bluten beginnen. Sie zeigen die beginnende Heilung an.

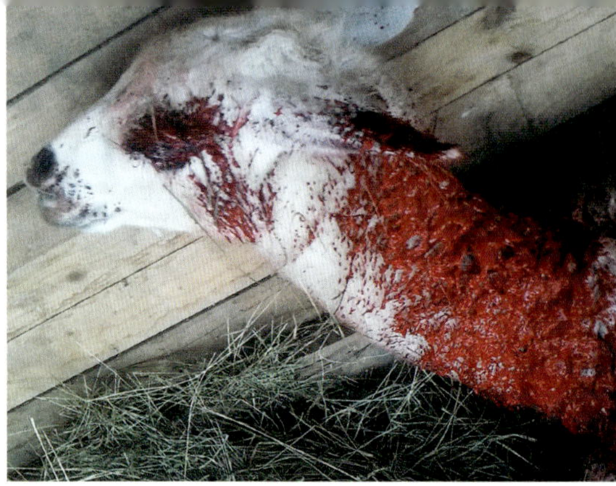

Kampfverletzung durch Hengstzähne am Auge und am Ohr mit massivem Blutverlust

Die Zellen der Epidermis selbst, die Basalzellen, sind jedoch ektodermalen Ursprungs und können nicht wieder an jeder beliebigen Stelle neu entstehen. Am Rand der Wunde werden von der dort intakten Basalschicht durch erhöhte Zellteilung rasch neue Hornzellen gebildet. Diese Zellen schieben sich von den Rändern her langsam über den Defekt, so lange, bis die gegenüberliegende Seite des Defekts erreicht ist und die Wunde verschlossen werden kann. Das Granulationsgewebe dient als Wundbett, entlang dessen die Hautzellen sich orientieren. Die Haut „schafft" nur wenige Millimeter pro Tag, daher kann es längere Zeit in Anspruch nehmen, bis ein Defekt mit neuem Epithel abgedeckt ist. Dennoch ist es oft erstaunlich, besonders bei gut gepflegten (= gereinigten) Wunden, wie schnell sich ein Hautdefekt verschließt!

Bei großen hautlosen Arealen, bei denen Haut „abgeschält" bzw. skalpiert wurde, können auch kleine Hauttransplantationen versucht werden. Vorausetzung ist aber auch hier eine perfekt gereinigte und gepflegte Wunde, die am besten bereits mit frischem Granulationsgewebe bedeckt ist. Kleine, ca. 0,3 x 0,3–0,6 cm große, rechteckige Hautstücke, die geschorener, gereinigter und gesunder Haut oberflächlich entnommen werden, werden in schmale Gewebetaschen gesteckt, die zuvor mit der Skalpellspitze schräg in das Granulationsgewebe geschnitten werden. So verringern sich die Abstände zwischen gesunden, sich teilenden Basalzellen insgesamt, die sonst nur am Wundrand vorhanden sind. Von diesen transplantierten Basalzell-„Inseln" vermag die Haut von mehreren verschiedenen Stellen aus, sich über das Granulationsgewebe zu schieben und auch große, zunächst hautlose Areale zu verschließen. Diese Stellen werden mit einiger Sicherheit haar- und pigmentlos bleiben, da ektodermale Haare und Melanozyten nicht neu entstehen oder einwandern können. Zudem müssen die Transplantate für die Dauer der Heilung geschützt, täglich gereinigt und mit Zinkspray gepflegt sowie durch einen Sprayverband oder einen Verband abgedeckt werden.

Hat man die Zusammenhänge der enormen *Heilungsfähigkeit von Haut* verstanden, dann erleichtert dies die Einschätzung und Pflege jeder Hautwunde. Lediglich durch vorsichtige, aber gründliche Reinigung mit Jodseife (Betaisodona® Seife) muss das Granulationsgewebe mindestens einmal, besser jedoch mehrmals am Tag gepflegt werden und die Heilung kann abgewartet werden.

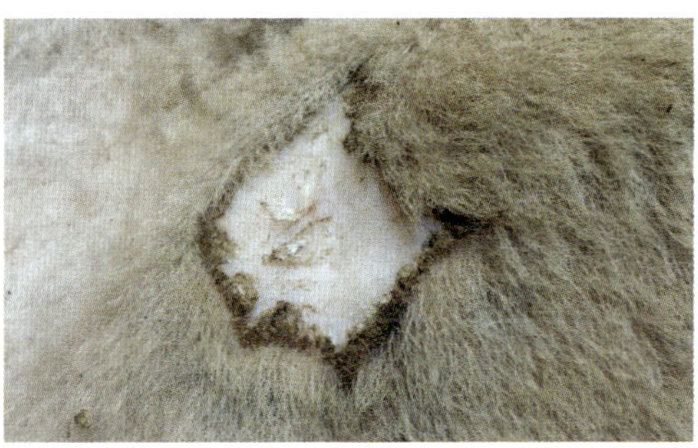

Risswunde, verheilt von den Rändern ausgehend

Chirurgische Versorgung von Hautwunden durch den Tierarzt

Wird ein frischer Defekt festgestellt, der anhaltend stark blutet oder sich an einer Stelle befindet, die *immer* eines Eingriffes bedarf (am Augenlid, an Körperöffnungen, an großen Hautfalten), dann ist unverzüglich der Tierarzt hinzuzuziehen. Hautwunden werden dann umgehend verschlossen, da sie dadurch „per primam" (siehe unten) und nur mit minimaler Narbenbildung abheilen können.

Auch große, klaffende Wunden, stark verschmutzte Wunden sowie tiefe und vermutlich infizierte Wunden, wie sie durch Tierbisse (Hunde) entstehen können, müssen dem Tierarzt vorgestellt werden.

So verhält es sich auch bei herabhängenden Hautpartien in der Kopfgegend, Rissen des Augenlides oder rissförmigen Zusammenhangstrennungen an den Körperöffnungen (Lippen, Nasenöffnung, Anus, Scheide) sowie bei Rissen an den großen Hautfalten in durch Bewegung sehr beanspruchten Arealen (z. B. Ellbogen am Übergang zur Brust, Oberschenkel am Übergang zur Bauchhaut), da bei ersteren die Funktion des Gewebes wieder hergestellt werden muss (Lidschluss, Schließmuskel, Scheide in Bezug auf Geburt), während bei letzteren die Heilung durch die ständige Bewegung stark verzögert ist und ein Eingriff des Tierarztes notwendig wird.

Eine den Hautzusammenhang wiederherstellende Naht kann bei frischen Wunden unter örtlicher Betäubung (Lokalanästhesie) vorgenommen werden. Die Wunde wird durch eine Naht verschlossen und heilt in wenigen Tagen komplikationslos ab („*Sanatio per primam intentionem*"). Besteht die Gefahr einer Infektion, wird das Tier mit Breitbandantibiotika versorgt. Auch gegen die heftigen Schmerzen, die sich in Appetitlosigkeit oder Zurückziehen von der Herde äußern können, wird der Tierarzt ein Schmerzmittel verabreichen.

Der Tierarzt entscheidet, welche Wunden offen gelassen werden, damit Wundsekret abfließen kann.

Narbenbildung

Ist die Haut verheilt, bleibt eine sichtbare Narbe zurück. Narben der Haut sind generell pigmentlos und haarlos, da weder Melanozyten neu gebildet werden können noch verlorengegangene Haare ersetzt werden.

Milbenbefall und Sekundärinfektionen heilen nach erfolgreicher Behandlung unter Bildung einer haarlosen Haut mit pigmentlosen Arealen ab.

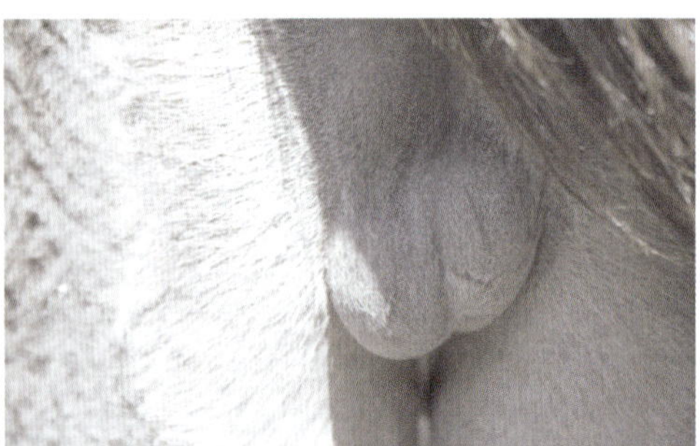

Sichtbare Narben nach Kampfverletzungen am Hoden beim Hengst

Auch nach einer lang andauernden Infektion der Haut, wie sie etwa bei chronischem Milbenbefall und Juckreiz entstehen kann, bleibt nach der erfolgreichen Behandlung und Abheilung in der Regel pigmentlose und haarlose Haut zurück.

Juckreiz

Im Zusammenhang mit Entzündungen tritt der gefürchtete Juckreiz auf, der die ursächliche Infektion verschlimmern, ja eine solche selbst auslösen kann. In die Haut eindringende Erreger verursachen die Zerstörung von Hautzellen, durch die weiße Blutzellen bzw. Immunzellen der Haut angelockt werden. Auch von diesen Zellen werden in einer Kettenreaktion Botenstoffe ausgesandt, die die Entzündung erst richtig in Gang bringen und die dadurch ebenfalls juckreizauslösend sind. Aus kleinen Defekten werden „über Nacht" große betroffene Areale, wenn das Tier unentwegt scheuert, kratzt oder nagt. Durch die mit Krankheitserregern kontaminierten Gegenstände in der Umwelt des Tieres, aber auch durch die Keime auf den Nägeln und im Maul gelangen so massenhaft Erreger in die bekratzte Haut. Ein Unterbinden des Juckreizes ist nur möglich, wenn die Ursache gefunden wird und durch eine sofort einsetzende Behandlung abgestellt werden kann.

Pflege und Hygiene

Bei der Pflege von Zusammenhangstrennungen (Verletzungen) und Granulationsgewebe zur Unterstützung der Heilung sollte die Haut mit flüssiger Jodseife (*Betaisonona*® Seife) und lauwarmem Wasser so lange und wiederholt (zweimal täglich) mit sanft kreisenden Bewegungen gewaschen werden, bis das Jod sich während des Waschganges entfärbt hat.

Auch akuter Juckreiz kann mittels Waschbehandlung zunächst gelindert werden. Der Zusatz der desinfizierenden Seife (*Betaisodona*® Seife) eliminiert die Erreger an der Oberfläche der Haut. Zu beachten ist aber die Braunfärbung des enthaltenen Jodes, das einem weißen Vlies nicht zuträglich ist.

Um besser direkt an die Haut zu gelangen, wird das Vlies mit einem Scherenschlag, oder großzügiger mittels Schur der betroffenen Stelle entfernt.

Jod besitzt nicht nur desinfizierende, sondern auch granulationsfördernde Eigenschaften, was die Heilung unmittelbar unterstützt. Nach gewissenhafter Waschung wird die Haut mit reichlich sauberen, weichen Papiertüchern oder einem weichen und trockenen Handtuch vorsichtig, aber gründlich abgetrocknet. Dabei auftretende mäßige flächenhafte Blutungen aus dem Granulationsgewebe oder den Wundrändern sind nicht besorgniserregend! Anschließend soll eine sehr dünne, aber durchgehende Schicht Zinkspray aufgebracht werden. Dadurch wird vorübergehend auch der Juckreiz gelindert und die betroffenen Hautareale mit Zink versorgt, bis die Behandlung der Ursache greift, die Entzündung abklingt und der Juckreiz verschwindet bzw. sich die behandelte Wunde verschlossen hat.

Methoden zur Diagnostik von Hauterkrankungen

Scotch-Tape-Methode

Ein Streifen durchsichtiges Tesa- oder Scotch-Tape wird auf den veränderten Hautbezirk (mit abgeschnittenem Haar!) aufgebracht, leicht angedrückt, abgezogen, mit Diff Quick®Methode angefärbt, auf einen Objektträger geklebt und schon kann einfach, billig und schnell ein Überblick unter dem Mikroskop gewonnen werden, welches Zellbild vorherrscht. Hautpilze (*Mallassezia ssp.*, Hefen) können sicher identifiziert und umgehend behandelt werden (Waschlösung). Bakterien sind durch die Färbung basophil angefärbt und bei geeigneter (sehr großer) Vergrößerung ebenfalls leicht feststellbar.

Weiße Blutzellen wie neutrophile Granulozyten sind durch ihre typische Form bereits bei kleinerer Vergrößerung zu finden. Sie weisen auf eine bakterielle Infektion hin. Insbesondere wenn sie zerfallen (toxische Granulozyten), ist häufig neben Bakterien die Struktur der gelappten Kerne auch noch in den Zelltrümmern zu finden. In diesem Fall sollte mit einem sterilen Watteträger eine Bakteriologische Untersuchung erfolgen. Es genügt, den sterilen Tupfer mit einer leicht drehenden Bewegung über die Oberfläche der Wunde zu wischen, die jedoch vorher nicht mit Desinfektionsmitteln behandelt worden sein sollte.

Abklatsch und Zytologie

Von der erkrankten Hautstelle wird mittels sauberen Wattetupfers mit einer oder mehreren drehenden Bewegungen Material von der Hautoberfläche (auch vom äußeren Gehörgang) entnommen und auf einen Objektträger aufgebracht.

Zur Fixierung der gewonnenen Zellen auf der Glasoberfläche vor dem Färben muss der Objektträger kurz mit einer Flamme (Feuerzeug, Bunsenbrenner) erhitzt werden, um ein Wegschwimmen der Zellen beim Färbevorgang mit Diff Quick® zu verhindern.

Erfolgt keine oder nur eine unzureichende Fixierung, dann schwimmen am Ende des Färbevorganges die Zellen in der Färbelösung, sodass eine Untersuchung der Färbelösung alleine bereits falsch positive Ergebnisse liefern kann („Stain your stain“, Prof. David Lloyd).

Bakteriologische Untersuchung

Die bakteriologische Untersuchung beinhaltet die Bestimmung der krankheitsauslösenden oder begleitenden Keime (Bakterien) durch Anzüchten auf einem geeigneten Nährboden. Im Anschluss wird ein Resistenztest (Antibiogramm) durchgeführt, der die Wirksamkeit der anzuwendenden Antibiotika (Wirkung der verschiedenen Arzneien auf die im Labor weiter gezüchteten Bakterien) testet.

So ein Antibiogramm mit Resistenztest ist dann aussagekräftig und äußerst hilfreich, wenn ausschließlich diejenigen Bakterien identifiziert und weitergezüchtet werden, die für den Körper krankmachend (pathogen) sind.

In großen Laboren verfügen die Mitarbeiter über genügend Erfahrung, um diese Bakterien zu identifizieren; der Tierarzt kann aber auch selbst in der Praxis Bakterien in einem kleinen Brutkasten anzüchten und mit einfachen Mitteln Antibiogramme erstellen. Auch hier wird bei wiederholter Durchführung schnell Erfahrung möglich sein, um normal auf der Haut vorkommende Bakterien von pathogenen (krank machenden) unterscheiden zu können.

Selbst erstellte Proben können bereits am nächsten Morgen verwertbare Bakterienkulturen liefern; das sogleich angefertigte Antibiogramm erleichtert die Auswahl des Antibiotikums ungemein, da bevorzugt die Wirkstoffe verwendet werden, die gerade in der tierärztlichen Apotheke zur Auswahl stehen.

Auch ist der Zeitvorsprung beachtenswert, denn Versand und Bearbeitung im Labor dauern erfahrungsgemäß eine Woche oder länger. Ein weiterer Nachteil der Ergebnisse aus dem Großlabor ist oft die lange Liste der getesteten Wirkstoffe, die in so einer Vielzahl nicht zu jedem Zeitpunkt in der tierärztlichen Hausapotheke vorrätig sind, entweder weil sie sehr teuer sind oder selten oder gar nicht an den „normalen" Patienten angewendet werden.

Tierärztinnen und Tierärzte, die sich mit Eutergesundheit beschäftigen, kennen diese Untersuchungen von den Milchproben von Kühen. Ebenso kann diese Methode mit anderen Körperflüssigkeiten und Absonderungen, insbesondere auch an der Oberfläche der Haut, angewendet werden.

Praxistipp für Tierärzte: Benötigtes Material: Blutplatten, Stempel und Plättchen für verschiedene Wirkstoffe, Öse, Glasspatel, Bunsenbrenner mit Gaskartusche, Brutkasten.

Hautstanze oder Biopsie

Eine wertvolle und aussagekräftige, jedoch die in ihrer Interpretation anspruchvollste Untersuchung ist die Entnahme einer kleinen Hautprobe mittels Hautstanze (Biopsie). Diese Untersuchung umfasst alle Schichten und erlaubt sozusagen einen Blick in die Tiefe der Haut. Gleichzeitig macht sie die Vorgänge von der Bildung der Hautzellen bis zu ihrem Zelltod sichtbar.

Voraussetzungen sind die Auswahl der richtigen Lokalisation der Entnahmestelle, eine sowohl schonende als auch schmerzfreie Entnahme in Hinblick auf den Tierschutz, den Schutz tieferliegender Strukturen (Blutgefäße, Knorpel) sowie das Abtrennen ohne Zerquetschung des Bioptats; die sorgsame Konservierung, eine aussagekräftige, ja ambitionierte Anamnese zu jeder entnommenen Probe sowie ein Histopathologe des Vertrauens.

Bei der Biopsie wird mit der Hautstanze, vergleichbar mit einem winzigen, kreisrunden Messer mit größerem oder kleinerem Durchmesser, ein kleiner, aber tiefer, bis in die Subcutis reichender Abschnitt der Haut entnommen, der neben dieser auch die Dermis und alle Schichten der Epidermis enthält.

Durch Färbung und Anfertigung mehrerer Schnitte durch das Bioptat ermöglicht diese Untersuchung dem Histopathologen einen Blick gleichzeitig auf alle Schichten, von den Blutgefäßen und Haarbälgen in der Dermis bis zu den epidermalen Schichten der Haut auch auf das gesamte Zellvorkommen an der Oberfläche. Der Bericht des Histopathologen ist höchst aufschlussreich. Danach kann und muss sich die weitere Behandlung richten.

Tumore

Werden Bioptate von Tumoren der Haut eingesendet, so gibt der histopathologische Befund Aufschluss über die beteiligte Zellart. Nicht immer ist es möglich, einen Tumor zu entfernen. Handelt es sich um „bösartige" (maligne) Tumorzellen, die gewebezerstörend oder metastasierend wachsen, dann ist eine Heilung nicht möglich. Dies ist im Fall eines Plattenepithelkarzinoms (die beteiligten Zellen sind Zellen des Plattenepithels) oder eines malignen Melanoms (Melanozyten) häufig der Fall.

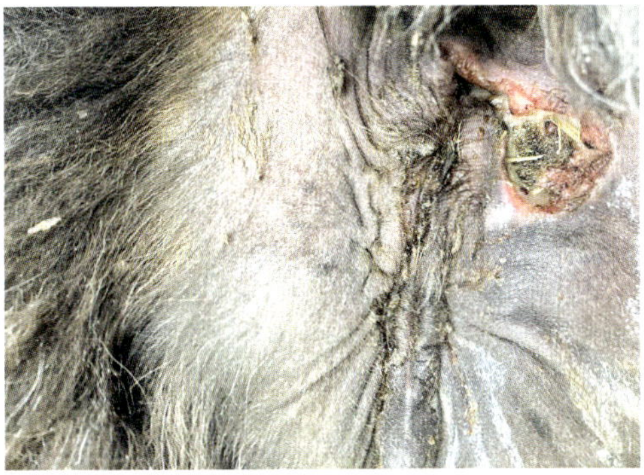

Tumor der Haut: Es handelt sich um ein Plattenepithelkarzinom in der Aftergegend, das nicht heilbar und nicht behandelbar ist. (© Lamaland Loher)

Feinnadelaspiration (FNA)

Insbesondere bei knotigen Veränderungen der Haut kann das veränderte Gewebe mittels Feinnadelaspiration untersucht werden. Dazu wird eine relativ dünne Nadel auf eine mit wenig Luft gefüllte Spritze gesetzt und in mehrere Richtungen in das veränderte Gewebe eingestochen. Mittels Lufteinblasens und -absaugens werden Zellen in die Nadel und die Spritze gesogen. Anschließend wird das gewonnene Material auf einen Objektträger ausgeblasen, hitzefixiert, gefärbt und im Mikroskop begutachtet oder auch an den Histopathologen weitergeschickt. Es hilft ungemein beim Lernen, zuerst selbst gefärbte Präparate anzusehen und dann den Bericht des Pathologen dazu zu lesen. Man bekommt viel Gefühl für die beteiligten Zellen und kann selbst in der Zukunft bereits durch eine selbst gefertigte Feinnadelaspiration gute Verdachtsdiagnosen stellen. Die gewonnenen Zellen können Aufschluss geben über die Ursache der Schwellung, denn es können Entzündungszellen, aber auch sich teilende Tumorzellen sein.

Geschabsel

Damit versucht der Tierarzt, dort vermutete Milben zu entdecken. Es wird je nach vermuteter Milbenart oberflächlich oder tief (mit der Skalpellklinge) geschabt, die gewonnene Zellmasse auf den Objektträger gelegt und bei geeigneter Vergrößerung nach Milben gesucht.

Es gibt je nach Tierart verschiedene Arten von Milben, die sich in geringer Anzahl auch in gesunder Haut befinden können. Bei einer meiner Dermatologie-Fortbildungen fanden wir bei der Übung, wie man Haare aus dem Haarbalg herauszieht, Demodex (Haarbalgmilben) bei einem erwachsenen, gesunden Menschen in den Haarwurzeln einer Augenbraue!

ALPAKAVLIES

Als Vlies wird im Gegensatz zur Wolle von Schafen die sehr dünne, hochwertige Faser von Alpakas bezeichnet.

Nur die hochwertigste Faser eignet sich als Grundstoff für die Verarbeitung zu Garnen und hochwertiger Strickware. Weniger feine Faser eignet sich aber immer noch durch ihre hervorragenden, isolierenden Eigenschaften als Füllstoff für wertvolle Bettware; weniger wertige Teile des Vlieses können zu Polstern, Filzen, Teppichen und nicht zuletzt zur Verwendung beim Gärtnern (Einlagen in Töpfen und Blumenkisten) weiterverarbeitet werden.

QUALITÄTSSTUFEN

Alpakavlies wird noch vor der Schur am Tier begutachtet, um bei der Schur gleich in die

Oben: Traumhafte Handarbeit von höchster Qualität. Bei den Eisenberglamas werden Hüte aus über 90 % Alpakavlies mit jahrelanger Erfahrung und Liebe zum Material händisch hergestellt; Mitte: Hervorragende Vliese aus Österreich eignen sich zur Herstellung von feinstem, wertvollem Strickgarn; Unten: Teppiche werden aus Wolle zweiter Qualität in den vielen, natürlich vorkommenden Farben hergestellt. (Alle Fotos © www.eisenberglama.at)

verschiedenen Qualitäten sortiert zu werden und, richtig gelagert, bis zur Weiterverarbeitung aufbewahrt zu werden.

Blanket

Die höchste Qualität findet man bei den Alpakas im Bereich des vorderen Rückens (Blanket) und an den daran anschließenden Übergängen. Dies sollte allerdings vor der Schur bereits feststehen, um während der Schur eine Vermischung mit der Faser zu verhindern, die sichtbar weniger wertvolle Eigenschaften besitzt.

Es liegt auf der Hand, dass die Menge der gewonnenen Faser erster Qualität gering ist, sodass es mehrerer oder sogar vieler gleichwertiger Tiere bedarf, um ausreichende Mengen zu erzielen, die die Verarbeitung von Vlies zu Garnen und anschließender Weiterverarbeitung und Vermarktung der Produkte annähernd wirtschaftlich macht.

Erste Qualität = Blanket (© Alpacas En Colores)

Auch eignen sich nur ausgewählte Tiere zur Gewinnung solch hochwertiger, verarbeitungsfähiger Vliese, die nur durch sorgfältige Zucht und langjährige Erfahrung sowie dem gelegentlichen Zukauf von geeigneten Vererbern erzielt werden. Auch die Gesundheit und nicht zuletzt der Körperbau spielen eine bedeutende Rolle bei der Vitalität und Langlebigkeit der ausgewählten Zuchttiere und der Fähigkeit zu konstanter Vliesqualität und Vererbung derselben.

ANSCHAFFUNG VON ALPAKAS ZUR VLIESPRODUKTION

Der traurige Anblick überzüchteter Alpakas, die *nur* über die gewünschten Vlieseigenschaften, nicht aber über beste Gesundheit, insbesondere des Bewegungsapparates, verfügen, hat sich in den letzten Jahren stark verbessert.

Es bedarf bei der Anschaffung von Tieren mit höchsten Vliesqualitäten viel an Wissen und Erfahrung sowie einen einigermaßen gefüllten Geldbeutel, um die richtigen Tiere zu selektieren und zu erwerben.

Nicht alle auch sehr teuren Tiere sind in der Lage, über mehrere oder viele Jahre annähernd gleichbleibende Vliesqualität zu liefern. Hat man die richtigen Tiere erworben oder im Laufe eines Züchterlebens erzüchtet, dann fließen immer noch Geschlecht und Alter der Tiere, Trächtigkeit, Laktation und Fütterung in die Qualität der Vliese mit ein. Nur die Berücksichtigung dieser Einflüsse unter Bedachtnahme auf die Fütterung kann die hochwertigen Anteile des gewonnenen Vlieses einer Herde konstant halten sowie durch die Auswahl der Tiere durch züchterische Erfahrung die erwünschten Vlieseigenschaften durch Zucht an die Nachkommen weitervererbt werden.

Eine wichtige Grundlage zur Feststellung der Qualität der Tiere ist die Fasermessung, die jedes Jahr an den Tieren durchgeführt wird und die die Konstanz der Faserwerte des einzelnen Tieres dokumentiert.

VLIESGEWINNUNG

Vliese werden bei der jährlichen Schur gewonnen. Dazu müssen die Alpakas möglichst komplett geschoren werden. Zum Zwecke der Schur werden die Tiere auf einem dafür geeigneten Schertisch ausgestreckt, ausgebunden oder von mehreren Hilfspersonen am Kopf und an den Gliedmaßenpaaren festgehalten, um dann mit der Handschere oder einer handelsüblichen Maschine mit geeigneten Scherköpfen für Neuweltkameliden geschoren zu werden.

Die Fasereigenschaften am Körper des Tieres sollte schon vor der Schur festgestellt werden und während der Schur bei der Entnahme vom Körper des Tieres in Qualitäten sortiert werden, damit man sich später unnötige und mühsame Arbeit erspart. Die erste und weitere Qualitäten (zweite, dritte Qualität) werden nacheinander, nach Farben sortiert, in luftdurchlässige Säcke gefüllt und bis zur Weiterverarbeitung staubfrei und trocken gelagert.

Länge der Faser, Crimp und Dichte sind entscheidend für die Qualität der Vliese. (© Alpacas En Colores)

SAUBERKEIT DER VLIESE

Vor der Schur

Tiere, die in einer sauberen, gepflegten Umgebung leben und sich auf Weiden und in stets gereinigten und trockenen Unterständen aufhalten, haben saubere Vliese, die vor der Schur lediglich mit speziellen Stöckchen am Tier ausgeklopft werden.

Saubere Vliese erzielt man durch geeignete Haltung (ohne oder nur mit geeigneter und stets sauberer, trockener Einstreu), da sich Heu und Stroh in den Haaren verfangen und durch die durch das Wachstum langsam zunehmende Vlieslänge nicht mehr ohne Weiteres ausgebürstet werden können. Auch bei der Fütterung von oben fallen Heubestandteile auf die Körperregionen, die wertvolles Vlies tragen können, wie auf den Bereich über dem Widerrist (höchste Stelle der Brustwirbelfortsätze im Bereich der Schulter) oder den nach vorne anschließenden Halsbereich. Auch sollten die Weiden frei von Pflanzen sein, die sich in den Haaren verfangen können (wie etwa Kletten oder andere Pflanzen mit klebrigen Fruchtkörpern oder Blättern) sowie möglichst frei von Moos, da sich dieses bei der Körperpflege (Wälzen) auch im Vlies verfängt und kaum zu entfernen ist. Unmittelbar vor der Schur kann das Vlies direkt am Tier schonend mit Druckluft ausgeblasen werden, jedoch ist der Lärm des Kompressors zu berücksichtigen, der Panikreaktionen auslösen kann.

Grobe Verschmutzungen können vor der Schur ausgeklopft oder ausgeblasen werden.

Langes, dichtes und Crimp enthaltendes Vlies eignet sich zur Weiterverarbeitung, um zu Garn gesponnen zu werden. (© Alpacas En Colores)

Nicht entfernte Fasern des Babyvlieses mit den teils hartnäckig anhaftenden Verschmutzungen kann eine schwierigere Verarbeitung nach sich ziehen. (© Alpacas En Colores)

Jedenfalls verringert das Ausblasen die manchmal nicht unbeträchtlichen Mengen an Staub im Vlies und schont zudem die Messer.

Nach der Schur

Gewonnene Vliese müssen vor Verunreinigungen, Feuchtigkeit und vor dem Befall mit Schädlingen geschützt werden; eventuell muss ein leicht feuchtes Vlies unmittelbar nach der Schur locker in Papiersäcke gegeben werden, um zu trocknen.

Dicke der Faser und Verwendbarkeit

Um die Verwendbarkeit und den damit erzielbaren Wert gewonnener Alpakavliese einschätzen zu können, ist eine Faseranalyse unverzichtbar. Das Vlies wächst am Körper des Tieres über ein Jahr heran, kann sich jedoch im Laufe des Lebens, ja sogar während eines Jahres verändern. Die Vliesqualität ändert sich etwa mit der Zusammensetzung der Ernährung.

Eiweißreiche Fütterung, wie die Weide im Frühsommer, aber auch körperlich abweichende Zustände, wie Trächtigkeit und Säugephase, sowie allfällige Krankheiten, Nährstoff- und Mineralstoffmängel können sich in den Werten der Messung bei der nächsten Schur bemerkbar machen.

PROBENGEWINNUNG ZUR FASERMESSUNG

Jede Messung der Faser kann nur so gut sein wie die Probe, die zur Messung eingereicht wird. Die Entnahme der individuellen Probe sollte aus der Mitte der seitlichen oberen Rückenpartie in der Mitte des Blankets erfolgen, da sich in diesem Bereich die hochwertigste Faser und der repräsentative Bereich für Aussagen der Qualität der Gesamtfaser befindet.

Für die Messung mit dem OFDA100, die derzeit in amerikanischen oder australischen Laboren angeboten wird, wird die Schur an der beschriebenen Körperstelle im Ausmaß einer 5 mal 5 Zentimeter großen Fläche nahe der Hautoberfläche mit einer handelsüblichen, mit einem für Kameliden geeigneten Scherkopf ausgestatteten Schermaschine empfohlen. Die Länge des zu untersuchenden Vlieses soll laut Empfehlungen eines Labors mindestens 4 Zentimeter betragen.

Anschließend wird das Vliesstück in seiner natürlichen Form in einen verschließbaren Plastikbeutel gegeben und, nachdem ihm ein Informationsschreiben hinzugefügt wurde, verschlossen. Das der Probe beigelegte Informationsschreiben enthält folgende Daten: Name, Identifikationsnummer (Mikrochip-Nummer) und Rasse des Tieres, Geschlecht, Alter (Geburtsdatum), Farbe, Datum der Probenentnahme, evtl. Datum der letzten Schur (bei erwachsenen Tieren). Der ideale Zeitpunkt zur Probenentnahme ist die jährliche Schur.

Da zur Messung die zur Haut am nächsten gewachsenen Fasern verwendet werden, ist die Probe für die Periode am aussagekräftigsten, die der Schur zuvorging. Alter, Geschlecht und Ernährung spielen die größte Rolle für die Faserqualität.

In manchen Fällen ist es sinnvoll, mehrere Proben eines Tieres einzuschicken, die an verschiedenen Stellen des Körpers entnommen worden sind (z. B. hinterer Rücken, Hüfte oder Schulter). Dadurch bekommt man mehr Aussagen über die Schwankungsbreite der Faser am ganzen Tier und die Eignung für die Verarbeitung des Gesamtvlieses. Spitzenwerte aus einer einzelnen Stelle des Vlieses müssen nicht unbedingt dieselbe hohe Qualität des Gesamtvlieses eines Tieres bedeuten. Ein erhobener Durchschnittswert aus dem Gesamtvlies sagt viel mehr über die Qualität des Tieres aus und hilft bei der maschinellen Verarbeitung in der Spinnerei.

Wann sollte die Haaranalyse durchgeführt werden?

Es ist wenig sinnvoll, sehr junge Tiere (unter 6 Monaten) zur Faserbeurteilung heranzuziehen. Da sich die Faser zumeist mit zunehmendem Alter verändert, kann und sollte die Fasermessung in den ersten Lebensjahren von ein und demselben Tieren durchgeführt werden, um die Entwicklung der Faser des betreffenden Tieres beurteilen zu können.

Sehr hochwertige Tiere verändern ihre Faserqualität nur wenig, d. h. die Dicke der Faser steigt mit zunehmendem Alter nur langsam an; sie stabilisiert sich sogar bei älteren Tieren und bleibt konstant gleich. Jedenfalls lassen wiederholte Messungen objektive Aussagen über den Wert einzelner Tiere im Bestand und den Zuchterfolg insgesamt zu. Bei Kenntnis der Messwerte können Maßnahmen zur Verbesserung getroffen werden, indem Vererber angeschafft werden, die eine Faserverbesserung der Nachkommen erwarten lassen (Anschaffung von geeigneten Stuten oder Hengsten zur Zucht).

Faserwerte sind jedenfalls ein Kriterium für die Wollverarbeitung und können der angelieferten Faser beigelegt werden. Fasereigenschaften haben eine relativ hohe Heritabilität (Vererblichkeit) und es sollten nur Tiere angeschafft werden, die zur Verbesserung einsetzbar sind

Zum intensiveren Studium wird auf die weiterführende Literatur verwiesen, die hervorragende Einblicke in die Eigenschaften und die Verwertung der wertvollen Faser und dem Interessierten umfangreiche Informationen darüber gibt.

Mein Dank gilt Frau Ing.in Anita Schmied (Alpakas En Colores) für die Durchsicht und die hilfreichen Tipps und den Eisenberg-Lamas für die Bilder ihrer hervorragenden Produkte.

LAMAS UND ALPAKAS ALS PATIENTEN IN DER TÄGLICHEN PRAXIS

Egal, ob Großtierpraktiker oder Kleintierpraktiker – ist ein Tierarzt erst einmal gefunden, der bereit ist, zur Visite zu unseren Neuweltkameliden zu kommen, dann lasse man ihn oder sie so schnell nicht wieder los. Der Tierarzt wird sich bei Interesse für die Tierart mit einer kleineren, eigens angeschafften Literatursammlung dem Thema widmen. Kleintier-, aber auch Großtierpraktiker sind es gewohnt, mittels klinischer Untersuchung des Patienten sowie, wenn notwendig, weiterführender Untersuchungen zu diagnostizieren (z. B. Blutuntersuchung, Ultraschalluntersuchung), und sind in der Lage, geschickt zu operieren. Im Rahmen des Österreichischen Tiergesundheitsdienstes (TGD) ist es möglich, mit einem Tierarzt einen Betreuungsvertrag abzuschließen, in dem die wichtigsten Haltungs- und Gesundheitsparameter regelmäßig überprüft werden. Eventuell lädt man den in Neuweltkamelidenmedizin noch wenig erfahrenen Tierarzt ein, sich beim Verein einzuschreiben. Die Neuweltkameliden-Vereine in Österreich, Deutschland und in der Schweiz sind sehr ambitioniert, Vorträge und Schulungen auch für behandelnde Tierärzte anzubieten; es werden eigene Programme für Tierärzte bei Jahrestreffen, aber auch in Online-Seminaren angeboten, bei denen Wissenschaftler die Schwerpunktthemen der Neuweltkamelidenthematik behandeln.

Abgesehen von den Erhebungen des Tiergesundheitsdienstes sind die beiden wichtigsten Parameter, die bei einem Neuweltkamelidenbestand immer zuerst erfasst bzw. erfragt werden müssen, die, um die sich praktisch das ganze Leben eines Lama- oder Alpakahalters dreht: Ernährungszustand und Parasitenstatus. Einzeltiererkrankungen können Hinweise ergeben, welche Haltungsbedingungen suboptimal sind und verbessert werden müssen. Jedoch können Einzeltiererkrankungen immer auftreten, auch wenn die Haltungsbedingungen optimal sind; dafür gibt der Sektionsbefund, der an jedem verendeten oder euthanasierten Tier unbedingt durchgeführt werden sollte, Aufschluss über den Grund der Erkrankung.

BEFUNDSAMMLUNG

Parasitenbefunde, Entwurmungs- und Impfprotokolle sowie Sektionsbefunde sollten grundsätzlich vom Tierarzt an die Besitzer weitergegeben werden. Sie werden von ihm gesammelt und aufbewahrt und sind dienlich bei den regelmäßigen Besprechungen mit dem Betreuungstierarzt, auch um die sich eventuell ändernden Gegebenheiten anzupassen: Etwa bei erwarteten Trächtigkeiten die Durchführung von Trächtigkeitsuntersuchungen mittels Blutproben oder Ultraschall sowie ein etwaiges Augenmerk auf Kokzidien bei trächtigen Stuten, bei termingerechten Impfungen, vorbeugenden Besprechungen einer möglicherweise notwendigen zusätzlichen Kolostralmilchversorgung etc.

Bei Neuankömmlingen in der Herde empfiehlt sich eine Erhebung des Parasitenstatus und der Körperkondition sowie eventuelle Tupferproben vor dem Decken.

Befund	Jährlich	Viertel- bis Halbjährlich	Bei Bedarf (Einzeltiere)
Parasitenkontrolle		X	X
Körperkondition/Body Condition Scoring		X	X
Entwurmungsnachweis (Tierarzt)			X
Impfungen Nachweis	X		
Sektionsbefunde			X
Betriebserhebung TGD	X		
Schertermin	X		
Decktermine	X		X
Faserwerte	X		
Genetische Nachweise			X

Tupferprobenentnahme aus der Scheide einer Lamastute zur Keimisolierung vor dem Decken

Das Body Condition Scoring nicht nur erkrankter Tiere, sondern zur selben Zeit auch aller anderen Herdenmitglieder gibt sehr vieles über den Gesundheitszustand der Tiere und die Haltungsbedingungen preis.

Einige Beispiele sollen verdeutlichen, warum das Betasten der Wirbelsäule der einzelnen Tiere und die Betrachtung der Tiere von hinten notwendig ist, um folgende Zusammenhänge zu erkennen:

In einer ca. 7-köpfigen Alpaka-Stutenherde war eines der Tiere im Hochwinter verendet, ein zweites lag sterbend im Stall. Das sterbende Tier diente nach seinem traurigen Tod als Beispiel für ungenügendes Parasitenmanagement. Der Besitzer hatte nicht erkannt, dass nur eines seiner Tiere wohlgenährt (BC › 3), alle anderen Herdenmitglieder aber, und auch das gestorbene Tier, nur einen BCS zwischen 1 und 2 hatten. Die Todesursache war, so viel konnte man bei der Sektion an der Leber erkennen, ein Befall mit dem Kleinen Leberegel. Beinahe das gesamte Lebergewebe war grau und abgestorben (Zirrhose).

Der gleichzeitige Verlust an Körpergewicht bei Befall mit Kleinem Leberegel (siehe S. 133) verdeutlicht die Gefährlichkeit dieses Parasiten für Neuweltkameliden. Auch Kokzidien (siehe S. 130 f.) verursachen Todesfälle, die in folgendem Fall vorhersehbar waren:

Bei drei trächtigen Alpakastuten wurde einige Wochen vor dem Geburtstermin ein hochgradiger Kokzidienbefall nachgewiesen. Die empfohlene Behandlung mit einem Kokzidienmittel, die einfach und vom Besitzer selbst durchführbar wäre, wurde unterlassen. Alle Fohlen litten in den ersten Tagen nach der Geburt an Durchfall, es wurde ein hochgradiger Befall mit Kokzidien nachgewiesen. Nur zwei der drei Fohlen konnten erfolgreich behandelt werden.

Das Body Condition Scoring deckt Fehler im Parasitenmanagement sofort auf: Auch bei einem Besuch zum Zwecke der Erhebungen des Tiergesundheitsdienstes werden viele Parameter erhoben, die der Erfassung der Gesamtumstände und dem gleichzeitigen Erkennen von Gefahren dienen.

Der Parasitenstatus (siehe S. 125) ist dann bekannt, wenn öfters in den letzten Jahren Befunde zu Kotuntersuchungen vorliegen. Ebenso wichtig ist es, in der Anamnese zu klären, ob, wann und womit mit welcher Dosierung entwurmt worden ist.

Da die Parasitenbelastung von Neuweltkamelen über Tod oder Leben mitentscheidend oder sogar per se entscheidend sein kann, muss zu Beginn der Visite der Parasitenstatus geklärt werden, auch wenn er lautet: *keine Kotproben gemacht, keine Entwurmung durchgeführt.* Dann ist es höchste Zeit, sich darum zu kümmern.

Es ist kein Problem für einen Arzt, diese Information zur Kenntnis zu nehmen. Man sollte „mit der Wahrheit herausrücken", denn diese zu verschweigen, hieße, den Arzt wichtiger Informationen zu berauben. Sollten die Tiere einen beruhigenden BCS jedenfalls über 2,5 vorweisen können, dann weiß der Arzt zumindest über die Notwendigkeit einer Parasitenkontrolle und gegebenenfalls einer Behandlung, die für die Tiere nicht zu spät kommt.

Aus diesen Gründen spielt in der Annäherung an den Patienten „Neuweltkamel" die Erhebung der Körperkondition (Body Condition Scoring) und des Parasitenstatus eine herausragende Rolle in der Diagnostik.

DIAGNOSTIK?

Ich darf diese Überschrift mit einem Fragezeichen einleiten, denn auch wenn alle diagnostischen Möglichkeiten neben der klinischen Untersuchung, wie Labordiagnostik und/oder bildgebende Diagnostik, wie Röntgen oder Ultraschall, angefordert werden können – es gilt hier sehr oft, einem Lama oder Alpaka schnell das Leben zu retten.

Chronische und diagnostisch einfachere Erkrankungen, wie Husten, Zahnprobleme, Ausfluss, können mit bewährten Arzneimitteln und auch Homöopathie gut und rasch behandelt werden.

Ist der Fall jedoch akut, ist guter Rat teuer. Gebrochene Gliedmaßen können chirurgisch angegangen werden, vorausgesetzt, es handelt sich um Alpakas und dabei nicht um die „großen" Knochen Humerus (Oberarm-) oder Femur (Oberschenkelknochen) aufwärts. Das akut erkrankte Lama oder Alpaka jedoch sitzt, frisst nicht, käut nicht wieder, zeigt erhöhte Atem- und Herzfrequenz, hat blasse Schleimhäute und setzt keinen Kot ab. In der Vorgeschichte können vorkommen: Weidewechsel, Kauen von Klumpen, Schaum vor dem Maul, Blätter gefressen, die der Wind ins Gehege geweht hat. Hinweise auf Vergiftungen ergeben sich häufig (siehe Giftpflanzen, siehe S. 148 ff.).

Die Schwierigkeit, die sehr häufigen Erkrankungen des Verdauungstraktes zu erkennen und richtig zu deuten, wird durch eine Blutuntersuchung sowie eine Kotuntersuchung erleichtert.

Die Heranziehung diagnostischer Möglichkeiten sowie die Therapiemöglichkeiten obliegen dem behandelnden Tierarzt. Entscheidend ist es, die Entnahmetechnik zu erlernen und durchführen zu können. Die wichtigsten Eingriffe werden beschrieben, jedoch ist es im Krankheitsfall von Fall zu Fall verschieden, welche Therapie der behandelnde Arzt vorschlägt (siehe Blutentnahmetechniken, S. 258 ff.).

Die Ultraschalluntersuchung ist manchmal bei Erkrankungen des Harn- und Geschlechtsapparates dienlich, insbesondere bei Verdacht auf Urolithiasis (S. 166), und wird auch bei Trächtigkeitsdiagnosen eingesetzt.

Röntgenuntersuchungen mittels mobilen Geräten helfen, Zahnabszesse oder andere Probleme im Maulbereich darzustellen oder zu lokalisieren, und werden erfolgreich in der Diagnostik von Gliedmaßenerkrankungen angewendet. Alle Kliniken verfügen über modernste Diagnosemöglichkeiten und sollten rechtzeitig genutzt werden. Das frühzeitige Verbringen des Patienten und eines Artgenossen in eine im Umgang und in der Diagnostik von Neuweltkameliden versierte Tierklinik kann Leben retten.

KLEINER RATGEBER FÜR DIE BESITZER AKUT ERKRANKTER NEUWELTKAMELIDEN

Findet man sein Alpaka oder Lama seitlich festliegend auf der Weide, so ist das Tier unverzüglich und gemeinsam mit einem Artgenossen in einen Unterstand oder, besser, in den Stall zu verbringen. Zu diesem Zwecke ist ein großer Teppich hilfreich, der dem Tier mit der Längsseite an die Rückenlinie gelegt wird. Der Kopf sollte gerade ausgestreckt liegen. Hierauf erfassen zwei Personen jeweils die Vorder- und Hinterbeine und drehen das Tier über den Rücken, sodass es auf dem Teppich zu liegen kommt. Nun kann mit vereinten Kräften das Tier über die Wiese bis zum trockenen Unterstand gezogen werden. Auch ein PKW mit tiefer Ladekante, mit dem über die Wiese gefahren wird, wo es möglich ist, eignet sich dazu, das Tier abzutransportieren. Festliegende Tiere anschließend in Brustlage aufrichten, um einen ungünstigen Druck auf den Magen zu verhindern, dadurch den Druck auf Lunge und Herz zu verringern und eine Entlastung des ohnehin instabilen Kreislaufes zu erreichen. Die Beine unter dem Tier in gebeugte Stellung bringen. Je ein Heuballen auf beiden Seiten stabilisiert die Lagerung. Den Kopf auf eine höhere Unterlage (Sack, gepolsterte Kiste) lagern, um ein Herausfließen von Mageninhalt zu verhindern.

Anschließend sollte die Körpertemperatur gemessen werden. Dazu wird ein geeignetes Fieberthermometer in den After eingeführt. Tiere, die Durchfall zeigen, können niedrigere Körpertemperaturen aufweisen. Danach sollte ein Tierarzt verständigt werden.

ZWANGSMASSNAHMEN BEI UNTERSUCHUNGEN

Um Tiere untersuchen zu können, die ein regelmäßiges Handling nicht gewohnt sind oder an denen Eingriffe, wie Blutentnahme, Injektionen etc., durchgeführt werden müssen, können Zwangsmaßnahmen die Behandlung erleichtern.

Spucken

Lamas und Alpakas sind zwar grundsätzlich neugierig und freundlich, bringt man die Tiere jedoch in Bedrängnis, wie dies bei Eingriffen oder Behandlungen der Fall ist, sollte mit Abwehr gerechnet werden. Die Abwehr besteht meist im harmlosen, aber unangenehmen Spucken.

Als Warnung erfolgt zunächst das Spucken von Bissen, die sich gerade im Maul befinden; wird die Angst zu groß, spucken die Tiere auch übelriechenden Mageninhalt. Gegen das Spucken hilft, wenn nicht am Kopf gearbeitet werden muss, ein Spuckschutz. Dieser kann ein um den Kopf geschlagenes T-Shirt ebenso sein wie ein spezieller Sack. Wichtig ist, dass das Tier nicht am Atmen gehindert wird.

Spuckschutz, gesehen in Ohio, International Camelid Conference 2011

Handling im Zwangsstand

Steht ein Zwangs-(Pflege-)Stand zur Verfügung, wird das Tier hineingeführt und fixiert. Als Untersucher sollte man sich selbst davon überzeugen, dass der Halsteil so festgestellt ist, dass das Tier nicht vorne aus dem Stand stürmt. Auch der Kopf muss mittels gut sitzenden Halfters und Führstrick sachgemäß am Stand fixiert sowie das Schließteil hinter dem Tier richtig geschlossen sein.

Knoten

Am besten eignet sich ein Knoten, der zwar fest ist, aber auch schnell wieder gelöst werden kann, ohne dass die Gefahr entsteht, sich bei den Versuchen, den Knoten zu lösen, die Finger zwischen den Metallteilen und dem Strick schmerzhaft einzuklemmen. Reiter kennen diesen Knoten auch vom Umgang mit Pferden.

In vielen Fällen, insbesondere wenn darauf verzichtet wurde, das Tier mit Bauchgurten nach oben zu binden, legen sich die Tiere plötzlich nieder. Dabei verbleibt der Kopf in einer starken (Über-)Streckung angebunden, sodass Verletzungsgefahr für die Strukturen der Halswirbelsäule besteht! Jetzt hilft ein Knoten, der sofort geöffnet werden kann. Danach wird die Prozedur nochmals von vorne begonnen.

Zu beachten ist auch, dass Lamas und Alpakas, die sich unerwartet hingelegt haben, ebenso abrupt wieder hochspringen können. Es ist daher unbedingt zu vermeiden, während der Untersuchung oder Behandlung das Gesicht oder den eigenen Kopf über den Körper des Tieres zu beugen, da Verletzungen bis hin zum Nasenbeinbruch die Folge sein können. Diese Gefahr ist keinesfalls zu unterschätzen!

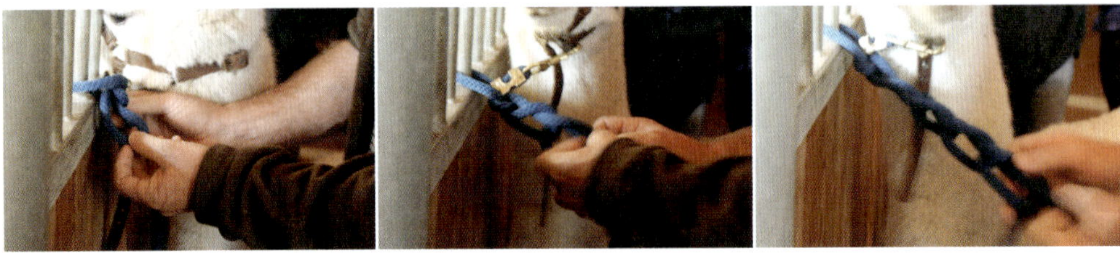

Der „Pferdeknoten", der sich mit einem Zug leicht öffnen lässt, in drei Schritten

Untersuchung und Behandlung ohne Zwangsstand

Muss ein Tier untersucht werden und steht kein Zwangsstand zur Verfügung, wie es auf kleinen Betrieben mit nur wenigen Tieren meistens der Fall ist, dann helfen einige Verhaltensregeln im Umgang mit den Tieren.

Untersuchung am Kopf

Lamas und Alpakas lassen sich nicht gerne im Gesicht berühren. Mit ein wenig Geduld wird es bei den meisten Tieren gelingen, Kontakt herzustellen und zumindest kurz die jeweiligen Strukturen untersuchen zu können.

Das Tier wird gehalftert und vom Besitzer locker gehalten, während man sich von der Seite dem Hals und Kopf nähert. Je näher man sich an die Schulter des Tieres stellt, desto sicherer ist der Aufenthalt! Muss ein Vorgang am Kopf erledigt werden, wie die Kontrolle der Schneidezähne, des Unterkiefers oder die Untersuchung der Augen, der Umgebung der Nasenöffnung oder der Ohren, so kann das Tier mit einem Arm um den Hals umfangen werden, wo es für einige Zeit vorsichtig gestreichelt wird, um (sich) die Angst zu nehmen. Dabei nähert man sich langsam dem Kopf und prüft die Reaktion des Tieres. Bleibt es ruhig stehen, kann die Berührung in Richtung Kopf fortgesetzt werden. Zieht es den Kopf nach oben oder zur Seite weg oder wendet sich ab, muss wieder, beginnend am Hals, versucht werden, eine Toleranz der Berührung herzustellen. Sehr verwilderte Tiere können mit dem Kopf schlagen, was für den Untersucher sehr schmerzhaft sein kann.

Ohren

Berührungen an den Ohren sind für Lamas und Alpakas die unangenehmsten Berührungen überhaupt. Tiere müssen nur an den Ohren ergriffen werden, wenn das Ohr selbst das Ziel der Untersuchung ist. Ausführlichere Eingriffe durch den Tierarzt, wie Spülungen des Gehörganges oder das Setzen von Nähten bei Ausrissen oder Kampfverletzungen, sollten nach Sedierung oder in Narkose durchgeführt werden.

Untersuchung der Atemwege, des Herzens und der Verdauungsorgane

Ein Abtasten des langen Halses vom Kehlkopf bis in den vorderen Brustbereich, wo sich auch die Stelle befindet, die zur Blutabnahme an der *Vena jugularis* am ehesten geeignet ist, wird im Allgemeinen vom gehalfterten Tier ausreichend toleriert. Es ist anzumerken, dass die Haut am Hals sehr dick ist, sodass es schwierig ist, insbesondere bei nicht frisch geschorenen Tieren, Strukturen zu ertasten. Umfangsvermehrungen oder oberflächliche Veränderungen können hingegen gut ertastet werden. Mit einem Scherenschlag gekürztes Vlies hilft, die ertastete Veränderung einer Untersuchung zugänglich zu machen.

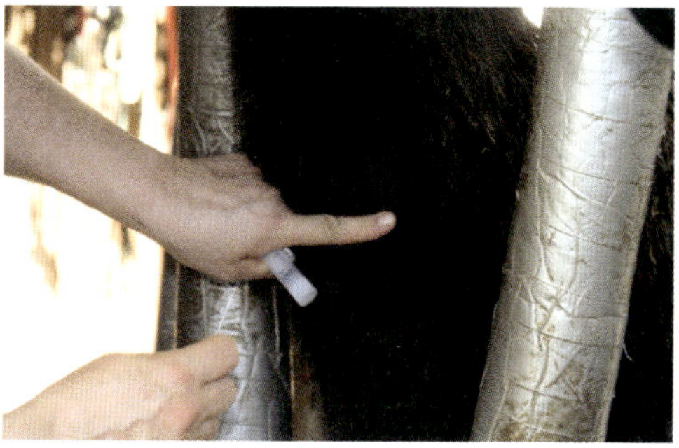

Mit Scherenschlag gekürztes Vlies zur Blutentnahme am Hals

Angelegter Verband ohne Zwangsstand

Die Blutabnahme sollte nicht durch das dichte Vlies erfolgen, um sich nicht um das Erfolgserlebnis zu bringen. Eine Schaf-Handschere oder eine geeignete Schermaschine hilft, die vorher lokalisierte Stelle (siehe Blutentnahme, S. 258 ff.) auf einer auch für den Besitzer tolerierbaren Größe vom Vlies zu befreien.

Nach einiger Übung findet man das Blutgefäß auch ohne zu scheren, nur bei sehr verfilzten, ungepflegten Tieren kann es Schwierigkeiten geben. Tiere, die den Umgang mit Menschen gewohnt sind und etwa auf Shows vorgeführt werden, sind in der Regel ruhig und kooperativ, sodass es auch keine Schwierigkeit bereitet, durch das Vlies zu stechen.

Das Abhören des Herzens und Teile der Lunge (Auskultation) ist von beiden Seiten leicht, wenn die Region unter der Achsel (*Regio axillaris*) gewählt wird, die sich dafür am besten eignet. Vlies ist dort nicht vorhanden und die Untersuchung wird auch gut toleriert.

Die Untersuchung des Magens kann, analog zur Kuh, auf der linken Körperseite hinter dem Rippenbogen und unterhalb der Lendenwirbelsäulen-Muskulatur vorgenommen werden. Es ist günstig, auch hier neben der Schulter des Tieres zu stehen und sich nach hinten zu wenden. Man kann die Beine des Tieres aus den Augenwinkeln beobachten und wird bei einem allfälligen Ausschlagen nicht erwischt oder kann rechtzeitig ausweichen.

Generell gilt, wie bei der Untersuchung anderer Großtiere, je näher man am Tier steht, desto geringer ist die Reichweite eines ausschlagenden Tieres und desto weniger schmerzhaft die getroffene Körperpartie.

Untersuchung der Gliedmaßen und Füße

Gut trainierte Tiere lassen sich die Füße (eventuell durch den Besitzer) ohne Zwangsmaßnahmen aufheben, da dies öfters zum Nägelschneiden angewendet wird. Nicht alle Tiere sind kooperativ; dennoch bereitet es keine großen Schwierigkeiten, eines der Vorderbeine anzuheben, um Nägel und Fußschwielen zu begutachten bzw. kleine Eingriffe vorzunehmen. Überlange Nägel zu schneiden, die Wundversorgung kleinerer Wunden, wie Schnittverletzungen, oder einen kleinen Verband anzulegen, bereitet mit Hilfe einer Person, die den Fuß am Fesselgelenk festhält, keine Schwierigkeiten.

Bei den Hinterbeinen ist es nicht so einfach, an das Bein heranzukommen. Hier hilft eine Begrenzung wie eine Mauer oder eine Holzwand. Das Lama oder Alpaka wird von einer Person vorne am Halfter und Führstrick festgehalten, während eine zweite Person das Tier im hinteren Bereich der Brust (letzte Rippen) oder des Bauches mit dem Körpergewicht und unter Zuhilfenahme der Arme gegen diese Wand drückt. So kann man sich von seitlich und hinten nähern, um das betreffende Hinterbein unterhalb des Sprunggelenkes entschlossen (und schnell) zu ergreifen. Bei sehr behaarten Tieren (etwa Wooly Lamas), die einen dichten und langen Behang bis zum Fesselgelenk tragen, ist es zunächst wichtig, die Hand möglichst fest um den Mittelfußknochen zu schließen. Jedenfalls sollte so fest zugepackt werden, dass der Fuß sofort gerade nach hinten hinausgezogen werden kann. Große Lamas haben relativ viel Kraft, aber sie weichen eher aus, ziehen das Bein unter den Körper oder legen sich gar hin, als dass sie ausschlagen. Nach einigen Versuchen wird es gelingen, den Fuß nach hinten hinauszuziehen. Dann stellt man sein eigenes Knie unter das Bein und lässt sich von einer Hilfsperson die Haare zur Seite halten, um die Fußsohlen respektive die Fußnägel begutachten zu können.

Fluchttieren macht es große Angst, wenn ihre Füße festgehalten werden, darum erfordert es einiges an Training, bis sie es akzeptieren. Auch ist es ein Eingriff in ihr Gleichgewicht: zu Beginn ist es sinnvoller, den Fuß nur kurz anzuheben und sofort wieder loszulassen, damit sich das Tier daran gewöhnen kann. Panik ist unbedingt zu vermeiden. Im Laufe des Trainings wird es schnell lernen, den Fuß immer länger herzugeben (siehe Medical Training, S. 92).

Untersuchungen in der Umgebung des Afters und der Scheide

Für eine Kotprobenentnahme aus dem After, Untersuchungen der Hoden oder Tupferproben aus der Scheide wird der kurze Schwanz an seiner Basis mit der ganzen Faust umschlossen und mit dem langen Haaren so weit nach oben und vorne gehalten, dass der After und die Scheide oder die Hoden sichtbar sind. Keinesfalls darf dabei Gewalt angewendet werden; insbesondere bei Jungtieren muss der Griff maßvoll, sanft und ohne Kraftaufwendung ausgeführt werden.

Unter dem Schwanz befindet sich haarlose Haut; die Tiere tolerieren den Griff am Schwanz und die Manipulation, wie Blutentnahme, Kotprobenentnahmen aus dem After, Tupferproben etc., erstaunlich gut, auch wenn es sich nicht um besonders trainierte Tiere handelt. Seitlich und nahe am Körper des Lamas/Alpakas ist der Untersucher sicher, wird der Körper des Tieres gleichzeitig sachte von einer Hilfsperson gegen eine Wand gedrückt, verhält es sich im Allgemeinen für die Dauer der Untersuchung ruhig.

Untersuchungen des Penis und des Euters

Männliche Tiere werden ebenfalls von der Seite untersucht. Das dichte Vlies endet bei Lamas an der Linie vor dem Knie an der Oberkante des Bauches bzw. wird bei Alpakas merklich dünner. Der Bauch ist in der Regel wenig behaart. Auf Höhe des Kniegelenkes (siehe S. 97) wird die untersuchende Hand langsam in die Leistengegend geschoben, wenn die s-förmige Krümmung des Penis untersucht werden soll. Das Präputium (die Vorhaut) und der Penis selbst öffnen sich nach hinten, was bei eventuellen Spülungen beachtet werden muss. Zu dieser Manipulation ebenso wie zur Untersuchung des Euters muss man sich hinabbeugen und befindet sich in Reichweite des ausschlagenden Hinterbeines, sodass es ratsam ist, eventuell ein Bein von einer Hilfsperson anheben zu lassen. Es ist günstig, das an der Seite der Untersuchung liegende Bein hochheben zu lassen, um das Euter zumindest optisch begutachten zu können. Stuten lieben es nicht, vom Menschen am Euter betastet zu werden, ebenso wenig mögen Hengste die Berührung des Präputiums. Es wird sich in einigen Fällen leichter durchführen lassen, als man denkt, jedoch gibt es auch besonders wehrhafte Individuen.

Stuten lassen sich allerdings gleich nach der Geburt, auch freistehend und ohne Halfter, am Euter berühren.

All diese Untersuchungen können um ein Vielfaches einfacher und stressfreier ablaufen, wenn die Tiere vom Besitzer darauf vorbereitet werden. Fast alles kann man vorab üben, wie Berührungen an diversen Stellen, Beine heben, ins Maul schauen etc. Die Tiere erlangen durch dieses Training immer mehr Vertrauen zum Menschen und können im Ernstfall schneller und besser behandelt werden.

EINGRIFFE DURCH DEN TIERARZT

Narkose

Da Neuweltkameliden in manchen Aspekten ihres Verhaltens ein in Stresssituation ausgeprägtes Fluchtverhalten zeigen, sind sie angesichts ihres noch insgesamt sehr geringen Anteiles an den bekannten Haussäugetierarten in vielerlei Hinsicht eher Wildtieren zuzurechnen als den hinreichend bekannten Tierarten. Auch erklären sich manche leider immer noch häufig vorkommenden Todesfälle durch den geschulten Blick eines Wildtierpathologen einfacher (Clostridien, S. 262) und sind die pathologischen Prozesse für diesen verständlicher im Umgang mit Sektionsmaterial.

Genauso verhält es sich mit der Narkose, die Eingriffe bei Neuweltkameliden, vergleichbar mit Wildtieren, die mit Hilfe von hochkonzentrierten Lösungen von Narkosemitteln mittels Distanznarkose immobilisiert werden, rechtzeitig vor dem Aussetzen der Wirkung ermöglichen muss.

Die Erfahrung hat gezeigt, dass es sehr sicher und einfach über die *Vena coccygea* (siehe S. 260) möglich ist, hochkonzentrierte Lösungen in kleinen Volumina zu Narkosezwecken zu verabreichen, vor allem wenn man auf eine Injektionsnarkose angewiesen ist. Wer Inhalationsnarkose bei Neuweltkameliden anzuwenden vermag, hat den Vorteil, Narkosemittel zu sparen und eine längere Narkose, etwa bei komplizierten Eingriffen, wie Operation von Frakturen oder an Weichteilen, aufrechterhalten zu können.

Es steht nicht immer ein geeigneter Operationsraum zur Verfügung, vielmehr ist das häufigste Lokal für Operationen bei Neuweltkameliden unter freiem Himmel. Steht ein Stall zur Verfügung, muss auf eine ausreichende Bereitstellung von Licht geachtet werden sowie eine gereinigte und staubfreie Umgebung. Während des Eingriffes darf deshalb nicht mit Heu, Stroh oder Einstreu hantiert werden.

Ist das Gewicht durch Wiegung oder Gewichtsschätzung anhand von Größe und Körperkondition zufriedenstellend festgestellt, sind die Vorbereitungen zur OP erledigt und alle Dinge zurechtgelegt, dann leitet man die Narkose ein.

Ist der Veterinär mit der Narkose verschiedener anderer Tierarten vertraut, so kann und soll er aus aller Erfahrung schöpfen, die ihm zur Verfügung steht. Einzig die Dosierung, die bei einigen Substanzen auf den ersten Blick sehr hoch erscheinen mag, muss unbedingt mindestens eingehalten werden, um den Narkoseerfolg – das Ablegen des

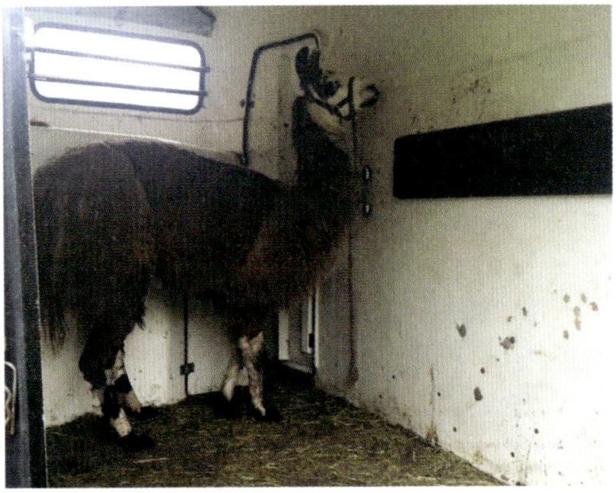

Lamahengst nach Verabreichung von Xylazin in die Schwanzvene

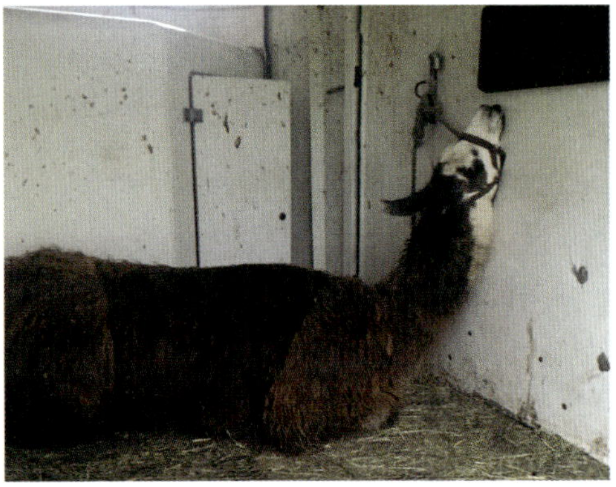

Innerhalb einer Minute legt sich das Tier ab und danach wird ihm Ketamin i. m. verabreicht.

Patienten – nicht durch zu niedrige initiale Dosierung und manchmal wirkungslose Nachdosierung überhaupt zunichte zu machen. Es erscheint, dass häufiges Nachdosieren zu einer insgesamt höheren und damit belastenderen Gesamtdosis führt, als bei initialer Gabe der zunächst hoch erscheinenden Dosis.

Eine Möglichkeit, Unsicherheiten bei den ersten Narkosen von Neuweltkameliden zu beseitigen, ist es, Kollegen zu befragen, die mit Neuweltkameliden vertraut sind.

Erfahrungsgemäß sind alle greifbaren befragten Experten auskunftsfreudig, sodass es sich empfiehlt, die zugegebenermaßen teilweise sehr hohen Dosierungen beherzt und erfolgreich anzuwenden.

Dies erfordert unzweifelhaft Mut, der jedoch von Erfolg gekrönt wird, wenn das Tier nach wenigen Augenblicken niedergeht und danach weitere Medikamente verabreicht werden, um die Narkosetiefe und -dauer anzupassen.

Die Anwendung aller errechneten Komponenten sollte vollständig und gewissenhaft stattfinden, da Tiere ansonsten wie Wildwiederkäuer überraschend erwachen (unvermittelt hochspringen!) können und versuchen, die Flucht zu ergreifen, bevor der Eingriff zu Ende geführt werden konnte.

Gängige Eingriffe unter Anwendung einer Allgemeinanästhesie

Amputation der Kampfzähne

Dazu ist anzumerken, dass Amputationen laut Tierschutzgesetz grundsätzlich verboten sind. Eingriffe an den Kampfzähnen sind schmerzhaft, wiewohl sie von Besitzern selbst durchgeführt werden (Abschleifen der Kampfzähne). Werden die Kampfzähne mittels Drahtsäge gekürzt, dann handelt es sich um eine Amputation, die unter Vollnarkose vorgenommen werden muss und nur deshalb stattfinden darf, weil durch den Eingriff Artgenossen vor Verletzungen geschützt werden.

Kampfzähne sind der dritte Schneidezahn und der Eckzahn im Oberkiefer und der Eckzahn im Unterkiefer (siehe Zähne, S. 107). Das Durchbrechen der Kampfzähne ist im Laufe des Wachstums meist bis zum Eintritt in die Geschlechtsreife (3. bis 4. Lebensjahr) abgeschlossen. Da es manchmal erforderlich ist, die Tiere früher zu kastrieren (siehe Kastration, S. 251 f.), werden bei dieser Gelegenheit immer das Maul und die Kampfzähne kontrolliert. Sind die Kampfzähne noch

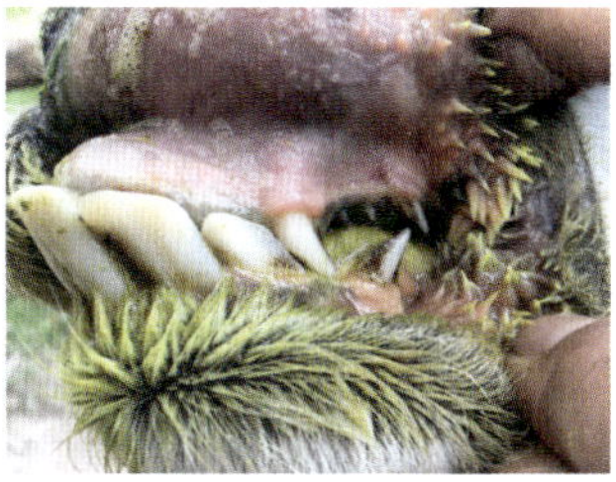

Kampfzähne des Hengstes

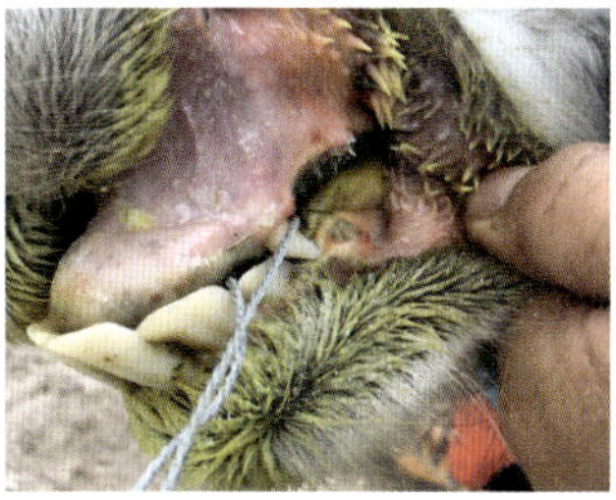

Hier wird gezeigt, wie das Drahtseil positioniert werden muss.

Lagerung des Kopfes bei narkotisierten Tieren

klein, können diese nichtsdestotrotz abgesetzt werden. Ergibt sich die Möglichkeit, länger mit der Kastration zuzuwarten, dann sind die Kampfzähne voll ausgebildet und können im Anschluss am Zahnfleischrand abgesetzt werden.

Da die Kampfzähne nach hinten gerichtet sind, ist es ein Leichtes, das Drahtseil einzuhaken und die beiden Kampfzähne im Oberkiefer nach vorne und oben bzw. den einzelnen Kampfzahn im Unterkiefer nach vorne und nach unten, unter Schonung des Zahnfleisches arbeitend, abzusetzen. Voraussetzungen sind: Allgemeinnarkose, ein neues Drahtseil, da es sich durch den harten Zahnschmelz schnell abnützt, das Tragen von Schutzbrille und Schutzhandschuhen, da die abgesetzten Zähne in eine beliebige Richtung wegfliegen und schwere Augenverletzungen zur Folge haben können! Auch Hilfspersonen müssen Schutzbrillen tragen! Anwesende, in der Nähe stehende Personen werden angewiesen, sich zu entfernen.

Lagerung

Der Kopf des Tieres muss hoch gelagert werden, um eine Futteraspiration zu vermeiden. Jedes narkotisierte Tier sollte anschließend engmaschig betreut werden, und zwar so lange, bis die Narkose nachlässt und sich das Tier wieder auf die Beine erhebt.

Kastration

Kastrationen sollten nicht zu früh, jedoch ab Beginn der Geschlechtsreife erfolgen. Eben erst abgesetzte Junghengste (ab 8–12 Monate) sind zu jung für eine Kastration (siehe Geschlechtsreife, S. 169 f.)

Beginnen die Junghengste, auf die Stuten aufzureiten, sollten sie abgesetzt (von den Müttern getrennt) und gemeinsam mit Wallachen in einer eigenen Gruppe gehalten werden (siehe Junghengstaufzucht, S. 204 f.).

Die Kastration erfolgt beim Alpaka idealerweise mit Einsetzen der Geschlechtsreife (ca. 18–24 Monate), beim Lama ab 24 Monaten.

Das normale und ungestörte Knochenwachstum, das mit Hilfe eines ansteigenden Hormonspiegels natürlicherweise gelenkt wird, wird durch zu frühe Entfernung der hormonproduzierenden Hoden abrupt untergebrochen und kann überschießendes Längenwachstum der Röhrenknochen nach sich ziehen.

Sehr große Tiere können die Folge sein; gesunde Beine sind aber beispielsweise Voraussetzung für die Dienste als Trekkingtier und können bei übermäßiger Länge früh zu Problemen von Gelenken und Sehnen (siehe Durchtrittigkeit, S. 101) und damit verbundenen Schmerzen führen.

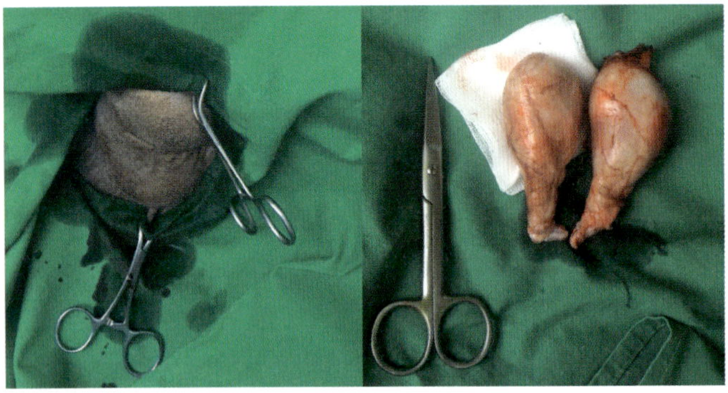

Erfolgreiche Kastration

Kryptorchider Hoden (rechts)

Bewegung ist generell wichtig – dies gilt besonders für kastrierte Hengste – und kann vorbeugend gegen die Bildung von Harnsteinen wirken. Es ist nicht bekannt, welche Ursachen die Harnsteinbildung hat bzw. wie dieser vorgebeugt werden kann. Sehr gute Körperkondition bzw. Fettleibigkeit scheint für Harnsteine jedoch förderlich zu sein und sollte durch ausreichende Bewegung und Vermeidung von erhöhter Kalorienzufuhr („Leckerlis") vermieden werden (siehe Urolithiasis, S. 166)

Meine persönlichen Erfahrungen zur Kastration
Da ich junge Hengste so spät wie möglich kastriere (nicht vor dem 18. Lebensmonat), um durch zu früh erfolgte Kastration eventuell auftretende Spätfolgen, wie übermäßiges Wachstum der langen Röhrenknochen, zu vermeiden, nehme ich mir vor der geplanten Kastration genügend Zeit für einen mehr oder weniger ausgiebigen „Erstbesuch" beim Besitzer der Tiere, um mit ihm auch den Ablauf der Operation zu besprechen. In erster Linie jedoch lasse ich mir die Tiere fangen (oder helfe beim Fangen, da ich mir für diese Eventualität viel Zeit und ein langes Seil mitgenommen habe) und hebe nach der vollständigen klinischen Untersuchung den Schwanz auf, um mich bereits im Vorfeld davon zu überzeugen, dass es sich um gesunde „vollwertige" und nicht kryptorchide Hengste handelt.

Durch dieses Handling mit den Tieren lernen sie bereits meine Stimme, meinen Geruch und meinen zart-festen „Angriff" kennen. So sind sie beim nächsten Besuch bereits darauf eingestellt, dass ich zwar *„etwas"* tue, aber *ihnen* nichts tue. Meine Technik, den ersten Teil der Narkose, ein vergleichbar sehr kleines Volumen einer konzentrierten Lösung in die Schwanzvene zu verabreichen, ist wegen des bereits bekannten „Schwänzchen-in-die-Höh"-Haltens kaum mit Stress

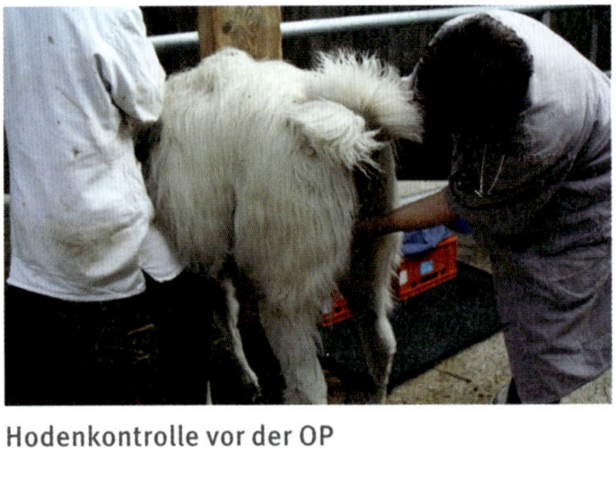

Hodenkontrolle vor der OP

und lediglich dem kleinen Stich mit einer dünnen Nadel verbunden.

Das Hochheben des Schwanzes wird generell beinahe ausnahmslos von allen Tieren ohne Abwehrreaktion toleriert. Die von der Natur vorbereitete haarlose (Einstich-)Stelle unterhalb des Schwanzansatzes kann einfach und rasch desinfiziert werden und verhindert den teilweise enormen Stress, der bei der Suche nach einer Halsvene den meisten Lama- und Alpakabesitzern nicht fremd ist.

Ein hohes Level an Stresshormonen kann die Wirksamkeit und die Dauer der Narkose verringern. Alle weiteren Komponenten der Narkosemittel mit größeren Volumina verabreiche ich danach in einen Muskel.

Nach dem Niederlegen des Tieres operiere ich so rasch wie möglich in Bauchlage, damit kurz nach dem Vernähen der Wunden mit kleinen Knopfnähten aus Vicryl dem manchmal jähen Aufwachen (und Hochspringen!) nichts im Wege steht. Alpakahengste kastriere ich übrigens in Rückenlage und schiebe den betreffenden Hoden präscrotal, also in die Gegend vor dem Hodensack, oder inguinal, in die Leistengegend. Auch hier werden die Operationswunden der Haut sorgfältig vernäht.

Bereits präoperativ (vor der Operation) verabreiche ich ein langwirksames Schmerzmittel; postoperativ (nach der Operation) wird ein Breitbandantibiotikum verabreicht. Zu erwähnen ist hierbei, dass es sich in Österreich bei Neuweltkameliden laut Gesetz um lebensmittelliefernde Tiere handelt und daher die Anwendung von Arzneimitteln sowie die vorgesehene Wartezeit durch den Tierarzt dokumentiert und vom Besitzer aufbewahrt werden muss.

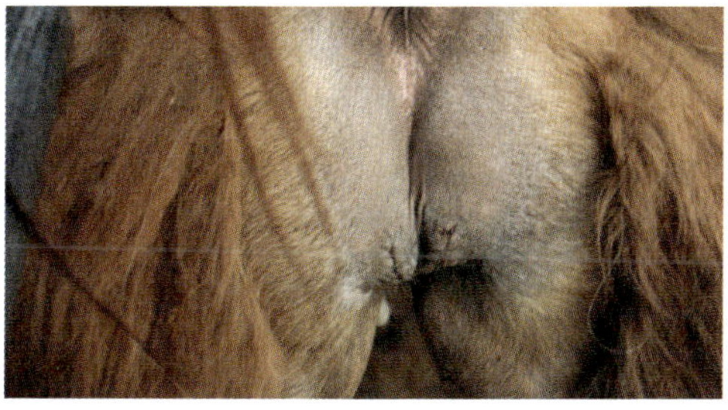

Kastrationswunde am 3. Tag nach der Operation

Blutuntersuchung, Werte und Interpretation

Blutuntersuchung

Großlabore stellen ausreichend Referenzwerte für Neuweltkameliden zur Verfügung, um veränderte Werte richtig interpretieren zu können.

Einige Werte sind bei Neuweltkameliden abweichend von Wiederkäuern zu interpretieren.

Harnstoff

Der anfallende Stickstoff aus Aminosäuren, die die Bausteine der Eiweiße (Proteine) sind, wird in der Leber zu Harnstoff zusammengesetzt und muss ausgeschleust werden. Dies geschieht einerseits durch Filtration aus den Nieren und Ausscheidung mit dem Harn.

Bei „sparsameren“ Tieren mit mehrkammrigen Mägen, wie die der Neuweltkameliden und auch der Wiederkäuer, wird der Harnstoff andererseits aus dem Blut dem Speichel hinzugefügt.

Harnstoff kann somit zur Stickstoffbereitstellung für die Bakterien und Eiweißsynthese durch die Magenbakterien auch bei wenig Stickstoffangebot in der Nahrung „wiederverwendet“ werden. Daher erklärt sich der höhere Harnstoffspiegel im Blut.

Der Harnstsoffspiegel beträgt 8,6 bis 12,9 mmol/l beim Wiederkäuer, bei Neuweltkameliden finden sich physiologisch höhere Werte bis 18,6 mmol/l. Eine höhere Aktivität des Enzymes Urease und langsamere Passageraten im C1 und C2 scheinen eine physiologische Anpassung an die Nahrung in den Ursprungsgebieten der Neuweltkameliden zu sein und erlauben das Überleben auch bei karger Nahrung in kalter Jahreszeit.

Blutglucose

Im Vergleich zum niedrigen Glucosegehalt im Blut von Wiederkäuern (2,5–4,2 mmol/l) und anderen Pflanzenfressern wie Pferden (4,2–6,4 mmol/l) haben die Neuweltkameliden als ebenfalls reine Pflanzenfresser einen sehr viel höheren Blutzuckergehalt von 4,6–8,9 mmol/, der bereits bei minimalem Stress hyperglykämische Werte (11,1–16,6 mmol/l) erreichen kann (VAN SAUN, 2015).

Einerseits scheint die Insulinausschüttung schleppend zu geschehen und andererseits eine moderate Insulinresistenz zu bestehen (VAN SAUN, 2015).

Es gibt verschiedene Erklärungsversuche, warum die Blutglucose bei Neuweltkameliden vergleichsweise höher ist als bei anderen Tierarten:

Neuweltkameliden scheinen eine geringere Insulinempfindlichkeit zu haben: Ihr Glucosespiegel ist deutlich höher als bei vielen anderen Tieren. Diese Eigenheit macht sich bei Infusionen bemerkbar: Werden zum Zwecke der Energiebereitstellung glucosehaltige Infusionslösungen verabreicht, steigt der Glucosespiegel kontinuierlich an, anstatt wie bei anderen Tieren durch Freisetzung von Insulin gesenkt zu werden und kann den Patienten unwiederbringlich zu Tode führen.

Insulin ist dasjenige Bauchspeicheldrüsenhormon, das bei ansteigendem Zuckerspiegel freigesetzt wird und die Zellen des Köpers für die Aufnahme von Glucose „öffnet". Die Gewebe, deren Rezeptoren auf Insulin reagieren, nehmen den Blutzucker in die Zellen auf. Dadurch sinkt der Blutzuckerspiegel im Blut. Der Gegenspieler, der einen Abfall des Blutzuckers unter verträgliche Werte auffängt, ist das Glukagon, das bei sinkendem Blutzuckerspiegel die Ausschüttung von Insulin stoppt und eine Unterzuckerung verhindert.

Neuweltkameliden tolerieren einen höheren Blutzuckerspiegel, der physiologischerweise auch bei Stress entsteht; gleichbedeutend nehmen die Zellen die Energie aber nicht (nur) in Form von Glucose auf. Man vermutet einen Zusammenhang mit den höheren Harnstoffwerten, der darauf hinweisen könnte, dass Glucose aus Aminosäuren aufgebaut wird bzw. die benötigte Energie durch die aus dem Magen resorbierten flüchtigen Fettsäuren bereitgestellt wird.

Das im Magen von Wiederkäuern aus Stärke erzeugte Propionat (kurzkettige Fettsäure) wird bei diesen Tieren zur Glucosesynthese verwendet. Bei der in den Ursprungsländern kargen Diät von Neuweltkameliden erscheint diese Synthesemöglichkeit jedoch minimal.

Flüchtige Fettsäuren aus stark faserhaltigen Futtermitteln sind Acetat und Butyrat. Auch könnten Aminosäuren als alternative Quelle zur Gluconeogenese herangezogen werden.

Ebenso besteht diese Fragestellung für den höheren Laktosegehalt in der Milch (65 g/kg, siehe Muttermilch, S. 181 f.) (VAN SAUN, 2015).

Soll ein festliegendes Tier, das die Aufnahme von Futter eingestellt hat, mit Energie versorgt werden, könnte Insulin zur Anwendung kommen. Für diesen Zweck wird in den USA Hundeinsulin verwendet. Intravenös verabreichtes Insulin senkt den Blutzuckerspiegel nach einer Glucoseinfusion. So steht die Glucose als Energie dem Zellstoffwechsel zur Verfügung. Die Verwendungsmöglichkeit bei lebensmittelliefernden Tieren ist jedoch verboten, sodass einerseits keine Abhilfe zur Glucoseaufnahme in die Zellen durch Insulin möglich ist und andererseits durch die Verabreichung von glucosehältigen Infusionen zur Energieversorgung ohne eine vorherige Messung des Blutzuckerspiegels eine toxische, nierenschädigende Wirkung

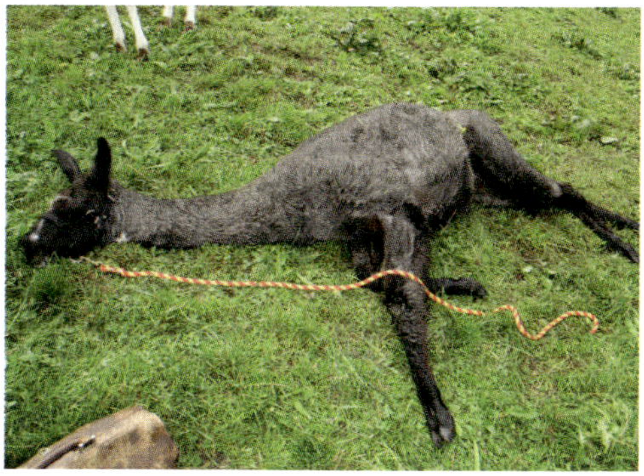

Festliegen einer Jungstute auf der Weide

Festliegendes Tier mit forcierter Nasenatmung und trübem Blick. Es hat eine Weidetetanie vom jungen Gras (siehe S. 152). 500 ml einer Vollelektrolytlösung intravenös genügten, um das Tier zum Aufstehen zu bringen.

zu erwarten ist. Aus den genannten Gründen ist von einer initialen Glucoseverabreichung bei Neuweltkameliden abzuraten.

Rote Blutzellen

Kameliden besitzen im Unterschied zu anderen Säugetieren sehr kleine, viel zahlreichere rote Blutkörperchen und damit mehr Sauerstoffbindungsvermögen. Durch ihre ellipsoide Form können sie besser durch kleinste Blutgefäße (Kapillaren) „schlüpfen". Dies erklärt auch die Leistungsfähigkeit von Neuweltkameliden in sehr hohen Seehöhen.

Wer einmal in einem südamerikanischen Land aus dem Flugzeug gestiegen ist, kennt die Atemlosigkeit, die den Sauerstoffmangel des Körpers anzeigt. Die Adaption eines Menschen an hohe Seehöhen, mit der auch der Trainingseffekt von Sportlern erklärt werden kann, liegt in der langsam steigenden Ausschüttung von EPO (Erythropoetin), einem Hormon der Niere, das durch die erhöhte Bildung von roten Blutkörperchen im Knochenmark eine Steigerung der Anzahl der roten Blutkörperchen bewirkt.

Kamelidenblutkörperchen haben durch ihre Kleinheit, aber auch durch die erhöhte Anzahl in sauerstoffärmeren Seehöhen eine viel höhere Sauerstoffbindungskapazität als andere Tiere oder der Mensch.

Weiße Blutzellen

Im Unterschied zu anderen Tierarten sind bei Kameliden verschiedene weiße Blutzellen erhöht, sodass nicht von einer Veränderung bei höheren Werten gesprochen werden kann. Es ist nicht bekannt, warum die eosinophilen Granulozyten aus der Gruppe der Abwehrzellen erhöhte Werte aufweisen, die bei anderen Tierarten ein Hinweis auf Parasiten oder Allergien sein können.

Verabreichung per os (ins Maul)

Um Neuweltkameliden Medikamente oder andere flüssige Wirkstoffe, Pasten oder Panseninhalt von Wiederkäuern ins Maul einzugeben, bedient man sich am besten größerer Spritzen (z. B. mit 60 ml Inhalt). Bekanntlich spucken Lamas und Alpakas bei verschiedenen stresserzeugenden Manipulationen, daher muss man sich davon überzeugen, dass die peroral zu verabreichenden Mittel vollständig abgeschluckt werden. Die bei anderen Tierarten bewährte Technik, den Kopf nach dem Eingeben hoch zu halten und evtl. den Kehlkopf zu massieren, um einen Schluckreflex auszulösen, ist auch bei Neuweltkameliden erfolgreich anwendbar, bei sehr großen Tieren (Lamas) eventuell durch

Höchste Konzentration bei der Eingabe „per os“ (ins Maul)

den ohnehin schon hoch getragenen Kopf aber unter Umständen schwierig.

Technik

Die zu verabreichende Flüssigkeit mit dem darin enthaltenen Wirkstoff sollte als eine dickflüssige, zähe, eventuell bei bitteren Inhaltsstoffen gezuckerte Masse angerichtet und in der angegebenen Dosierung, jedoch niemals unterdosiert, in eine Spritze abgefüllt werden, die groß und stabil genug ist, um nicht ausgeschleudert, verschluckt oder zerbissen zu werden.

Das Tier wird gehalftert und durch den Besitzer am Strick gehalten oder er umfängt das Tier um den Hals und versucht, den Kopf am Halfter festzuhalten. Es muss beachtet werden, die Nase nicht von oben zu halten und damit zuzudrücken, da die Tiere keine Luft mehr bekommen und heftige Abwehr die Folge ist. Es hat sich bewährt, das Tier am Kinn zu ergreifen und die Spritze mit dem vorbereiteten Inhalt seitlich tief in die Backe zu schieben und den Inhalt zügig weit nach hinten zu applizieren. Anschließend kann das Maul noch einen Moment fest- bzw. zugehalten werden bzw. der Unterkiefer nach oben gedrückt werden, um ein Ausspucken zu verhindern. Wenn während des Nachoben-Haltens der Inhalt der Spritze nach hinten und unten rinnt, wird das Tier abschlucken und nicht versuchen, die Paste bzw. die Flüssigkeit auszuspucken. Viele Formulierungen sind dickflüssig und eventuell klebrig oder können mit süß schmeckendem Fruchtsirup angerichtet werden, was die Bereitschaft abzuschlucken erhöht.

Während man versucht, noch eine Weile den Kopf nach oben zu halten, kann durch sanftes Massieren des Kehlkopfes durchaus versucht werden, einen Schluckreflex auszulösen. Die meisten Tiere schlucken danach ab. Selten spucken die Tiere heftig aus; viel öfter hingegen schlucken die Tiere und versuchen, Übriggebliebenes auszuschütteln, indem sie heftig den Kopf schütteln. Man lässt sie gewähren und beobachtet, wieviel Flüssigkeit ausgeschüttelt wurde.

Wurde ein erheblicher Teil der vorgesehenen Flüssigkeit ausgespuckt oder -geschüttelt, muss beurteilt werden, ob der Teil der verschluckten Flüssigkeit die empfohlene Dosierung erreicht. Kann dies nicht sicher beurteilt werden, ist nachzudosieren.

Aufzeichnungen

Gerade bei den ersten Behandlungen von Neuweltkameliden, insbesondere etwa bei Narkosen, können die angewendeten Dosierungen und geschätzten Gewichte, unter Umständen mit Angabe des Body Condition Scoring, eine wichtige Erfahrungsquelle sein

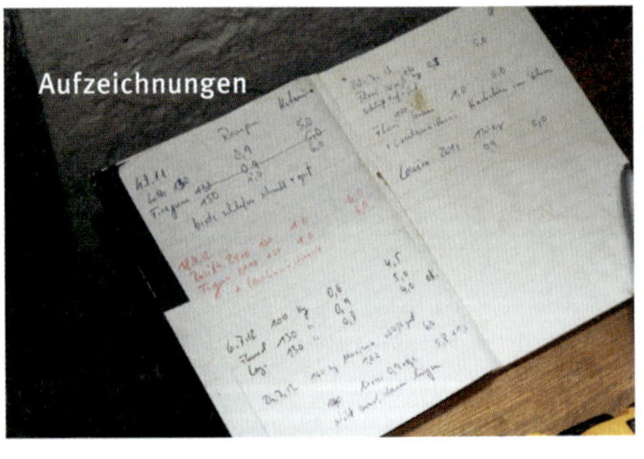

Aufzeichnungen

und beliebig in einem Heft aufgezeichnet werden. So ist die Übersicht über erfolgreiche Behandlungen jederzeit einsehbar.

Zudem muss dem Besitzer eine Kopie eines Anwendungsbeleges ausgehändigt werden, der diese sorgsam aufbewahren wird.

Aufzeichnungspflicht

In Österreich sind Neuweltkameliden im Gesetz als *lebensmittelliefernde Tiere* bezeichnet. Daher muss jede Anwendung von Medikamenten, auch die Anwendung von Homöopathika, mittels Anwendungsbeleg dokumentiert und aufbewahrt werden. Darauf ist die Wartezeit auf Milch und Fleisch anzugeben. Da es in Österreich keine oder nur einzelne für Neuweltkameliden zugelassenen Medikamente gibt, wendet der Tierarzt bei Notwendigkeit einer Behandlung eine im Gesetz vorgesehene Regelung an, die ihm die Anwendung von Medikamenten, die für andere Tierarten angewendet werden dürfen, erlaubt (Kaskadenregelung).

Hausmittel (wie etwa die Eingabe von Ölen bei vermuteter Verstopfung) und als Futtermittel bezeichnete Zusätze dürfen ohne Aufzeichnungspflicht verabreicht werden.

Ultraschalluntersuchung

Ultraschalluntersuchungen am stehenden Tier zur Feststellung von Trächtigkeit

Im Bereich vor dem Euter von der rechten Seite neben der Mittellinie mit dem Schallkopf schallen, der gut mit Alkohol oder Gel benetzt ist. Es erfordert einige Übung, gelingt aber in der Regel gut, fötale Strukturen zu erkennen. Diese Methode wird insbesondere bei Alpakas angewendet.

Rektale Ultraschalluntersuchung

Es ist nicht leicht möglich, mit der ganzen Hand in den Enddarm zu gelangen, daher behilft man sich mit einer „umgebauten“

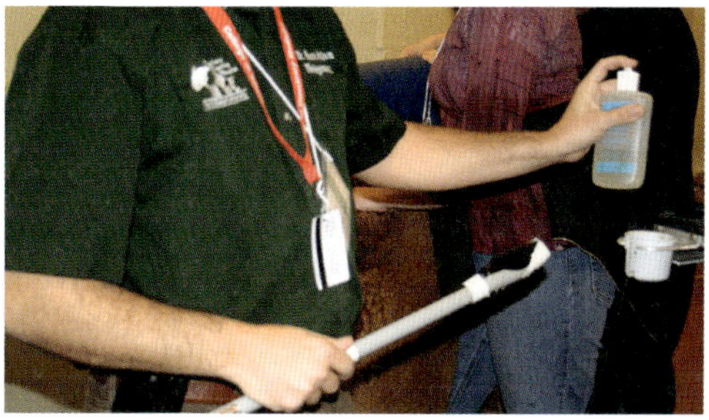

Adaptierte Sonde, gesehen in Ohio auf International Camelid Conference, 2015

Vorrichtung, die den Schallkopf aufnimmt. Ein schmales 50 bis 70 cm langes Plastikrohr, durch das die Ultraschallsonde geführt wird und das am Ende ein „Fenster“ für den Schallkopf ausgeschnitten hat, leistet gute Dienste, in den Enddarm zu gelangen und sich an der (gefüllten) Harnblase zu orientieren.

Ein langer Untersuchungshandschuh, mit Gleitgel gefüllt, umhüllt die Sonde und erlaubt zufriedenstellende Bilder.

Zeitpunkt der Ultraschalluntersuchung zur Trächtigkeitsfeststellung siehe Trächtigkeit (S. 176 f.)

Es sei darauf hingewiesen, dass in der Fachwelt über hohe Verluste der Trächtigkeiten im frühembryonalen Stadium diskutiert wird (bis zu 60 %). Das bedeutet, dass manche früh festgestellten Trächtigkeiten auch wieder verloren werden und ein wiederholtes Schallen nötig ist, um Trächtigkeiten mit Sicherheit feststellen zu können. Eine weitere Methode zur Trächtigkeitsdiagnose ist die Hormonbestimmung (siehe S. 176 f.) bei gedeckten Stuten.

Injektionstechniken

Subkutane Injektion

Die subkutane Injektion gelingt am Hals, anders als bei anderen Tierarten, weniger gut. Die Haut ist bei Neuweltkameliden im Allgemeinen wenig oder gar nicht verschieblich und nicht locker, sondern sie fühlt sich hart und fest an. Besonders am Hals haben Neuweltkameliden eine sehr dicke Haut, die mit den darunterliegenden Strukturen verwachsen zu sein scheint.

Auch sind Neuweltkameliden außer nach dem Scheren im April oder Mai in der Regel sehr gut bewollt und auch nicht alle Tiere (insbesondere Lamas) werden jedes Jahr geschoren. Interessanterweise endet jedoch jedes noch so dicke Vlies an den Übergängen hinter der Schulter, am Bauch und auch an den Innenseiten der Schenkel abrupt. Sucht man diese „Kante“ an der Schulter auf, so wird man schnell feststellen, dass sich hier, am Übergang zur Achselhöhle doch sehr weiche, kurz behaarte und verschiebliche Haut befindet, die sich vortrefflich für subkutane Injektionen eignet. Man verwendet eine etwas dickere Nadel, etwa wie für das Rind, und sticht nach unten und medial. So können auch größere Volumina eingebracht werden.

Intrakutane Injektion

Die bei Exportuntersuchungen bei Neuweltkameliden laut EU-Verordnung geforderte intrakutane Tuberkulininjektion stellt den Amtsveterinär vor die Herausforderung, in die oben beschriebene dicke Haut von Neuweltkameliden nicht nur das Tuberkulin intrakutan einzubringen, sondern auch nach Ablauf des vorgeschriebenen Zeitraumes diese Stelle beurteilen zu müssen. Es bereitet manchmal Schwierigkeiten, bei dichtem Vlies die Stelle wiederaufzufinden, wenn sie nur mittels Scherenschlags links und rechts am Hals vom Vlies befreit wurde, da die Schur einer größeren Stelle in Frage zu stellen ist.

Der geschätzte Kollege mit der Tuberkulinspritze

Intramuskuläre Injektion

Für diese Injektion befindet sich, von beiden Seiten zugänglich, die geeignete Stelle in der Nähe der Achselhöhle, an der hinteren Kontur der Vordergliedmaße. Auf Höhe zwischen Ellbogen und Oberarm, knapp an der oben beschriebenen „Kante“ zwischen stark bewollter und spärlich bewollter Haut, kann auch vorzüglich in den Muskel injiziert werden. Es erfordert eine nicht zu zögerliche Vorgehensweise, um die nicht zu kurze Nadel gleich beim ersten Versuch tief genug in den Muskel zu stechen. Wehrt das Tier ab, bleibt die Nadel stecken, ist jedoch leicht wieder aufzufinden und es kann im nächsten Moment fertig injiziert werden. Sticht man nicht beherzt genug in eine bewollte Gegend, wird das Auffinden der Nadel in der dichten Wolle zur Herausforderung.

Intravenöse Injektion, Blutentnahme

Zur intravenösen Injektion bieten sich mehrere Möglichkeiten an.

Die gängigste angewendete intravenöse Injektion, die es auch erlaubt, einen Venenzugang für Infusionen zu legen, ist in die *Vena jugularis* beidseits am unteren Hals, die für einen Venenverweilkatheter unbedingt geschoren werden muss.

Prof. Wittek zeigt das Auffinden der Injektionsstelle am distalen Zugang zur *Vena jugularis*, mit freundlicher Genehmigung.

Auffinden der Injektionsstelle

Zunächst sucht man den Querfortsatz des sechsten Halswirbels auf, der sich beidseits oberhalb der Brustapertur befindet. Dieser Querfortsatz ist auch für Ungeübte als harte, knöcherne Struktur zu ertasten und kann auch nicht verwechselt werden. Die Vene lässt sich nur schwer tasten oder stauen; es muss geschoren werden. Dazu bietet sich eine Schermaschine an, die auf den meisten Betrieben zum Equipment gehört. Verwendet man eine eigene, auch akkubetriebene Schermaschine, dann muss ausprobiert werden, ob sie in der Lage ist, das feine Vlies zu erfassen. Die sinnvollsten Ausmaße der Schur betragen mindestens 5 cm Breite und eine beliebige Länge, die jedoch ausreichend lang sein muss, um den Venenzugang (Dauerkatheter) zu legen und mittels Klebebandes rund um den Hals zu befestigen. Injektionstechnik siehe Blutentnahme aus der *Vena jugularis*, siehe unten.

Blutentnahme aus der *Vena jugularis*

Neuweltkameliden besitzen (siehe Haut, S. 218 ff.) ausgerechnet am Hals eine bis zu 4 cm dicke Haut, ein dichtes und manchmal verfilztes langes Vlies und sind in manchen Fällen scheu oder wild. Unter der erwähnten dicken Haut liegt noch dazu ein schützender breiter Muskel über den relevanten Blutgefäßen, die sich zur Blutentnahme bei anderen Haussäugetieren anbieten (beidseits die *Vena jugularis*). Dieser Muskel schützt zudem die Gefäße vor den Kampfzähnen von Angreifern und erschwert die Blutentnahme überall in der Mitte des langen Halses enorm. Zwei Injektionsstellen haben sich bewährt.

Proximaler Zugang zur *Vena jugularis*

Die Injektionsstelle befindet sich nahe am Kinnwinkel (siehe Abbildung). Diese Möglichkeit zur Blutentnahme bietet sich am caudoventralen Rand des Unterkieferknochens an. Unabdingbar sind ruhige Tiere, die Manipulationen in Kopfnähe dulden.

Distaler Zugang zur *Vena jugularis*

Möglich ist die Blutentnahme größerer Volumina (10 ml und mehr) aus dem Blutgefäß bzw. die Injektion, aber auch die Infusion von Arzneimitteln in die *Vena jugularis* kurz nach ihrem Verlassen cranial der Brustapertur. Hat man den Querfortsatz des sechsten und vorletzten Halswirbels ertastet, dann ist die Vene beim Einstechen in kraniale und mediale Richtung unkomplizierter aufzufinden, als man denkt.

Der Querfortsatz des sechsten Halswirbels ist relativ deutlich am caudalen Ende

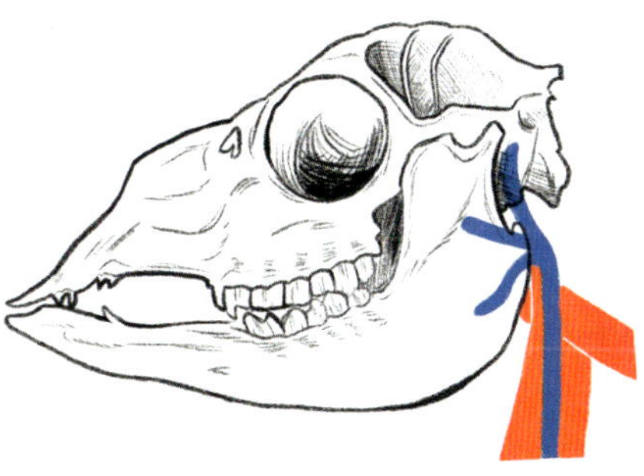

Proximaler Zugang zur *Vena jugularis* in Blau

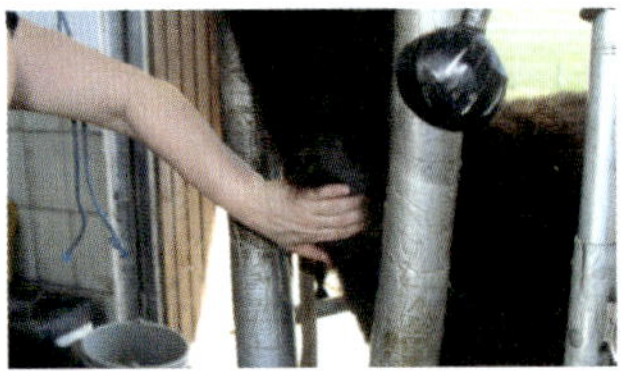

Aufsuchen des Querfortsatzes des sechsten Halswirbels nach der Schur im Pflegestand

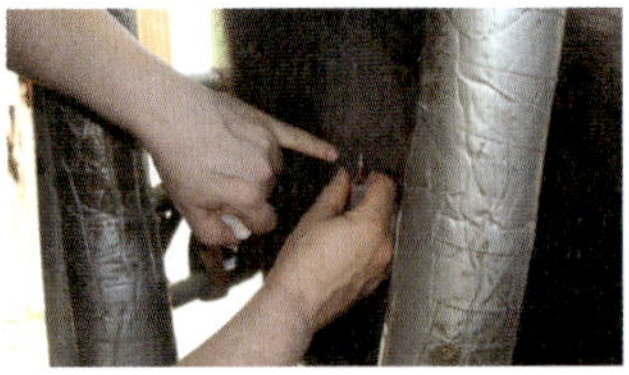

Einstechen der Nadel (rosa Kaliber) unmittelbar median des prominenten Querfortsatzes

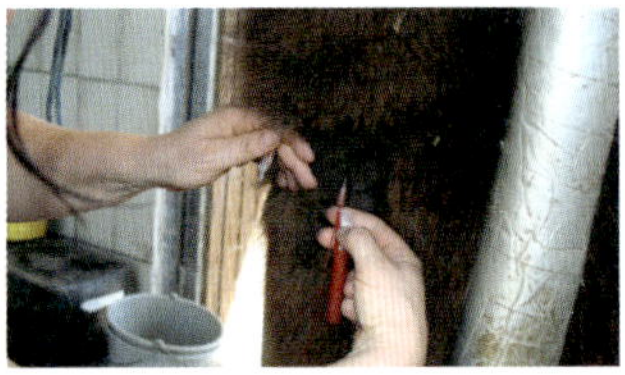

Größere Volumina werden problemlos aus der *Vena jugularis* entnommen

des Halses auf Höhe der Brustapertur tastbar. Die Vene zu stauen, gelingt in den meisten Fällen wegen des dichten Vlieses nicht oder schwerlich. Eine dicke Kanüle (1,20 mm) und Stechen nach medial, cranial und etwas dorsal führen zum Erfolg.

Gefahren

Nicht alle Tiere lassen sich gerne Manipulationen in Kopfnähe gefallen. Wenn sich ein Lama oder Alpaka nach erfolglosen Versuchen zu Boden wirft, den Magen beinah leergespuckt hat, dann besteht jedoch auch unter den allergrößten Zwangsmaßnahmen immer noch die Gefahr, dass das Tier plötzlich und unvermittelt auf- oder hochspringt, es besteht Verletzungsgefahr für den Behandler! Niemals sollte man sich über den Körper eines sitzenden Neuweltkamels beugen und sich immer dessen gewahr sein, dass es plötzlich hochspringen könnte. Eine blutige Nase möchte man sich nicht wegen einer Injektion holen.

Vena coccygea

Als Alternative, um wenig Volumen intravenös zu injizieren (konzentrierte, hochdosierte Medikamente z. B. zur Narkose), bietet sich die Schwanzvene (*Vena coccygea*) an, die mit einer kürzeren, dicken Nadel (1,2 x 25 mm) mittig an der Schwanzbasis nach einigem Üben leicht zu treffen ist. Vorteile sind die sicherere Lokalisation am Hinterende des Patienten (ganz nahe am Tier stehen und es mit dem eigenen Körper gegen eine Wand drücken, damit beide Hände frei bleiben). Auf der linken Körperseite stehend, erfasst die linke Hand den Schwanz, ohne ihn zu verletzen, und hebt ihn in die Höhe bzw. biegt ihn kopfwärts, um mit der rechten Hand vorerst unarmiert (d. h. ohne aufgesetzte Spritze bzw. nur mit Nadel) zu stechen. Die Vene befindet sich wie beim Rind mittig, knapp oberhalb des Schwanzansatzes. Praktischerweise ist hier die Haut nicht bewollt, sondern nackt, es kann mit einem Alkoholtupfer im Unterschied zu den anderen Zugängen ein steriles Injektionsfeld hergestellt werden.

Die *Vena coccygea* eignet sich nicht nur zur Entnahme von wenigen Millilitern Blutes, die für ein paar wenige Blutwerte oder eine Trächtigkeitsuntersuchung ausreichend sind, sondern auch zur unkomplizierten Injektion von geringen Volumina beispielsweise bei einer Anästhesie.

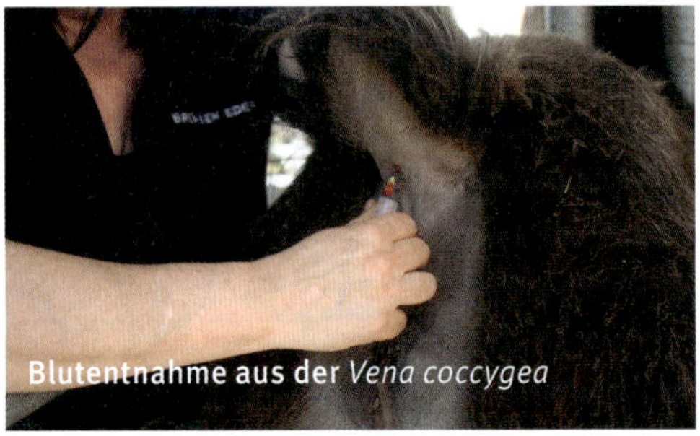

Blutentnahme aus der *Vena coccygea*

INFEKTIONSKRANKHEITEN BEI NEUWELTKAMELIDEN

Wie Schafe, Ziegen und Rinder sowie Wildwiederkäuer sind auch Neuweltkameliden für verschiedene infektiöse Erkrankungen anfällig, die zum Teil meldepflichtig sind und die der Seuchenüberwachung und auch den gesetzlichen Bestimmungen im Zuge von Tiertransporten inner- und außerhalb der Europäischen Union unterliegen (Tuberkulose, Brucellose). Manchen Infektionskrankheiten kann durch Impfungen vorgebeugt werden.

CLOSTRIDIOSE

Clostridien sind ubiquitär, das heißt, sie sind überall in der Umgebung der Tiere, insbesondere in der Erde, vorhanden. Ihre Sporen überdauern jahrelang im Boden. Sie werden bei der Nahrungsaufnahme in den Magen-Darm-Trakt der Pflanzenfresser aufgenommen und besiedeln mit den anderen Mikroorganismen, die physiologischerweise bei gesunden Tieren vorkommen, diese Organe.

Tritt jedoch der Fall ein, dass die Tiere durch Nahrungsumstellung, Fehlernährung oder Azidose, aber auch durch Parasitosen oder Stress geschwächt worden sind, festliegen und sich der Kreislauf in einem Schockzustand befindet, dann können sich die Clostridien, die sich im Magen und Darm befinden, schlagartig vermehren. Die Bakterien bilden Toxine aus, die so giftig sind, dass sie ein erkranktes und geschwächtes Tier über Nacht töten können. Bei allen plötzlich verstorbenen Tieren, die ursächlich etwa an einer Verdauungsstörung gelitten haben, sollte deshalb immer eine pathologische Untersuchung vorgenommen werden (Sektion). In sehr vielen Fällen können Clostridien, insbesondere *Clostridium perfringens*, nachgewiesen werden.

Andere Clostridienstämme lösen den tödlich endenden Wundstarrkrampf (*Clostridium tetani*) aus. Dabei gelangen die Erreger, die im Erdreich schlummern, durch stichförmige Wunden (aber auch durch beim Scheren zugefügte Wunden!) tief ins Gewebe, wo sie sich unter Luftabschluss stark vermehren und dabei die gefürchteten Toxine ausbilden. Ein Behandlungsversuch kommt meist zu spät.

Manche Gegenden (Alm- und Berggebiete) sind bekannt für das häufige Vorkommen von Erregern des Gasödems oder des Rauschbrands (*Clostridium chauvoei*). Weitere Clostridien verursachen große wirtschaftliche Schäden insbesondere bei Schafen und Rindern, daher sind Impfstoffe stets gegen viele Clostridienarten gerichtet und beugen so erheblich den gefährlichen Bakterien und deren Toxinen vor.

Schutzimpfung gegen Clostridien

Die Clostridien-Impfung enthält Bestandteile mehrerer (bis zu 10) verschiedener Clostridien-Stämme und deren Toxine, gegen die der gesunde Organismus Antikörper ausbildet und die im Falle einer Infektion neutralisierend auf den Erreger oder die Toxine wirkt. Voraussetzung ist eine korrekt durchgeführte Grundimmunisierung und wiederholte Impfungen, die halbjährlich oder zumindest jährlich durchgeführt werden müssen.

Die Grundimmunisierung ist eine *Aktive Immunisierung*, die durch Injektion eine Bildung von Antikörpern bewirkt, die insbesondere nach dem 2. Teil der Grundimmunisierung stark ansteigt (Booster-Effekt).

Vorbeugend gegen die Infektion während des ganzen Lebens kann eine Impfung dann wirken, wenn sie gewissenhaft nach dem empfohlenen Intervall wiederholt wird (Wiederholungsimpfung halbjährlich oder jährlich), um einen ausreichenden Impfschutz zu gewährleisten. Da davon auszugehen ist, dass ein wirksamer Impfschutz erst nach erfolgter Grundimmunisierung entsteht, wird empfohlen, bei den Fohlen geimpfter Mütter 6–8 Wochen nach der Geburt mit dem ersten Teil der Grundimmunisierung zu beginnen, danach erfolgt der zweite Teil der Grundimmunisierung nach weiteren 4–6 Wochen.

Grundimmunisierten, also bereits geimpften, Stuten, die trächtig sind, kann wenige Wochen vor der erwarteten Geburt eine Impfung verabreicht werden, die dann bei dem Fohlen eine *passive Immunisierung* ermöglicht. Passiv deshalb, weil die Mutter vermehrt Antikörper bildet, die über die Muttermilch in den Darm des Jungtieres gelangen und dort vor der Vermehrung der Clostridien im Darm des Neugeborenen schützen. Erst wenn die Wirkung mütterlicher Antikörper nicht mehr in ausreichendem Maße vorhanden ist, macht die aktive Immunisierung der Fohlen Sinn.

Dies könnte wie beim Schaf gehandhabt werden, Lämmer geimpfter Mutterschafe werden auch erst mit 6–8 Wochen das erste Mal geimpft.

Haben die Stuten keine Antikörper, da sie nie geimpft wurden, kann bei den Fohlen mit der ersten Teilimpfung bereits 2–4 Wochen nach der Geburt begonnen werden. Die Dosierung ist wie beim Schaf zu wählen.

Ob die Erstimpfung von trächtigen Stuten während der Trächtigkeit generell unbedenklich ist, muss in Frage gestellt werden, da Berichte über Verwerfen (Abortus) nach der Erstimpfung im zweiten Trächtigkeitsdrittel (beim Neuweltkameliden sind dies die Trächtigkeitsmonate 4 bis 8) existieren.

Ein ausreichender Schutz der Neugeborenen durch die Fähigkeit, maternale (mütterliche) Antikörper in die Muttermilch abzugeben, kann bei den Stuten angenommen werden, die ihre Grundimmunisierung in der trächtigkeitsfreien Zeit bzw. bereits in ihrer Jugend erhalten haben und die regelmäßig aufgefrischt worden ist.

Wenn nicht bis zur Geburt gewartet werden kann, empfiehlt sich eine einmalige Impfung der Mutter in den allerletzten Wochen vor der Geburt, die es ihrem Immunsystem erlaubt, Antikörper auszubilden. Ein ausreichender Schutz des Muttertieres selbst entsteht erst durch die vollständige Grundimmunisierung, sodass die Stute nach der Geburt erneut geimpft werden muss.

Zusammenfassung

Grundimmunisierung: Fohlen ungeimpfter Mütter ab 2–4 Wochen und erwachsene, noch nie geimpfte Tiere: 2 Impfungen im Abstand von 3–4 (6) Wochen, genau nach Empfehlung des Herstellers, Wiederholungsimpfungen einhalten.

Nie zuvor geimpfte trächtige Stuten: Verschiedene Empfehlungen: Entweder 6 Wochen oder erst kurz vor dem errechneten Geburtstermin erstmalig impfen, damit das Fohlen einen Schutz durch die maternalen Antikörper erhält; die Stuten sind nach der Geburt erneut zu impfen.

Fohlen bereits geimpfter Mütter bekommen eine passive Immunisierung durch die Muttermilch; daher erst nach 6–8 Wochen mit der aktiven Immunisierung (Grundimmunisierung) beginnen.

Wiederholungsimpfungen erfolgen entweder halbjährlich oder jährlich.

BLAUZUNGENKRANKHEIT

Der Erreger ist ein sehr kleines Virus, das mit dem Stich von Mücken (*Culicidae*), die Vektoren genannt werden, übertragen wird. Die Krankheit ist eine anzeigepflichtige Tierkrankheit. Sie kann nicht auf Menschen übertragen werden. Es existieren unterschiedliche Virus-Typen (Serovare), die in verschiedenen Seuchenzügen auch nach Mitteleuropa gelangt sind und gegen die mit verschiedenen Impfstoffen gezielt geimpft werden kann.

Die Blauzungenkrankheit wurde vom afrikanischen Kontinent nach Europa eingeschleppt, wo sie unter Hauswiederkäuern (insbesondere Schaf, aber auch Ziege, Rind, Kamelartige) und Wildwiederkäuern vorkommt. Symptome bei den besonders empfänglichen Schafen sind Fieber, eine geschwollene Zunge, gerötete Schleimhäute, Klauenentzündungen oder Lahmheiten, Aborte. Eine freiwillige Impfung ist möglich. Durch Untersuchungen von Vektoren (Mückenfallen) kann eine zumindest jahreszeitliche Seuchenfreiheit (vektorfreie Zeit) angenommen werden, während dieser der Tierhandel im Rahmen der seuchenrechtlichen Maßnahmen erleichtert ist.

Informationen über die Blauzungenkrankheit findet man bei den AGES-Untersuchungsanstalten (www.ages.at).

SCHMALLENBERGVIRUS

Das Virus ist in Europa endemisch, das heißt weit verbreitet. Es wird mit dem Stich von Mücken (*Culicidae*) übertragen und verursacht vorübergehend Fieber, Schwäche und Durchfall. Wird jedoch ein trächtiges Tier von einer infizierten Mücke gestochen, so kann die Infektion auf das Ungeborene übergreifen und schwere Missbildungen hervorrufen. Meist erfolgt der Abortus des Fötus, der auch Missbildungen im Kopf- oder Gliedmaßenbereich aufweisen kann.

Das Schmallenbergvirus ist nicht meldepflichtig. Es findet keine Übertragung auf den Menschen statt.

TUBERKULOSE

Die Tuberkuloseerreger sind Bakterien (*Mycobakterium tuberculosis*: Erreger der Menschentuberkulose; *M. Bovis*, *M. caprae*: Erreger der Rindertuberkulose), die von Mensch zu Tier, von Tier zu Tier, aber auch vom Tier auf den Menschen übertragen werden können. Es handelt sich um eine anzeigepflichtige Krankheit. Rindertuberkulose wird bei der Fleischuntersuchung sicher identifiziert und konnte so stark zurückgedrängt werden. Da jedoch Wildwiederkäuer (Hirsche) ein Reservoir für Tuberkuloseerreger sind, können diese bei gemeinschaftlichen Weiden (Almen) den Erreger auf Hauswiederkäuer (Rinder) übertragen: Fälle von Rindertuberkulose sind so bei der Fleischuntersuchung festgestellt worden. Vereinzelt im letzten Jahrzehnt betroffene Rinderbestände (West-Österreich) mussten gekeult werden.

Die Tuberkulose ist eine Lungenkrankheit, bei der in der Lunge abgekapselte Herdchen, die „Tuberkel", festgestellt werden können. Die Krankheit verläuft in den meisten Fällen schleichend. Befallene Tiere magern ab. Bei der „offenen Form" werden mit ausgehustetem Sekret die Erreger in die Umwelt ausgeschieden. Die Ansteckung erfolgt über eine Tröpfcheninfektion, aber auch durch den Kontakt mit kontaminierten Oberflächen. Bei der generalisierten Tuberkulose können die Erreger in alle Organe gelangen; daher kann auch (Kuh-)Milch infektiöse Erreger enthalten.

Testmethoden

Der Erreger wird in den betroffenen Organen von geschlachteten bzw. gefallenen Tieren nachgewiesen. Ein ca. 6 Wochen nach der Infektion bei Rindern bereits positiver Intracutantest soll bei Neuweltkameliden nicht ausreichend sensibel und nicht ausreichend spezifisch sein. Neuweltkameliden sind zweifellos empfänglich für Tuberkulose, jedoch konnte bei diesen die Erkrankung in Österreich noch nicht durch Intrakutantests nachgewiesen werden. Es bleibt abzuwarten, wie ein Tuberkulose-Screening nach den Vorgaben der EU-Verordnung angeordnet wird und ob die Kombination aus Intracutantest und Blutuntersuchung in Zukunft für den Nachweis das Mittel der Wahl ist.

Wie andere Wiederkäuer sind auch Neuweltkameliden für verschiedene infektiöse Erkrankungen anfällig, die zum Teil meldepflichtig sind. Manchen dieser Krankheiten kann durch Impfungen vorgebeugt werden.

KOMPOST UND KLIMASCHUTZ

Kompost ist die geeignetste Alternative, Nährstoffe, aber vor allem Kohlenstoff in den Boden einzubringen, der als Humus wirkt. Reine Stickstoff- oder sonstige Nährstoffdünger, die auf Felder ausgebracht werden, um von Pflanzen aufgenommen zu werden, erzielen nicht die langandauernde und nachhaltige bodenverbessernde Wirkung von Humus im Boden. Humus speichert den Kohlenstoff langfristig im Boden, verleiht ihm eine krümelige Struktur, speichert enorme Mengen an Wasser, wirkt der Auswaschung von Nährstoffen entgegen, reguliert die Feuchtigkeit im Boden und beherbergt eine Unmenge von Mikroorganismen, die Nährstoffe über lange Zeiträume für die Pflanzen fertig aufbereitet bereitstellen. Humus ist nachhaltig, besteht selbst zu über 50 % aus Kohlenstoff und verbleibt nachhaltig im Boden. Humus fördert das Tiefenwachstum der Pflanzenwurzeln, bewerkstelligt den Transport von CO_2 in die Tiefe und trägt damit zweifellos zum Klimaschutz bei. Grünland ist ein oft übersehener, jedoch einer der wichtigsten Kohlenstoffspeicher der Erde. Durch seine enorme Wüchsigkeit ist Grasland sogar dem Wald überlegen (IDEL, 2019).

Zur Graslandbewirtschaftung gehören jedoch auch unzweifelhaft die Tiere, die das Land abgrasen und mit ihren Hinterlassenschaften, dem Dung, das Wurzelwachstum der Gräser anregen. Der Verbiss der Gräser bei Weidehaltung fördert deren gleichzeitiges überirdisches Wachstum.

Mikro- und Makroorgansimen erzeugen aus biogenen Abfällen Kompost.

Pilze stellen Nährstoffe für andere Mikroorganismen zur Verfügung.

Fertig gesiebter Kompost – die Farbe und die erkennbare Struktur sprechen Bände!

Kompostmieten nach der Schneeschmelze, entlang des Hanggefälles angelegt

KOMPOSTIEREN

Auch Lamas und Alpakas tragen als Weidetiere zur langfristigen Erhaltung von Grünland bei, indem sie die beweideten Flächen sauber und frei von Sträuchern, Büschen und Baumschösslingen halten.

Das ganze Jahr über von den Kotplätzen gesammelter Kot wird zusammen mit allen anderen anfallenden biogenen, im weitesten Sinne verrottbaren Pflanzenbestandteilen kompostiert, also mit Sauerstoffbeteiligung umgesetzt. Ohne Sauerstoff findet lediglich Fäulnis statt, was unweigerlich zu Nährstoffverlusten und Geruchsbelästigung führt.

Kompostplatz

Der eingesammelte Kot wird auf einen länglichen, rechteckigen Platz ausgebracht, der je nach Anzahl der Tiere ausreichend groß sein muss. Die Komposternte kann erst dann stattfinden, wenn genügend Zeit vergangen ist, in der neue Mieten angelegt und bestehende Mieten umgesetzt wurden.

Kompostmieten sollten idealerweise in einer leicht schrägen Hanglage in Längsrichtung aufgesetzt werden, gelingen aber auch im flachen Terrain. Staunässe durch einfließendes Oberflächenwasser entsteht in Kompostmieten, die parallel zum Hang angelegt werden, und ist nicht erwünscht, da zu hohe Feuchtigkeit die Rotte beeinträchtigt. Bei händisch hergestelltem Kompost haben sich Kompostmieten mit einer Breite von ca. 1 bis 1,30 m und einer beliebigen Länge bewährt. Die Höhe ergibt sich durch die optimale Schichtung von selbst, je zügiger und gewissenhafter die Schichten aufgetragen werden, desto mehr gewinnt der Komposthaufen an Höhe.

Anlegen der Mieten

Beginnend mit einer beliebigen Schicht aus Kot oder Pflanzenteilen, muss zuvor dem Untergrund Beachtung geschenkt werden. Ein eher steiniger Platz ist von Vorteil, da beim Umsetzen oder Ernten mit der Mistgabel oder Schaufel beim Einstechen in die Kompostmiete der nahende Untergrund erkannt wird und man nicht sinnlos Erdschichten abgräbt, die sich unter dem Kompost befunden haben. Ein Kompostplatz kann bei sauberer Bearbeitung immer wieder verwendet werden. Sauber bearbeitet ist der Boden dann, wenn bei der Komposternte das Substrat bis zur Bodenschicht komplett abgetragen und anschließend sauber ausgerecht wird, damit keine Reste zurückbleiben. Danach kann an derselben Stelle wieder neu aufgesetzt werden. Auch das Auftreten von Regenwurmlöchern und eine höhere Dichte an Regenwürmern weist während des Umsetzens auf die nahende Bodenschicht hin.

Hat man mit einer Schicht aus Pflanzenfasern begonnen, wie etwa nasses Gras, oder einer dicken Schicht Einstreu, wie Heu oder Stroh, dann kann diese unterste Schicht beim Umsetzen noch erkannt werden. Die Pflanzenfasern halten lange ihre filzige Struktur, bis zu der abgegraben wird. Diese Schicht kann ohne Weiteres einer neu aufgesetzten Kompostmiete hinzugefügt werden.

Beim Ausbringen achte ich darauf, die Komposthaufen nicht am selben Tag anzurechen, damit die Regenwürmer sich in die Erde verziehen können, bevor der Kompost mit dem Rechen dünn verteilt wird. Gerne verwende ich auch die übrig gebliebenen faserigen Anteile zum Aufsetzen oder zum Abschluss von neu errichteten Kompostmieten.

Schichtung

Locker werden mit der Mistgabel abwechselnde Schichten (siehe Substrate, S. 271 f.) aufgetragen, die am besten so dick sind, dass die vorhergehende Schicht nicht mehr sichtbar ist. Der eingesammelte Alpaka- und Lamamist wird mit der Scheibtruhe herangeführt, auf die Miete locker aus- bzw. angeworfen und danach mit einem Rechen bis an die Ränder gezogen, um so viele dünnere Schichten übereinander zu erzielen. Die dem solcherart ausgebreiteten Kot folgende

Ausbringen von Rohkompost im Frühling

strukturhältige Schicht wird wieder so dick aufgetragen und mit der Gabel gut verdichtet, dass die vorhergehende Schicht nicht durchscheint. Es wechseln sich alle beliebigen Schichten mit Kotschichten ab, die jeweils nur wenige Zentimeter dick sind. Kot neigt in zu dicken Schichten zur Verklebung und beim Umsetzen müssen diese Klumpen dann mühsam auseinandergeschüttelt und gleichmäßig verteilt werden.

Es folgen dazwischen hier und da eine einzelne Schaufel voller reifer Muttererde, wie sie natürlicherweise in der Umgebung vorkommt, und/oder fertige Komposterde. Damit ist die Mineralstoffversorgung für die Mikroorganismen und die verschiedenen anderen Bodenlebewesen während des Verrottungsprozesses gewährleistet. Auch werden dadurch die Kompostmieten mit den Stämmen von Bakterien „geimpft“, die am Standort heimisch sind und die für einen rascheren Abbau sorgen.

Den Abschluss einer Kompostmiete bildet eine dicke Schicht aus Stängeln, feuchtem Gras oder Stroh bzw. Heu, die das Herabfließen von Regenwasser gewährleistet. Praktisch sind Kompostvliese, die über den Mieten ausgebreitet werden und mit Steinen o. Ä. gegen Sturm beschwert werden.

Kompostmieten im Winter – die Hitzeentwicklung lässt den Schnee schmelzen.

Die fertig aufgesetzte Miete ist in beliebiger Länge etwa so hoch wie breit bzw. durch das Aufkommen von kompostierbarem Material beschränkt.

Durch die nun anschließend einsetzende „Verbrennung" entstehen hohe Temperaturen (bis ca. 80 °C) im Inneren der Kompostmiete. Dadurch werden Samen von Unkräutern, Parasiten und andere Krankheitserreger zuverlässig abgetötet. Durch die Hitzeentwicklung sackt der hoch aufgerichtete Kompost innerhalb von wenigen Tagen zusammen.

Jetzt beginnt je nach Außentemperatur die Arbeit von Pilzen, Bakterien und größeren Bodenlebewesen. Sobald die Miete zusammengefallen ist, wird noch 3–6 Wochen zugewartet. Zur Kontrolle wird die Miete angestochen, um den Verrottungszustand festzustellen. Witterung spielt insofern eine Rolle, als Dauerregen die Mieten durchnässen kann. Deshalb ist es wichtig, entweder die Mieten mit einem geeigneten Kompostvlies abzudecken oder dicke Stroh- oder Heuschichten zur vorübergehenden Abdeckung zu verwenden.

Umsetzen

Einige Prinzipien helfen beim richtigen Umsetzen: Sehr feuchte Mieten mit trockenem Material vermischen, zu trockene Mieten mit genügend frischem, feuchtem Dung oder frisch gemähtem Gras neu aufsetzen oder in Trockenperioden sogar gießen. Dennoch lieber zu trocken aufsetzen als zu feucht! Zu viel Feuchtigkeit lässt insbesondere die Kotschichten zusammenkleben, verhindert ein reges Bodenleben und führt zu Fäulnis. Verklebte Schichten sind lästig beim Umsetzen, da die großen, zusammenhängenden Schollen auseinandergeschüttelt oder -geklopft werden müssen, was Zeit und Kraft kostet.

Hat man sich durch Anstechen der Miete davon überzeugt, dass der Verrottungsprozess durch das Abbrennen in Gang gesetzt worden ist und ein mehrwöchiger Abbau der Substrate stattgefunden hat, wird umgesetzt. Bei Längshaufen und relativem Platzmangel bietet sich eine Verlängerung der Miete an. Man beginnt etwa eineinhalb Meter vom Ende der Miete entfernt, den „alten" Kompost neu aufzusetzen. Beim ersten Umsetzen kann noch einmal frisches Substrat zugegeben werden. Man arbeitet von rechts nach links oder umgekehrt, indem in das neu einzubringende pflanzliche Substrat, das auch in der Nähe der Kompostmieten als Vorrat gelagert werden kann (siehe Substrate. S. 271 f.), sowie je nach Feuchtigkeitsbedarf eine ausgewogene Menge frisch gesammelter Kot in das Material der bestehenden Kompostmiete eingearbeitet wird. Beim Umsetzen wird die Schichtung zerstört, wenig verrottete Bestandteile aus den Randbereichen können in die gut angerotteten Anteile eingearbeitet werden.

Das Umsetzen (also das Umschichten bzw. Umschaufeln) ermöglicht, das Verhalten der verschiedenen Substrate und die Dauer der Verrottung der verschiedenen Materialien zu beobachten. Beim Umsetzen gelangt viel Sauerstoff zwischen die Schichten. Der Verrottungsprozess entfacht nach dem ersten Umsetzen und der Zugabe von frischem Substrat noch einmal von vorne, wieder bilden sich diese enormen Temperaturen. Aus diesem Grund kann das in Maßen neu zugesetzte Material diesmal schneller und noch wirkungsvoller abgebaut werden und der Substanzverlust, der beim Abbrennen entstanden ist, wird ausgeglichen. Wie vorher beschrieben, wird Trockenes zu Feuchtem und feuchtes Material zu trockenem Substrat gegeben. Den Abschluss bildet wieder eine dicke Schicht Heu oder Stroh, wobei zum Stroh zu bemerken ist, dass es weniger schnell verrottet als Heu oder Stängelanteile und daher bis zum völligen Abbau des Strohs häufigeres Umsetzen und mehr Zeit nötig ist als ohne Stroh. Um in angemessener Zeit reifen Kompost ernten zu können, sollte nur beim ersten Umsetzen neues Substrat hinzugefügt werden. Der danach beim weiteren Umsetzen festzustellende Substanzverlust ist normal.

Aufsetzen	Woche 0
1. Umsetzen	Woche 8–12
2. Umsetzen (Rohkompost)	Woche 18–22
Sieben und Humusernte	Woche 26–30

Kompostieren von Hackgut

Es gibt leider auch regnerische Zeiten, da hilft man sich gerne gegen die aufweichenden Böden und Wege, die die Lamas und Alpakas begehen, mit mehr oder weniger strukturiertem Hackgut. Jedoch wird man sich an gröberes Hackgut lange Zeit erinnern, wenn gröbere Holzstücke beim Umsetzen der Kompostmieten wieder und wieder zu Tage treten. Beim Kompostieren von Hackschnitzeln verschwindet zwar der größte Anteil des ohnehin schwer abbaubaren Lignins, aus dem das Holz besteht, jedoch müssen immer wieder einzelne größere, unverrottbare Holzstücke entfernt werden. Beim Ausbringen reche ich die groben

Umsetzen der Mieten

Bestandteile heraus und werfe sie in einen bereitgestellten Kübel, den ich dann mit dem Müll entsorge. Die immer gleichen Holzstücke zu kompostieren, bringt keinen weiteren deutlichen Fortschritt bei deren Abbau.

Asche

Holz ist generell ein schwieriger Partner beim Kompostieren, Asche hingegen ein wertvoller, der den Lama- und Alpakamistkompost noch mehr aufwertet, ja sogar perfektioniert. Die Nähr- und Mineralstoffzusammensetzung von Lama- und Alpakamistkompost variiert mit den verwendeten Substraten; nie jedoch können im Kreislauf des Umbaues von Dung zum Kompost ein oder mehrere komplett fehlende Mineralien ersetzt werden, außer durch Zugabe von Holzofenasche. Dabei erhöht sich der Mineralstoffgehalt zusammen mit dem Nährstoffgehalt hin zu einem perfekten Substrat.

ROHKOMPOST UND KOMPOSTERNTE

Rohkompost ist jenes zum größten Teil fertig verrottete Substrat, das 8–12 Wochen nach dem ersten Umsetzen bereits auf Grünflächen oder auf das Feld, etwa als Frühlingsdüngung, oder nach dem Mähen bei feuchter Witterung ausgebracht werden kann, nachdem gröbere Holz- und Pflanzenteile entfernt wurden. Rohkompost enthält noch erkennbare Kot- und Pflanzenreste, die erst nach einem letztmaligen Umsetzen vollständig abgebaut sind.

In fertigem Humus haben sich die Würmer zurückgezogen und nach einigen Wochen kann der Haufen für die Verwendung in Beeten und Blumentöpfen zu echtem „Lama- und Alpakagold" gesiebt werden. Nach einigen Regentagen kann beobachtet werden, wie der ausgebrachte Kompost langsam verschwindet und durch das angeregte Pflanzenwachstum in wenigen Wochen in den Boden integriert wurde.

Kompostieren erfordert die Bereitschaft, genügend Zeit und Ausdauer darauf zu verwenden, zu schaufeln.

Man benötigt eine Scheibtruhe, eine Mistgabel, eine Aluschaufel, wie sie auch zum Schneeschaufeln verwendet wird, einen breitzinkigen Besen oder Laubrechen und eine Schaufel, die vorne spitz zuläuft.

Das wichtigste anfallende Substrat ist der Lama- und Alpakakot, der sehr einfach einzusammeln ist und von den Kotplätzen herangeschafft wird. Bei größeren Herden, insbesondere gemischten Lama- und Alpakaherden, wird leider häufig von den Tieren

Ausbringen von Rohkompost

öfters ein neuer Kotplatz angelegt, und dies großzügig, mit viel Platzverbrauch, sodass regelmäßiges Abmisten unmöglich wird. Diese Flächen sollten zwischenzeitlich gemulcht und vorübergehend als Weidefläche stillgelegt werden, um zu verhindern, dass die Tiere an denselben Stellen immer wieder neue Kotplätze anlegen. Es kann überlegt werden, nach dem Mulchen zu kalken und die Fläche frühestens im folgenden Jahr zur Futterbringung zu verwenden (siehe Weidepflege, siehe S. 53 f.).

Kompost kann auch mit den geeigneten Maschinen erzeugt werden. Der Phantasie im Umbau vorhandener Gerätschaften ist dabei keine Grenzen gesetzt.

SUBSTRATE

Folgende Substrate außer dem ganzjährig verfügbaren Kot bieten sich je nach Jahreszeit an: Der Beginn des Lama- und Alpakajahres mit dem Scheren im April/Mai bringt Reste von Vliesen, die nicht zur Veredelung verwendet werden, sowie Abschnitte von Nägeln, die beim Nägelschneiden abfallen.

Verschmutzte Wolle von schlechter Qualität, die von den Beinen oder im Brustbeinbereich geschoren wird, sowie zu kurz geschorene Faser („short-cuts“) eignet sich jedenfalls zum Kompostieren, wenn man keine andere Verwendung dafür findet. Das schwefelhaltige Eiweiß steht den Bodenorganismen nach wenigen Wochen vollständig zur Verfügung (siehe Keratin, S. 225).

Der Sommer bringt immer wieder eine Mahd der Kotplätze. Da das hochgeschossene Gras mit Kot und Parasiten verunreinigt ist, eignet es sich nicht als Winterfutter. Dennoch kann es gut beim Kompostieren als feuchte Schicht zwischen zwei Kotschichten

Kompostieren von Wolle

verwendet werden. Man kann es antrocknen lassen und erst danach kompostieren. Ebenso kann verregnetes Gras, das eigentlich zu Heu getrocknet werden sollte und zum falschen Zeitpunkt bei nasser Witterung gemäht wurde, unbedingt Verwendung im Kompost finden! Jeder Halm sowie jedes Blatt im Herbst ist wertvoll.

Im Herbst bietet sich jede Art von trockenem Laub zum Kompostieren an. Teile von ungenießbaren bzw. giftigen Pflanzen sind mit besonderer Sorgfalt zu behandeln, da anzunehmen ist, dass die Toxizität von Eiben- oder Thujenästen und -laub nur durch vollständiges Kompostieren restlos verschwindet. Von der Verwendung von nicht vollständig verrottetem Kompost (siehe Rohkompost, S. 270 f.) auf dem Feld, der unter Umständen noch Bestandteile der Giftpflanzen enthält, etwa nicht vollständiges Laub von Buchs und Eibe, ist abzuraten. Bei Aufnahme durch Lamas oder Alpakas, die Zutritt zur gedüngten Wiese bekommen oder sich durch Überwindung eines Zaunes Zutritt verschaffen, könnten auch die unverrotteten Anteile zu Vergiftungen führen. Bedenkenlos ist Rohkompost aus Giftpflanzen für die Verwendung in Beeten für Gemüse, Blumen oder Zimmerpflanzen. Rhododendren, Eiben und Oleander sind grundsätzlich in der Nähe von Neuweltkameliden abzulehnen, da auch vom Wind verblasene trockene Blätter schon zu Vergiftungen und dem Tod des betroffenen Tieres geführt haben (siehe Giftpflanzen, S. 148 ff.).

Im Winter wie im Sommer, wenn Heu zugefüttert wird, fallen Reste von Futter an, die täglich ausgekehrt werden und auf einem eigenen Platz nahe der Kompostmieten zwischengelagert werden können. Trockenes Material hilft, die Mieten abzudecken und beim Umsetzen den Feuchtigkeitsgehalt zu feuchter Kompostmieten zu verringern. Eher trocken und locker gehaltene Mieten bieten Mikroorganismen ein höheres Sauerstoffangebot, die frischen Mieten brennen schneller ab und können leichter umgesetzt werden, da das Substrat nicht klumpig und nass und damit schwer umzuschaufeln ist.

Substrate nach Jahreszeit

	Frühling	Sommer	Herbst	Winter
Lama- und Alpakamist	X	X	X	X
Kotplatzmahd, verregnetes Heu		X	X	
Stalleinstreu, Kehrreste, Kleintiereinstreu, Sägespäne	X	X	X	X
Küchenabfälle	X	X	X	X
Gartenabfälle, Laub, Äste (gehäckselt)		X	X	
Unbrauchbare Wolle und Vliese	X			
Zehennägel	X		X	
Holzofenasche ohne Metallanteil			X	X

☺ Einmal hatte ich das Angebot, Daunen aus uralten Bettdecken zu kompostieren. Leider war das Wetter sehr windig und die Idee musste ich aus Rücksicht auf meinen Verpächter verwerfen.